21 世纪全国本科院校电气信息类创新型应用人才培养规划教材

控制电机与特种电机及其控制系统

主　编　孙冠群　于少娟
副主编　李　璟　蔡　慧　曹金亮
　　　　智泽英　左　龙　丁　伟

内 容 简 介

本书共分为11章：绪论、测速发电机、自整角机测控系统、旋转变压器、伺服电动机及其控制系统、步进电动机及其控制系统、无刷直流电动机及其控制系统、开关磁阻电动机及其控制系统、直线电动机、盘式电机、超声波电动机。除第1章外，其他各章按照如下模式进行编写：开篇引入应用实例，即引言，重点介绍电机及其系统构成、电机工作原理、电机本体分析、控制策略与系统应用等，一般使用工程实例讲解控制系统。

本书适合作为高等院校电气工程及其自动化、自动化、机械电子工程等专业的本科教材或参考书，也可供科研院所、相关企业从事电气自动化技术的工程技术人员参考使用。

图书在版编目(CIP)数据

控制电机与特种电机及其控制系统/孙冠群，于少娟主编. —北京：北京大学出版社，2011.1
(21世纪全国本科院校电气信息类创新型应用人才培养规划教材)
ISBN 978-7-301-18260-4

Ⅰ.①控… Ⅱ.①孙…②于… Ⅲ.①微型控制电机—高等学校—教材②电机—控制系统—高等学校—教材 Ⅳ.①TM383②TM301.2

中国版本图书馆 CIP 数据核字（2010）第 246250 号

书　　　名：	控制电机与特种电机及其控制系统
著作责任者：	孙冠群　于少娟　主编
策划编辑：	李　虎
责任编辑：	程志强
标准书号：	ISBN 978-7-301-18260-4/TP·1139
出　版　者：	北京大学出版社
地　　　址：	北京市海淀区成府路 205 号　100871
网　　　址：	http://www.pup.cn　http://www.pup6.cn
电　　　话：	邮购部 62752015　发行部 62750672　编辑部 62750667　出版部 62754962
电子邮箱：	pup_6@163.com
印　刷　者：	三河市博文印刷厂
发　行　者：	北京大学出版社
经　销　者：	新华书店
	787 毫米×1092 毫米　16 开本　22.75 印张　528 千字
	2011 年 1 月第 1 版　2012 年 5 月第 2 次印刷
定　　　价：	42.00 元

未经许可，不得以任何方式复制或抄袭本书之部分或全部内容。
版权所有，侵权必究　　举报电话：010-62752024
　　　　　　　　　　　电子邮箱：fd@pup.pku.edu.cn

前　　言

电力电子技术、控制技术、数字信号处理技术、微电子技术、材料技术和计算机技术的飞速发展，推动了现代电机技术的发展，推动了新型电机的产生，拓宽了电机的应用领域，并且将电机技术与诸如电力电子、控制理论、数字信号处理、计算机技术等融为一体，使它们不可分割。在传统电机之外的控制电机与特种电机，已不能用传统的电机概念来理解。

本书需要对电机学进行先期学习，即在学习了传统电机的结构、原理、电磁关系、特性与应用等基础知识之后，才能进而对传统电机之外的控制电机与特种电机展开讨论，适应了现代电机的发展趋势。控制电机与特种电机本体与其控制系统已经密不可分，本书将电机与控制合二为一，侧重介绍了各种控制电机与特种电机的选择范围、应用实例，以及使用方法和注意事项，并突出介绍了相关电机的控制系统，力求达到理论与实践相结合，为学生在实际工作中能灵活应用、合理选择、正确使用电机打下良好基础。

本书共分 11 章，涉及 10 个系列的控制电机或特种电机的工作原理、电磁关系、特性、控制系统等内容，包括绪论、测速发电机、自整角机测控系统、旋转变压器、伺服电动机及其控制系统、步进电动机及其控制系统、无刷直流电动机及其控制系统、开关磁阻电动机及其控制系统、直线电动机、盘式电机、超声波电动机。为了便于教学，本书在保持全书系统性和完整性的同时，各章又自成体系，各院校完全可以根据自己的需要有选择地讲授相关内容。

本书由中国计量学院孙冠群(第 8、10、11 章、附录)与太原科技大学于少娟(第 1、4 章)任主编，参加编写的还有中国计量学院的李璟(第 5 章)、蔡慧(第 9 章)，太原科技大学的曹金亮(第 6 章)、智泽英(第 7 章)、左龙(第 3 章)、丁伟(第 2 章)。本书依据本科教学大纲编写而成。在本书编写过程中得到了各方面人士的支持，特别是得到了编者所在学院的大力支持和帮助，相关学科的老师对本书提出了许多宝贵意见，对此谨向他们表示诚挚的感谢！

为了便于自学，除绪论外，其他章都有知识架构、教学目标与要求、思考题与习题，并附有课程设计（见附录）供读者参考。

由于作者水平所限，书中难免存在不足之处，欢迎广大师生和读者批评指正。

编　者
2010 年 11 月

目 录

第1章 绪论 ………………………… 1
  1.1 控制电机、特种电机与传统电机的区别 ………………… 1
  1.2 控制电机与特种电机的种类 …… 2
  1.3 控制电机与特种电机的应用概况 … 2
  1.4 控制电机、特种电机与其控制系统的关系 ……………………… 3

第2章 测速发电机 ……………… 5
  2.1 直流测速发电机 ………………… 8
    2.1.1 直流测速发电机的输出特性 ……………………… 8
    2.1.2 直流测速发电机的误差及其减小的方法 …………… 9
  2.2 交流异步测速发电机 ………… 15
    2.2.1 空心杯转子异步测速发电机的结构和工作原理 … 16
    2.2.2 异步测速发电机的输出特性 …………………… 18
    2.2.3 负载阻抗对异步测速发电机输出特性的影响 …… 18
    2.2.4 异步测速发电机误差的产生原因及减小措施 …… 21
    2.2.5 异步测速发电机的主要技术指标 ………………… 23
    2.2.6 产生剩余电压的原因及减小措施 ………………… 24
  2.3 测速发电机的应用举例 ……… 27
    2.3.1 位置伺服控制系统的速度阻尼及校正 …………… 27
    2.3.2 转速自动调节系统 ……… 27
    2.3.3 自动控制系统的解算 …… 28
  小结 …………………………………… 30
  思考题与习题 ………………………… 32

第3章 自整角机测控系统 …… 34
  3.1 自整角机概述 ………………… 35
    3.1.1 自整角机的分类 ………… 36
    3.1.2 自整角机的结构 ………… 39
    3.1.3 控制系统对自整角机的技术要求 ………………… 42
  3.2 控制式自整角机 ……………… 42
    3.2.1 控制式自整角机的工作原理 ……………………… 43
    3.2.2 带有差动发送机的控制式自整角机的工作原理 … 46
  3.3 力矩式自整角机 ……………… 47
    3.3.1 力矩式自整角机的工作原理 ……………………… 47
    3.3.2 阻尼绕组 ………………… 50
    3.3.3 力矩式自整角机的性能指标 ……………………… 50
  3.4 自整角机测控系统及应用 …… 51
    3.4.1 雷达方位角测量系统组成 ………………………… 51
    3.4.2 自整角机的测角与控制 … 52
    3.4.3 轴角/数字转换电路的硬件设计 ………………… 53
    3.4.4 软件设计 ………………… 54
  小结 …………………………………… 54
  思考题与习题 ………………………… 55

第4章 旋转变压器 …………… 56
  4.1 旋转变压器的类型和用途 …… 58
  4.2 正、余弦旋转变压器 ………… 60
    4.2.1 正、余弦旋转变压器的结构 ……………………… 60
    4.2.2 正、余弦旋转变压器的工作原理 ………………… 62
    4.2.3 正、余弦旋转变压器补偿方法 …………………… 68
  4.3 线性旋转变压器 ……………… 72
    4.3.1 线性旋转变压器结构 …… 72

4.3.2　线性旋转变压器工作原理 … 72
　4.4　旋转变压器的使用 ………… 74
　　4.4.1　工作方式 …………… 74
　　4.4.2　旋转变压器的选择和
　　　　　使用 …………………… 75
　　4.4.3　旋转变压器的误差 …… 76
　4.5　旋转变压器的应用举例 …… 77
　　4.5.1　旋转变压器在角度测量
　　　　　系统中的应用 ………… 77
　　4.5.2　旋转变压器在解算
　　　　　装置中的应用 ………… 82
　小结 …………………………………… 86
　思考题与习题 ………………………… 90

第5章　伺服电动机及其控制系统 …… 91

　5.1　伺服电动机概述 ……………… 94
　5.2　直流伺服电动机及其控制 …… 95
　　5.2.1　直流伺服电动机的结构和
　　　　　分类 …………………… 95
　　5.2.2　直流伺服电动机的控制
　　　　　方式 …………………… 98
　　5.2.3　直流伺服电动机的稳态
　　　　　特性 …………………… 99
　　5.2.4　直流伺服控制技术 …… 101
　5.3　直流伺服电动机的应用 …… 105
　　5.3.1　在位置控制系统中的
　　　　　应用 …………………… 106
　　5.3.2　在速度控制系统中的
　　　　　应用 …………………… 106
　　5.3.3　在混合控制系统中的
　　　　　应用 …………………… 107
　　5.3.4　在张力控制系统中的
　　　　　应用 …………………… 108
　　5.3.5　在自动检测装置中的
　　　　　应用 …………………… 109
　　5.3.6　在温度控制系统中的
　　　　　应用 …………………… 109
　　5.3.7　基于微处理器的直流伺服
　　　　　电动机系统 …………… 110
　5.4　异步伺服电动机及其控制 … 113
　　5.4.1　异步伺服电动机的结构与
　　　　　分类 …………………… 114

　　5.4.2　异步伺服电动机的运行原理
　　　　　及分析 ………………… 115
　　5.4.3　异步伺服电动机的静态
　　　　　特性 …………………… 123
　　5.4.4　异步伺服电动机和直流
　　　　　伺服电动机的性能比较 … 125
　5.5　异步伺服电动机的应用 …… 127
　　5.5.1　用于位置控制系统 …… 127
　　5.5.2　用于检测装置 ………… 128
　　5.5.3　用于计算装置 ………… 129
　　5.5.4　用于增量运动的
　　　　　控制系统 ……………… 129
　5.6　永磁同步伺服电动机及其控制 … 130
　　5.6.1　永磁同步伺服电动机的
　　　　　结构与分类 …………… 130
　　5.6.2　永磁同步伺服电动机的
　　　　　工作原理 ……………… 134
　　5.6.3　永磁同步伺服电动机的
　　　　　稳态性能 ……………… 136
　　5.6.4　永磁同步伺服电动机的
　　　　　控制 …………………… 139
　　5.6.5　永磁同步伺服电动机的
　　　　　矢量控制策略 ………… 148
　5.7　永磁同步伺服电动机的应用 … 152
　　5.7.1　永磁同步电动机伺服系统的
　　　　　设计 …………………… 152
　　5.7.2　伺服控制中相关
　　　　　控制策略 ……………… 156
　　5.7.3　永磁同步伺服电动机的
　　　　　DSP控制电路 ………… 164
　小结 ………………………………… 171
　思考题与习题 ……………………… 173

第6章　步进电动机及其控制系统 … 177

　6.1　步进电动机简介 …………… 179
　6.2　步进电动机分类 …………… 181
　6.3　步进电动机的工作原理、矩角特性
　　　及振荡现象 ………………… 182
　　6.3.1　步进电动机的工作原理 … 182
　　6.3.2　步进电动机的矩角特性 … 190
　　6.3.3　步进电动机的低频共振和
　　　　　低频失步 ……………… 192

6.4 步进电动机的传递函数 …………… 192
6.5 步进电动机的运动控制 …………… 194
 6.5.1 步进电动机驱动方法 …… 194
 6.5.2 步进电动机的开环控制 … 198
 6.5.3 步进电动机微步距控制 … 202
 6.5.4 加减速定位控制 ………… 205
 6.5.5 步进电动机的闭环控制 … 207
6.6 步进电动机的应用 ………………… 209
小结 ………………………………………… 212
思考题与习题 ……………………………… 214

第7章 无刷直流电动机及其控制系统 ………………………………… 216

7.1 无刷直流电动机的发展及分类 …… 218
 7.1.1 无刷直流电动机的发展历史 ……………………… 218
 7.1.2 无刷直流电动机分类 …… 219
 7.1.3 无刷直流电动机特点 …… 219
7.2 无刷直流电动机的基本组成和工作原理 ………………………… 220
 7.2.1 基本组成环节 …………… 220
 7.2.2 基本工作原理 …………… 221
 7.2.3 常用的位置传感器 ……… 222
 7.2.4 基本方程 ………………… 225
7.3 无刷直流电动机的正、反转 ……… 229
7.4 直流无刷电动机的主回路 ………… 231
7.5 无刷直流电动机的控制方法 ……… 236
小结 ………………………………………… 238
思考题与习题 ……………………………… 239

第8章 开关磁阻电动机及其控制系统 ………………………………… 241

8.1 开关磁阻电动机驱动控制系统的构成与工作原理 ……………… 244
 8.1.1 SRD系统的基本构成 …… 244
 8.1.2 SR电动机运行原理 ……… 247
 8.1.3 SRD系统与其他系统的比较 ……………………… 248
8.2 开关磁阻电动机的控制方式 ……… 250
 8.2.1 SR电动机的数学模型 …… 251
 8.2.2 SRD系统的调速控制方式 ……………………… 254

 8.2.3 基于模糊控制算法的系统控制方式 ……………… 257
8.3 SRD系统功率变换器 ……………… 259
 8.3.1 主电路与主开关电力电子器件形式介绍 ………… 260
 8.3.2 SRD功率变换器设计实例 ……………………… 262
8.4 开关磁阻电动机控制器 …………… 267
 8.4.1 控制器硬件设计 ………… 268
 8.4.2 SRD系统软件设计 ……… 275
8.5 开关磁阻发电机 …………………… 283
 8.5.1 开关磁阻发电机的运行原理 ……………………… 284
 8.5.2 开关磁阻发电机系统的构成 ……………………… 285
 8.5.3 开关磁阻发电机的控制策略 ……………………… 286
小结 ………………………………………… 286
思考题与习题 ……………………………… 287

第9章 直线电动机 ………………… 289

9.1 直线电机的基本结构 ……………… 292
9.2 直线感应电动机 …………………… 295
 9.2.1 旋转电机的基本工作原理 ……………………… 295
 9.2.2 直线感应电动机的基本工作原理 …………… 296
9.3 直线直流电动机 …………………… 298
 9.3.1 永磁式直线直流电动机 … 298
 9.3.2 电磁式直线直流电动机 … 299
9.4 直线同步电动机 …………………… 299
9.5 直线步进电动机 …………………… 300
9.6 直线电动机的应用 ………………… 302
 9.6.1 作为直线运动的执行元件 ……………………… 302
 9.6.2 用于机械加工产品 ……… 302
 9.6.3 用于信息自动化产品 …… 303
 9.6.4 用于长距离的直线传输装置 ……………………… 305
 9.6.5 用于高速磁悬浮列车 …… 306
小结 ………………………………………… 309

思考题与习题 ……………… 310

第10章 盘式电机 ……………… 311
  10.1 盘式电机概况 ……………… 312
  10.2 盘式直流电机 ……………… 313
    10.2.1 盘式直流电机的结构特点 ……………… 313
    10.2.2 盘式直流电机的基本电磁关系 ……………… 315
  10.3 盘式同步电机 ……………… 316
  小结 ……………… 320
  思考题与习题 ……………… 322

第11章 超声波电动机 ……………… 323
  11.1 超声波电机概述 ……………… 325
    11.1.1 超声波电机发展历史 … 325
    11.1.2 超声波电机的特点 …… 326
    11.1.3 超声波电机的分类 …… 328

  11.2 行波型超声波电动机 ……………… 329
    11.2.1 行波型超声波电动机的结构特点 ……………… 329
    11.2.2 行波型超声波电动机的运行机理 ……………… 330
    11.2.3 行波型超声波电动机的驱动控制 ……………… 333
  11.3 超声波电动机的应用 ……………… 336
  小结 ……………… 340
  思考题与习题 ……………… 341

附录 课程设计 ……………… 342
  课程设计一 步进电动机驱动系统设计 ……………… 342
  课程设计二 永磁无刷直流电动机控制系统设计 ……………… 345

参考文献 ……………… 351

第 1 章 绪 论

通过对电机学或电机与拖动课程的学习，可以掌握传统电机的结构、原理、电磁关系、特性与应用等基础知识。本书将对传统电机之外的控制电机与特种电机展开讨论。鉴于部分特种电机对其控制系统的严重依赖，如果没有对应的控制系统，这部分电机本身将没有任何应用价值，因此，本书书名定为：控制电机与特种电机及其控制系统。

1.1 控制电机、特种电机与传统电机的区别

在各类自动化系统中，需要用到大量的各种各样的元件。控制电机就是其中的重要元件之一，它属于机电元件，在系统中具有执行、检测和解算的功能。尽管从基本原理来说，控制电机与普通的传统旋转电机没有本质上的差别，但后者着重于对电机的力能指标方面的要求，而前者则着重于对特性、高精度和快速响应方面的要求，满足系统对它提出的要求。

一般来说，与传统电机相比，在工作原理、结构、性能或设计方法上有较大特点的电机都属于特种电机的范畴。①从工作原理来看，有些特种电机已经突破了传统电机理论的范畴，例如超声波电动机，不是以磁场为媒介进行机电能量转换的电磁装置，而是利用驱动部分(压电陶瓷元件的超声波振动)和移动部分之间的动摩擦力而获得运转力的一种新原理电机。②即使在传统电机理论的范畴内，许多电机的工作原理也具有较大的特殊性，可以称其为特种电机。例如，步进电动机是将数字脉冲信号转换为机械角位移和线性位移的电机，采用高性能永磁体后制成永磁混合式步进电动机，并采用先进的控制技术，其技术指标和动态特性有明显的改进和提高。开关磁阻电机是一种机电一体化的新型电机，在电机发明之后的一百多年来，磁阻电机的效率、功率因数和功率密度都很低，长期以来只能用作微型电动机，而磁阻电机与电力电子器件相结合构成的开关磁阻电机，其功率密度与普通异步电机相近，可在很宽的运行范围内保持高效率，系统总成本低于同功率的其他传动系统，目前国内最高已有 400kW 的产品出售。③从结构来看，除了传统的径向磁场旋转电机之外，还出现了许多特殊结构电机，如直线电机、盘式电机(横向磁场)等。

从以上的介绍可以看出，除了典型的通用直流电机、异步电机、同步电机、静止变压

器等之外，其他类型的电机都可以归为特种电机的行列，也就意味着，控制电机也可以列为特种电机的序列。但是，由于控制电机的称呼历史较长，在我国高等教育自动化类专业中，一直以来都是一门不可或缺的课程，在这里，习惯上称控制电机之外的非传统电机为特种电机，控制电机定义为自动化系统中常用的微型特种电机。

1.2 控制电机与特种电机的种类

根据1.1节的定义可知，控制电机一般包括直流测速发电机、直流伺服电动机、交流异步伺服电动机、旋转变压器、自整角机、步进电动机、直线电机等；特种电机包括开关磁阻电动机、永磁无刷直流电动机、交流永磁同步伺服电动机、盘式电机、超声波电机等。依用途而定，永磁无刷直流电动机、交流永磁同步伺服电动机等可以划为控制电机的范畴。

本书在后续的讲授过程中，不再特别强调到底是属于控制电机还是所谓特种电机的范畴，因为这并没有多大意义。重要的是通过本书，将传统电机之外常用的特殊电机及其控制系统一一介绍给大家。

1.3 控制电机与特种电机的应用概况

控制电机已经成为现代工业自动化系统、现代科学技术和现代军事装备中不可缺少的重要元件，它的应用范围非常广泛，例如：自动化生产线中的类机械手、火炮和雷达的自动定位、船舶方向舵的自动操纵、飞机的自动驾驶、遥远目标位置的显示、机床加工过程的自动控制和自动显示、阀门的遥控，以及电子计算机、自动记录仪表、医疗设备、录音录像设备等中的自动控制系统。

特种电机技术综合了电机、计算机、新材料、控制理论等多项高新技术，其应用遍及军事、航空航天、工农业生产、日常生活的各个领域。

(1) 工业控制自动化领域。随着现代工业的自动化和信息化，各类控制电机与特种电机被越来越广泛的应用，尤其以数字化形式为控制方式的现代混合式步进电动机、交流伺服电动机、直线伺服电动机等。

(2) 信息处理领域。信息产业在国内外都受到高度重视并获得高速发展，信息领域配套的微电机全世界每年的需求量约15亿台(套)。这类电机绝大部分是精密永磁无刷电动机、精密步进电动机等。

(3) 交通运输领域。目前，在高级汽车中，为了控制燃料和改善乘车感觉以及显示有关装置状态的需要，要使用40～50台电动机，而豪华轿车上的电动机可多达80台，汽车电器配套电机主要为永磁直流电动机、无刷直流电动机等。作为21世纪的绿色交通工具，电动汽车在各国受到普遍的重视，电动车辆驱动用电机主要是无刷直流电动机、开关磁阻电动机、永磁同步电动机等，这类电机的发展趋势是高效率、高出力、智能化。此外，特种电机在机车驱动、轮船推进中也取得了广泛应用，如直线电机用于磁悬浮列车、地铁的驱动在我国已经进入了商业应用阶段。

第1章 绪 论

(4) 家用电器领域。目前，工业化国家一般家庭中约用到35台以上的特种电机。为了满足用户越来越高的要求和适应信息时代发展的需要，实现家电产品节能化、舒适化、网络化、智能化，甚至提出了网络家电(或信息家电)的概念，家电的更新换代周期很快，对为其配套的电机提出了高效率、低噪声、低振动、低价格、可调速和智能化的要求。无刷直流电动机、开关磁阻电动机等新兴的机电一体化产品正逐步替代传统的单相异步电动机。

(5) 高档消费品领域。VCD和DVD等音响设备配套电机主要为印刷绕组电机、绕线盘式电机等，摄像机、数码照相机等高档电子消费产品需求量大，产品更新换代快，也是微特电机的主要应用领域之一，这类电机属于精密型、制造加工难度大，尤其进入数字化后，对电机提出了更苛刻的要求。

(6) 电气传动领域。工农业生产的各个部门都离不开电气传动系统，在要求速度控制与位置控制(伺服)的场合，特种电机的应用越来越广泛。如开关磁阻电机、无刷直流电机、功率步进电机、宽调速直流电机在数控机床、自动生产线、机器人等领域的应用。

(7) 特种用途，包括各种飞行器、探测器、自动化武器装备、医疗设备等。这类电机多为特殊电机或新型电机，包括从原理上、结构上和运行方式上都不同于一般电磁原理的电机，主要为低速同步电动机、谐波电动机、有限转角电动机、超声波电动机、微波电动机、电容式电动机、静电电动机等。

1.4 控制电机、特种电机与其控制系统的关系

不管是控制电机还是特种电机，与普通圆柱式交直流电机相比，它们都有其各自的特殊性，但基本上共同的一点是，它们更需要借助于控制器的控制来发挥作用，如开关磁阻电机没有位置信号的信息电机将无法运转、步进电机若无脉冲信号不能步进、无刷直流电机、永磁交流同步电机等若没有转子位置的信号将不能如期发挥它们的作用，等等。控制电机、特种电机与其控制系统是密不可分的，单独认识电机本体而不能理解其控制原理，是不完整的，可以说，脱离开系统来单独谈这些电机是没有实际意义的。

以前，由于用于电机控制的器件、控制理论等的滞后，严重影响了这些电机的性能、技术发展与推广应用。而随着新型电力电子器件的不断涌现，电机控制技术飞速发展，而微处理器的应用促进了模拟控制系统向数字控制系统的转化，数字化控制技术使得电机控制所需的复杂算法得以实现，大大简化了硬件设计，降低了成本，提高了精度，特别是最近几年来，工业控制的功能模块或专用芯片不断涌现，如美国的AD公司和TI公司都推出了用于电动机调速的数字信号处理器(DSP)，它将一系列外围设备如模/数(A/D)转换器，脉宽调制(PWM)发生器和DSP集成在一起，为电机控制提供了一个理想的解决方案。以开关磁阻电机控制为例，其常用的控制方法是电流模拟滞环控制和电压PWM调速控制。过去这种电压PWM控制策略都是通过分散的模拟器件实现的，因此，系统往往是电流开环，电流的大小和波形都缺乏相应的控制，最终影响到整个系统的运行性能。数字信号处理技术的快速发展以及高速、高集成度的电机控制专用DSP芯片的出现，不仅为开关磁阻电机的数字电流控制提供了强有力的基础，而且在电压PWM控制的基础上引入

电流闭环，实现了数字化，从而使得电流以最小的偏差逼近目标值，对提高电机出力和效率、降低电机噪声和转矩脉动有很大作用。

因此，无论是某些新型电机，还是传统的控制电机或特种电机，要实现提高性能的目的，控制系统俨然已经成为电机系统不可或缺的一部分，离开控制系统谈电机已经越来越不合时宜。

第2章 测速发电机

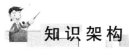知识架构

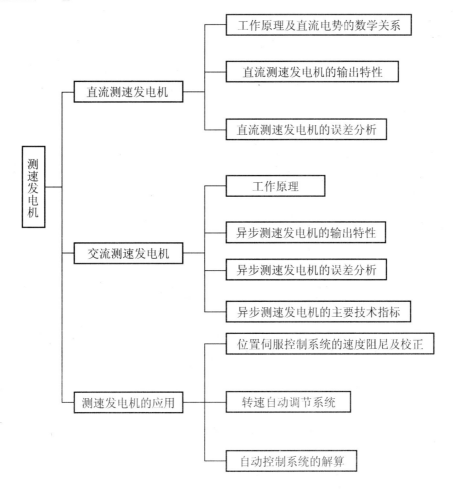

教学目标与要求

☞ 了解直流测速发电机电枢绕组的电动势及电压平衡方程式
☞ 掌握直流测速发电机的输出特性
☞ 掌握产生误差的原因及减小误差的方法
☞ 了解交流异步测速发电机的结构及其原理
☞ 掌握交流异步测速发电机的特性及其主要技术指标

引言

测速发电机(tachogenerator)是自控系统的常用元件,它可以把转速信号转换成电压信号输出,输出电压与输入的转速成正比关系,用于测量旋转体的转速,亦可作为速度信号的传送器。在自动控制系统和计算装置中,测速发电机一般作为测速元件、校正元件、解算元件和角加速度信号元件等。

按输出信号的形式,测速发电机可分为直流测速发电机和交流测速发电机两大类。

表示符号如图2.1所示。

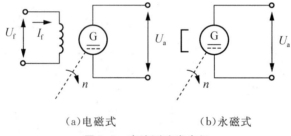

(a)电磁式　　　　　(b)永磁式

图2.1　直流测速发电机

1. 直流测速发电机

直流测速发电机实际上是一种微型直流发电机,按励磁方式可分为以下两种。

(1)电磁式直流测速发电机:表示符号如图2.1(a)所示。定子常为二极,励磁绕组由外部直流电源供电,通电时产生磁场。目前,我国生产的 ZCF 系列直流测速发电机为电磁式,如图2.2所示。

图2.2　ZCF 系列直流测速发电机

(2)永磁式直流测速发电机:表示符号如图2.1(b)所示。定子磁极由永久磁钢做成。由于没有励磁绕组,所以可省去励磁电源。它具有结构简单,使用方便等特点,近年来发展较快。其缺点是永磁材料的价格较贵,受机械振动易发生不同程度的退磁。为防止永磁式直流测速发电机的特性变坏,必须选用矫顽力较高的永磁材料。目前，我国生产的 CY、ZYS 系列直流测速发电机为永磁式，如图 2.3 所示。

图 2.3 CY、ZYS 系列直流测速发电机

2. 交流测速发电机

交流测速发电机包括同步和异步两种。交流异步测速发电机又分为空心杯转子异步测速发电机、笼式转子异步测速发电机两种。

（1）同步测速发电机：以永久磁铁作为转子的交流发电机。输出电压和频率随转速同时变化，又不能判别旋转方向，使用不便，在自动控制系统中用得很少，主要供转速的直接测量用。

（2）空心杯转子异步测速发电机：由内定子、外定子以及在它们之间的气隙中转动的杯形转子所组成。励磁绕组、输出绕组嵌在定子上，彼此在空间相差 90°电角度。杯形转子由非磁性材料制成。其输出绕组中感应电动势大小正比于杯形转子的转速，输出频率和励磁电压频率相同，与转速无关。反转时输出电压相位也相反。杯形转子是传递信号的关键，其质量好坏对性能起很大作用。由于它的技术性能比其他类型交流测速发电机（空心杯发电机）优越，结构不很复杂，同时噪声低，无干扰且体积小，是目前应用最为广泛的一种交流测速发电机。我国生产的 CK 系列测速发电机就属于这一类，如图 2.4 所示。

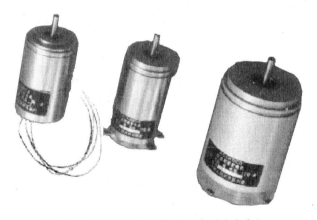

图 2.4 CK 系列空心杯转子异步测速发电机

（3）笼式转子异步测速发电机：与交流伺服电动机相似，因其输出的线性度较差，仅用于要求不高的场合。

作为自动控制系统的常用元件，自控系统一般要求测速发电机要有精确度高、灵敏度高、可靠性好等特点。具体要求为：

① 输出电压与转速呈线性关系；

② 温度变化对输出特性的影响要小；

③ 输出电压的斜率特性要好，即转速变化所引起的输出电压的变化要灵敏；

④ 剩余电压（转速为零时的输出电压）要小；

⑤ 输出电压的极性和相位能够反映被测对象的转向；

⑥ 摩擦转矩和惯性要小。

在实际应用中，对测速发电机的要求因自控系统特点的不同又各有侧重。例如，作为解算元件时，对线性误差、温度误差和剩余电压等都要求较高，一般允许在千分之几到万分之几的范围内，但对输出电压的斜率要求却不高；作校正元件时，对线性误差等精度指标的要求不高，而要求输出电压的斜率要大。

2.1 直流测速发电机

2.1.1 直流测速发电机的输出特性

测速发电机输出电压和转速的关系，称为输出特性（output characteristic），即 $U=f(n)$。直流测速发电机的工作原理与一般直流发电机相同。

根据直流电机理论，在磁极磁通量 Φ 为常数时，电枢感应电动势为

$$E_a = C_e \Phi n = K_e n \tag{2-1}$$

式中：C_e 称为电动势常数，取决于电机的结构；Φ 为电机气隙磁通；$K_e = C_e \Phi$，为常数；n 为电机转速。

空载时，流过电枢的电流 $I_a=0$，对应的直流测速发电机的输出电压和电枢感应电动势相等，因而输出电压与转速成正比。

负载时，如图 2.5 所示。因为电枢电流 $I_a \neq 0$，对应直流测速发电机的输出电压为

$$U_a = E_a - I_a R_a - \Delta U_b \tag{2-2}$$

式中，ΔU_b 为电刷接触压降；R_a 为电枢回路电阻。

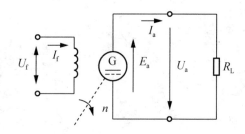

图 2.5　直流测速发电机带负载输出特性原理图

在理想情况下，不考虑其电刷和换向器之间的接触电阻，即 $\Delta U_b = 0$，则直流测速电机在负载时的输出电压为

$$U_a = E_a - I_a R_a \tag{2-3}$$

式（2-3）称为直流发电机电压平衡方程式，式中，R_a 为电枢回路的总电阻，包括电枢绕组的电阻、电刷和换向器之间的接触电阻；I_a 为电枢总电流，且显然有，在带有负载后，由于电阻 R_a 上有电压降，测速发电机的输出电压比空载时小。负载时电枢电流为

$$I_a = \frac{U_a}{R_L} \tag{2-4}$$

式（2-4）中，R_L 为测速发电机的负载电阻。

将式（2-4）代入式（2-3）得

$$U_a = E_a - \frac{U_a}{R_L} R_a \tag{2-5}$$

化简后为

$$U_a = \frac{E_a}{1+\dfrac{R_a}{R_L}} \qquad (2-6)$$

将式(2-1)代入式（2-6）得

$$U_a = \frac{C_e\Phi}{1+\dfrac{R_a}{R_L}}n \qquad (2-7)$$

即

$$U_a = \frac{K_e}{1+\dfrac{R_a}{R_L}}n = Cn \qquad (2-8)$$

其中，$K_e = C_e\Phi$，为常数。

$$C = \frac{K_e}{1+\dfrac{R_a}{R_L}}$$

C 为测速发电机输出特性的斜率。当不考虑电枢反应，且认为 Φ、R_a 和 R_L 都能保持为常数时，斜率 C 也是常数，输出特性便有线性关系。对于不同的负载电阻 R_L，对应的测速发电机输出特性的斜率也不同，并且它随负载电阻的增大而增大，如图 2.6 中实线所示。

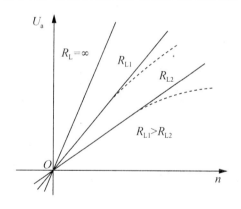

图 2.6 直流测速发电机的输出特性

实际上直流测速发电机的输出特性 $U_a = f(n)$ 并不是严格的线性特性，而是与线性特性之间存在有误差，如图 2.6 中的虚线所示。下面分析直流测速发电机误差的产生原因及减小误差的方法。

2.1.2 直流测速发电机的误差及其减小的方法

1. 温度影响

前边得出的 $U_a = f(n)$ 为线性关系的条件之一是励磁磁通 Φ 为常数。实际上，发电机周围环境温度的变化以及发电机本身发热都会引起发电机绕组电阻的变化。当温度升高时，励磁绕组电阻增大，励磁电流减小，磁通也随之减小，输出电压就降低。反之，当温度下降时,输出电压便升高。

为了减小温度变化对输出特性的影响,通常可采取下列措施:

(1) 设计发电机时,磁路比较饱和,使励磁电流的变化所引起磁通的变化较小;

(2) 在励磁回路中串联一个阻值比励磁绕组电阻大几倍的附加电阻来稳流。

测速发电机的磁通通常被设计在近乎饱和的状态,因为磁路饱和后,励磁电流变化所引起的磁通的变化较小。但是,由于绕组电阻随温度变化而变化的数量相当可观,例如,铜绕组的温度增加 25℃,其阻值便增加 10%,因此温度变化仍然对输出电压有影响。以一台型号为 ZCF16 的直流测速发电机为例,如在室温下(17℃)合闸,调节励磁电流 $I_f=$ 300mA,转速为 2400r/min,其输出电压是 55V,1h 后再观察,见 I_f 已降至 277mA(期间保持励磁电压和转速均不变),而输出电压也下降了 3.7%。若把 I_f 再调回到 300mA,则输出电压只降低了 0.66%。可见励磁绕组发热对输出电压的影响是很大的。因此,如果要使输出特性很稳定,就必须采取措施以减弱温度对输出特性的影响。例如,在励磁回路中串联一个阻值比励磁绕组电阻大几倍的附加电阻来稳流;附加电阻可以用温度系数较低的合金材料来制作,如锰镍铜合金或者镍铜合金。尽管温度的升高将引起励磁绕组电阻增大,但整个励磁回路的总电阻增加不多。

对于温度变化所引起的误差要求比较严格的场合,可在励磁回路中串联负温度系数的热敏电阻并联网络,如图 2.7 所示。

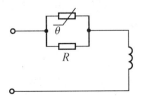

图 2.7　励磁回路中的热敏电阻并联网络

选择并联网络参数的方法是:做出励磁绕组电阻随温度变化的曲线(图 2.8 中曲线 1)。再做出并联网络电阻随温度变化的曲线(图 2.8 中曲线 2);前者温度系数为正,后者温度系数为负。只要使这两条曲线的斜率相等,励磁回路的总电阻就不会随温度而变化(图 2.8 中曲线 3),因而励磁电流及励磁磁通也就不会随温度而变化。

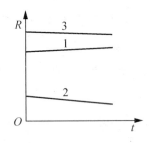

图 2.8　电阻随温度变化的曲线

1—励磁绕组曲线;2—并联网络曲线;3—励磁回路总电阻曲线

2. 电枢反应的影响

发电机空载时,只有励磁绕组产生的主磁场。发电机负载时,电枢绕组中流过的电流也要产生磁场,称为电枢磁场。所以,负载运行时,发电机中的磁场是主磁场和电枢磁场的合成。图2.9(a)所示是定子励磁绕组产生的主磁场,图2.9(b)所示是电枢绕组产生的电枢磁场,图2.9(c)所示是主磁场和电枢磁场产生的合成磁场。

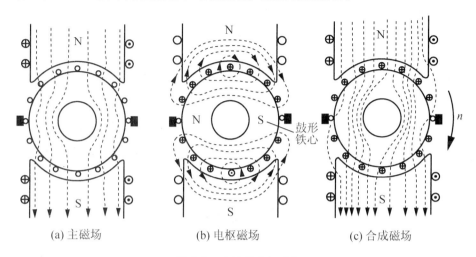

图 2.9 直流发电机磁场

根据电枢电流的特点,下面主要分析电枢电流单独产生的电枢磁场。因为电枢导体的电流方向总是以电刷为其分界线,即电刷两侧导体中的电流大小相等,方向相反,不论转子转到哪个位置,电枢导体电流在空间的分布情况始终不变。因此,电枢电流所产生的磁场在空间的分布情况也不变,即电枢磁场在空间是固定不动的恒定磁场。其磁感线的分布可以根据右手螺旋定则做出,如图2.9(b)所示。由于电刷位于几何中性线上,所以电枢磁场在电刷轴线两侧是对称的,电刷轴线就是电枢磁场的轴线。

由图2.9(b)可以看出,电枢磁场也是一个两极磁场,主磁极轴线的左侧相当于该磁场的N极,右侧相当于S极。另外,在每个主磁极下面,电枢磁场的磁通在半个极下由电枢指向磁极,在另外半个极下则由磁极指向电枢,即半个极下电枢磁通和主磁通同向,另外半个极下电枢磁通和主磁通反向,因此合成磁通的磁通密度在半个极下是加强了,在另外半个极下是削弱了,如图2.9(c)所示。由于电枢磁场的存在,气隙中的磁场发生畸变,这种现象称为电枢反应。

如果发电机的磁路不饱和(即磁路为线性),磁场的合成就可以应用叠加原理,例如,N极右半个极下的合成磁通等于1/2主磁通与1/2电枢磁通之和,左半个极下的合成磁通等于1/2主磁通与1/2电枢磁通之差。因此,N极左半个极的削弱和右半个极的加强互相抵消,整个极的磁通保持不变,仅仅磁场的分布发生了变化。

在实际发电机中,叠加原理并不完全适用。因为发电机的极靴端部和电枢齿部空载时就比较饱和,加上电枢磁通以后,N极右半极由于磁通变大,磁路将更加饱和,磁阻变大,合成磁通要小于1/2主磁通与1/2电枢磁通之和。左半极由于磁通变小,磁路饱和程度降低,合成磁通等于1/2主磁通与1/2电枢磁通之差。也就是造成了N极左半极磁通的减小值大于右半极磁通的增加值,因此N极总的磁通有所减小。同理,S极的情况也是如此。这样,电枢对主磁场有去磁作用。因此,即使发电机励磁电流不变,其空载时的磁通

Φ_0 和有载时的合成磁通 Φ 是不相等的,且有 $\Phi_0 > \Phi$。对应的,在同一转速下,空载时的感应电动势 E_{a0} 和有载时的感应电动势 E_a 也不相等,且有 $E_{a0} > E_a$。负载电阻减小或转速越高,电枢电流就越大,电枢反应去磁作用越强,磁通 Φ 被削弱得越多,输出特性偏离直线越远,线性误差越大(图 2.6 中虚线部分)。

为了减小电枢反应对输出特性的影响,应尽量使发电机的气隙磁通保持不变。通常采取以下一些措施:

(1) 对电磁式直流测速发电机,在定子磁极上安装补偿绕组。有时为了调节补偿的程度,还接有分流电阻,如图 2.10 所示。

(2) 在设计发电机时,选择较小的线负荷($A = \dfrac{N_C i_C}{\pi D_a}$)和较大的空气隙。

(3) 在使用时,转速不应超过最大线性工作转速,所接负载电阻不应小于最小负载电阻,以保证线性误差在限定范围内。

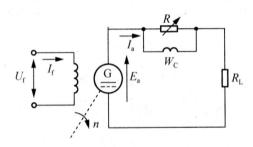

图 2.10 有补偿绕组时的接线图

3. 延迟换向去磁

直流发电机中,电枢绕组元件的电流方向以电刷为其分界线。发电机旋转时,当电枢绕组元件从一条支路流过电刷进入另一条支路时,其中电流反向,由 $+i_a$ 变为 $-i_a$。但在元件经过电刷而被电刷短路的过程中,它的电流既不是 $+i_a$ 也不是 $-i_a$,而是处于由 $+i_a$ 变到 $-i_a$ 的过渡过程。这个过程称为元件的换向过程,正在进行换向的元件称为换向元件,换向元件从开始换向到换向结束所经历时间称为换向周期。

如图 2.11 所示,从图 2.11(a)到图 2.11(c),元件 1 从等值电路的左边支路换接到右边支路,其中电流从一个方向($+i_a$)变为另一个方向($-i_a$);而在图 2.11(b)所示的时刻,元件 1 被电刷短路,正处于换向过程,其中电流为 i。1 号元件为换向元件。从图 2.11(a)到图(c)所经历的时间为一个换向周期。

在理想换向情况下,当换向元件的两个有效边处于几何中性线位置时,其电流应该为零,但实际上在直流测速发电机中并非如此。虽然此时元件中切割主磁通产生的电动势为零,但仍然有电动势存在,使电流过零时刻延迟,这种情况称为延迟换向。分析如下:

由于元件本身有电感,因此在换向过程中当电流变化时,换向元件中要产生自感电动势:

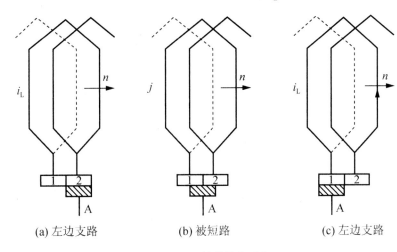

(a) 左边支路　　　　　(b) 被短路　　　　　(c) 左边支路

图 2.11　元件的换向过程

$$e_L = -L \frac{di}{dt}$$

式中：L 为换向元件的电感；i 为换向元件的电流。

根据楞次定律，e_L 的方向将力图阻止换向元件中的电流改变方向，即力图维持换向元件换向前的电流方向，所以 e_L 的方向应与换向前的电流方向相同，是阻碍换向的。

同时，换向元件在经过几何中性线位置时，由于切割电枢磁场而产生切割电动势 e_a；根据楞次定律和右手定则可以确定，e_L 和 e_a 所产生的电流的方向与换向前的电流方向相同，是阻碍换向的。换向元件中有总电动势 $e_k = e_L + e_a$，由于总电动势 e_k 的阻碍作用而使换向过程延迟；同时，总电动势 e_k 在换向元件中产生附加电流 i_k，i_k 方向与 e_k 方向一致。由 i_k 产生磁通 Φ_k，其方向与主磁通方向相反，对主磁通有去磁作用，这样的去磁称为延迟换向去磁。主磁通方向如图 2.12 所示。

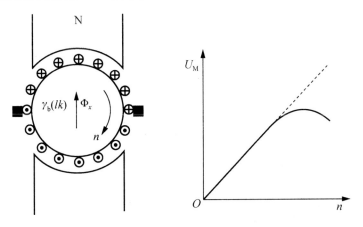

图 2.12　换向元件的电动势　　图 2.13　延迟换向对输出特性的影响

如果不考虑磁通变化，则直流测速发电机电动势与转速成正比，当负载电阻一定时，电枢电流及绕组元件电流也与转速成正比；换向周期与转速成反比，发电机转速越高，元件的换向周期越短；e_L正比于单位时间内换向元件电流的变化量。基于上述分析，e_L必正比转速的平方，即$e_L \propto n^2$。同样可以证明$e_a \propto n^2$。因此，换向元件的附加电流及延迟换向去磁磁通与n^2成正比，使输出特性呈现图 2.13 所示的形状。为了改善线性度，对于小容量的测速发电机一般采取限制转速的措施来削弱延迟换向去磁作用，这一点与限制电枢反应去磁作用的措施是一致的，即规定了最高工作转速。

4. 纹波影响

根据$E_a = C_e \Phi n$，当Φ、n为定值时，电刷两端应输出不随时间变化的稳定的直流电动势。然而，实际的发电机并非如此，其输出电动势总带有微弱的脉动，通常把这种脉动称为纹波。

纹波主要是由于发电机本身的固有结构及加工误差所引起的。由于电枢槽数及电枢元件数有限，在输出电动势中将引起脉动。

纹波电压的存在对于测速发电机用于阻尼或速度控制都很不利，实用的测速发电机在结构和设计上都采取了一定的措施来减小纹波幅值。措施一，增加每条支路中的串联元件数可以减小纹波，但是由于工艺所限，发电机槽数、元件数及换向片数不可能无限增加，因此纹波的产生不可避免；措施二，采用无槽电枢工艺（电枢的制造是将敷设在光滑电枢铁心表面的绕组，用环氧树脂固化成型并与铁心黏结在一起）就可以大大减小因齿槽效应而引起的输出电压纹波幅值，与有槽电枢相比，输出电压纹波幅值可以减小五倍以上。

5. 电刷接触压降影响

$U_a = f(n)$为线性关系的另一个条件是电枢回路总电阻R_a为恒值。实际上，R_a中包含的电刷与换向器的接触电阻不是一个常数。电刷接触电阻是非线性的，与流过的电流密度有关。当电枢电流较小时，接触电阻大，接触压降也大；电枢电流较大时，接触电阻小。可见接触电阻与电流成反比。只有电枢电流较大，电流密度达到一定数值后，电刷接触压降才可近似认为是常数。

为了考虑此种情况对输出特性的影响，把电压方程式$U_a = E_a - I_a R_a$改写$U_a = E_a - I_a R_w - \Delta U_b$。式中，$R_w$为电枢绕组电阻；$\Delta U_b$为电刷接触压降。

电刷接触压降与下述因素密切相关：①电刷和换向器的材料；②电刷的电流密度；③电流的方向；④电刷单位面积上的压力；⑤接触表面的温度；⑥换向器圆周线速度；⑦换向器表面的化学状态和机械方面的因素等等。

换向器圆周线速度对ΔU_b影响较小，在小于允许的最大转速范围内，可认为速度不会引起ΔU_b的变化。但随着转速的升高，电枢电流增大，电刷电流密度增加。当电刷电流密度较小时，随着电流密度的增加，ΔU_b也相应增大。当电流密度达到一定数值后，ΔU_b几乎等于常数。

考虑到电刷接触压降的影响，直流测速发电机的输出特性如图 2.14 所示。在转速较低时，输出特性上有一段输出电压极低的区域，这一区域称为不灵敏区，以符号Δn表示。即在此区域内，测速发电机虽然有输入信号（转速），但输出电压很小，对转速的反应很不灵敏。接触电阻越大，不灵敏区也越大。

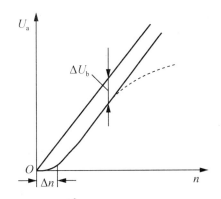

图 2.14 考虑电刷接触压降后的输出特性

为了减小电刷接触压降的影响，缩小不灵敏区，在直流测速发电机中，常常采用导电性能较好的黄铜-石墨电刷或含银金属电刷。铜制换向器的表面容易形成氧化层，也会增大接触电阻，在要求较高的场合，换向器也用含银合金或者在表面渡上银层，这样也可以减小电刷和换向器之间的磨损。

当同时考虑电枢反应和电刷接触压降的影响，直流测速发电机的输出特性应如图 2.14 中的虚线所示。在负载电阻很小或转速很高时，输出电压与转速之间出现明显非线性关系。因此，在实际使用时，宜选用较大的负载电阻和适当的转子转速。

同时，电刷和换向器的接触情况还与化学、机械等因素有关，它们引起电刷与换向器滑动接触的不稳定性，以致使电枢电流含有高频尖脉冲。为了减少这种无线电频率的噪声对邻近设备和通信电缆的干扰，常常在测速发电机的输出端连接滤波电路。

如上所述，在理想条件下，输出特性应为一条直线，而实际的特性与直线有偏差。电枢反应和延迟换向的去磁效应使线性误差随着转速的增高或负载电阻的减小而增大。因此，在使用时必须注意发电机转速不得超过规定的最高转速，负载电阻不可小于给定值。纹波电压、电刷和换向器接触压降的变化造成了输出特性的不稳定，因而降低了测速发电机的精度。测速发电机的输出特性对于温度的变化是比较敏感的。凡是温度变化较大，或是对变温输出误差要求严格的场合，还需对测速发电机进行温度补偿。通过以上措施，就可以大大提高直流测速发电机的精确度和灵敏度，使其可靠性更好。

直流测速发电机的发展趋势是：提高灵敏度和线性度，减少纹波电压和变温所引起的误差，减轻重量，缩小体积，增加可靠性，发展新品种。

（1）发展高灵敏度测速发电机；

（2）改进电刷与换向器的接触装置，发展无刷直流测速发电机；

（3）发展永磁式无槽电枢、杯形电枢、印制绕组电枢测速发电机。

2.2 交流异步测速发电机

交流测速发电机可分为同步测速发电机和异步测速发电机两大类。

同步测速发电机又分为永磁式、感应子式和脉冲式 3 种。由于同步测速发电机感应电动势的频率随转速变化，致使负载阻抗和发电机本身的阻抗均随转速而变化，所以在自动控制系统中较少采用。故本书不作进一步的介绍。

交流异步测速发电机与直流测速发电机一样,是一种测量转换或传递转换信号的元件。

异步测速发电机按其结构可分为笼式转子和空心杯转子两种,它的结构与交流伺服电动机相同。笼式转子异步测速发电机输出斜率大,但线性度差,相位误差大,剩余电压高,一般只用在精度要求不高的控制系统中。空心杯转子异步测速发电机的精度较高,转子转动惯量也小,性能稳定。目前,我国生产的这种测速发电机的型号为CK。

2.2.1 空心杯转子异步测速发电机的结构和工作原理

空心杯转子异步测速发电机的结构与空心杯转子交流伺服电动机一样,它的转子也是一个薄壁非磁性杯,杯壁厚约为 0.2~0.3mm,通常由电阻率比较高的硅锰青铜或锡锌青铜制成。定子上嵌有空间相差 90°电角度的两相绕组,其中一相绕组为励磁绕组 W_f;另一相绕组为输出绕组 W_2。在机座号较小的发电机中,一般把两相绕组都嵌在内定子上;机座号较大的发电机,常把励磁绕组嵌在外定子上,把输出绕组嵌在内定子上。有时为了便于调节内、外定子的相对位置,使剩余电压最小,在内定子上还装有内定子转动调节装置。

为了减小由于磁路不对称和转子电气性能的不平衡所引起的不良影响,空心杯转子异步测速发电机通常采用四极电机。

空心杯转子异步测速发电机的工作原理如图 2.15 所示。空心杯转子可以看成一个笼式导条数目很多的笼式转子。当发电机的励磁绕组加上频率为 f 的交流电压 $\dot{U}_f$,则在励磁绕组中就会有电流 $\dot{I}_f$ 通过,并在内外定子间的气隙中产生脉振磁场。脉振的频率与电源频率 f 相同,脉振磁场的轴线与励磁绕组 W_f 的轴线一致。

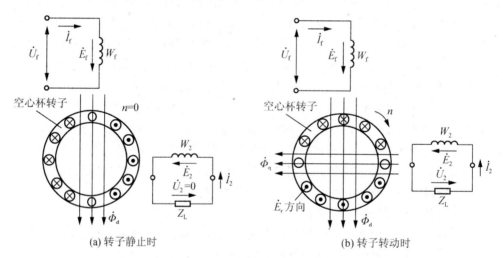

图 2.15 异步测速发电机的工作原理

当转子静止($n=0$)时,转子杯导条与脉振磁通 $\dot{\Phi}_d$ 相匝链,并产生感应电动势。这时励磁绕组与转子杯之间的电磁耦合情况和变压器一次侧和二次侧的情况完全一样。因此,脉振磁场在励磁绕组和转子杯中分别产生的感应电动势称为变压器电动势。

若忽略励磁绕组 W_f 的电阻 R_1 及漏抗 X_1,则根据变压器的电压平衡方程式,电源电压 $\dot{U}_f$

第2章 测速发电机

与励磁绕组中的感应电动势 E_f 相平衡，电源电压的大小近似地等于感应电动势的大小，即

$$E_f \approx U_f$$

因为 $E_f \propto \Phi_d$ 故

$$\Phi_d \propto U_f$$

所以当电源电压 U_f 一定时，磁通 Φ_d 也基本保持不变。

由于输出绕组的轴线与励磁绕组的轴线相差 90°电角度。因此，磁通 Φ_d 与输出绕组无匝链，不会在输出绕组中产生感应电动势，输出电压 U_2 为零，如图 2.15(a)所示。

当转子以转速 n 转动时，转子杯中除了上述变压器电动势外，转子杯导条切割磁通而产生切割电动势 E_r（又称旋转电动势），如图 2.15(b)所示。电于磁通 Φ_d 为脉振磁通，所以电动势 E_r 也为交变电动势。其交变的频率为磁通 Φ_d 的脉振频率 f，它的大小为

$$E_d = C_2 n \Phi_d \tag{2-9}$$

式中，C_2 为电动势比例常数。

若磁通 Φ_d 的幅值为恒定时，则电动势 E_r 与转子的转速 n 成正比关系。

由于转子杯为短路绕组，电动势 E_r 就在转子杯中产生短路电流 I_r，电流 I_r 也是频率为 f 的交变电流，其大小正比于电动势 E_r。若忽略转子杯中漏抗的影响，电流 I_r 在时间相位上与转子杯电动势 E_r 同相位，即在任一瞬时，转子杯中的电流方向与电动势方向一致。

当然，转子杯中的电流 I_r 也要产生脉振磁通 Φ_q，其脉振频率仍为 f，而大小则正比于电流 I_r，即

$$\Phi_q \propto I_r \propto E_r \propto n$$

无论转速如何，由于转子杯上半周导体的电流方向与下半周导体的电流方向总相反，而转子导条沿着圆周又是均匀分布的。因此，转子杯中的电流 I_r 产生的脉振磁通 Φ_q 在空间的方向总是与磁通 Φ_d 垂直，而与输出绕组 W_2 的轴线方向一致。Φ_q 将在输出绕组中感应出频率为 f 的电动势 E_2，从而产生测速发电机的输出电压 U_2，它的大小正比于 Φ_q，即

$$U_2 \propto E_{2r} \propto \Phi_q \propto n$$

因此，当测速发电机励磁绕组加上电压 U_f，以转速 n 旋转时，测速发电机的输出绕组将产生输出电压 U_2。它的频率和电源频率 f 相同，与转速 n 的大小无关；输出电压的大小与转速 n 成正比。当发电机反转时，由于转子杯中的电动势、电流及其产生的磁通的相位都与原来相反，因而输出电压 U_2 的相位也与原来相反。这样，异步测速发电机就可以很好地将转速信号变换成电压信号，实现测速的目的。

以上分析可见，为了保证测速发电机的输出电压和转子转速成严格正比关系，就必须保证磁通 Φ_d 为常数。实际上，由于转子杯漏抗的影响，磁通 Φ_d 要发生变化。另一方面，当发电机中产生磁通 Φ_q 后，转子杯旋转时又同时切割磁通 Φ_q，同样又会产生与磁通 Φ_d 轴线相同的磁通，使 Φ_d 发生变化。这些因素都将影响到测速发电机输出特性的线性度。所以，在测速发电机的结构选型和参数选择时，对上述因素都需要认真考虑。

为了解决转子漏抗对输出特性的影响，异步测速发电机都采用非磁性空心杯转子，并使空心杯的电阻值取得相当大。这样，就可完全略去转子漏阻抗的影响。同时因转子电阻增大后，也可以使转子切割磁通 Φ_q 所产生的与励磁绕组轴线相同的磁动势大大削弱。但是，转子的电阻值选得过大，会使测速发电机输出电压的斜率降低，发电机的灵敏度下降。

此外，为了保证磁通 Φ_d 尽可能不变，还必须设法减小励磁绕组的漏阻抗。因为在外加励磁电源电压不变时，即使因转子磁动势引起的励磁电流变化，漏阻抗压降变化的也很小，励磁磁通 Φ_d 也就基本上保持不变。

2.2.2 异步测速发电机的输出特性

在理想情况下，异步测速发电机的输出特性应是直线，但实际上异步测速发电机输出电压与转速之间并不是严格的线性关系，而是非线性的。应用双旋转磁场理论或交轴磁场理论，在励磁电压和频率不变的情况下，可得

$$U_2 = \frac{An^2}{1+B(n^*)^2} U_f \tag{2-10}$$

式中：$n^* = \dfrac{n}{\dfrac{60f}{p}}$，$n^*$ 为转速的标么值；A 为电压系数，是与发电机及负载参数有关的复系数；B 为与发电机及负载参数有关的复合系数。

由式(2-10)可以看出，由于分母中有 $B(n^*)^2$ 项，使输出特性不是直线而是一条曲线，如图 2.16 所示。造成输出电压与转速成非线性关系，是因为异步测速发电机本身的参数是随转速而变化的；输出电压与励磁电压之间的相位差也将随转速而变化。

此外，输出特性还与负载的大小、性质以及励磁电压的频率与温度变化等因素有关。

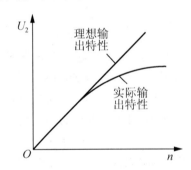

图 2.16 异步测速发电机的输出特性

2.2.3 负载阻抗对异步测速发电机输出特性的影响

异步测速发电机在控制系统中工作时，一般情况下输出绕组所连接的负载阻抗是很大的，所以可以近似地用输出绕组开路的情况进行分析。但倘若负载阻抗不是足够大，负载阻抗对发电机的性能就会有影响。下面来讨论不同负载对输出电压的影响。

由于异步测速发电机输出电压与负载阻抗之间的函数关系是相当复杂的，所以为了分析方便，假设励磁电压 $\dot{U}_f$ 不变时，磁通 $\dot{\Phi}_d$ 为常数。这样，输出绕组的感应电动势 $\dot{E}_2$ 就仅与转速成正比，当转速不变时，电动势 $\dot{E}_2$ 也为常数，且设此时 $\dot{E}_2$ 滞后励磁电压 $\dot{\Phi}_0$。输出绕组的电压平衡方程式为

$$\dot{E}_2 = \dot{U}_2 + \dot{I}_2(R_2 + jX_2) = \dot{I}_2 Z_L + \dot{I}_2(R_2 + jX_2) \tag{2-11}$$

式中：R_2 和 X_2 分别为输出绕组的电阻和漏抗。

下面用相量图来观察 $\dot{E}_2$ 不变时，负载阻抗 Z_L 对输出电压的影响。

1. $Z_L = R_L$ 时，即测速发电机接有纯电阻负载时的情况

由式（2-11）得

$$\dot{E}_2 = \dot{I}_2 R_L + \dot{I}_2 (R_2 + jX_2) = \dot{I}_2 (R_L + R_2) + j\dot{I}_2 X_2 = 常数 \qquad (2-12)$$

由式（2-12），以励磁电压 $\dot{U}_f$ 为参考相量，做出相量图，如图 2.17 所示。

空载时 $\dot{I}_2 = 0$，输出电压 $U_2 = E_2$，U_2 与 U_f 的相位差为 Φ_0。当负载时，有 $OC = U_2 = I_2 Z_L = I_2 R_L$，$OC$ 的方向也是 I_2 的方向。$CB = I_2 R_2$；$BA = I_2 X_2$；$OA = E_2$；$\alpha = \arctan \dfrac{X_2}{R_2}$ = 常数；$\beta = 180° - \alpha$ = 常数。

由于 $\triangle OBA$ 为直角三角形，并且 $\dot{E}_2$ 为常数不变，所以负载变化时，B 点的轨迹应为以 OA 为直径的圆弧。又因 α 不随 R_L 而变化，β 也为常数，所以输出电压 $\dot{U}_2$ 的端点 C 的轨迹应为圆弧 $\overset{\frown}{OCA}$。当负载电阻 R_L 减小时，B 点移至 B' 点，C 点移至 C' 点，输出电压 U_2 由 OC 减小至 OC'，输出电压与励磁电压之间的相位差由 Φ 增加至 Φ'。当 $R_L = 0$ 时，$\dot{U}_2 = 0$。

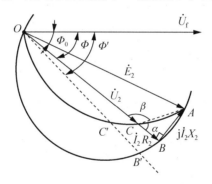

图 2.17 $Z_L = R_L$ 时输出电压的变化

2. $Z_L = jX_L$ 时，即测速发电机接纯电感负载时的情况

由式（2-11）得

$$\dot{E}_2 = j\dot{I}_2 X_L + \dot{I}_2 (R_2 + jX_2) = \dot{I}_2 R_2 + j\dot{I}_2 (X_2 + X_L) = 常数 \qquad (2-13)$$

做出相量图，如图 2.18 所示，有 $CB = I_2 X_2$；$BA = I_2 R_2$；$OC = U_2$；$OA = E_2$；$\alpha = \arctan \dfrac{R_2}{X_2}$ = 常数。

同理可知，当负载感抗 X_L 改变时，输出电压 $\dot{U}_2$ 的端点 C 的轨迹为圆弧 $\overset{\frown}{OCA}$。当负载感抗 X_L 减小时，C 点移至 C' 点，输出电压 $\dot{U}_2$ 以及它与励磁电压之间的相位差同时都要减小。当 X_L 变得相当小时，有可能 $\dot{U}_2$ 超前 $\dot{U}_f$。当 $X_L = 0$ 时，$\dot{U}_2 = 0$。

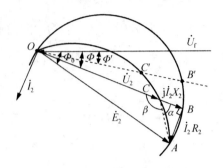

图 2.18 $Z_L = jX_L$ 时输出电压的变化

3. $Z_L = -jX_C$ 时，即测速发电机接纯电容负载时的情况

由式(2-11)可得

$$\dot{E}_2 = -j\dot{I}_2 X_C + \dot{I}_2(R_2 + jX_2) = \dot{I}_2 R_2 + j\dot{I}_2(X_2 - X_C) = 常数 \quad (2-14)$$

做出相量图，如图 2.19 所示，$CB = I_2 X_2$；$BA = I_2 R_2$；$OC = U_2$；$OA = E_2$；$\alpha = \arctan \dfrac{R_2}{X_2} = $ 常数。

同理可知，当负载容抗 X_C 改变时，输出电压 $\dot{U}_2$ 的端点 C 的轨迹为圆弧 $\overset{\frown}{OCA}$。当负载容抗 $X_C = \dfrac{R^2 + X^2}{X^2}$ 时，输出电压有最大值 $OC' = U_{2m}$，即为轨迹圆的直径。因此，当负载容抗 X_C 由 ∞ 减小至 $X_C = \dfrac{R^2 + X^2}{X^2}$ 时，输出电压 $\dot{U}_2$ 随之增大，相位角 Φ 也随之增大；当负载容抗由 $X_C = \dfrac{R^2 + X^2}{X^2}$ 再继续减小时，输出电压 $\dot{U}_2$ 则随之减小，相位角 Φ 却继续增大，最后甚至超过 90°。

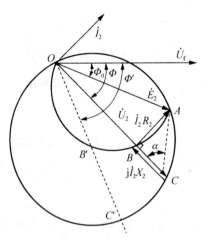

图 2.19 $Z_L = -jX_C$ 时输出电压的变化

综合以上分析可得输出电压的大小和相位移与负载阻抗的关系，如图 2.20 所示。

由此可得如下结论：

(1) 当异步测速发电机的转速一定，且负载阻抗足够大时，无论什么性质的负载，即使负载阻抗有变化也不会引起输出电压有明显改变。

（2）当 $X_C > \dfrac{R^2 + X^2}{X^2}$ 时，电容负载和电阻负载对输出电压值的影响是相反的。所以，若测速发电机输出绕组接有电阻-电容负载时，则负载阻抗的改变对输出电压值的影响可以互补，有可能使输出电压不受负载变化的影响，却扩大了对相位移的影响。

（3）若输出绕组接有电阻-电感负载，则可获得相位移不受负载阻抗改变的影响，却扩大了对输出电压值的影响。

实际中到底选用什么性质的负载，即对输出电压的幅值还是其相位移进行互补，应由系统的要求来决定。一般希望输出电压值不受负载变化的影响，故常采用电阻-电容负载。

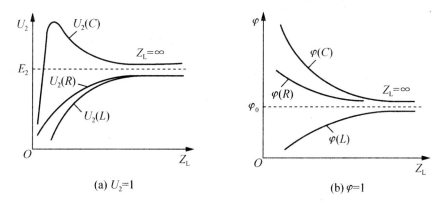

图 2.20 输出电压的大小和相位与负载阻抗的关系

2.2.4 异步测速发电机误差的产生原因及减小措施

1. 气隙磁通 $\dot{\Phi}_d$ 的变化

根据异步测速发电机的工作原理，当略去励磁绕组和转子漏阻抗的影响时，气隙磁通 $\dot{\Phi}_d$ 能保持常数，输出电压与转速之间便有线性关系。事实上，漏阻抗总是存在的，当转子旋转切割磁通 $\dot{\Phi}_d$ 后，在转子杯导条中产生的电流 $\dot{I}_r$ 将在时间相位上滞后电动势 $\dot{E}_r$ 一个角度。在同一瞬时，转子杯中电流方向如图 2.21 中的内圈符号所示。由电流 $\dot{I}_r$ 所产生的磁通 $\dot{\Phi}_r$ 在空间上就不与 $\dot{\Phi}_d$ 相差 $90°$ 电角度。但可以把它分解为 $\dot{\Phi}_2$ 和 $\dot{\Phi}_d'$ 两个分量，其中 $\dot{\Phi}_d'$ 的方向与磁通 $\dot{\Phi}_d$ 正好相反，起去磁作用；另外，转子旋转还要切割磁通 $\dot{\Phi}_2$，又要在转子杯导条中产生切割电动势 $\dot{E}_2'$ 和电流 $\dot{I}_2'$，而且它们正比于转速 n 的平方。根据磁通 $\dot{\Phi}_2$ 与转速 n 的方向，可确定出在此瞬间 $\dot{E}_2'$ 和 $\dot{I}_2'$ 的方向，如图 2.21 中的外圈符号所示（为了简化起见，这里仍不计 X_2 的影响）。当然 $\dot{I}_2'$ 也要产生磁通。由图 2.21 可见，$\dot{I}_2'$ 所产生的磁通 $\dot{\Phi}_d''$ 的方向也与磁通 $\dot{\Phi}_d$ 正好相反，起去磁作用。根据磁动势平衡原理，励磁绕组的电流 $\dot{I}_f$ 发生变化。即使外加励磁电压 $\dot{U}_f$ 不变，电流 $\dot{I}_f$ 的变化也将引起励磁绕组漏阻抗压降的变化，使磁通$\dot{\Phi}_d$也随之发生变化，即随着转速的增大而减小。这样就破坏了输出电压$\dot{U}_2$与转速n的线性关系，使输出特性在转速n较大时，特性曲线变得向下弯曲。

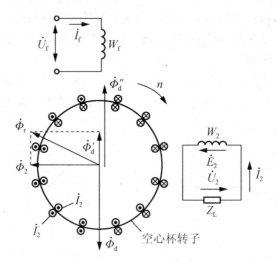

图 2.21　转子杯电流对定子的影响

显然，减小励磁绕组的漏阻抗或增大转子电阻，都可以减小气隙磁通$\dot{\Phi}_d$的变化。而减小励磁绕组的漏阻抗，会使发电机的体积增大。为此，常采用增大转子电阻的办法，来满足输出特性的线性要求。

此外，通过减小发电机的相对转速n^*也可减小输出电压的误差。对于一定的转速，通常采用提高励磁电源的频率，从而增大异步测速发电机的同步转速来实现。因此，异步测速发电机大都采用400Hz的中频励磁电源。

2. 励磁电源的影响

异步测速发电机对励磁电源电压的幅值、频率和波形要求都比较高。电源电压幅值不稳定，会直接引起输出电压的波动。频率的变化对输出电压的大小和相角也有明显的影响。随着频率的增加，在电感性负载时，输出电压稍有增长；而在电容性负载时，输出电压的增加比较明显；在电阻负载时，输出电压的变化是最小的。频率的变化对相角的影响更为严重。因为频率的增加使得发电机中的漏阻抗增加，输出电压的相位更加滞后。但当转子电阻较大时，相位滞后的要小一些。此外，波形的失真会引起输出电压中含有高次谐波分量。

3. 温度的影响

发电机温度的变化，会使励磁绕组和空心杯转子的电阻以及磁性材料的磁性能发生变化，从而使输出特性发生改变。温度升高使输出电压降低，而相角增大。为此，在设计空心杯时应选用电阻温度系数较小的材料。在实际使用时，可采用温度补偿措施。最简单的方法是在励磁回路、输出回路或同时在两个回路串联负温度系数的热敏电阻来补偿温度变化的影响。

2.2.5 异步测速发电机的主要技术指标

表征异步测速发电机性能的技术指标主要有线性误差、相位误差和剩余电压。

1. 线性误差

异步测速发电机的输出特性是非线性的,在工程上用线性误差来表示它的非线性度。工程上为了确定线性误差的大小,一般把实际输出特性上对应于 $n_c^* = \frac{\sqrt{3}\,n_m^*}{2}$ 的一点与坐标原点的连线作为理想输出特性,式中 n_m^* 为最大转速标么值。将实际输出电压与理想输出电压的最大差值 ΔU_m 与最大理想输出电压 U_{2m} 之比定义为线性误差,如图 2.22 所示。即

$$\delta = \frac{\Delta U_m}{U_{2m}} \times 100\% \qquad (2-15)$$

式中,U_{2m} 为规定的最大转速对应的线性输出电压。

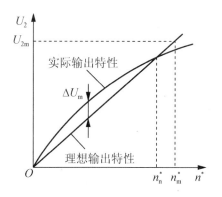

图 2.22 输出特性线性度

一般线性误差大于 2% 时,用于自动控制系统作校正元件;而作为解算元件时,线性误差必须很小,约为千分之几以上。目前,高精度异步测速发电机线性误差可达 0.05% 左右。

2. 相位误差

自动控制系统希望测速发电机的输出电压与励磁电压同相位。实际上测速发电机的输出电压与励磁电压之间总是存在相位移(图 2.17～图 2.19),且相位移的大小还随着转速的不同而变化。在规定的转速范围内,输出电压与励磁电压之间的相位移的变化量 $\Delta\Phi$ 称为相位误差,如图 2.23 所示。

异步测速发电机的相位误差一般不超过 1°～2°。由于相位误差与转速有关,所以很难进行补偿。为了满足控制系统的要求,目前应用较多的是在输出回路中进行移相,即输出绕组通过 RC 移相网络后再输出电压,如图 2.24 所示。调节 R_1 和 C_1 的值可使输出电压进行移相;电阻 R_2 和 R_3 组成分压器,改变 R_2 和 R_3 的阻值可调节输出电压 $\dot{U}_2$ 的大小。采用这种方法移相时,整个 RC 网络和后面的负载一起组成测速发电机的负载。

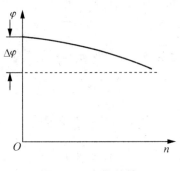

图 2.23 相位特性

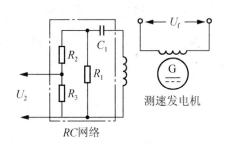

图 2.24 输出回路中的移相

3. 剩余电压

在理论上测速发电机的转速为零时,输出电压也为零。但实际上异步测速发电机转速为零时,输出电压并不为零,这就会使控制系统产生误差。这种测速发电机在规定的交流电源励磁下,转速为零时,输出绕组所产生的电压,称为剩余电压(或零速电压,null voltage)。它的数值一般只有几十毫伏,但它的存在却使得输出特性曲线不再从坐标的原点开始,如图 2.25 所示。它是引起异步测速发电机误差的主要部分。

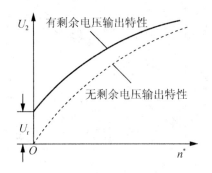

图 2.25 剩余电压对输出特性的影响

2.2.6 产生剩余电压的原因及减小措施

剩余电压包含基波分量和高次谐波分量,它们产生的原因也各不相同,下面分别加以说明,并指出消除的办法。

1. 基波分量

剩余电压的基波分量包含变压器分量、旋转分量和电容分量三部分。

1) 变压器分量

产生变压器分量的主要原因是,励磁绕组和输出绕组的轴线在空间位置上不是严格相差 90°电角度,或者磁路不对称。由于内定子加工成椭圆,使气隙不均匀,引起磁路不对称,励磁磁通发生扭斜,部分磁通匝链输出绕组,使输出绕组中产生感应电动势,产生剩余电压,如图 2.26 所示。

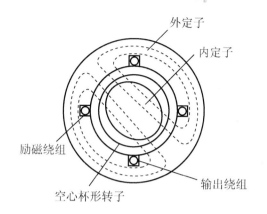

图 2.26 内定子椭圆引起的剩余电压

2) 旋转分量

由于铁心材料各向磁滞变化的情况不同，或者铁心片间短路以及空心杯转子的材料和壁厚不均匀，都会导致去磁效应不同，使气隙圆周上各点磁密相位不一致，而形成一个椭圆形旋转磁场，使输出绕组产生感应电动势，产生剩余电压。

3) 电容分量

由于励磁绕组和输出绕组之间会存在寄生的分布电容。当励磁绕组加交流电压时，通过寄生的分布电容也会在输出绕组中产生电压，此电压称为剩余电压中的电容分量。

剩余电压的基波分量也可分为交变分量和固定分量。交变分量是由于转子形状不规则及材料各向异性等原因所引起，其大小与转子位置有关，随转子位置成周期性变化，如图 2.27 所示。除此之外，其他原因所引起的剩余电压与转子位置无关，即为剩余电压的固定分量。

剩余电压基波分量的相位与励磁电压的相位也是不同的，如图 2.28 所示。一般将 $\dot{U}_r$ 分解成两个分量，一个是相位与 $\dot{U}_f$ 相同的称为同相分量 $\dot{U}_{rd}$；另一个是相位与 $\dot{U}_r$ 成 90° 的称为正交分量 $\dot{U}_{rq}$。

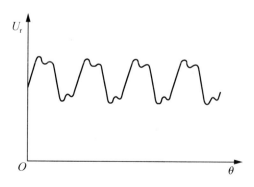

图 2.27 剩余电压的交变分量

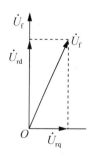

图 2.28 剩余电压的同相和正交分量

2. 高次谐波分量

1) 励磁电源电压波形为非正弦

非正弦波的励磁电压中含有高次谐波分量，它可以通过变压器耦合、电磁感应以及分布电容的直接传导等方式，在输出绕组中产生剩余电压的高次谐波分量。

2) 电机磁路的饱和

当发电机工作在磁路的饱和状态时，即使励磁绕组外加正弦交流电压，励磁电流也是非正弦波形。使励磁绕组的漏阻抗压降为非正弦波，励磁磁通中产生高次谐波，从而使输出电压中产生剩余电压的高次谐波。

总之，异步测速发电机存在剩余电压会给自动控制系统带来不利影响。剩余电压的基波同相分量，将使系统产生误动作；剩余电压的基波正交分量及高次谐波分量，会使放大器饱和，使放大倍数受到影响。所以必须设法减小异步测速发电机的剩余电压。

3. 减小剩余电压的措施

1) 改进发电机的制造材料及工艺

选用较低磁密的铁心，降低磁路的饱和度；采用可调铁心结构或定子铁心旋转叠装法；采用具有补偿绕组的结构等，都可减小剩余电压。

2) 外接补偿装置

在发电机的外部采用适当的线路，产生一个校正电压来抵消发电机所产生的剩余电压。图 2.29(a) 所示是用分压器的办法，取出一部分励磁电压去补偿剩余电压，图 2.29(b) 所示是阻容电桥补偿法，调节电阻 R_1 的大小，可改变校正电压的大小，调节电阻 R 的大小可改变校正电压的相位，以达到有效补偿剩余电压的目的。有时为了消除剩余电压中的高次谐波，在输出绕组端设置滤波电路。

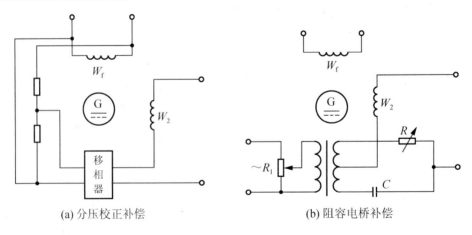

图 2.29 剩余电压补偿电路

2.3 测速发电机的应用举例

测速发电机在自动控制系统和计算装置中可以作为测速元件、校正元件、解算元件和角加速度信号元件。

2.3.1 位置伺服控制系统的速度阻尼及校正

位置伺服控制系统又称随动控制系统,图 2.30 所示为模拟式随动系统。在直流伺服电动机的轴上耦合一台直流测速发电机,测速发电机也作转速反馈元件,但其作用却不同于转速自动调节系统,该系统中转速反馈是用于位置的微分反馈的校正,起速度阻尼作用。

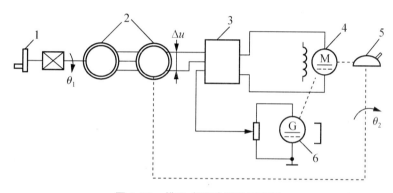

图 2.30 模拟式随动系统原理图

1—手轮;2—自整角机;3—放大器;4—直流伺服电动机;5—控制对象(火炮);6—直流测速发电机

在不接测速发电机时,假如火炮手向某一方向摇动手轮,使自整角发送机和自整角接收机的转角 $\theta(\theta_1 > \theta_2)$ 不相等,产生失调角 $\theta(\theta = \theta_1 - \theta_2)$,则自整角接收机输出一个与 θ 成正比的电压 $U = K\theta_1$(K 为比例系数),经放大器放大,加到直流伺服电动机上。电动机带动火炮一起转动,此时自整角接收机也跟着一起转动,使 θ_2 增加,θ 减小。当 $\theta_1 = \theta_2$ 时,虽然 $\theta = 0$,$U = 0$,但由于电动机和负载的惯性,在 $\theta_1 - \theta_2 = 0$ 的位置时其转速不为零,继续向 θ_2 增加的方向转动,使 $\theta_2 > \theta_1$,$\theta < 0$,自整角接收机输出电压的极性变反。在此电压的作用下,电动机由正转变为反转。同理电动机由反转也要变为正转,这样系统就产生了振荡。如果接上测速发电机,它输出一个与转速成正比的直流电压 $K_2 \dfrac{\mathrm{d}\theta_2}{\mathrm{d}t}$,并负反馈到放大器的输入端。当 $\theta_1 = \theta_2$ 时,由于 $\dfrac{\mathrm{d}\theta_2}{\mathrm{d}t} \neq 0$,测速发电机仍有电压输出,使放大器的输出电压极性与原来($\theta_1 > \theta_2$ 时)的相反,此电压使电动机制动,因而电动机就很快地停留在 $\theta_1 = \theta_2$ 的位置。可见,由于系统中加入了测速发电机,就使得由电动机及其负载的惯性所造成的振荡受到了阻尼,从而改善了系统的动态性能。

2.3.2 转速自动调节系统

图 2.31 所示为转速自动调节系统的原理图。测速发电机耦合在电动机轴上作为转速

负反馈元件,其输出电压作为转速反馈信号送回到放大器的输入端。调节转速给定电压,系统可达到所要求的转速。当电动机的转速由于某种原因(如负载转矩增大)减小,此时测速发电机的输出电压减小,转速给定电压和测速反馈电压的差值增大,差值电压信号经放大器放大后,使电动机的电压增大,电动机开始加速,测速机输出的反馈电压增加,差值电压信号减小,直到近似达到所要求的转速为止。同理,若电动机的转速由于某种原因(如负载转矩减小)增加,测速发电机的输出电压增加,转速给定电压和测速反馈电压的差值减小,差值信号经放大器放大后,使电动机的电压减小,电动机开始减速,直到近似达到所要求的转速为止。通过以上分析可以了解到,只要系统转速给定电压不变,无论由于何种原因企图改变电动机的转速,由于测速发电机输出电压反馈的作用,使系统能自动调节到所要求的转速(有一定的误差,近似于恒速)。

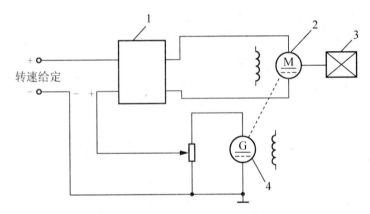

图 2.31 转速自动调节系统原理图

1—放大器;2—电动机;3—负载;4—测速发电机

2.3.3 自动控制系统的解算

测速发电机作为控制系统中的解算元件,既可用作积分元件,也可用作微分元件。

1. 作积分运算

图 2.32 为测速发电机作积分运算的原理图。U_1 为输入信号,电位器的输出电压 U_2 为输出信号,U_2 与其转角 θ 成正比。当输入信号 $U_1=0$ 时,伺服电动机不转,电位器的转角 $\theta=0$,输出电压 $U_2=0$。当施加一个输入信号,伺服电动机带动测速发电机和电位器转动,将有

$$U_2 = K_1 \theta$$

$$\theta = K_2 \int_0^{t_1} n \mathrm{d}t$$

$$U_f = K_3 n$$

式中,K_1、K_2、K_3 为比例常数,由系统内各环节的结构和参数所决定;n 为伺服电动机转速。

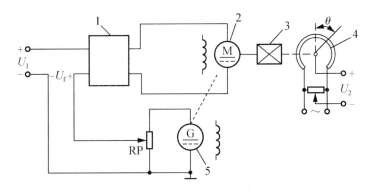

图 2.32 测速发电机作积分运算的原理图

1—放大器；2—直流伺服电动机；3—传动机构；4—电位器；5—测速发电机

只要放大器的放大倍数足够大，则

$$U_1 \approx U_f$$

$$U_2 = K_1 \theta = K_1 K_2 \int_0^{t_1} n \mathrm{d}t = \frac{K_1 K_2}{K_3} \int_0^{t_1} U_f \mathrm{d}t = K \int_0^{t_1} U_1 \mathrm{d}t$$

可见，输出电压 U_2 正比于输入电压 U_1 从 0 到 t_1 时间内的积分。

2. 作微分运算

图 2.33 是利用测速发电机实现微分运算的原理图。测速发电机 G_1 和 G_2，在励磁电压保持不变时，它们的输出电压为

$$U_1 = K_1 K \omega_1$$

$$U_2 = K_2 K \omega_2$$

式中，K_1、K_2 为比例常数。

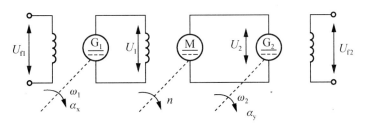

图 2.33 测速发电机作微分运算的原理图

将 U_1 和 U_2 分别作为电动机 M 的励磁电压和电枢电压，在略去电动机电枢回路电阻时

$$U_2 \propto \Phi n \propto U_1 n \propto U_1 \omega$$

设测速发电机 G_1 和 G_2 的输入信号，即转角 $\alpha_x = \alpha_x(t)$ 和 $\alpha_y = \alpha_y(t)$ 分别正比于参量 $X(t)$ 和 $Y(t)$。则

$$\omega_1 = \frac{\mathrm{d}\alpha_x}{\mathrm{d}t}$$

$$n \propto \omega \propto \frac{U_2}{U_1} \propto \frac{K_2 \omega_2}{K_1 \omega_1} \propto \frac{K_2 \dfrac{d\alpha_y}{dt}}{K_1 \dfrac{d\alpha_x}{dt}} \propto \frac{K_2 d\alpha_y}{K_1 d\alpha_x}$$

因此
$$n = K \frac{dY}{dX}$$

式中，K 为比例常数。

由上式可见，电动机的输出转速为两个输入参量之间的微分运算。

小 结

测速发电机是自动控制系统中的信号元件，可以把转速信号转换成电气信号。

直流测速发电机是一种微型直流发电机，按励磁方式分为电磁式和永磁式两大类。在理想情况下，输出特性为一条直线，而实际上输出特性与直线有误差。引起误差的主要原因是：电枢反应的去磁作用，电刷与换向器的接触压降，电刷偏离几何中性线，温度的影响等。因此，在使用时必须注意发电机的转速不得超过规定的最高转速，负载电阻不小于给定值。在精度要求严格的场合，还需要对测速发电机进行温度补偿。

异步测速发电机的结构与空心杯转子交流伺服电动机完全相同。当异步测速发电机的励磁绕组产生的主磁通保持不变，转子不转时输出电压为零，转子旋转时切割励磁磁通产生感应电动势和电流，建立横轴方向的磁通，在输出绕组中产生感应电动势，从而产生输出电压。输出电压的大小与转速成正比。理想的输出特性也是一条直线，但实际上并非如此。引起误差的主要原因是：主磁通的大小和相位都随着转速而变化，负载阻抗的大小和性质，励磁电源的性能，温度变化以及剩余电压的大小等。

为了满足控制系统的要求，对测速发电机的性能要求也越来越高。为此人们在普通测速发电机的基础上，研制出了永磁高灵敏度直流测速发电机和无刷直流测速发电机。

测速发电机在自动控制系统中是一个非常重要的元件，它可作为校正元件、阻尼元件、测量元件、解算元件和角加速度信号元件等。

知识链接

测速发电机是输出电动势与转速成比例的微特电机。测速发电机的绕组和磁路经精确设计，其输出电动势 E 和转速 n 呈线性关系。改变旋转方向时输出电动势的极性即相应改变。在被测机构与测速发电机同轴连接时，只要检测出输出电动势，就能获得被测机构的转速，故又称为速度传感器。

为保证发电机性能可靠，测速发电机的输出电动势具有斜率高、特性成线性、无信号区小或剩余电压小、正转和反转时输出电压不对称度小、对温度敏感低等特点。此外，直流测速发电机要求在一定转速下输出电压交流分量小，无线电干扰小；交流测速发电机要求在工作转速变化范围内输出电压相位变化小。

测速发电机广泛用于各种速度或位置控制系统。在自动控制系统中作为检测速度的元件，以调节电动机转速或通过反馈来提高系统稳定性和精度；在解算装置中可作为微分、积分元件，也可作为加速或延迟信号用或用来测量各种运动机械在摆动或转动以及直线运动时的速度。测速发电机分为直流和交流两种。

当前，直流测速发电机的发展尤为迅速，主要的发展方向是集中在提高测速的灵敏度和线性度，减小纹波电压和变温所引起的误差,进而减轻质量,增加可靠性,发展新品种。

1. 发展高灵敏度测速发电机

当前主要发展方向是采用永磁式的高灵敏直流测速发电机。

这种发电机直径大,轴向尺寸小,电枢元件数多,刷间的串联导体数多,因而输出电压斜率大。其灵敏度比普通测速发电机高 1000 倍。这种发电机的换向器是用塑料或泡沫材料制成薄板基体,并在板面上印制换向片而构成的,因此换向片数很多;并且换向器固定在转轴的端面上,故称为印制电路绕组换向器。由于这种发电机的电枢元件数及换向片数比普通直流发电机多得多,因而纹波电压可以大大降低。

表 2-1 是北京某公司生产的 CYD 系列永磁式高灵敏低速直流测速发电机特性表。

表 2-1 CYD 系列永磁式高灵敏低速直流测速发电机特性

型 号	输出斜率/ $(V/r \cdot min^{-1})$	最大工作转速/ (r/min)	纹波系数/% (20r/min 下运行)	输出电压不对称度/%	线性误差/%	电枢转动惯量/ $(kg \cdot m^2 \times 10^{-5})$	每转纹波频率/ Hz
70CYD-0.025	0.025	1600	1	1.5	1.5	9.81	41
70CYD-0.05	0.05	800	1	1.5	1.5	9.81	41
70CYD-0.08	0.08	510	1	1.5	1.5	9.81	41
70CYD-0.105	0.105	400	1	1.5	1.5	9.81	41
130CYD-2.7	0.283	300	1	1	1	20	79
130CYD-6	0.628	100	1	1	1	20	79
130CYD-11	1.15	30	1	1	1	20	79

该发电机可输出低转速,大扭矩,不退磁,反应速度快,特性线性度好,电压输出斜率高,电压纹波小,结构紧凑,使用方便。供高精度低速伺服系统中作阻尼反馈元件,也可供解算装置作计算元件。本系列发电机和永磁式直流力矩电动机相配合,可组成高精度低速宽调速伺服系统执行组合元件。

2. 改进电刷和换向器的接触装置,发展无刷直流测速发电机

1) 直流测速发电机由于存在电刷和换向器,带来一系列缺点

(1) 电刷和换向器的存在使得发电机的结构复杂,维护变得比较困难,可靠性较差,使用环境受限制。由于有换向摩擦和火花,使其在高空、真空中换向困难,高温环境中容易起火等。

(2) 电刷与换向器的摩擦所引起的摩擦转矩,增加了电动机的黏滞转矩。

(3) 电刷与换向器的间断接触还会引起射频噪声。

(4) 电刷与换向器接触所产生的接触压降的变化,引起输出电压变得不稳定等等。

目前,有关人员正努力从换向器、电刷的接触结构和工艺方面来采取措施,以减轻上述弊端,提高测速发电机的指标性能和可靠性。例如,在高灵敏测速发电机中采用经过特殊处理的电刷,能使其在高真空中运行,同时采用窄电刷,印制电路端面换向器,使接触面积、半径减小,减小摩擦转矩。

提高军事装备可靠性,以满足宇宙飞船、导弹系统对元件的可靠性的严格要求,主要往无刷发电机的方向发展,研制包括霍尔测速发电机、两极管式测速发电机新型电机。

2) 无刷直流发电机发展趋势

无刷直流发电机主要由发电机主体,功率驱动电路和位置传感器三部分组成。其控制涉及电机技术、电力电子技术、检测和传感器技术及控制理论技术。因此,新电子技术、新器件、新材料及新控制方法

的出现都将进一步推动无刷直流发电机的发展和应用。

(1) 电力电子及微处理技术对无刷直流发电机发展的影响：

① 小型化和集成化：微机电系统(MEMS)技术的发展将使发电机控制系统朝控制电路和传感器高度集成化的方向发展，如将电流、电压、速度等信号融合后再进行反馈，可使无刷直流发电机控制系统更加简单而可靠。另外，由于无刷直流发电机采用稀土永磁材料制作转子，转子侧无热源，故发电机内部温升值较传统直流发电机小很多，使无刷直流发电机逆变器控制电路装入发电机内部成为可能。例如，法国 Alsthom 公司开发的无刷直流发电机，在电枢线圈端装入逆变器，逆变器与发电机二者融为一体，使无刷直流发电机与电子技术结合得更紧密，整个控制系统也朝着小型化、集成化方向发展。需要注意的是，到目前为止，由于技术上的限制，这种一体化还主要应用于磁盘驱动系统中，对于一般的工业用无刷直流发电机控制系统，是否将电子电路控制器集成入发电机内部，还需要综合考虑现场工作条件、系统成本、电路工作可靠性及维修方便性等因素。

② 控制器数字化：无刷直流发电机性能的改善和提高，除了与发电机转子永磁材料及电子驱动电路密切相关外，更与控制器密切相关，因此，也可以从提高电机控制器的性能着手来提高无刷直流发电机的整体性能。利用高速处理器及高密度可编程逻辑控制器来实现。例如，在一些对控制成本和空间要求严格的应用中，增加位置传感不太实用或者无法满足要求，而 DSP 等芯片固有的高速计算能力正可被用来实现无刷直流发电机的无位置传感器控制。同时系统中的许多硬件工作，如传统的 PID、信号处理电路和逻辑判断电路等都可以由软件来实现。这不但可以提高无刷直流发电机控制系统的可靠性，也为其朝接口的通用化和控制的全数字化方向发展提供了坚实的基础。

(2) 永磁材料对无刷直流发电机发展的影响：电机的小型化、轻量化及高效化与磁性材料的发展息息相关。较早的磁性材料是 20 世纪 30 年代研制成功的铝镍钴，这种磁性材料剩余磁感应强度(剩余磁通密度)较高，磁感应矫顽力低。合金中含钴，价格贵，但温度特性好，至今仍被广泛应用于仪器仪表类要求温度稳定性高的永磁电机中。后来开发出的铁氧体磁性材料，以钡铁氧体和锶铁氧体两种永磁材料在电机中最为常见。这类磁性材料剩余磁感应强度较低，但磁感应矫顽力高，价格便宜，因此在很长一段时间内占据了主导地位。稀土钐钴永磁材料是 20 世纪 60 年代中叶兴起的第二代稀土永磁材料，它具有较高的剩余磁感应强度和磁感应矫顽力，大大提高了传统磁能积数值，其居里温度达到 710～800℃，磁稳定性好。但是钐钴永磁合金材料价格昂贵，通常应用在不考虑价格因素的航空和军工产品上，大大限制了这种高性能磁性材料的推广和应用。1983 年，日本人发现了第三代高性能稀土永磁材料钕铁硼，引发了磁性材料的一场大革命。钕铁硼磁性材料的磁能积高，不含价格昂贵的合金元素，钕和钐同为稀土元素，但钕的价格较为便宜且储量是钐的十几倍，因此自问世以来，钕铁硼在工业和民用永磁电机中迅速得到了推广和应用。

与传统电励磁电机相比，由钕铁硼制造的永磁电机具有加工简单、体积和质量小等特点。同等条件下，电机的电枢绕组的匝数也由于磁性材料性能的提高而大大减少。我国是稀土元素矿藏大国，有着丰富的资源优势，近年来稀土产品的产量占世界稀土产品的 90% 以上。特别是第三代稀土永磁材料钕铁硼的磁钢性能不断提高，为我国无刷直流发电机等永磁发电机的大规模生产提供了可靠的基础。

(3) 发展永磁式无槽电枢，杯形电枢，印制电路绕组电枢测速发电机等结构。

思考题与习题

1. 某直流测速发电机，已知电枢回路总电阻 $R_a=180\Omega$，电枢转速 $n=3000\text{r/min}$，负载电阻 $R_L=2000\Omega$，负载时的输出电压 $U_a=50\text{V}$，则常数 $K_e=$ _____，斜率 $C=$ _____。

第2章 测速发电机

2. 直流测速发电机的输出特性，在什么条件下是线性特性？产生误差的原因和改进的方法是什么？

3. 若直流测速发电机的电刷没有放在几何中性线的位置上，试问此时发电机正、反转时的输出特性是否一样？为什么？

4. 根据题1中已知条件，求该转速下的输出电流 I_a 和空载输出电压 U_{a0}。

5. 测速发电机要求其输出电压与_____成严格的线性关系。

6. 测速发电机转速为零时，实际输出电压不为零，此时的输出电压称为_____。

7. 与交流异步测速发电机相比，直流测速发电机有何优点？

8. 用做阻尼元件的交流测速发电机，要求其输出斜率为_____，而对线性度等精度指标的要求是次要的。

9. 为了减小由于磁路和转子的不对称性对性能的影响，杯形转子交流异步测速发电机通常是（　　）。

　　A. 二极电机　　　　B. 四极电机　　　　C. 六极电机　　　　D. 八极电机

10. 为什么异步测速发电机的转子都用非磁性空心杯结构，而不用笼式结构？

11. 异步测速发电机输出特性存在线性误差的主要原因有哪些？怎样确定线性误差的大小？

12. 异步测速发电机在理想的情况下，输出电压与转子转速的关系是（　　）。

　　A. 成反比　　　　　　　　　　B. 非线性同方向变化
　　C. 成正比　　　　　　　　　　D. 非线性反方向变化

13. 为什么异步测速发电机的励磁电源大多采用400Hz的中频电源？

14. 什么是异步测速发电机的剩余电压？各个分量的含义和产生的原因以及对系统的影响是什么？如何减小？

15. 试说明异步测速发电机作角加速度元件时的工作原理。

第3章 自整角机测控系统

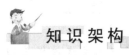
知识架构

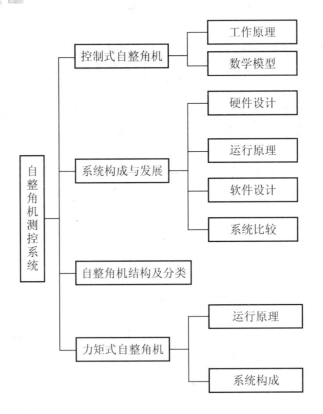

教学目标与要求

- 了解自整角机测控系统的发展历史
- 掌握自整角机测控系统的基本构成与工作原理

第3章 自整角机测控系统

☞ 掌握自整角机的基本原理和基本结构
☞ 了解自整角机测控系统的一般应用

引言

自整角机是一种感应式机电元件,属于自动控制系统中的测位用微特电机。它被广泛应用于随动控制系统中,通常是两台或多台组合使用,作为角度的传输、变换和指示。随动控制系统的参考输入是变化规律未知的任意时间函数,该系统的任务是使被控量按同样规律变化并与输入信号的误差保持在规定范围内。自整角机广泛应用于钢铁生产自动线中轧制、卷机系统、航海等位置和方位同步指示系统和火炮、雷达等控制系统中。图3.1是一些自整角机的实物图。

(a) 力矩式发送机　　　　(b) 力矩式接收机

(c) 控制式自整角机　　　(d) 控制式自整角机

图 3.1　自整角机

本章将对自整角机及其控制系统进行详细讨论,结合一些应用场合,从电动机本身的结构、工作原理、特性,到控制系统;同时就未来的发展方向进行讨论,以期给读者以全方位的认识。

3.1　自整角机概述

自整角机是感应型的机电元件,是利用自整步特性将转角变为交流电压或由转角变为转角的感应式微型电动机,在随动系统中广泛地用于角度数据的传输、变换、接收和指示。其在系统中通常是两台或多台组合使用,通过电路上的联系,使机械上互不相连的两根或多根转轴自动地保持相同的转角变化,或同步旋转,这种性能称为自整步特性。

自整角机的基本结构与一般的电动机相似,定、转子铁心上嵌有绕组,通过绕组和磁路的设计,使定、转子绕组之间的互感随转子转角成正弦变化。借助原、副绕组之间的电和磁的作用，在自整角机转轴上产生同步力矩，或者在自整角机副绕组中输出电气信号。自整角机在结构上与绕线式异步电动机类似，但其本质及作用原理不同。要了解自整角机就应抓住自整角机的特殊本质，将其与其他电动机区别开来。

按照电源相数，自整角机可分为单相自整角机和三相自整角机两类。单相自整角机励磁绕组由单相电源供电，三相同步绕组由彼此在空间相距120°、连接成星形的三个绕组所组成。根据变压器的作用原理，同步绕组中通过的电流在时间上是同相位的。由于单相自整角机的精度高，旋转平滑，运行可靠，因而在小功率系统中应用较广。自动控制系统中所使用的自整角机一般均为单相。三相自整角机又称为功率自整角机，其励磁绕组由三相电源供电，多用于功率较大的场合，即所谓电轴系统中，如用于钢铁生产自动线中轧制、卷机系统中。以下所述自整角机均指单相自整角机。

3.1.1 自整角机的分类

按其工作原理的不同，自整角机可以分为力矩式自整角机和控制式自整角机两类。

力矩式自整角机主要用在指示系统中。这类自整角机本身不能放大力矩，要带动接收机轴上的机械负载，必须由自整角发送机一方的驱动元件供给能量。因此，可以认为力矩式自整角机系统是通过一个弹性连接的、能在一定距离内扭转的轴来带动负载的。力矩式自整角机系统为开环型，适合于对角度传输精度要求不很高的控制系统。图3.2是一个位置指示器的示意图。浮子随着液面的上升或下降，通过绳索带动自整角发送机转子转动，将液面位置转换为发送机转子的转角。自整角发送机和接收机之间再通过导线连接起来，于是接收机转子就带动指针准确地跟随着发送机转子的转角变化而偏转，实现了位置指示。

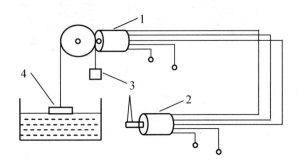

图3.2 位置指示器

1—自整角发送机；2—自整角接收机；3—平衡锤；4—浮子

控制式自整角机主要在数据传输系统中作检测元件使用，它与伺服电动机、放大器等元件一起组成闭环系统。控制式自整角机的基本连接回路如图3.3所示。图中控制式变压器的输出电压经放大器(A)放大后，作为伺服电动机的控制信号，使伺服电动机旋转。伺服电动机旋转时带动自整角变压器的转轴，使其转动到与自整角发送机相应的协调位置。

力矩式自整角机按其用途可分为四种：

(1) 力矩式发送机(LF)：主要用来与力矩式差动发送机、力矩式接收机一起工作。

(2) 力矩式差动发送机(LCF)：主要用来与力矩式接收机一起工作。其转子通过机械方式固定，定子接收发送机传来的电气信号。经过差动式自整角发送机变换后产生的电气信号，对应于输入电气信号的角度与其转子转动角度的和或差(和或差根据连接方式而定)。在原理上它也可作为差动式力矩接收机使用。

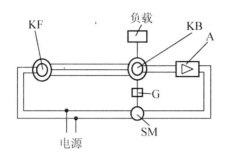

图 3.3　自整角机伺服系统的基本回路

KF—控制发送机；KB—控制变压器；A—放大器；G—减速齿轮；SM—伺服电动机

(3) 力矩式差动接收机(LCJ)：主要用来与两个力矩式自整角发送机一起工作。其转子角度对应于定子从一个发送机接收来的电气角度信号与转子从另一个发送机接收来的电气角度信号之和或差。

(4) 力矩式接收机(LJ)：主要用来与力矩式发送机及力矩式差动发送机一起工作。其定子接收发送来的电气信号，转子励磁后即能自动地转到对应于定子上所接收的电气信号角度的位置。

控制式自整角机按其用途可分为三种：

(1) 控制式发送机(KF)：主要用来与控制式变压器或控制式差动发送机一起工作。

(2) 控制式差动发送机(KCF)：主要用来与控制式变压器一起工作。其作用原理类似于力矩式差动发送机，但因其以电气信号供给控制式变压器，故转轴上没有力矩。

(3) 控制式自整角变压器(KB)：也就是控制式接收机，主要用来与控制式发送机及控制式差动发送机一起工作。其定子接收由控制式发送机或控制式差动发送机传输来的电气角度信号。转子的输出电压正比于输入电气角度与控制式变压器转子角度之差的正弦函数。

此外，还有具有双重用途的自整角机，兼作控制变压器和力矩式接收机，称为控制力矩式自整角机。

我国自行设计的 KL 系列自整角机共有八个机座号，其机壳外径如表 3-1 所列。

表 3-1　自整角机的机座号及机壳外径

机　座　号	12#	20#	28#	36#	45#	55#	70#	90#
机壳外径 D_K/mm	12	20	28	36	45	55	70	90

分析统计表明，上述八个机座号的各种规格产品的性能基本上适合我国国民经济及国防建设发展的需要，而且也适于工厂组织生产。KL 系列自整角机的技术数据如表 3-2 所列。

表 3-2 KL 系列自整角机技术数据

序号	型号	额定电压/V	频率/Hz	最大二次侧电压/V	比力矩/(g·cm/°)	输入电流/A	输入功率/W
1	12KF4G	20	400	9	—	0.07	—
2	12KCF4G	9	400	9	—	0.1	—
3	12KB4G	9	400	18	—	0.05	—
4	20KF4E	36	400	16	—	0.072	—
5	20KCF4E	10	400	16	—	0.148	—
6	20KB4E	16	400	32	—	0.081	—
7	28KF4B	115	400	90	—	0.042	—
8	28KCF4B	90	400	90	—	0.039	—
9	28KB4B	90	400	58	—	0.02	—
10	28KF4E	36	400	16	—	0.135	—
11	28KCF4E	16	400	16	—	0.252	—
12	28KB4E	16	400	32	—	0.126	—
13	28KB4E1	16	400	32	—	0.059	—
14	28LF4B	115	400	90	0.6	0.1	2
15	28LCF4B	90	400	90	—	—	—
16	28LJ4B	115	400	90	0.6	0.1	2
17	28LF4E	36	400	16	0.6	0.3	2
18	28LCF4E	16	400	16	—	—	—
19	28LJ4E	36	400	16	0.6	0.3	2
20	36KF4B	115	400	90	—	0.092	—
21	36KCF4B	90	400	90	—	0.078	—
22	36KB4B	90	400	58	—	0.039	—
23	36LF4B	115	400	90	2.5	0.3	4
24	36LCF4B	90	400	90	1.5	0.3	4
25	36LJ4B	115	400	90	2.5	0.3	4
26	45KF4B	115	400	90	—	0.2	—
27	45KCF4B	90	400	90	—	0.156	—
28	45KB4B	90	400	58	—	0.078	—
29	45KF5C	110	50	90	—	0.038	—
30	45KCF5C	90	50	90	—	0.035	—

续表

序号	型号	额定电压/V	频率/Hz	最大二次侧电压/V	比力矩/(g·cm/°)	输入电流/A	输入功率/W
31	45KB5C	90	50	90	—	0.028	—
32	45LF4B	115	400	90	8	0.6	8
33	45LCF4B	90	400	90	4	0.6	8
34	45LJ4B	115	400	90	8	0.6	8
35	45LF5C	110	50	90	3	0.15	3
36	45LCF5C	90	50	90			
37	45LJ5C	110	50	90	3	0.15	3
38	55LF4B	115	400	90	15	0.9	12
39	55LCF4B	90	400	90			
40	55LJ4B	115	400	90	15	0.9	12
41	55LF5C	110	50	90	10	0.25	4
42	55LCF5C	90	50	90	—	—	—
43	55LJ5C	110	50	90	10	0.25	4
44	70LF4B	115	400	90			
45	70LCF4B	90	400	90			
46	70LJ4B	115	400	90			
47	70LF5C	110	50	90			
48	70LCF5C	90	50	90			
49	70LJ5C	110	50	90			
50	90LF5C	110	50	90			
51	90LCF5C	90	50	90			
52	90LJ5C	110	50	90	—	—	—

3.1.2 自整角机的结构

自整角机按结构不同可分为接触式和无接触式两大类。KL 系列自整角机均为接触式，其特点为封闭式、单轴伸。KL 系列自整角机采用封闭式结构可以防止因机械撞击及电刷、集电环污染而造成接触不良对性能的影响，适用于较为恶劣的环境中工作。本系列自整角机定子均为隐极式，槽内放置星形联结的三相绕组 D_1、D_2、D_3 直接引出。LF、LJ、LK 自整角机转子为凸极式，装有 1～2 个短路回路，KB 自整角机转子为隐极式，转子均有单相绕组 Z_1、Z_2，通过两对集电环及电刷引出；KCF、LCF 自整角机转子亦为隐极式，但转子上放置星形联结的三相绕组 Z_1、Z_2、Z_3，通过三对集电环及电刷引出；功率自整角机定、转子皆为隐极式，转子槽内除 KCF 放置三相绕组 Z_1、Z_2、Z_3 和 KB 放置单相绕组 Z_1、Z_2 外，其余 LF 和 LJ 均放置两个相互正交的绕组，其中一个为单相励磁绕组 Z_1、Z_2，另一个为本身已短接的阻尼绕组。转子绕组均通过两对或三对集电环和电刷引出。为了满足阻尼性能要求，接收机的转子上装有机械阻尼器。

按机座号大小不同，KL 系列自整角机结构类型有两种：一种为"一刀通"式结构，一种为装配式结构，分别如图 3.4、图 3.5 所示。"一刀通"式结构是指定子内径与轴承室为同一尺寸，因此可以一次装配加工。其主要优点是定、转子的同心度较高；缺点是由于采用了环氧树脂封装灌注，定子与机壳、端盖成为牢固的一体，难于互换。"一刀通"结构主要用于机座号较小的电动机，而装配式结构则用于机座号较大的电动机。

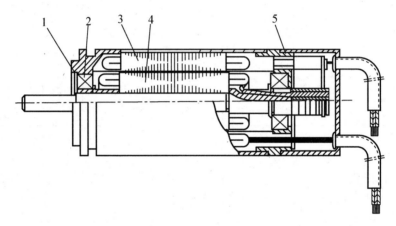

图 3.4 "一刀通"式结构

1—挡圈；2—轴承；3—定子；4—转子；5—端罩

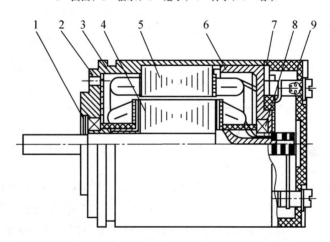

图 3.5 装配式结构

1—挡圈；2—保护板；3—机壳；4—转子；5—定子；6—端盖；7—挡圈；8—轴承；9—端罩

自整角机主要部件的结构如图 3.6 所示。

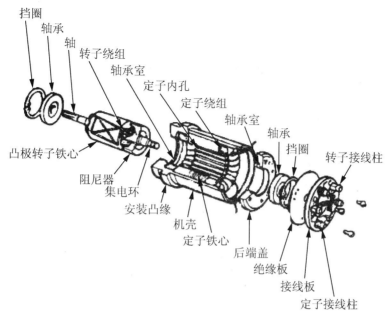

图 3.6　自整角机主要结构部件

机壳：机壳材料有硬铝合金和不锈钢两种。小机座号的自整角机一般采用不锈钢做机壳，因为小机座号的自整角机气隙小，为了保证同心度的要求，多采用"一刀通"式结构。此外，小机座号的自整角机的机壳壁薄，要求材料具有较高的机械强度，不锈钢的机械强度抗腐蚀性能优于铝合金。但不锈钢的加工比较困难，成本较高。大机座号的自整角机一般采用装配式结构，可以用硬铜合金做机壳。一般 $12^\#$、$20^\#$ 自整角机采用不锈钢机壳，$36^\#$ 以上自整角机采用硬铝合金机壳，$28^\#$ 自整角机机壳可以采用不锈钢，也可用硬铝合金。机壳按形状来分，有杯形和筒形两种。杯形机壳可以不用前端盖（轴伸端的端盖称为前端盖），但其加工比一般的筒形机壳困难。

定子：定子由铁心和绕组组成。定子铁心由定子冲片经涂漆、涂胶叠装而成。为了充分利用轴向长度，铁心两端可以不用绝缘端板，而在铁心的两端面上涂以电阻磁漆达到绝缘的目的。力矩式自整角机的定子冲片采用高导磁率、低损耗的硅钢薄板。控制式自整角机由于有剩余电压和电气精度的要求，定子冲片以采用磁化曲线线性度好、比损耗低、导磁率高的铁镍软磁合金为好，也可采用符合上述要求的硅钢薄板材料，如 DG41 等。

无论控制式或力矩式自整角机，定子铁心总是做成隐极式的，以便将三相同步绕组布置在定子上。在装配式结构中，绕组需浸环氧树脂漆或其他绝缘漆。

转子：自整角机的转子铁心有凸极式和隐极式两种。凸极转子结构与凸极同步电动机转子相似。但在自整角机中均为两极，形状则与哑铃相似，以保证在 360° 范围内能够自动同步的要求。隐极式转子结构与绕线式异步电动机相似。转子铁心导磁材料选用的原则与定子铁心相同。力矩式自整角机凸极式转子冲片可以采用有方向性的冷轧硅钢薄板，以提高纵轴方向的磁导率，降低横轴方向的磁导率。

自整角机转子采用凸极或隐极式结构，应视其性能要求而定，一般可按下列原则考虑：

（1）控制式自整角发送机：要求输出阻抗低，采用凸极式结构较好。发送机的精度主要取决于副方，原方采用凸极或隐极对其电气精度影响不大。

（2）差动式自整角机：由于原、副方均要求布置三相绕组，无疑应采用隐极式结构。

（3）自整角变压器：由于转子上的单相绕组为输出绕组，为了提高电气精度、降低剩余电压，采用隐极式以便布置高精度的绕组。但事物的矛盾在一定条件下是可以互相转化的，在精度及剩余电压要求不高的条件下，凸极转子结构的自整角机也可作为自整角变压器使用。自整角变压器采用隐极式结构可以降低从发送机取用的励磁电流，有利于多个自整角变压器与控制式发送机的并联工作。

（4）力矩式自整角机：因为有比力矩和阻尼时间的要求，采用凸极式或隐极式转子结构，应视其横轴参数配合是否合理而定。小机座号（45# 以下）的工频和中频自整角机一般采用凸极式结构。大机座号（70# 以上）的工频自整角机可以采用凸极式结构，中频自整角机则有可能采用隐极式结构。

3.1.3 控制系统对自整角机的技术要求

作为控制系统的元件，自整角机除要求质量轻、体积小、精度高、寿命长外，根据自整角机在系统中应用的特点，还有下列要求。

1. 对力矩式自整角机的技术要求

（1）有较高的静态和动态转角传递精度；

（2）有较高的比力矩和最大同步力矩；

（3）要求阻尼时间短，即当接收机与发送机失调时，接收机能迅速回到与发送机协调的位置；

（4）在运行过程中无抖动、缓慢爬行、黏滞等现象；

（5）能在一定的转速下运行而不失步；

（6）要求从电源取用较小的功率和电流。

2. 对控制式自整角机的技术要求

（1）电气误差尽可能小；

（2）剩余电压的基波值及总值尽可能小；

（3）控制式变压器应有较高的比电压和较低的输出阻值，以满足放大装置对灵敏度的要求；

（4）控制式变压器应有较高的输入阻抗，控制式发送机应有较低的输出阻抗；控制式差动发送机的阻抗应与发送机和变压器的阻抗相匹配；

（5）速度误差要小。

3.2 控制式自整角机

在随动系统中广泛采用了由伺服机构和控制式自整角机组合的结构。有时是一台发送机对应控制一台接收机,有时需要由两台发送机来控制一台接收机,此时接收机可以指示出两台发送机转子偏转角的和或差,这种情况下就要使用差动自整角发送机。本节分别介绍控制式自整角机中的发送机、接收机、差动发送机的工作原理。

3.2.1 控制式自整角机的工作原理

图 3.7 为控制式自整角机的工作原理图,图中发送机的转子轴与发送轴固定联接,转子绕组接励磁电压 U_f,接收机(又称为自整角变压器)的转子绕组向外输出电压。两机的定子绕组按相序对应连接。发送机励磁绕组轴线对定子 D_1 相轴线的夹角用 θ_1 表示。接收机输出绕组轴线对定子 D_1 相轴线的夹角用 $90°+\theta_2$ 表示。

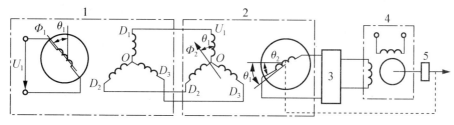

图 3.7 控制式自整角机工作原理图

1—自整角发送机;2—自整角接收机;3—放大器;4—伺服电动机;5—齿轮减速器

为了分析方便,假定:

(1) 电动机磁路不饱和;
(2) 励磁电压 U_f 为时间的正弦函数;
(3) 气隙磁密为空间的正弦函数;
(4) 发送机与接收机为完全相同的两台电动机。

1. 控制式自整角发送机的工作原理

当发送机的励磁绕组接通电源后,在空间产生一个脉振磁通 Φ_1。由于 Φ_1 的变化,在定子三相绕组中感应出电动势。显然,定子三相绕组中电动势在时间上同相位,其大小与绕组所在空间位置有关,它们的有效值为

$$\begin{cases} E_{F1}=E_m\cos\theta \\ E_{F2}=E_m\cos(\theta-120°) \\ E_{F3}=E_m\cos(\theta+120°) \end{cases} \quad (3-1)$$

式(3-1)中,E_m 为定子某相绕组轴线和励磁绕组轴线重合时,该相绕组中的感应电动势,即相电动势的最大有效值。

由于发送机和接收机定子相互连接,所以这些电动势必定要在定子绕组中形成电流。为了计算各相电流,暂将两个星形中点 O、O' 连接起来,这样就得到三个回路中的电流

$$\begin{cases} I_{F1}=\dfrac{E_{F1}}{Z_{总}}=\dfrac{E_m\cos\theta_1}{Z_{总}}=I_m\cos\theta_1 \\ I_{F2}=\dfrac{E_{F2}}{Z_{总}}=\dfrac{E_m\cos(\theta_1-120°)}{Z_{总}}=I_m\cos(\theta_1-120°) \\ I_{F3}=\dfrac{E_{F3}}{Z_{总}}=\dfrac{E_m\cos(\theta_1+120°)}{Z_{总}}=I_m\cos(\theta_1+120°) \end{cases} \quad (3-2)$$

式中，$Z_\text{总} = Z_\text{发} + Z_\text{接} + Z_\text{连}$，即为发送机、接收机及其间连接线的总阻抗。

流经中线 OO' 的电流 $I_{OO'}$ 应该为三个电流之和，即

$$I_{OO'} = I_{F1} + I_{F2} + I_{F3} = I_m\cos\theta_1 + I_m\cos(\theta_1 - 120°) + I_m\cos(\theta_1 + 120°) = 0 \quad (3-3)$$

可见，两机定子三相绕组的中点之间不必用导线连接。

根据交流电机理论可知，分布绕组磁动势的基波分量的幅值为

$$F = \frac{2}{\pi}\sqrt{2}WK_\text{w}I \quad (3-4)$$

式中：K_w 为分布绕组的绕组因数；W 为定子绕组每相匝数。

上述电流在发送机和接收机的定子绕组内流过时，将各自产生磁动势。对应的三个磁动势在时间上同相位，空间相差 120°。由发送机定子绕组产生的磁动势为

$$\begin{cases} F_{F1} = F_m\cos\theta_1 \\ F_{F2} = F_m\cos(\theta_1 - 120°) \\ F_{F3} = F_m\cos(\theta_1 + 120°) \end{cases} \quad (3-5)$$

式中，$F_m = \dfrac{2}{\pi}\sqrt{2}WK_\text{w}I_m$。

从上面分析可知，发送机定子绕组各相电流产生的磁场均为两极脉振磁场，它的轴线与对应相绕组的轴线重合。磁场的脉振频率等于定子绕组电流的频率，也等于电源的频率。各相脉振磁场在时间上同相位，但它们的幅值各不相同，与转子的位置有关。下面，通过磁动势的分解与合成，求出发送机定子的合成磁动势。

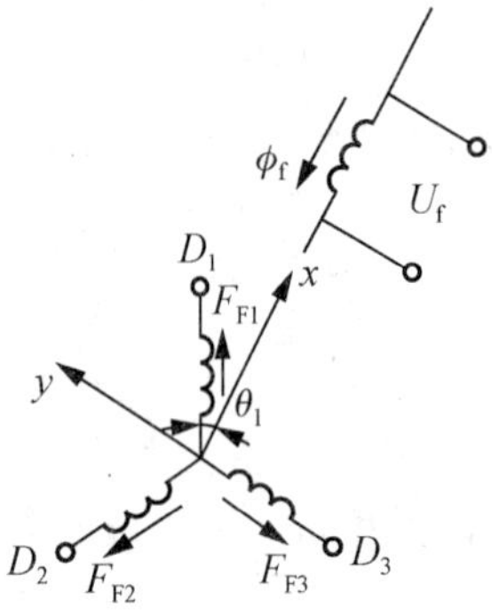

如图 3.8 所示，为了方便起见，取发送机转子励磁绕组轴线方向为 x 轴，作 y 轴使之与 x 轴正交，并将发送机定子绕组各相磁动势即 F_{F1}、F_{F2}、F_{F3} 分解成 x 轴分量和 y 轴分量，得

$$\begin{cases} F_{F1x} = F_{F1}\cos\theta_1 \\ F_{F2x} = F_{F2}\cos(\theta_1 - 120°) \\ F_{F3x} = F_{F3}\cos(\theta_1 + 120°) \\ F_{F1y} = F_{F1}\sin\theta_1 \\ F_{F2y} = F_{F2}\sin(\theta_1 - 120°) \\ F_{F3y} = F_{F3}\sin(\theta_1 + 120°) \end{cases} \quad (3-6)$$

图 3.8 定子磁场的分解与合成

考虑磁动势瞬时值与有效值的关系为 $f_F = F_F\sin\omega t$，就能得到 x 轴方向和 y 轴方向的总磁动势的瞬时值，即

$$\begin{aligned} f_{Fx} &= (F_{F1x} + F_{F2x} + F_{F3x})\sin\omega t \\ &= F_m[\cos^2\theta_1 + \cos^2(\theta_1 - 120°) + \cos^2(\theta_1 + 120°)]\sin\omega t \\ &= \frac{3}{2}F_m\sin\omega t \end{aligned} \quad (3-7)$$

$$\begin{aligned} f_{Fy} &= (F_{F1y} + F_{F2y} + F_{F3y})\sin\omega t \\ &= F_m[\cos\theta_1\sin\theta_1 + \cos(\theta_1 - 120°)\cos(\theta_1 - 120°) + \\ &\quad \cos(\theta_1 + 120°)\sin(\theta_1 + 120°)]\sin\omega t \\ &= 0 \end{aligned}$$

以上分析说明发送机定子合成磁场具有以下特点：

(1) 合成磁场在 x 轴方向,即在励磁绕组轴线上,它的方向和励磁磁场的方向相反;由于励磁绕组轴线和定子 D_1 相轴线的夹角为 θ_1,因此定子合成磁动势 F_F 的轴线与 D_1 相轴线的夹角也为 θ_1。

(2) 由于合成磁场的位置在空间固定不变,其大小又是时间的正弦函数,所以合成磁场是一个脉振磁场。

(3) 合成磁动势的幅值恒为 $3F_m/2$,它与励磁绕组轴线相对于定子的位置 θ_1 无关。

从物理本质上来看,发送机定子合成磁场轴线在励磁绕组轴线上,是由于定子三相绕组是对称的(接收机定子三相绕组作为它的对称感性负载)。如果把发送机励磁绕组作为初级,定子三相绕组作为次级,两侧的电磁关系类似一台变压器。因此,可以推想,发送机定子合成磁动势 F_F 必定对励磁磁场起去磁作用。当励磁电流的瞬时值增加时,发送机定子合成磁动势的方向必定与励磁磁场的方向相反,如图 3.9 所示。

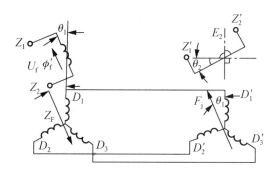

图 3.9 控制式自整角机发送机、接收机定子合成磁动势

2. 控制式自整角接收机的工作原理

下面来研究接收机中的磁场。当电流 I_{F1}、I_{F2}、I_{F3} 流过接收机定子绕组时,在接收机气隙中同样也要产生一个合成的脉振磁场。由于两机之间的定子绕组按相序对应连接,因此各对应的电流应该是大小相等、方向相反。接收机的定子绕组也是三相对称的,所以接收机定子合成磁动势 F_j 的轴线与 D_1' 相轴线的夹角也为 θ_1,但方向与发送机定子合成磁动势的方向相反,如图 3.9 所示。

已知接收机输出绕组轴线与 D_1' 相轴线夹角为 $90°+\theta_2$,所以接收机定子合成磁场对输出绕组轴线的夹角为 $90°+\theta_2-\theta_1$。这也就是发送机励磁绕组与接收机输出绕组轴线间的夹角。合成脉振磁场在输出绕组中感应出电动势 e_2,其有效值 E_2 为

$$E_2 = E_{2m}\cos(90°+\theta_2-\theta_1) = E_{2m}\sin(\theta_1-\theta_2) = E_{2m}\sin\delta \qquad (3-8)$$

式中:δ 为失调角,$\delta=\theta_1-\theta_2$;E_{2m} 为定子合成磁场与输出绕组轴线一致时感应电动势的有效值。

由式(3-8)可以看出,输出电动势与发送机或接收机本身的位置角 θ_1 和 θ_2 无关,而与失调角 δ 的正弦函数成正比,其相应的曲线如图 3.10 所示。由图可以看出,在 $0°<\delta<90°$,失调角愈大,则输出电动势也愈大;$\delta=90°$ 时,输出电动势达最大值;而当 $\delta>90°$ 后,输出电动势随 δ 增大反而减小;至 $\delta=180°$ 时,输出电动势又变为零;此外,在 δ 为负时,输出电动势反相。

当 δ 很小时,可近似认为 $\sin\delta = \delta$,这样,$E_2 = E_{2m}\delta$。因此,可以把 δ 很小时的输出电动势看成与失调角成正比。这样,输出电动势的大小就反映了发送机轴与接收机轴转角差值的大小。

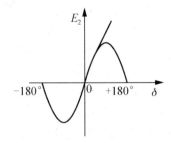

图 3.10 控制式自整角机输出电动势与失调角关系

控制式自整角机的主要性能指标如下:

(1) 剩余电压:在一定励磁条件下,控制式自整角机的发送机和接收机位置协调时,其输出电动势在理论上应为零。但由于制造工艺和结构等原因,使输出电压不为零,此电压就称为剩余电压。剩余电压不仅影响系统的精度,而且会引起放大器的饱和、发热。因此,必须加以限制,使之尽量减小。

(2) 比电压:当 δ 很小时,$E_2 = E_{2m}\delta$,就是说在失调角很小时,可以用正弦曲线在 δ=0 处的切线来代替原曲线,如图 3.10 所示。这条切线的斜率就是所谓的比电压。其值等于在协调位置附近单位失调角所产生的输出电压。由图 3.10 可以看出,比电压大,切线斜率大,即失调同样的角度所获得的信号电压大,因此系统的灵敏度就高。

(3) 输出相位移:指自整角接收机输出电压的基波分量对自整角发送机励磁电压基波分量的时间相位差。它将直接影响到交流伺服电动机的移相措施。

(4) 静态误差:自整角机回转速度很低的工作状态称为静态。输出绕组的剩余电压可以通过将接收机的转子转过一个小的角度而得到补偿,使补偿后剩余电压为零(近似为零)。这一附加的转角表示了控制式自整角机的静态误差。静态误差决定了自整角机的精度等级。

根据静态误差,控制式自整角机的精度分为三级,如表 3-3 所列。

表 3-3 控制式自整角机的精度等级

精度等级	0 级	1 级	2 级
静态误差	<±5′	<±10′	<±20′

3.2.2 带有差动发送机的控制式自整角机的工作原理

当转角随动系统需要传递两个发送轴角度的和或差时,则需要采用差动自整角发送机,即在自整角发送机和接收机之间接上一个差动自整角发送机。图 3.11 为带有差动发送机的控制式自整角机工作原理图。图中差动发送机的定、转子分别与普通自整角发送机的定子和接收机的定子对应连接,θ_1 和 θ_2 分别为两台发送机的转子与 D_1 相绕组轴线的夹角。

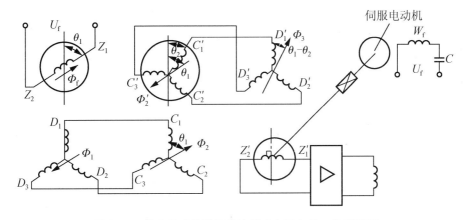

图 3.11 带有差动发送机的控制式自整角机工作原理图

当自整角发送机励磁绕组加上电压 U_f 后,在它的定子、差动发送机的定子和转子,以及接收机的定子上产生的合成磁通分别为 Φ_1、Φ_2、Φ_2' 和 Φ_3。设初始状态为 $\theta_1 = \theta_2 = 0$,接收机输出绕组 $Z_1'Z_2'$ 的轴线垂直于其定子 D_1' 相轴线,因此这时输出电动势为零。如果自整角发送机转子输入 θ_1,差动发送机转子输入 θ_2,则差动发送机定子绕组产生的合成磁通 Φ_2 与定子 C 相轴线的夹角为 θ_1。Φ_2 作为差动发送机的励磁磁通,在它的转子三相绕组中产生感应电动势和电流,由于差动发送机转子三相绕组是对称的,所以该电流产生的磁通 Φ_2' 其方向与磁通 Φ_2 的方向相反。由图 3.11 可知,Φ_2' 与 C_1' 相轴线夹角为 $180° + (\theta_1 - \theta_2)$。因为差动发送机转子三相绕组和接收机定子三相绕组对应连接,所以它们对应的电流大小相等,方向相反。因此在接收机定子三相绕组中产生的磁通 Φ_3 必定与 D_1' 相绕组轴线相差 $(\theta_1 - \theta_2)$,作为接收机的励磁磁通 Φ_3 与输出绕组 $Z_1'Z_2'$ 的夹角为 $90° - (\theta_1 - \theta_2)$,所以接收机输出绕组的电动势为

$$E_2 = E_{2m} \cos [90° - (\theta_1 - \theta_2)] = E_{2m} \sin (\theta_1 - \theta_2) \quad (3-9)$$

同理,如果两发送机轴从初始位置向相反的方向分别转过 θ_1 和 θ_2,则接收机输出绕组的电动势为

$$E_2 = E_{2m} \sin (\theta_1 + \theta_2) \quad (3-10)$$

由于伺服系统的作用,故不管哪种情况,接收机转子将转过一对应角度,最后输出电动势又为零。

3.3 力矩式自整角机

力矩式自整角机在控制系统中常用做转角指示,本节分别介绍力矩式自整角机的工作原理及其阻尼绕组。

3.3.1 力矩式自整角机的工作原理

图 3.12 为力矩式自整角机的工作原理图,其中,两台自整角机,一台作为发送机,另一台作为接收机。两机的单相励磁绕组接在同一电源上,其定子三相对称绕组按相序对应连接。

为了分析简便起见，先做如下简化：

(1) 假设一对自整角机的结构相同，参数一样；
(2) 忽略磁路饱和的影响，忽略磁动势和电动势中的高次谐波影响；
(3) 假定自整角机气隙磁通密度按争先规律分布；
(4) 忽略电枢反应。

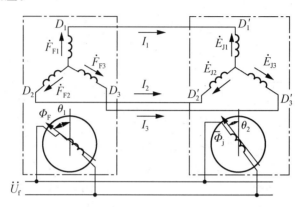

图 3.12　力矩式自整角机工作原理图

这样，在分析时就可应用叠加原理和矢量运算，分别考虑发送机励磁磁场和接收机励磁磁场的作用。

1. 整步绕组的电动势、电流

自整角机的整步绕组为星形联结的三相绕组。当两机的励磁绕组均接上单相交流电源时，则分别在各自的气隙中形成一个正弦分布的脉振磁场，且分别在各自的三相定子绕组中感应出电动势。当发送机和接收机励磁绕组处于相同的位置时，定子三相绕组中的感应电动势大小和相位相同，因此定子回路中电动势为零。若两机的转子位置不同时，就存在电动势差。该电动势差就产生电流，在定子绕组里通过。这些电流和转子励磁绕组磁通相互作用，产生转矩。它使接收机转子转动，直到两个转子有相同的位置为止，这个转矩就称为整步转矩。下面进一步分析其工作情况。

由于两机的励磁绕组接于同一正弦交流电源(频率为 f)，因此在两机的励磁绕组轴线方向存在时间相位相同的脉振磁场，分别以 Φ_F 和 Φ_J 表示，如图 3.13 所示。由此在发送机、接收机定子绕组上感应出变压器电动势。发送机定子绕组感应电动势为

$$\begin{cases} E_{F1} = E_m \cos \theta_1 \\ E_{F2} = E_m \cos (\theta_1 - 120°) \\ E_{F3} = E_m \cos (\theta_1 + 120°) \end{cases} \quad (3-11)$$

接收机定子绕组感应电动势为

$$\begin{cases} E_{J1} = E_m \cos \theta_2 \\ E_{J2} = E_m \cos (\theta_2 - 120°) \\ E_{J3} = E_m \cos (\theta_2 + 120°) \end{cases} \quad (3-12)$$

式中：E_m 为定子绕组轴线与励磁绕组轴线重合时，定子绕组感应电动势的有效值；θ_1 为

发送机转子位置角；θ_2 为接收机转子位置角。

两机定子绕组内的电动势差为

$$\begin{cases} \Delta E_1 = E_{F1} - E_{J1} = E_m(\cos\theta_1 - \cos\theta_2) \\ \Delta E_2 = E_{F2} - E_{J2} = E_m[\cos(\theta_1 - 120°) - \cos(\theta_2 - 120°)] \\ \Delta E_3 = E_{F3} - E_{J3} = E_m[\cos(\theta_1 + 120°) - \cos(\theta_2 + 120°)] \end{cases} \quad (3-13)$$

从而形成电流，有效值为

$$\begin{cases} I_1 = \dfrac{\Delta E_1}{2Z} = I(\cos\theta_1 - \cos\theta_2) \\ I_2 = \dfrac{\Delta E_2}{2Z} = I[\cos(\theta_1 - 120°) - \cos(\theta_2 - 120°)] \\ I_3 = \dfrac{\Delta E_3}{2Z} = I[\cos(\theta_1 + 120°) - \cos(\theta_2 + 120°)] \end{cases} \quad (3-14)$$

式中：Z 为定子每相绕组的阻抗；I 为相电流的最大有效值，$I = E_m/2Z$。

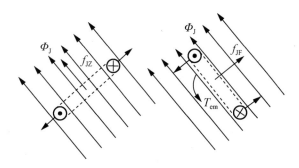

图 3.13　电磁转矩的形成

2. 磁动势

当整步绕组中有电流流过，将产生磁动势。值得指出，虽然整步绕组是三相绕组，但这一组电流在时间上是同相位的。当它们流过接收机定子绕组时，将产生脉振磁动势 f_{J1}、f_{J2}、f_{J3}，如图 3.13 所示。每相的磁动势幅值分别为

$$\begin{cases} F_{J1} = F(\cos\theta_1 - \cos\theta_2) \\ F_{J2} = F[\cos(\theta_1 - 120°) - \cos(\theta_2 - 120°)] \\ F_{J3} = F[\cos(\theta_1 + 120°) - \cos(\theta_2 + 120°)] \end{cases} \quad (3-15)$$

式(3-15)中，F 为磁动势常数。

f_{J1}、f_{J2}、f_{J3} 在 x 轴（d 轴）及 y 轴（q 轴）上的分量和幅值分别为

$$\begin{cases} F_{Jx} = -F_{J1}\cos\theta_2 - F_{J2}\cos(\theta_2 - 120°) - F_{J3}\cos(\theta_2 + 120°) \\ F_{Jy} = -F_{J1}\sin\theta_2 - F_{J2}\sin(\theta_2 - 120°) - F_{J3}\sin(\theta_2 + 120°) \end{cases} \quad (3-16)$$

将式(3-15)代入式(3-16)，得

$$\begin{cases} F_{Jx} = \dfrac{3}{2}F(1 - \cos\delta) \\ F_{Jy} = \dfrac{3}{2}F\sin\delta \end{cases} \quad (3-17)$$

式(3-17)中,$\delta=\theta_1-\theta_2$,称为失调角。显然,合成磁动势 f_J 的幅值为

$$F_J = \sqrt{F_{Jx} + F_{Jy}} = \frac{3}{2} F \sin \frac{\delta}{2} \quad (3-18)$$

3. 转矩

磁动势 f_J 受磁场 Φ_f 的作用,要产生转矩。从图 3.13 所示的物理现象可知,f_J 中仅 y 轴分量产生电磁转矩 T_{emy},其值与 Φ_f 和 f_{Jy} 的乘积成正比,即

$$T_{em} = K \sin \delta \quad (3-19)$$

由于电磁转矩 T_{em} 的作用,接收机转子将产生转动。直到两机励磁绕组轴线一致即 $\delta=0$ 时,$T_{em}=0$,转子停转。如果发送机转子不断转动,则接收机转子也随着转动,从而实现了随动的目的。由于电磁转矩 T_{em} 使得 δ 减小,因此又称整步转矩。它与失调角的关系如图 3.14 所示。

同理,发送机内也存在电磁转矩,并企图使转子旋转改变失调状态。但是,作为角位移信号源的发送机,其 θ_1 是给定的,因此仅接收机由角位移来跟踪发送机。如果接收机带动一定转矩的机械,如图 3.14 中的 T_2,则这个系统将工作在点 P 状态,在始终存在着一微小的失调角条件下同步传递角位移。

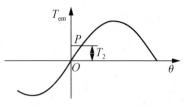

图 3.14 整步转矩与失调角的关系

3.3.2 阻尼绕组

力矩式自整角接收机在指示状态下运行,其静态精度主要取决于比整步转矩和摩擦力矩的大小。利用交轴阻尼绕组可以有效地调整交轴短路参数的大小,使自整角机获得合理的参数配置,提高比整步转矩,所以力矩式自整角接收机中通常都装设交轴阻尼绕组。此外,交轴阻尼绕组还可以抑制转子振荡,起到电气阻尼的作用。

力矩式自整角机中的阻尼绕组可分为两大类。一类是凸极式转子的阻尼绕组,另一类是隐极式转子的阻尼绕组。第一类又可分为单阻尼回路(即单根阻尼条放置在磁极的中心线位置处)、双阻尼回路(即两根阻尼条放置在磁极中心线的两侧)两种。第二类也可分为两种,一种是在隐极式转子上装设两个在空间位置相互正交的绕组,其中一个绕组作为励磁绕组,另一绕组自行短接作为交轴阻尼绕组;另一种是在隐极式转子上装设三相对称绕组,其中一相绕组短接作为阻尼绕组,另外两相绕组并联作为励磁绕组。

力矩式自整角接收机中阻尼绕组的选型大致是这样考虑的:对于凸极式自整角机,在大尺寸时选取双阻尼回路,尺寸较小时选取单阻尼回路;频率较高而尺寸又较大的,则可采用隐极转子阻尼绕组。

3.3.3 力矩式自整角机的性能指标

力矩式自整角机的主要性能指标如下:

(1) 精度:力矩式自整角发送机的精度是由零位误差来衡量的。力矩式接收机的精度,按它在系统中跟随发送机的静态误差确定。发送机转子励磁后,从基准电气零位开

始,转子每转过60°,在理论上定子绕组中应该有一相电动势为零,此位置称为理论电气零位;但由于设计、结构和工艺等因素的影响,实际电气零位与理论电气零位是有差异的,此值即为零位误差。

(2) 比整步转矩:式(3-19)中的常数 K 称为比整步转矩。它表示接收机与发送机在协调位置附近,单位失调角所产生的转矩。显然,比整步转矩愈大,整步能力就愈大。为了减小接收机的静态误差,应尽可能提高其值。同时,还要尽可能减小轴承、电刷和集电环摩擦力矩及转子不平衡力矩等。

(3) 阻尼时间:指接收机自失调位置稳定到协调位置所需的时间。阻尼时间愈短,系统稳定得愈快。为了减小阻尼时间,力矩式接收机的转子通常都装有阻尼绕组或机械阻尼器。

3.4 自整角机测控系统及应用

本节以一个基于自整角机的雷达方位角测量系统来说明自整角机测控系统及其应用。

方位角测量是大型雷达设备、各种导航系统以及一些控制系统感知自身状态的重要途径,因此方位角测量系统的研究颇显重要。雷达测定目标的位置采用球坐标系,以雷达所在地作为坐标原点,目标的位置由斜距、方位角和俯仰角3个坐标确定。其中,雷达在测定目标的方向,必须将雷达的方位、俯仰转轴的角位置转换成计算机或其他装置可以利用的转角数据准确输出。

目前,在各种伺服控制系统中,作为角位置传感器的元件主要有自整角机、增量式编码器和绝对式编码器等。自整角机是一种感应式自同步微电机,与增量式编码器相比,其优点在于具有绝对位置检测的能力,并且能在较恶劣的环境条件下工作。绝对式编码器虽然也能提供绝对的位置信号,但其信号的精度受码道数目的限制;而且绝对式编码器对于工作环境有较高的要求。因此自整角机在方位角测量系统中能得到广泛的使用。这里重点介绍雷达方位角位置检测系统组成、自整角机的测角原理以及利用单片机MSP430F149将自整角机产生的轴角信号转换成二进制数字信号,进而输入到显示系统中。

3.4.1 雷达方位角测量系统组成

雷达方位角测量系统由方位轴、自整角机、单片机MSP430F149组成的轴角/数字转换电路等部分组成。将自整角机安装在雷达方位轴的方位铰链上,雷达转盘转动时带动方位轴的方位铰链的活动,转角信号通过方位铰链的心轴传递到自整角机,自整角机将转角信号转换成三相交流调制信号,经隔离转换电路隔离并转换成两相正、余弦信号,输入到由单片机MSP430F149组成的轴角/数字转换电路,转换后的数字量通过单片机解算出方位角,最后可将在雷达终端显示或转发,其系统组成如图3.15所示。

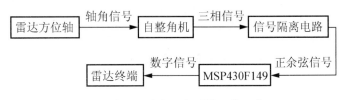

图 3.15 雷达方位角测量系统组成

3.4.2 自整角机的测角与控制

自整角机是系统的测角元件,示意图如图 3.16 所示。

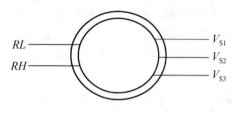

假设在自整角机的转子一侧加励磁电压 $V_R = V_m \sin \omega t$,则在定子一侧将感应出相同频率的信号,有

$$\begin{cases} V_{s1} = V_m \sin \omega t \times \sin \theta \\ V_{s2} = V_m \sin \omega t \times \sin(\theta - 120°) \\ V_{s3} = V_m \sin \omega t \times \sin(\theta + 120°) \end{cases} \quad (3-20)$$

图 3.16 自整角机的示意图

式中,θ 为转子相对于定子的转角(即所要测的方位角信号)。

这样,自整角机将雷达方位角轴角信号转换为三相交流调制信号 V_{s1},V_{s2} 和 V_{s3},将三相交流调制信号与隔离转换电路(图 3.17)的 S_1,S_2 和 S_3 相连,激励参考信号由 RL 和 RH 输入。因此,三相信号经电阻降压及变压器隔离后,通过由运算放大器 A1 和 A2 构成的电子斯科特(Scott)变压器电路转换成正弦信号和余弦信号,即

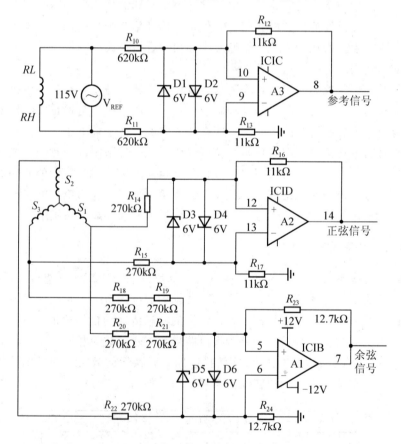

图 3.17 自整角机隔离转换电路原理图

$$\begin{cases} V_z = K U_m \sin \omega t \times \sin \alpha \\ V_y = K U_m \sin \omega t \times \cos \alpha \end{cases} \quad (3-21)$$

式中：V_z 为正弦信号；V_y 为余弦信号；α 为自整角机轴角；U_m 为激励参考电压幅值；K 为变比。

同样，参考信号经电阻降压、变压器隔离及运算放大器倒相。由于运算放大器可能产生低失调电压和漂移，因此电路中所有电阻应选用精密电阻，以保证降低后的三相信号幅度比例基本不变，同时电子斯科特变压器要有足够的转换精度。

3.4.3 轴角/数字转换电路的硬件设计

单片机 MSP430F149 是 TI 公司设计的超低功耗的微控制器，可使用电池长期工作，电源电压范围 1.8～3.6V。MSP430F149 具有 2KB 的 RAM 和 16 位总线并带 FLASH，采用 16 位的总线，外设和内存统一编址，寻址范围可达 64KB；有 48 位可灵活编程的 I/O 接口，这给系统的软硬件设计带来了极大的便利性和灵活性；外部不用扩展存储器和 I/O 接口，外围设备得到了简化。

控制单片机 MSP430F149 是轴角/数字转换电路的中心处理单元，负责将自整角机隔离电路产生的正、余弦信号转换成二进制数字信号，转换控制电路如图 3.18 所示，单片机采用 3.3V 供电。

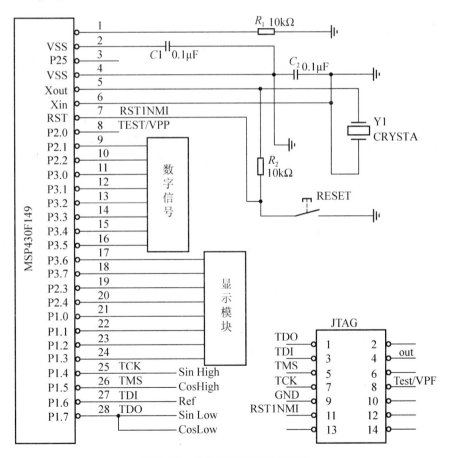

图 3.18 单片机控制转换电路图

自整角机隔离转换电路完成的正弦和余弦信号以及参考信号,通过单片机的P1.4、P1.5、P1.6和P1.7接口进行输入、存储,并经单片机MSP430F149的处理模块处理数据,将处理完的二进制数字量通过单片机的P2.1、P2.2、P3.0、P3.1、P3.2、P3.3、P3.4和P3.5端口输出,外部读/写数据先读低8位,再读高8位,单片机再将处理完的数据通过P3.6、P3.7、P2.3、P2.4、P1.0、P1.1、P1.2和P1.3端口送给雷达显示模块。这样,雷达转动的方位角就可以实时地在雷达终端显示,为操作者了解航向提供了有力的数据。

3.4.4 软件设计

系统运行过程中,软件程序不断发送指令信号,采集到自整角机/数字转换器发送的数字信号后,经过一定的运算规则转换成对应角度,输入到显示设备并同时供给其他子程序调用实时测量的角度值。具体角位置测量步骤如下:首先,程序发送读指令信号给转换器,经一定延时后,转换器的数字输出端出现有效数值;然后,程序读取该数据并进行处理,得到对应的测量角度值;最后,取消读指令信号,同时显示角度值,该值可供其他子程序调用。软件设计采用C语言编程,角度测量采用模块化设计,可很好地嵌入综合检测系统软件中,软件流程图如图3.19所示。

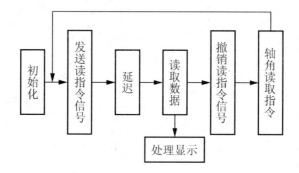

图 3.19 软件设计流程

小 结

本章首先介绍了自整角机的结构和分类,对各个部分进行了简要介绍,随后详细介绍了控制式自整角机和力矩式自整角机的工作原理。

自整角机是同步传递系统的关键元件之一,通常是成对或多只同时使用。其运行方式有两种:一种是力矩式,另一种是控制式。力矩式自整角机自己能输出整步转矩,不需要放大器和伺服机构,在整步转矩的作用下,接收机转子便追随发送机轴同步旋转。控制式自整角机的输入量是自整角发送机轴的转角,输出量是自整角变压器的输出电压,并通过放大器、伺服机构带动接收轴追随发送轴同步旋转。

控制式自整角机的精度比力矩式的高,可以驱动随动系统中较大的负载。使用力矩式自整角机时的相关设备较简单,被用于小负载、精度要求不太高的场合,常常用来带动指针或刻度盘作为测位器。

第3章 自整角机测控系统

知识链接

当前，自整角机已广泛应用于近代技术的各个领域。随着近代科学技术的飞跃发展，对自整角机提出了许多特殊要求，自整角机面临着很多新课题。改变电机传统结构，适应新技术需要，从而提高精度和使用效率，发展新品种，这是60年代中期以来明显的发展趋势。传统结构的改变往往与使用的线路联系在一起。由单极和多极自整角机组合的双通道自整角机就是由机械双速的单极自整角机系统演变而来。随着数字式系统的飞跃发展，自整角机为了适应数字技术需要，往往制成多相。如用五相或十相适应十进制，用八相或十六相适应二进制等。近年来为了满足国内雷达天线控制系统的需要，发展了一种力矩-控制式自整角机。其结构特征是定子（或转子）放置星形联结的三相绕组，转子（或定子）放置两个垂直的单相绕组。在天线搜索目标时，该电机作为自整角控制变压器用，一旦抓住目标，由线路换接，该电机又作为力矩式自整角接收机用。采用这种电机，可大大简化系统和整机结构，省掉原来的几个齿轮，一个伺服电动机，一个自整角机和一些其他元件，提高了使用效率和传送精度。国外称这种电机为传输解算器。除上述应用外，该电机还可用来将自整角机三相信号分解成两相正交信号，反之也可以将旋转变压器的两相正交信号合成三相自整角机信号。

在现代某些重要的控制系统中或某些特殊场合，往往对自整角机提出可靠性指标要求。接触式自整角机的故障绝大多数发生在电刷与集电环，这是显而易见的。据国外资料介绍，接触式自整角机失效率是电刷集电环个数的函数。在电机失效规律按指数分布的情况下，无接触式自整角机的平均寿命（又称为平均无故障工作时间）是接触式自整角机的五倍。在给定可靠度指标时，无接触式自整角机的可靠寿命亦比接触式自整角机可靠寿命高五倍。换句话说，在给定工作时间内，无接触式自整角机的可靠度远远高于接触式自整角机。从这一观点出发，发展无接触式自整角机是当前迫切的任务。特别是近年来，由于整体铁心工艺的发展，为研制各种新型结构的无接触式自整角机创造了有利条件。当前，根据特殊场合和尖端技术的要求，对无接触式自整角机给予足够重视，迅速发展新型无接触式自整角机系列，已是自整角机专业面临的重要课题。

从以上讨论可看出，自整角机基础理论的研究是必要的。当电机尺寸已定时，成倍提高能力指标并不是一件很容易的事。但通过基础理论的研究，选用最佳线路，合理调整参数，往往能大幅度提高使用性能和传送精度。同时还可看出，由于自整角机被广泛使用，各种系统将对自整角机提出许多新的要求，通过基础理论的深入研究，结合实际使用，便可以较快地发展新品种。

思考题与习题

1. 自整角机可以把发送机和接收机之间的转角差转换成与角差成正弦关系的_____信号。
2. 控制式自整角机的比电压大，就是失调同样的角度所获得的信号电压大，系统的灵敏度就_____。
3. 无力矩放大作用，接收误差稍大，负载能力较差的自整角机是（　　）式自整角机。
   A. 力矩　　　　　　B. 控制　　　　　　C. 差动　　　　　　D. 单机
4. 自整角变压器的整步绕组中合成磁动势的性质和特点分别是什么？
5. 力矩式自整角发送机和接收机的整步绕组中合成磁动势的性质和特点分别是什么？
6. 简述自整角机的结构和分类。
7. 何谓比整步转矩？有何特点？

第4章 旋转变压器

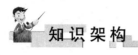知识架构

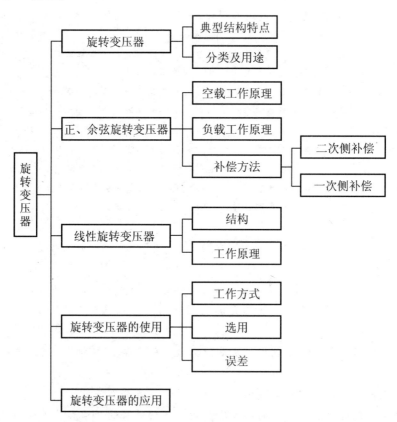

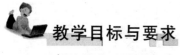教学目标与要求

- 了解旋转变压器的发展历史

第4章 旋转变压器

☞ 掌握旋转变压器的基本构成及其分类
☞ 掌握正、余弦旋转变压器的工作原理及补偿方法
☞ 掌握线性旋转变压器的工作原理
☞ 掌握旋转变压器的使用方式
☞ 了解旋转变压器的应用

引言

旋转变压器(rotational transformer 或 resolver)是一种电磁式传感器,是一种精密的测位用的机电元件,称为同步分解器。它的输出电信号与转子转角成某种函数关系,它也是一种测量角度用的小型交流电动机,属自动控制系统中的精密感应式微电机的一种,主要用来测量旋转物体的转轴角位移和角速度,它的外形如图4.1所示。

由于旋转变压器是一种精密角度、位置、速度检测装置,适用于所有使用旋转编码器的场合,特别是高温、严寒、潮湿、高速、高振动等旋转编码器无法正常工作的场合。因此旋转变压器凭借自身具有的特点,可完全替代光电编码器,被广泛应用在伺服控制系统、机器人系统、机械工具、汽车、电力、冶金、纺织、印刷、航空航天、船舶、兵器、电子、矿山、油田、水利、化工、轻工、建筑等领域的角度、位置检测系统中。也可用于坐标变换、三角运算和角度数据传输、作为两相移相器用在角度-数字转换装置中。

图 4.1 旋转变压器

旋转变压器作为一种最常用的转角检测元件,结构简单,工作可靠,且其精度能满足一般的检测要求,被广泛应用在各类数控机床上。诸如各类机床、镗床、回转工作台、加工中心、转台等,如图4.2所示。

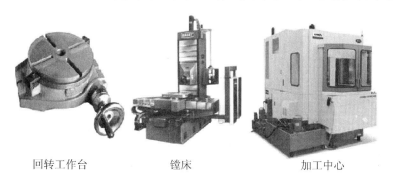

回转工作台　　镗床　　加工中心

双轴转台　　　　带温控箱转台

图 4.2 应用旋转变压器的数控机床

近年来,旋转变压器的发展主要是解决满足数字化的要求,应用数字转换器件对旋转变压器输出互为正、余弦关系的模拟信号进行采样,将其转换成数字信号,以便于各种CPU进行处理,目前多用单片机控制。意在完成旋转变压器的数字化角度和长度测量显示,并达到比较高的精度水平。

例如,在车辆交流传动系统中,由于要适应冲击振动和温、湿度变化等恶劣的工作环境,普通检测转子位置的光电编码器很容易损坏,而旋转变压器由于其坚固耐用且可靠性高,可以很好地解决这一问题。而旋转变压器是一种模拟机电元件,不能满足数字化的要求,故需要接口电路实现其模拟信号与控制系统数字信号之间的相互转化,这类接口电路是一类特殊的模/数转换器,也就是常说的旋转变压器/数字转换器(RDC)。如图4.3所示,数字旋转变压器最大的优点在于其简单、可靠的硬件电路和较高的精度与分辨率,有文献表示在军用装甲车交流传动系统中很好地实现了异步电动机转子位置信号的精确测量。

再如,寻北仪在军事和民用领域都有广泛应用,它可以测出载体纵轴与正北的夹角,为飞机、船舶等提供方位基准。寻北仪系统采用旋转变压器作为方位角测量元件,因此必须设计旋转变压器模拟量—数字量转换电路来实现方位角测量。传统的由分立元件组成的转换电路结构复杂,可靠性低,取而代之的是集成化的轴角/数字转换模块。一种实用的轴角/数字转换器已在寻北仪系统中得到应用。

本章将对旋转变压器进行详细讨论,结合各类应用场合,从结构、工作原理到数字变换器等方面进行讨论。

图4.3 旋转变压器数字类转换模块

4.1 旋转变压器的类型和用途

旋转变压器由定子和转子组成。其中定子绕组作为变压器的一次侧,接受励磁电压,励磁频率通常用400Hz、3000Hz及5000Hz等。转子绕组作为变压器的二次侧,通过电磁耦合得到感应电压。

旋转变压器是一种输出电压随转子转角变化的信号元件。当励磁绕组以一定频率的交流电激励时,输出绕组的电压大小及相位可与转角成正、余弦函数及线性关系,采用不同的结构或在一定范围内可以成其他各种函数关系。如制成弹道函数、圆函数、锯齿波函数等特种用途的旋转变压器。为了获得这些函数关系,通常使定、转子具有一个最佳的匝数比和对定、转子绕组采用不同的连接方式来实现。

按着输出电压和转子转角间的函数关系,旋转变压器主要可以分为:正、余弦旋转变压器(代号为XZ)和线性旋转变压器(代号为XX)、比例式旋转变压器(代号为XL)、矢量旋转变压器(代号为XS)及特殊函数旋转变压器等。其中,正、余弦旋转变压器当定子绕组外加单相交流电流励磁时其输出电压与转子转角成正、余弦函数关系;线性旋转变压器的输出电压在一定转角范围内与转角成正比,线性旋转变压器按转子结构又分成隐极式和凸极式两种;比例式旋转变压器则在结构上增加了一个固定转子位置的装置,其输出电压也与转子转角成比例关系。

按旋转变压器在系统中的用途可分为解算用旋转变压器和数据传输用旋转变压器。根据数据传输用旋转变压器在系统中的具体用途,又可分为旋变发送机(代号为XF)、旋变差动发送机(代号为XC)、旋变变压器(又名旋变接收器,代号为XB)。

第4章 旋转变压器

若按电动机极对数的多少来分，可将旋转变压器分为单极对和多极对两种。采用多极对是为了提高系统的精度。

若按有无电刷与集电环间的滑动接触来分类，旋转变压器可分为接触式和无接触式两大类，如图 4.4、图 4.5 所示。

图 4.4 接触式旋转变压器

图 4.5 无接触式旋转变压器

无接触式旋转变压器因其无电刷和集电环的滑动接触，所以运行可靠，抗振动，适应恶劣环境。

旋转变压器的工作原理和一般变压器基本相似，从物理本质来看，旋转变压器可以看成是一种能转动的变压器。区别在于对于变压器来说，其一次、二次绕组耦合位置固定，所以输出电压和输入电压之比是常数，而旋转变压器的一次、二次绕组分别放置在定、转子上，由于一次、二次绕组间的相对位置可以改变，随着转子的转动，定、转子绕组间的电磁耦合程度将发生变化，电磁精确程度与转子的转角有关，因此，旋转变压器能将转角转换成与转角成某种函数关系的信号电压。输出绕组的电压幅值与转子转角成正弦、余弦函数关系，或保持某一比例关系，或在一定转角范围内与转角呈线性关系。

旋转变压器的结构与绕线式异步电动机相似，定、转子均由冲有齿和槽的电工钢片叠成，为了获得良好的电气对称性，以提高旋转变压器的精度，一般都设计成隐极式，定、转子之间的气隙是均匀的。定子和转子槽中各布置两个轴线相互垂直的交流分布绕组，如图 4.6 所示。

旋转变压器的结构和工作原理与自整角机相似，区别在于旋转变压器定子和转子绕组通常是对称的两相绕组，分别嵌在空间相差 90°的电角度的槽中。自整角机则是三相对称的形式。各种数据传输在系统中的作用与相应的控制式自整角机也相同。对于线性旋转变压器，因为其工作转角有限，所以可以用软导线直接将转子绕组引线固定在接线板上。旋转变压器是精度较高的一类控制电机，它的精度比自整角机要高，其误差一般小于 0.3%，特殊的应不大于 0.05%。其定、转子绕组的感应电势要按转角的正弦关系变化，以满足输出电压和转角严格地成正弦关系。为此，要通过对绕组进行特殊的试验以及对整个电动机精密的加工才能达到上述的要求。

图 4.6 旋转变压器的定子和转子

常见的旋转变压器一般有两极绕组和四极绕组两种结构形式。两极绕组旋转变压器的定子和转子各有一对磁极，四极绕组则有两对磁极，主要用于高精度的检测系统。除此之外，还有多极式旋转变压器，用于高精度绝对式检测系统。

旋转变压器在同步随动系统及数字随动系统中可用于传递转角或电信号实现远距离测量、传输或再现一个角度，移相；在解算装置中可作为函数的解算之用，实现坐标变换、三角运算，故又称为解算器。随着系统对角位控制和检测以及解算元件精度要求的日益提高，又发展了多极对数旋转变压器和感应同步器等高精度元件。

4.2 正、余弦旋转变压器

旋转变压器是由定子、转子两大部分组成的。每一大部分又有自己的电磁部分和机械部分，总体说它和两相绕线式异步电动机的结构更为相似，下面以正、余弦旋转变压器的典型结构进行分析。

4.2.1 正、余弦旋转变压器的结构

为了使气隙磁通密度分布呈正弦规律，获得在磁耦合和电气上的良好对称性，从而提高旋转变压器的精度，旋转变压器大多设计成两极隐极式的定、转子的结构和定、转子对称两套绕组。电磁部分仍然由可导电的绕组和能导磁的铁心组成，旋转变压器的定、转子铁心是采用导磁性能良好的硅钢片薄板冲成的槽状芯片叠装而成。为提高精度，通常采用铁镍软磁合金或高硅电工钢等高磁导率材料，并采用频率为 400Hz 的励磁电源。在定子铁心的内周和转子铁心外圆周上都冲有一定数量的规格均匀的槽，里面分别放置两套空间轴线互相垂直的绕组，以便在运行时可以得到一次侧或二次侧补偿。正、余弦旋转变压器的结构如图 4.7 所示。

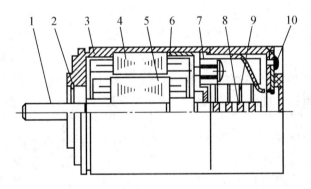

图 4.7 正、余弦旋转变压器的结构图

1—转轴；2、7—挡圈；3—机壳；4—定子；5—转子；6—波纹势圈；8—集电环；9—电刷；10—接线柱

如图 4.8 所示，旋转变压器定子绕组和转子绕组都安装两套在空间互差 90°电角度，结构上是完全相同的对称分布绕组。定子绕组有两个，一般是相同的，即导线截面和接线方式以及绕组匝数都相同。分别称为定子励磁绕组（其引线端为 D_1-D_2）和定子交轴绕组（又称补偿绕组，其引线端为 D_3-D_4）。图 4.8 中带有圆圈的表示转子，转子上两套绕组

与定子一样匝数相等分别用 W_s 和 W_c 表示，Z_1-Z_2 和 Z_3-Z_4 分别为正弦输出绕组和余弦输出绕组，有的时候也可在转子绕组上励磁，而从定子绕组上输出电压。

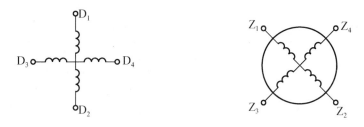

图 4.8　旋转变压器定、转子绕组

在结构上，旋转变压器定子和转子基本和自整角机一样，其组件图如图 4.9 所示，定子绕组通过固定在壳体上的接线柱直接引出。定子绕组端点直接引至接线板上，而转子绕组的端点要通过电刷和集电环才能引出，如图 4.7 所示。注意定子和转子之间的空气隙是均匀的。气隙磁场一般为两极，定子铁心外圆是和机壳内圆过盈配合，机壳、端盖等部件起支撑作用，是旋转电动机的机械部分。

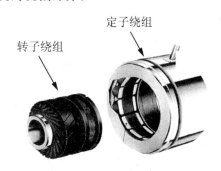

图 4.9　旋转变压器定、转子组件图

转子绕组有两种不同的引出方式。根据转子绕组两种不同的引出方式，旋转变压器分为有刷式和无刷式两种结构形式，如图 4.10 所示，转子绕组多数采用集电环和电刷引出，由于旋转变压器的偏转角有限，有的转子绕组采用软绝缘导线或弹性卷带型引线直接引出电动机。有刷式旋转变压器的转子绕组通过集电环和电刷直接引出，其特点是结构简单，体积小，但因电刷与集电环是机械滑动接触的，所以旋转变压器的可靠性差，寿命也较短。

无集电环的旋转变压器称为无接触式旋转变压器又称无刷式旋转变压器。它没有接触摩擦和无线电干扰，其结构分为两大部分，即旋转变压器本体和附加变压器。附加变压器的一次侧、二次侧铁心及其线圈均成环形，分别固定于转子轴和壳体上，径向留有一定的间隙。旋转变压器本体的转子绕组与附加变压器一次线圈连在一起，在附加变压器一次线圈中的电信号，即转子绕组中的电信号，通过电磁耦合，经附加变压器二次线圈间接地送出去。这种结构避免了电刷与集电环之间不良接触造成的影响，提高了旋转变压器的可靠性及使用寿命，但其体积、质量、成本均有所增加。若无特别说明，通常是指接触式，即有集电环旋转变压器。

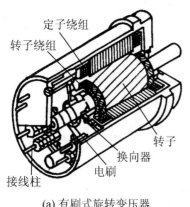
(a) 有刷式旋转变压器

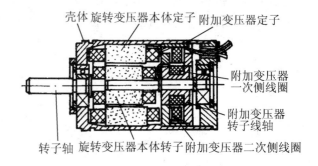
(b) 无刷式旋转变压器

图 4.10 旋转变压器转子绕组两种不同的引出方式

4.2.2 正、余弦旋转变压器的工作原理

旋转变压器是一个能够转动的变压器，它的定子绕组相当于普通变压器的一次线圈（励磁线圈），而转子绕组就相当于普通变压器的二次线圈。在各定子绕组加上交流电压后，转子绕组中由于铰链磁通的变化产生感应电压，感应电压和励磁电压之间相关联的耦合系数随转子的转角而改变。因此，根据测得的输出电压，就可以知道转子转角的大小。可以认为，旋转变压器是由随转角而改变且具有一定耦合系数的两个变压器所构成。可见，转子绕组输出电压幅值与励磁电压的幅值成正比，对励磁电压的相位移等于转子的转动角度，检测出相位，即可测出角位移。

但是，旋转变压器又区别于普通变压器，其区别在于转、定子间有气隙，转子可以转动，旋转变压器的二次线圈（输出线圈）可随转子的转动而改变其与定子线圈的相对位置，一、二次线圈间的互感发生变化，由图 4.11 知，定子励磁绕组 D_1-D_2 的轴线在 $\alpha=0$ 处，转子绕组 Z_3-Z_4 的轴线与励磁绕组轴线夹角为 α。

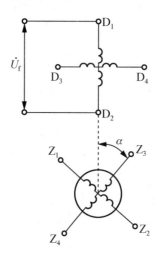

图 4.11 正、余弦旋转变压器原理示意图

第4章 旋转变压器

定子的励磁绕组接上交流电压，设某瞬间线圈中电流 I 的方向和产生气隙磁通方向如图 4.12 所示。

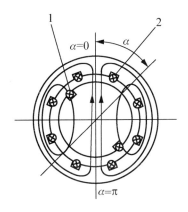

图 4.12 旋转变压器磁通分布情况
1—转子 Z_3-Z_4 绕组 I；2—定子 D_1-D_2 绕组 I

由于旋转变压器在结构上保证了其定子和转子(旋转一周)之间空气间隙内磁通分布符合正弦规律，因此，当励磁电压加到定子绕组时，通过电磁耦合，转子绕组便产生感应电动势用具体匝数的等效集中绕组来代替转子上的 Z_3-Z_4 分布绕组，如图 4.12 所示。因此从转子线圈输出的电动势将与转角 α 成一定的函数关系，即 Z_1-Z_2、Z_3-Z_4 线圈输出电压为

$$U_s = U_m \sin \alpha \tag{4-1}$$
$$U_c = U_m \cos \alpha \tag{4-2}$$

两极正、余弦旋转变压器其输出电压与转角成正、余弦关系，它的电气工作原理图如图 4.13 所示，旋转变压器不带负载时。Z_1-Z_2、Z_3-Z_4 开路，负载时 Z_1-Z_2 和 Z_3-Z_4 均可带负载阻抗形成闭合回路。空载时，除 D_1-D_2 绕组中流有励磁电流 I_f 外，其余绕组中均无电流，如图 4.13(a)、(b)所示，该图为了说明工作原理分别画出余弦输出绕组 Z_3-Z_4 的绕组轴线与励磁绕组轴线夹角为 α，如图 4.13(a)所示，正弦输出绕组 Z_1-Z_2 的绕组轴线与励磁绕组轴线的夹角为 $90°-\alpha$，如图 4.13(b)所示。

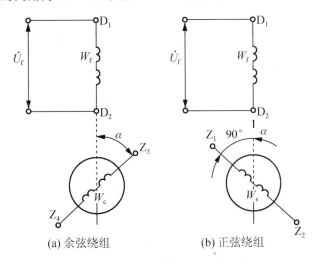

(a) 余弦绕组   (b) 正弦绕组

图 4.13 正、余弦旋转变压器原理

其正弦绕组元件匝数与磁动势分布如图 4.14 所示。

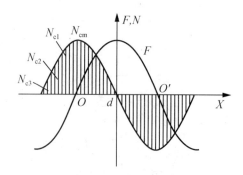

图 4.14　正弦绕组元件匝数与磁动势分布

设正弦绕组的每相实际匝数为 N，则：

$$N = \sum_{i=1}^{\frac{Z}{4}} N_{ci} = 2N_{cm}\left[\cos\frac{\pi}{Z} + \cos\frac{3\pi}{Z} + \cdots + \cos\left(\frac{2Z}{4}-1\right)\frac{\pi}{Z}\right] \quad (4-3)$$

式中：Z——旋转变压器的定子(转子)槽数；

　　　i——槽数编号；

　　　N_{cm}——假设的最大匝数元件的匝数。

1. 空载运行时的情况

如图 4.15 所示，先分析空载时的输出电压，即转子输出绕组 Z_1-Z_2 和 Z_3-Z_4 和定子交轴绕组 D_3-D_4 开路，仅将定子励磁绕组 D_1-D_2 加交流励磁电压 U_f。此时气隙中将产生一个脉振磁通密度 B_D，脉振磁场的轴线在定子励磁绕组的励磁轴线 D_1-D_2 上。据自整角机的电磁理论，磁场将在二次侧即转子的两个输出绕组中感应出变压器电动势。

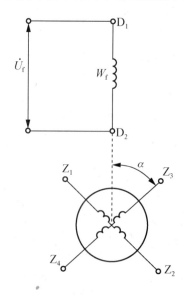

图 4.15　正、余弦旋转变压器空载的工作原理

第4章 旋转变压器

与自整角机中所发生的情况一样，脉振磁场 B_D 将在转子的输出绕组 Z_1-Z_2 和 Z_3-Z_4 中感应变压器电动势，这些电动势在时间上是同相位的，其有效值和该绕组的位置有关。当定子励磁绕组 W_f（即 D_1-D_2）加交流励磁电压 U_f 时，则将在电动机气隙中产生脉振磁场，其磁场 B_f 的空间分布为正弦曲线。若转子绕组 $W_r=W_S=W_C$，为了分析问题的方便，用匝数为 W_r 的等效集中绕组来代替 W_S 和 W_C 同样励磁绕组 W_f 为等效集中绕组。当 W_C 绕组在直轴位置，即 W_c 绕组轴线与励磁绕组 W_f 的轴线相重合即 $\alpha=0$ 时，如同一台普通的双绕组变压器一样，可得到定子和转子感应电动势为

$$E_f = 4.44 f W_f K_{wf} \Phi_m \approx U_f \qquad (4-4)$$

$$E_r = 4.44 f W_r K_{wr} \Phi_m = K_e E_f \approx K_e U_f \qquad (4-5)$$

$$K_e = \frac{W_r K_{wr}}{W_f K_{wf}} = \frac{W_r}{W_f} = \frac{E_r}{E_f} \qquad (4-6)$$

式中：E_f 为励磁绕组电动势；E_r 为 $\alpha=0$ 时转子绕组的电动势；U_f 为励磁电压；W_f、W_r 为定子与转子绕组的等效集中匝数；K_{wf}、K_{wr} 为定子与转子绕组系数，近似等于 1；K_e 为转子与定子电动势比。

若转子绕组轴线偏离励磁绕组轴线位置，即转子绕组 W_c 与励磁绕组 W_f 轴线的夹角为 α 时，如图 4.15 所示绕组 W_C（即 Z_3-Z_4）所匝链的磁通的幅值为

$$\Phi_C = \Phi_m \cos\alpha \qquad (4-7)$$

根据变压器原理可得转子绕组 W_C 的电动势为

$$E_C = 4.44 W_C f \Phi_C = 4.44 W_C f \Phi_m \cos\alpha \qquad (4-8)$$

由式（4-7）可知，磁通沿气隙按余弦分布，保证了穿过转子绕组 W_c 的磁通和转子转角 α 成余弦的函数关系，从而保证了 W_c 中感应电动势和转子的转角 α 成余弦函数关系。为了将旋转变压器和普通变压器进行比较，将式（4-8）改写成

$$E_C = 4.44 f \Phi_m W_C \cos\alpha \qquad (4-9)$$

由式（4-9）可知，旋转变压器和普通变压器在工作原理上是完全一样的。它们都利用一次线圈和二次线圈之间的互感进行工作，所不同的是在普通变压器中总是使一、二次线圈的互感为最大且保持不变。与此相反，在旋转变压器中正是利用转子相对定子的转角的不同以改变一、二次线圈之间的互感来达到输出电动势和转角成正、余弦函数关系，从而得到 W_C 的输出电动势为

$$E_c = E_r \cos\alpha = K_e E_f \cos\alpha \approx K_e U_f \cos\alpha \qquad (4-10)$$

式中，忽略定子绕组漏阻抗和定子绕组电阻的压降，$E_f \approx U_f$。

与 W_c 成正交的转子绕组 W_s 的感应电动势为

$$E_S = E_r \cos(90°-\alpha) = E_r \sin\alpha = K_e E_f \sin\alpha \approx K_e U_f \sin\alpha \qquad (4-11)$$

由式（4-10）和式（4-11）可知，当旋转变压器励磁后，可分别在两个相互正交的转子绕组中，得到与 α 的正弦函数或余弦函数成正比例的电动势。因此 W_S 和 W_C 分别称为正弦输出绕组 $W_S(Z_1-Z_2)$ 和余弦输出绕组 W_C（即 Z_3-Z_4）。由此可见，旋转变压器空载时当电源电压不变时，输出电动势与转角 θ 有严格的正、余弦关系。

2. 负载运行时的情况

在实际使用中，旋转变压器要接上一定的负载。实验表明，图 4.16 所示的旋转变压

器,一旦其正弦输出绕组 $Z_1 - Z_2$,带上负载 Z_L 以后,其输出电压不再是转角的正弦函数。

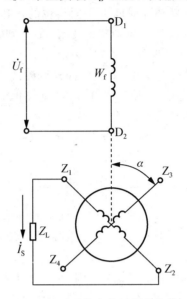

图 4.16　正弦输出绕组接上负载

正弦输出绕组接上负载实验结果证明,带负载以后的旋转变压器,其输出电压不再是转角的正弦或余弦函数,而是有一定的偏差,这种现象称为输出特性发生畸变,如图 4.17 所示。

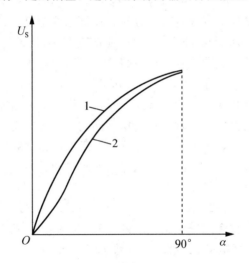

图 4.17　正弦绕组输出电压与转角的关系曲线

1—空载时；2—负载时

曲线 1 和 2 分别表示旋转变压器在空载和负载时的输出特性,旋转变压器的负载越大(I_s 越大),输出特性的畸变也越严重。这种畸变是必须加以消除的,为此应分析畸变的原因,寻找消除畸变的措施。

旋转变压器的定子励磁绕组和转子输出绕组,相当于变压器中的一次绕组和二次绕组,如图 4.18 所示,表示了余弦输出绕组 $Z_3 - Z_4$ 带负载的情况,在输出绕组 $Z_3 - Z_4$ 中感应出电动势 E_c。电动势 E_c 产生电流 I_c,电流 I_c 产生沿 $Z_3 - Z_4$ 绕组轴线方向的磁动势 F_c,

它是一个脉振磁场。设该磁场的磁通密度沿定子内圆成正弦分布,为分析方便,把它看做对应转子电流达到最大时的磁通密度空间相量,F_c 可以分解为直轴方向(和励磁绕组 D_1-D_2 轴线方向一致)的直轴磁动势 F_{cd}(直轴分量)和横轴方向(和 D_1-D_2 轴线正交)的横轴磁动势 F_{cq}(交轴分量)其表达式为

$$F_{cd} = F_c \cos\alpha = I_c W_c \cos\alpha \tag{4-12}$$

$$F_{cq} = F_c \sin\alpha = I_r W_c \sin\alpha \tag{4-13}$$

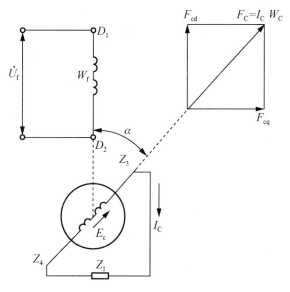

图 4.18 余弦输出绕组 Z_3-Z_4 带负载

因此,带负载后旋转变压器的工作情况可以用具有两部分绕组的普通变压器来表示,它的等值电路如图 4.19 所示,转子电流 I_c 相当于分别流过两个转子绕组,其中一个为等效的直轴绕组具有 $W_c \cos\alpha$ 匝,另一个为等效的横轴绕组具有 $W_c \sin\alpha$ 匝,直轴等效绕组轴线与励磁绕组轴线重合,彼此完全重合,如同普通变压器中一、二次线圈的关系一样,横轴等效绕组与励磁绕组完全不重合,因此,由 $I_c W_c \sin\alpha$ 产生的磁通对定子励磁绕组 D_1-D_2 来说完全是漏磁通,但对定子上另一个绕组 D_3-D_4 却完全重合。

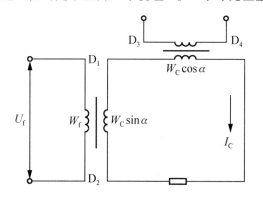

图 4.19 负载时旋转变压器等值电路

下面对直轴磁动势 F_{Cd} 和横轴(交轴)磁动势 F_{Cq} 引起的影响分别进行分析。

直轴磁动势 F_{cd} 相当于变压器中的二次磁动势，直轴分量所对应的直轴磁通对励磁绕组 D_1-D_2 来说，相当于变压器二次绕组所产生的磁通。而按变压器磁动势平衡关系，当二次侧接上负载，流过电流 I_c 时，为维持电动势平衡，一次电流必将增加一负载分量时，以使主磁通和反电动势基本不变。但由于一次电流的增加会引起一次阻抗压降的增加，因此实际上反电动势和主磁通均略有减小。在旋转变应器中，二次电流所产生的直轴磁场对一次电动势主磁通的影响也是如此，所不同的是，在变压器中，当二次负载不变时，电动势 E_1、E_2 是不变的；但在旋转变压器中，由于二次电流及其所产生的直轴磁场不仅与负载有关，而且还与转角 α 有关，因此旋转变压器中直轴磁通对 E_c 的影响也随转角 α 变化而变化，但由于直轴磁通对一次电动势的影响本身就很小，所以直轴磁通对输出电压畸变的影响也很小。不会引起输出特性的畸变。

引起输出电压畸变的主要原因是二次电流所产生的交轴磁场分量，F_{cq} 产生的磁通完全是漏磁通，由这个漏磁通产生的漏抗压降使输出绕组的输出电压与空载电动势之间出现较大的畸变。显然，F_{cq} 对应的交轴磁通 Φ_q 必定与其成正比，即

$$\Phi_q \propto F_{cq} \tag{4-14}$$

Φ_q 和输出绕组 Z_3-Z_4 的夹角为 α，若设匝链输出绕组 Z_3-Z_4 的磁通为 Φ_{q34} 则

$$\Phi_{q34} = \Phi_q \cos\alpha \tag{4-15}$$

若 B_z 表示绕组磁通密度代入式(4-15)，则

$$\Phi_{q34} \propto B_z \cos^2\alpha \tag{4-16}$$

最大值为 Φ_{q34} 的磁通在 Z_3-Z_4 绕组中所产生的感应电动势也是变压器电动势，其有效值为

$$\Phi_{q34} = 4.44 f W_c \Phi_{q34} \propto B_z \cos^2\alpha \tag{4-17}$$

可见旋转变压器正弦输出绕组 Z_3-Z_4 接上负载以后，除了仍存在 $E_c = -K_c U_f \cos\alpha$ 的电动势以外，还附加了正比于 $B_z \cos^2\alpha$ 的电动势 E_{q34}。显然后者的出现破坏了输出电压随转角而正弦函数变化的关系，造成输出特性的畸变。由式(4-17)还可以看出，在一定的转角下 E_{q34} 正比于 B_z，而 B_z 又正比于绕组 Z_3-Z_4 中的电流 I_{R2}，所以负载电流愈大，E_{q34} 也愈大，输出特性偏离正弦函数关系就愈远。

从以上分析可知，旋转变压器带负载后旋转变压器输出特性产生畸变是由于横轴（交轴）磁动势 F 小于 $I_c W_c \sin\alpha$ 引起的。所以，若能消除交轴磁通的影响，则带负载后输出特性的畸变就能够被消除，消除畸变的方法称为补偿，补偿的方法有两种，一种是二次侧补偿，另一种是一次侧补偿。

下面讨论一、二次侧补偿的旋转变压器工作原理。

4.2.3 正、余弦旋转变压器补偿方法

1. 二次侧补偿的正、余弦旋转变压器

二次侧补偿就是把正、余弦旋转变压器按图4.20所示进行接线。同时使用两个转子绕组，一个为转子绕组 Z_3-Z_4 接上负载 Z_L 作为输出绕组用；另一个转子绕组 Z_1-Z_2 接有阻抗 Z_c 作为补偿用。此时相当于二次侧对称的正、余弦旋转变压器。

当定子绕组 D_3-D_4 开路，D_1-D_2 加上交流励磁电压 U_f 后，在转子两个绕组中分别感

应出电动势 E_c、E_s。进而产生电流 I_c、I_s，在两电流的作用下，分别在绕组 W_c、W_s 中产生磁动势 F_c 和 F_s，由前面分析可知

$$E_C = E_r \cos \alpha \tag{4-18}$$

$$F_C = I_C W_C = \frac{E_r}{Z_C + Z_L} W_C \cos \alpha \tag{4-19}$$

式中，Z_C 为转子绕组 W_C 的阻抗。

同理

$$E_S = E_r \cos \alpha \tag{4-20}$$

$$F_S = I_S W_S = \frac{E_r}{Z_S + Z_e} W_S \sin \alpha \tag{4-21}$$

式中：Z_S 为转子绕组 W_S 的阻抗；Z 为补偿绕组的阻抗。

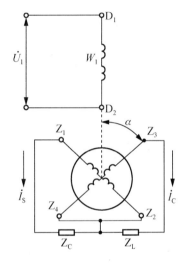

图 4.20 二次侧补偿的正、余弦旋转变压器

若将转子各绕组产生磁动势分解为沿直轴和横轴方向的磁动势，如图 4.21 所示，可以看出，转子两个绕组分解的横轴磁动势方向是相反的，它们的作用是相互抵消的，在一定条件下它们可以完全抵消。

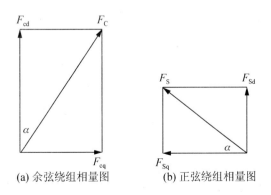

(a) 余弦绕组相量图　　(b) 正弦绕组相量图

图 4.21 转子磁动势的相量图

转子两绕组磁动势在横轴方向的分量分别为

$$F_{Cq} = F_C \sin \alpha = \frac{E_r}{Z_C + Z_L} W_C \cos \alpha \sin \alpha$$

$$F_{Sq} = F_S \cos \alpha = \frac{E_r}{Z_S + Z_e} W_S \sin \alpha \cos \alpha \tag{4-22}$$

由式(4-22)可知，要使横轴磁动势完全抵消的条件是

$$Z_C + Z_L = Z_S + Z_e \tag{4-23}$$

由于绕组对称，所以 $Z_C = Z_S = Z_e$。因此，只要 $Z_L = Z_e$ 即补偿绕组的所接阻抗 Z_e 与负载阻抗 Z_L 相等，则将得到完全补偿，即二次侧完全补偿条件是：补偿阻抗等于负载阻抗。即

$$Z_e = Z_L \tag{4-24}$$

这时转子两绕组磁动势在直轴方向的分量为

$$F_{Sd} = F_S \sin \alpha = \frac{E_r}{Z_S + Z_e} W_S \sin^2 \alpha \tag{4-25}$$

$$F_{Cd} = F_C \cos \alpha = \frac{E_r}{Z_e + Z_L} W_C \cos^2 \alpha \tag{4-26}$$

直轴合成磁动势 F_d 为

$$\begin{aligned} F_d &= F_{Sd} + F_{Cd} = F_C \cos \alpha \\ &= \frac{E_r}{Z_S + Z_e} W_S \sin^2 \alpha + \frac{E_r}{Z_e + Z_L} W_C \cos^2 \alpha \\ &= \frac{E_r}{Z_S + Z_L} W_r \end{aligned} \tag{4-27}$$

通过式(4-22)、式(4-23)和式(4-27)，说明在二次侧完全补偿的条件下，转子两绕组产生的合成磁动势的方向始终和励磁绕组轴线相一致。转子两个绕组产生的合成直轴磁动势 F_d 与转角 α 无关，是一个常数。

消除横轴磁场的影响除采用二次侧补偿外，还可采用一次侧补偿方法。

2. 一次侧补偿的正、余弦旋转变压器

一次侧补偿时旋转变压器的接线如图4.22所示，定子绕组 $D_1 - D_2$ 加励磁电源电压，绕组 $D_3 - D_4$ 接有补偿用的阻抗 Z_L，转子绕组 $Z_3 - Z_4$ 接有负载 Z_L 作为输出绕组，另一个转子绕组 $Z_1 - Z_2$ 开路。

当定子绕组 $D_1 - D_2$ 加电后，转子绕组 $Z_3 - Z_4$ 便有电流流过产生磁动势 F_C 并把它分解为直轴磁动势 F_{Cd} 和横轴磁动势 F_{Cq}，F_{Cd} 与 F_{Cq} 所对应的绕组分别是 $W_C \cos \alpha$ 和 $W_C \sin \alpha$。这样补偿绕组和转子等效横轴绕组 $W_C \sin \alpha$ 完全重合，如图4.23所示。同普通变压器中一、二次侧线圈关系一样，补偿绕组 $D_3 - D_4$ 相当于变压器的二次侧，转子等效横轴绕组 $W_C \sin \alpha$ 相当于变压器的一次侧。

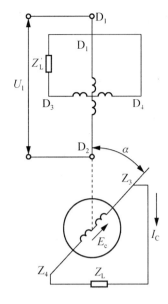
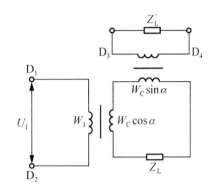

图 4.22 一次侧补偿的正、余弦旋转变压器　　图 4.23 一次侧补偿时的等值电路

根据变压器原理,当变压器二次绕组有负载电流时,它产生的磁场和原来的磁场方向相反,也就是说起抵消作用。在这里,补偿绕组接有负载 Z_L',它所产生的磁场对横轴磁场也起抵消作用(去磁作用),所以达到了补偿的目的。

当 Z_L' 等于定子绕组 D_1-D_2 的电源内阻抗 Z_i',即 $Z_L'=Z_i'$ 时,由负载引起的输出特性畸变将得到完全补偿。一般情况电源内阻抗很小,因此,可把补偿绕组 D_3-D_4 直接短接。

对比二次侧补偿和一次侧补偿,可以看到二次侧补偿时,补偿用的阻抗 Z_c 的数值和旋转变压器的负载 Z_L' 的大小有关,而一次侧补偿时,补偿用的阻抗 Z_L' 和负载无关,因此易于实现。

另外还可同时采用一、二次侧补偿方法,此时旋转变压器的四个绕组连接线如图 4.24 所示。

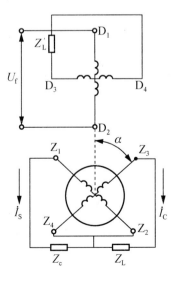

图 4.24 一、二次侧补偿的正、余弦旋转变压器

此种补偿方法兼具一、二次侧补偿的优点，可以满足输出函数关系的较高要求。

4.3 线性旋转变压器

4.3.1 线性旋转变压器结构

线性旋转变压器的结构与正、余弦旋转变压器的结构基本上是一样的，主要是由定子、转子组成，绕组的形式也完全一样，定、转子都由两相对称分布绕组组成，所不同的是转、定子匝数比有一定的要求，且接线有所不同。

正、余弦旋转变压器的输出电压随转角 α 呈正、余弦函数关系，但在某些情况下，要求旋转变压器输出电压在一定的范围内随转角 α 呈线性关系，即

$$U_S = K_S \alpha \tag{4-28}$$

式中，U_S 为线性旋转变压器的输出电压；K_S 为比例系数；α 为相对于初始状态的转角。

当 α 很小时，$\sin\alpha$ 和 α 近似相等，即 $\sin\alpha \approx \alpha$。因此，在转角很小时，正弦旋转变压器可以作为线性旋转变压器使用。当 $\alpha < 4.5°$ 时，输出电压相对于线性函数的偏差小于 0.1%，当 $\alpha < 14°$ 时，输出电压相对于线性函数的偏差小于 1%。

当要求在更大的范围内得到线性函数输出的输出电压时，简单地用正弦旋转变压器就不能满足了。这时就需要将旋转变压器的接线相应地改变，使之得到输出电压为

$$U_S = \frac{U_f K_e \sin\alpha}{1 + K_e \cos\alpha} \tag{4-29}$$

当式中 $K_e = 0.5$ 时，在 $-37.4° \leqslant \alpha \leqslant 37.4°$ 的范围内，输出电压 U_S 和转角 α 之间可保持线性关系。与理想的线性关系相比较，在 $-37.4° \leqslant \alpha \leqslant 37.4°$ 的范围内，其误差不会超过 0.1%，当 $K_e = 0.52$ 时，则线性误差不超过 0.1% 的范围可以扩大到 $-60° \leqslant \alpha \leqslant 60°$。

4.3.2 线性旋转变压器工作原理

线性旋转变压器按图 4.25 所示的线路接线，可使旋转变压器的输出特性为式 (4-28) 所示的函数关系，此图为一次侧补偿的线性旋转变压器工作原理图。图中将定子的 D_1-D_2 绕组和转子的 Z_3-Z_4 绕组串联后，接到电源去作为变压器的一次线圈，Z_1-Z_2 绕组作为输出线圈并接有负载 Z_L。定子的 D_3-D_4 绕组作为一次侧补偿用，其中 Z_L' 应等于电源内阻抗，由于电源内阻抗很小，可以忽略，故可将 D_3-D_4 绕组直接短路。下面来说明它的工作原理。

当旋转变压器按图 4.25 所示接线时，称其为一次侧补偿的线性旋转变压器，设励磁绕组 W_f 的感应电动势为 E_f，则可得余弦绕组电动势和正弦绕组电动势分别为

$$E_C = 4.44 f W_C \Phi_m \cos\alpha = K_e E_f \cos\alpha$$
$$E_S = 4.44 f W_S \Phi_m \cos\alpha = K_e E_f \sin\alpha \tag{4-30}$$

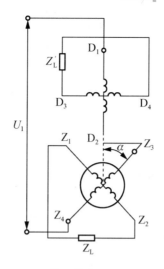

图 4.25 线性旋转变压器工作原理图

因为励磁绕组 W_f 与余弦绕组 W_c 相串联,余弦绕组等效于励磁绕组轴线上匝数为 $W_c\cos\alpha$,所以可把 $W_f+W_c\cos\alpha$ 看成励磁绕组的等效匝数,故在励磁绕组轴线上的磁通 Φ_m 在合成励磁绕组中的感应电动势为

$$E_i=4.44f(W_f+W_r\cos\alpha)\Phi_m=E_f+E_r\cos\alpha=E_f+K_eE_f\cos\alpha \qquad (4-31)$$

当忽略绕组的漏阻抗压降时,励磁电压为

$$U_f\approx E_f+K_eE_f\cos\alpha \qquad (4-32)$$

Z_1-Z_2 输出绕组的等效励磁绕组轴线匝数为 $W_r\sin\alpha$,则输出绕组电动势为

$$E_S=4.44fW_r\sin\alpha\Phi_m=E_r\sin\alpha=K_eE_f\sin\alpha \qquad (4-33)$$

由式(4-32)和式(4-33)可得出输出电动势与励磁电压之比为

$$\frac{E_S}{U_f}=\frac{K_eF_f\sin\alpha}{E_e+K_eE_f\cos\alpha}=\frac{K_e\sin\alpha}{1+K_e\cos\alpha} \qquad (4-34)$$

忽略输出绕组漏阻抗压降时,输出电压为

$$U_S=\frac{U_fK_e\sin\alpha}{1+K_e\cos\alpha} \qquad (4-35)$$

根据式(4-35)可绘制出输出电压与转子偏转角的关系曲线,称为线性旋转变压器的输出特性曲线,如图 4.26 所示,输出电压和转子转角之间具有线性关系,当 $K_e=0.52$ 时,α 可扩大到 $-60°\leqslant\alpha\leqslant 60°$,输出电压 U_S 和 α 可保持线性,与理想线性函数相比,线性误差不超过 0.1%。

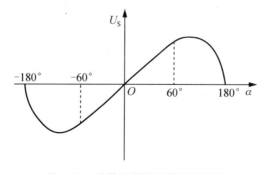

图 4.26 线性旋转变压器输出特性

上面的讨论是在理想情况下推导出来的,忽略绕组阻抗压降,为接近实际线性旋转变压器情况,应把绕组阻抗考虑进去,获得最佳线性特性一般取变比 $K_e=0.55\sim0.57$。所以一台变比为 0.56 的正弦旋转变压器,就可以作为线性旋转变压器使用。

4.4 旋转变压器的使用

4.4.1 工作方式

在实际应用中,考虑到使用的方便性和检测精度等因素,常采用四极绕组式旋转变压器。这种结构形式的旋转变压器可分为鉴相式和鉴幅式两种工作方式。鉴相式工作方式是一种根据旋转变压器转子绕组中感应电动势的相位来确定被测位移大小的检测方式。鉴幅式工作方式是通过对旋转变压器转子绕组中感应电动势幅值的检测来实现位移检测的。

1. 鉴相式工作方式

励磁电压:在定子两相正交绕组(正弦绕组和余弦绕组)上分别加上幅值相等、频率相等,相位相差 90°的正弦交变电压,如图 4.27 所示,即

$$V_s = V_m \sin \omega t \tag{4-36}$$

$$V_C = V_m \cos \omega t \tag{4-37}$$

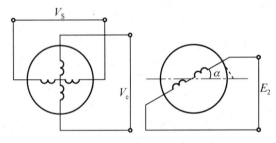

图 4.27 定子两相绕组励磁

通过电磁感应,在转子绕组中产生感应电动势。转子中的一相绕组作为工作绕组,另一相绕组用来补偿电枢反应。根据线性叠加原理,在转子工作绕组中产生的感应电动势为

$$\begin{aligned} E_2 &= KV_s\cos\omega t - KV_C\sin\alpha \\ &= KV_m(\sin\omega t \cdot \cos\alpha - \cos\omega t \cdot \sin\alpha) \\ &= KV_m\sin(\omega t - \alpha) \end{aligned} \tag{4-38}$$

式中,α 为定子正弦绕组轴线与转子工作绕组轴线间的夹角;ω 为励磁角频率。

由式(4-38)可见,旋转变压器感应电动势 E_2 与定子绕组中的励磁电压为相同频率、相同幅值,但相位不同,其差值为 α。若测量转子工作绕组输出电压的相位角 α,即可测得转子相对于定子的空间转角位置,实际应用中,将定子正弦绕组励磁的交流电压相位作为基准,与转子绕组输出电压相位作比较,来确定转子转角的位置。

2. 鉴幅式工作方式

励磁电压:在定子两相正向绕组(正弦绕组和余弦绕组)上分别加上相位相等、频率相

第4章 旋转变压器

等，幅值按正弦、余弦变化的交变电压，即

$$V_S = V_m \sin \alpha_电 \sin \omega t \qquad (4-39)$$

$$V_C = V_m \cos \alpha_电 \sin \omega t \qquad (4-40)$$

式(4-39)和式(4-40)中，$V_m \sin \alpha_电$、$V_m \cos \alpha_电$ 分别为定子两相励磁绕组交变电压信号的幅值，在转子中感应出的电动势为

$$\begin{aligned} E_2 &= K V_S \cos \alpha_机 - K V_C \sin \alpha_机 \\ &= K V_m \cos \omega t (\sin \alpha_电 \cdot \cos \alpha_机 - \cos \alpha_电 \cdot \sin \alpha_机) \qquad (4-41) \\ &= K V_m \sin(\alpha_电 - \alpha_机) \sin \omega t \end{aligned}$$

式(4-41)中，$\alpha_机$ 为机械角，同式(4-38)中的 α 意义相同；$\alpha_电$ 为电气角，励磁交变电压信号的相位角；$V_m \sin \alpha_电$、$V_m \cos \alpha_电$ 分别为定子两个绕组的幅值。

由式(4-41)可看出转子感应电动势不但与转子和定子的相对位置($\alpha_机$)有关，还与励磁交变电压信号的幅值有关。感应电动势(E_2)是以 ω 为角频率、以 $V_m \sin(\alpha_电 - \alpha_机)$ 为幅值的交变电压信号。若 $\alpha_电$ 已知，那么只要测出 E_2 幅值，便可间接的求出 $\alpha_机$，从而得出被测角位移。实际应用中，利用幅值为零(既感应电动势等于零)的特殊情况进行测量。由感应电动势的幅值表达式可知，幅值为零，也就是 $\alpha_电 - \alpha_机 = 0$。当 $\alpha_电 - \alpha_机 = \pm 90°$时，转子绕组感应电动势最大。鉴幅测量的具体过程是：不断的调整定子励磁信号的 $\alpha_电$，使转子感应电动势 E_2 为零(即感应信号的幅值为零)，跟踪 $\alpha_机$ 的变化，当 $E_2 = 0$时，说明电气角和机械角相等，这样一来，用 $\alpha_电$ 代替了对 $\alpha_机$ 测量。$\alpha_电$ 通过具体电子线路测得。

4.4.2 旋转变压器的选择和使用

1. 旋转变压器的应用范围

在自动控制系统中常需要远距离传输或者复现一个角度，旋转变压器就是用来实现这类任务的一种交流微电机。它在伺服系统、数据传输系统和随动系统中得到了广泛的应用。同时旋转变压器被广泛应用在高精度随动系统和解算装置中，有时也用于系统的装置电压调节和阻抗匹配等方面。在解算装置中主要用来求解矢量或进行坐标转换、求反三角函数、进行加减乘除及函数的微、积分运算等等，其变比常为1.0。

旋转变压器用于高精度的角度传输系统中作为回线自整角机，其误差可为 3′～5′，在此类系统中其工作原理及使用要求和自整角机完全一样。它也分为旋转发送机、旋转差动发送机和旋转变压器三种。

旋转变压器用在高精度随动系统进行角度数据的传输或测量已知输入角的角度和或角度差；比例式旋转变压器则是匹配自控系统中的阻抗和调节电压。

2. 旋转变压器的选择

在选用旋转变压器时，应根据控制系统的要求，一般旋转变压器被直接应用于高精度的角度传输系统和计算机中作为解算元件。作为角度传输系统，由于系统简单，不需要其他辅助设备，传输的精度高。

在系统确定之后,可根据以下几点来选择合适的产品。电压和频率的选择,在一般的情况下应选择电压低的,特别是对尺寸小的旋转变压器,低压比较可靠;空载阻抗的选择,对于测量系统,对旋转发送机在电源容量允许的情况下,为获得较高精度,应选用空载阻抗低的产品;函数误差的选择,对于解算系统对旋转变压器输出的正、余弦函数误差越小越好。

在正、余弦旋转变压器的使用中,尤其是在测量系统中,理论分析时,都是成对的使用,定子绕组加励磁电压,转子绕组作为输出,但在实际使用中经常把转子绕组作为励磁绕组,而定子绕组作为输出绕组,这主要是减少电刷接触不良而影响测量精度。

3. 使用注意事项

为了保证旋转变压器有良好的特性,在使用中必须注意:

(1) 一次侧只用一相绕组励磁时,另一相绕组应连接一个与电源内阻抗相同的阻抗或直接短接。

(2) 一次侧两相绕组同时励磁时,两个输出绕组的负载阻抗要尽可能相等。

(3) 使用中必须准确调整零位,以免引起旋转变压器性能变差。

4.4.3 旋转变压器的误差

旋转变压器的误差有函数误差、零位误差、线性误差、电气误差、输出相位移等几个方面,旋转变压器误差原因有绕组谐波、齿槽效应、磁路饱和、材料、制造工艺、交轴磁场等方面的影响。改进措施为严格加工工艺,采取补偿方法、采用正弦绕组、短距绕组,斜槽设计等。

1. 函数误差

函数误差的含义根据产品技术条件规定为正、余弦旋转变压器的输出电压和理论值(即正弦函数值)之差与最大输出电压之比,即

$$\delta_n = \frac{\Delta U}{U_m} \times 100\% \tag{4-42}$$

2. 零位误差

理论上正弦输出绕组的输出电压在 $\alpha=0°$ 和 $\alpha=180°$ 时应等于零,余弦输出绕组的输出电压在 $\alpha=90°$ 及 $\alpha=270°$ 时应等于零,对应的角度称为理论电气零位。但实际上当 α 等于上述角度时输出电压不为零,称这个电压为零位电压。而当实际输出电压为零时所对应的角度称为实际电气零位。实际电气零位与理论电气零位之差称为零位误差,以角分表示。

3. 线性误差

线性旋转变压器在工作角范围内,不同转角时,实际输出电压与理论直线之差,对理论最大输出电压之比,即

$$\delta_1(\%) = \frac{U_\alpha' - U_\alpha}{U_{\alpha=60°}} \times 100\% \qquad (4-43)$$

误差范围一般为 0.02%～0.1%。

4. 电气误差

在不同转子转角时,两个输出绕组的输出电压之比所对应的正切或余切的角度与实际转角之差,通常以角分表示。

5. 输出相位移

输出电压的基波分量与励磁电压的基波分量之间的相位差,称为输出相位移。

6. 变压器的精度等级

变压器的精度等级见表 4-1。

表 4-1 变压器精度等级

精度等级	0 级	I 级	II 级	III 级
正余弦函数误差/%	±0.05	±0.1	±0.2	±0.3
零位误差/(′)	±0.3	±0.8	±0.22	—
线性误差/%	±0.06	±0.11	±0.22	—
电气误差/(′)	±0.3	±8	±12	±18

4.5 旋转变压器的应用举例

4.5.1 旋转变压器在角度测量系统中的应用

用一对旋转变压器测角原理和控制式自整角机完全相同,因为这两种电动机的气隙磁场都是脉振磁场,虽然定子绕组的组数不同,但都属于对称绕组,两者内部的电磁关系是相同的。所以有时把这种工作方式的旋转变压器称为四线自整角机。一般说来,旋转变压器的精度要比自整角机高。这是由于旋转变压器要满足输出电压和转角之间的正、余弦关系而对绕组进行特殊的设计,再者旋转变压器发送机一次侧有短路补偿绕组,可以消除由于工艺上造成的两相同步绕组不对称所引起的交轴磁动势。因此远距离高精度角度传输系统若采用自整机角度传输系统其绝对误差为 10～30′。若采用两极正、余弦旋转变压器作为发送机和接收机,其传输误差可下降至 1～5′。可见传输精度大大提高,但是旋转变压器用来测量差角时,发送机和接收机的同步绕组要有四根连接线,比自整角机多,而且旋转变压器价格比自整角机高。因此,在需要测量差角的场合,多数采用自整角机测量差角,只有高精度的随动系统,才采用旋转变压器。

利用一对旋转变压器测量角度差,具体接线如图 4.28 所示,图中与发送轴耦合的旋转变压器称为旋变发送机,与接收轴耦合的旋转变压器称为旋变接收机或旋变变压器。如前所述,旋转变压器、转子绕组都是两相对称绕组,当用一对旋转变压器测量差角时,常常把定、转子绕组互换使用,以减少由于电刷接触不良而造成的不可靠性,即在旋变发送机转子绕组 Z_1-Z_2 上加交流励磁电压 U_f<1,将绕组 Z_3-Z_4 短路作为补偿用,旋转发送机和旋转变压器的定子绕组相互连接,这样旋转变压器的转子绕组 Z_3-Z_4 作为输出绕组,该绕组两端输出一个与两转轴的差角($\beta=\alpha_1-\alpha_2$)的正弦函数成正比的电动势,当差角较小时,该输出电动势近似正比于差角。据此一对旋转变压器可以达到测量角度差的目的。

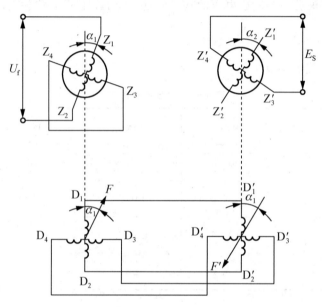

图 4.28 旋转变压器测量角度差的原理图

具体而言,当发送机的转子绕组 Z_1-Z_2 接励磁电压 U_f 后,将在励磁绕组 Z_1-Z_2 轴线方向产生磁动势 F_r 和磁通。这时在定子绕组中 D_1-D_2、D_3-D_4 分别产生感应电动势进而产生电流 I_{12}、I_{34}。两相绕组电流又分别在各相绕组的轴线位置产生两极脉振磁场,两个脉振磁场合成磁动势的方向在励磁绕组轴线上,如图 4.28 所示。也就是说,不管转子转到什么位置,即不管 α_1 为何值,定子绕组产生的合成磁动势总是沿着励磁绕组轴线方向,因此,定子合成磁场的轴线与 D_1-D_2 相夹角为 α_1。

接收机由于是和发送机定子绕组对应连接的,下面分析它产生的磁动势。可以看出通过绕组 D_1-D_2 和 D_1'-D_2' 的电流大小一样,只是方向相反,同样,流过绕组 D_3-D_4 和流过绕组 D_3'-D_4' 的电流大小也一样,也只是方向相反。由于接收机定子绕组也是两相对称的,所以接收机合成磁动势轴线也与 D_1-D_2 相夹角 α_1,但是方向与发送机中的合成磁动势相反,如图 4.28 所示,已知接收机输出绕组 Z_3'-Z_4' 轴线对 D_1、D_2 轴线夹角为 $90°-\alpha_2$,由图 4.29 可知,接收机定子产生的磁动势与转子输出绕组轴线夹角为 $90°-\alpha_2+\alpha_1=90°+(\alpha_1-\alpha_2)$。由此得出,其输出电动势 E_s 为

$$E_S = E_m \cos[90° + (\alpha_1 - \alpha_2)] = E_m \sin(\alpha_1 - \alpha_2) = E_m \sin\delta \qquad (4-44)$$

由式(4-44)可以看出,利用图 4.28 所示的线路,确实可以测量两个轴之间的角度差,而输出电压的幅值与差角的正弦成正比。

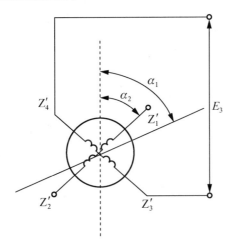

图 4.29 接收机定子合成磁动势与输出绕组轴线夹角

旋转变压器测量差角时的精度虽然比自整角机高,利用两台相同的正、余弦旋转变压器可组成单通道测角系统。一台旋转变压器为发送机,另一台为控制变压器。发送机由交流电源励磁。旋转变压器的精度为 $6'$,单通道系统的精度不小于 $6'$。可见用一对两极的旋转变压器系统的精度也只能达到几个角分。

为了适应更高精度同步随动系统的要求,可以采用由两极和多极旋转变压器组成的粗测、精测双通道同步随动系统,其中粗测通道由一对两极的旋转变压器组成,精测通道由一对多极的旋转变压器组成。

多极旋转变压器和两极旋转变压器的区别是,当其定子、转子绕组通电时将会产生多极的气隙磁场。两者的工作原理一样,只是输出电压的周期不同而已。

例如,电动机有 p 对极,当定子一相绕组加励磁电压时,沿定子内圆将产生对 p 极的磁场,每对极所对应的圆心角为 $360°/p$。不难想象,转子转过 $360°/p$,就等于转过一对极的距离,因此,转子转过 $360°/p$ 期间,输出绕组电动势变化和两极旋转变压器转子转过 $360°$ 期间电动势的变化一样,这点可以从图 4.30 得到启发。

图 4.30(a)所示为两极旋转变压器的展开图,图 4.30(b)所示为多极旋转变压器的展开图。为了简明起见,图 4.30 中只做出沿空间成正弦分布的脉振磁场及一匝转子线圈,线圈的跨距等于一个极距,由图可以看出,多极旋转变压器在转子转过 $360°/p$ 期间,其线圈所匝链的磁通的变化和两极旋转变压器转子转过 $360°$ 时是一样的,因此,二者的感应电动势的变化规律也完全一样。

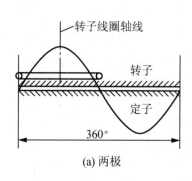
(a) 两极

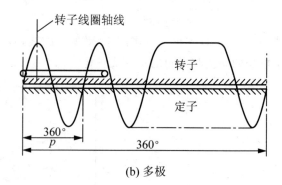
(b) 多极

图 4.30 旋转变压器的展开图

与自整角机一样,一对旋转变压器作为差角测量时,其输出电压的有效值是差角的正弦函数。由于 p 对极旋转变压器转子转过 $360°/p$ 相当于两极旋转变压器转子转过 $360°$,因此多极旋转变压器用做差角测量时,其输出电压有效值也是差角的正弦函数,所不同的是,两极时输出电压有效值随差角成正弦变化的周期是 $360°$,多极时周期为 $360°/p$,如图 4.31 所示。可见,差角变化 $360°$ 时,多极旋转变压器的输出电压就变化了 p 个周期。如用 θ 表示差角,用 $U_{2(1)}$、$U_{2(P)}$ 表示两极和多极旋转变压器输出电压的有效值。则

$$U_{2(1)} = U_{m(1)} \sin\theta \tag{4-45}$$

$$U_{2(P)} = U_{m(p)} \sin p\theta \tag{4-46}$$

式中,$U_{m(1)}$、$U_{m(p)}$ 为两极和多极旋变最大输出电压的有效值。

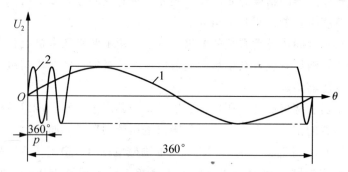

图 4.31 一对旋转变压器作差角测量时的输出电压
1—两极旋转变压器;2—多极旋转变压器

这里需要说明,多极旋转变压器每对极在定子内圆上所占的角度 $360°/p$ 指的是实际的空间角度,这种角度一般称为机械角度。在电动机中常常定义一对极占 $360°$ 电角度,这是因为在理想条件下,一对极的气隙磁通密度沿定子内圆成正弦分布,而正弦函数的周期为 $360°$。对于两极电动机,其定子内圆的电角度和机械角度都是 $360°$,而 p 对极电动机,其定子内圆的电角度为 $p \times 360°$,但机械角度仍为 $360°$。所以,一般来说有:

电角度=极对数 p ×机械角度

据此可知,式(4-45)、式(4-46)中正弦函数所对应的角度实际上是用电角度表示的差角,即两极时差角为 θ 电角度,多极时差角为 $p\theta$ 电角度,可见多极旋转变压器把电气差角放大了 p 倍,这样,就使得由多极旋转变压器组成的测量差角的系统大大提高了精度,如图 4.32 所示。

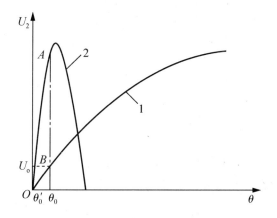

图 4.32 两极和多极旋转变压器误差比较
1—两极旋转变压器;2—多极旋转变压器

图 4.33 所示为采用双通道的测角系统,用以提高系统的控制精度。

该系统的原理图表明用四台结构相同的旋转变压器,其中的两台 XZ_1 与 XZ_2 组成粗通道测角系统;另外两台 XZ_3 与 XZ_4 组成精通道测角系统。两个通道的旋转发送机和旋转变压器的轴分别直接耦合,XZ_1 与 XZ_3、XZ_2 与 XZ_4 分别通过升速比为 $i(i=15°\sim30°)$ 的升速器相连接。当主令轴带动粗通道的 XZ_1 转过 θ_1 时,精通道的 XZ_3 将转过 $i\theta_1$,XZ_2 与负载同轴,其转角为 θ_2 时,XZ_4 的转角为 $i\theta_2$。粗通道的输出电压 $U_{c_1}=kU_r\sin\delta$,精通道 XZ_4 的输出电压为 $U_{c_2}=kU_r\sin i\delta$,式中 $\delta=\theta_1-\theta_2$。

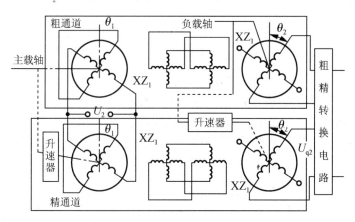

图 4.33 双通道旋转变压器测角系统原理图

粗测旋转变压器和精测旋转变压器的输出都接至选择电路。当发送轴和接收轴处于大失调角时,选择电路只将粗测通道的电压输出,使系统只在粗测的信号下工作。当发送轴和接收轴处在小失调角时,则将精测通道的电压输出,使系统只在精测信号作用下工作。显而易见,这种双通道系统既充分利用了采用多极旋转变压器时的优点,又避免了错误同步的缺点。二者的输出电压经过粗精转换器处理后再经放大装置驱动负载。应用双通道测角系统可组成双通道伺服系统,当误差角 δ 较小时用精通道信号控制,误差角 δ 较大时用粗通道信号控制。因此系统的控制精度最高可达 $3''\sim7''$。由于多极旋转变压器在系统中把电气转速(用电角度表示角位移时的转速)提高了 P 倍,所以这种系统称为电气变速式双通道同步随动系统,P 称为电气速比。为了减少减速器齿轮间隙造成的非线性误差,可采用电气变速式双通道测角系统,即采用多极旋转变压器。它是在一个机体内安装单极和多极两台旋转变压器,而共用一根轴。用单极变压器组成粗通道系统,多极旋转变压器组成精通道系统。这样既能提高精度又能简化结构。

这种同步随动系统具有较高的精度,一般可以实现系统精度小于 $1'$。其原因:一方面是依靠增加电气速比 P 来减少系统的误差,另一方面也是由于多极旋转变压器本身的精度比两极旋转变压器提高了一个数量级的缘故。因为当极对数增加时,每对极沿定子内圆所占的弧度就越短,因此在一对极下,由于气隙不均匀等因素所引起的磁通密度非正弦分布的程度就越小。虽然各对极下的平均气隙仍不相等,但通过各对极下绕组之间的串联来达到相互补偿,这种平均补偿能力,使得多极旋转变压器比两极旋转变应器有高一级的精度。一般两极旋转变压器的精度只能做到几个到几十角分,而多极旋转变压器可以达到 $20''$,甚至可达 $3''\sim 7''$。

多极旋转变压器除了在角度数据传输的同步系统中得到广泛的应用之外,它还可以用于解算装置和模数转换装置中。用于伺服系统的多极旋转变压器一般是 15,20,30,36,60,72 对极,用于解算装置和模数转换装置的旋转变压器一般是 16,32,64,128 对极。

4.5.2　旋转变压器在解算装置中的应用

旋转变压器在解算装置中可解算三角函数、反三角函数、矢量运算和坐标变换等,经一定设计元件还可进行加、减、乘、除以及积分和微分等运算。下面介绍其中几种应用。

1. 反三角函数

如图 4.34 所示,将正、余弦旋转变压器的两个定子绕组中一个作为励磁绕组 W_f,外接电压 U_f,另一个定子绕组作为交轴补偿绕组 W_q,接成短路。转子余弦绕组 W_c 为输出绕组,与外加电压 U 串联后接入放大器 A 放大,使外接电压 U 与余弦输出电压 U_s 相位相反。并将放大器输出接到伺服电动机 SM 的控制绕组。伺服电动机转子通过减速器与旋转变压器转子机械耦合,带一个角度指示器 Q,令旋转变压器的变比 $k=1$。

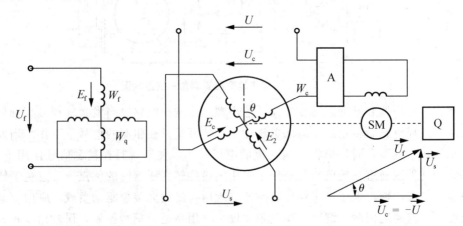

图 4.34　求反三角函数的接线图

第4章 旋转变压器

首先可得余弦绕组及正弦绕组的输出电压为

$$\begin{cases} U_c \approx E_c = U_f \cos\theta \\ U_s \approx E_s = U_f \sin\theta \end{cases} \quad (4-47)$$

信号电压 $U-U_s$ 送至伺服电动机,控制其转动。当余弦输出电压 U_s 与输入电压 U 相等时,放大器输出电压等于零,伺服电动机停转,则

$$\begin{cases} U = U_s = U_f \cos\theta \\ \theta = \arccos\dfrac{U}{U_f} \end{cases} \quad (4-48)$$

因此,角度指示器所显示的角度便是所求的函数角,式(4-48)中的电压 U 和 U_f 以模拟数输入。

同时,可得正弦绕组输出电压 U_s 即

$$U_s = U_f \sin\theta = \sqrt{U_f^2 - U^2} \quad (4-49)$$

由式(4-49)可知,用图4.34所示反三角函数解算电路还能计算平方差的开平方或计算三角形的另一边长。只要将需运算的边长尺寸换成电压信号 U 和 U_f,输入正、余弦旋转变压器的反三角函数运算电路,就能输出相应的角度和另一边长的相应读数。

2. 矢量解算

矢量解算主要是反映一个边与参考轴的角度关系。矢量的分解和合成,就是直角三角形各边与其夹角之间的相互转换。根据正、余弦旋转变压器的工作原理,不难理解矢量解算过程三角函数的关系。如图4.35所示,将定子的直轴绕组 W_d 和交轴绕组 W_q 作为两个相互垂直的纵轴分量 U_q 和横轴分量 U_d 的输入信号量;将转子余弦绕组 W_c 的输出电压 U_c 送入放大器 A,放大器输出接到伺服电动机 SM 的控制绕组上,伺服电动机转子与旋转变压器转子相连,并带角度指示器 Q。

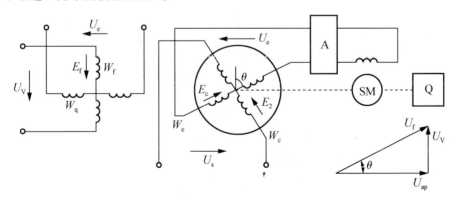

图 4.35 矢量运算电路
SM—伺服电动机；A—放大器；Q—角度指示器

若进行矢量分解运算时,把需要分解的已知矢量模值 A,转换成电压值作为励磁电压 U_f,输入运算电路(即模值 A 对应于 U_f),然后转动旋转变压器的转子,使旋转变压器的偏转角 θ 等于已知矢量的幅角 α,作为角度输入,这时便可在旋转变压器转子的余弦绕组 W_c 和正弦绕组 W_s 测得输出电压 U_c 和 U_s,输出的电压 U_s 和 U_c 就对应于需分解得出的横

轴和纵轴分量 x 和 y。由此可得

$$x = U_s = U_f \cos\theta = A\cos\alpha \tag{4-50}$$

$$y = U_c = U_f \sin\theta = A\sin\alpha \tag{4-51}$$

$$A\angle\alpha = U_f\angle\theta \tag{4-52}$$

若进行矢量合成时,将两正交量和一按比例换成交轴电压 U_q 和直轴电压 U_q,同时输入定子交轴绕组 W_q 和直轴绕组 W_d。这时定子两个正交的绕组 W_d 和 W_q 同时输入时间、相位相同的交变电流,则在两绕组轴向分别产生时间、相位相同的脉振磁场。根据磁场合成的原理,可得两相绕组 W_d 和 W_q 合成的等效磁场 B 的幅值和偏离角 γ。合成磁场 B 将在转子余弦绕组 W_c 上产生感应电动势 E_c,输出信号电压 U_e 经大器放大后驱动旋转变压器转子偏转,直至余弦输出电压 $U_c = 0$ 时,转子停止转动。此时在正弦绕组 W_s 上输出的电压 U_s 便是合成矢量 A 的相应值,转子的偏转角 θ 则为合成矢量的幅角 α,其原理分析如下:

先假设旋转变压器的直轴绕组 W_d 单独输入励磁电压 U_f,而直轴绕组 W_q 短路时,可得转子两绕组 W_s 和 W_c 的输出电压为

$$\begin{cases} U'_c = U_f \cos\theta \\ U'_s = U'_f \sin\theta \end{cases} \tag{4-53}$$

再假设交轴绕组 W_q 单独输入励磁电压 U_f,同时直轴绕组 W_d 短路,则可得 W_c 和 W_s 的输出电压为

$$\begin{cases} U''_c = -U_f \sin\theta \\ U'_s = U'_f \cos\theta \end{cases} \tag{4-54}$$

根据叠加原理,当直轴绕组 W_d 和交轴绕组 W_q 同时分别输入励磁电压 U_f 时,则可将式(4-53)和式(4-54)相加,从而得到两绕组同时励磁时的输出电压为

$$\begin{cases} U'_c = U''_c + U_c = U_f\cos\theta - U_f\sin\theta \\ U_s = U'_s + U''_s = U_f\sin\theta + U_f\cos\theta \end{cases} \tag{4-55}$$

当 $U_e = 0$ 时,放大器没有信号电压,伺服电动机便停止在 θ 位置,即

$$U_e = U_f\cos\theta - U_s\sin\theta \approx 0 \tag{4-56}$$

则

$$\tan\theta = \frac{\sin\theta}{\cos\theta} = \frac{U_f}{U_s} \tag{4-57}$$

式中两输出电压 U_c^2 和 U_e^2 的平方和为

$$\begin{aligned} U_c^2 + U_e^2 &= (U_f\cos\theta - U_s\sin\theta)2 + (U_f\sin\theta + U_s\cos\theta)2 \\ &= (U_f^2 + U_s^2)(\sin^2\theta + \cos^2\theta) \\ &= U_f^2 + U_s^2 \end{aligned} \tag{4-58}$$

因为 $U_e = 0$,则

$$U_s = \sqrt{U_f^2 + U_s^2} \tag{4-59}$$

由此可见,在转子正弦绕组 W_s 测得的输出电压 U_s 便是定子两正交绕组 W_d 和 W_q 输入的正交矢量电压 U_y 和 U_x 的矢量和,并且在角度指示器读得的角度 θ,便是合成矢量 U 对横轴分量 U_x 的相位角。

$$\tan\theta = \frac{\sin\theta}{\cos\theta} = \frac{U_f}{U_e} \qquad (4-60)$$

3. 直角坐标的变换

直角坐标轴变换的基本原理与矢量的分解与合成相同，要运用三角函数的变换。

如图 4.36(a)所示，P 点原坐标轴为 X 和 Y，现要将坐标轴变换为 U 和 V，设新坐标轴 U 与原坐标轴 X 偏转角为 θ。

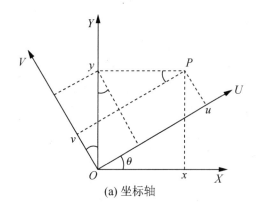

(a) 坐标轴

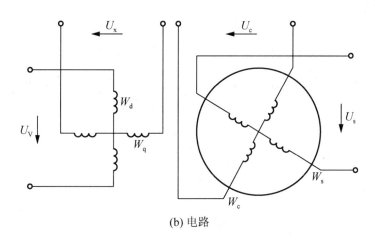

(b) 电路

图 4.36 坐标变换

则 P 点对新坐标轴 U、V 的坐标 u、v 与原坐标轴 X、Y 的坐标 x、y 的关系可根据图 4.36 所示得

$$\begin{cases} u = x\cos\theta + y\sin\theta \\ v = y\cos\theta - x\sin\theta \end{cases} \qquad (4-61)$$

将式(4-61)和式(4-55)进行对照，可发现两式的表达形式完全相同，所以可将矢量运算电路的原理运用到坐标的变换运算中。

如图 4.36 所示，将原坐标的纵轴值 y 输入到定子直轴绕组 W_d，横轴值 x 输入交轴绕组 W_q 并将转子拨到 θ 位置，便可在转子两绕组 W_s 和 W_c 上输出新的坐标 u 和 v 值，即

$$U_u = U_s = U_y \sin\theta + U_x \cos\theta$$
$$U_v = U_c = U_y \cos\theta - U_x \sin\theta$$
(4-62)

4. 加、减、乘、除运算

若有两个量 x_1、x_2 以转角的形式给出,欲用电气方法相加或相减时,可利用两台线性旋转变压器 RT1 和 RT2 来进行。如图 4.37 所示,先将需要进行加、减的两个量 x_1、x_2 变换成正比于它们的电压,然后再把两台旋变的转子输出绕组串联起来,串联后的输出电压 U_{rsl} 正比于 x_1、x_2 的和或差:

$$U_{rsl} = K_u U_f (x_1 \pm x_2)$$
(4-63)

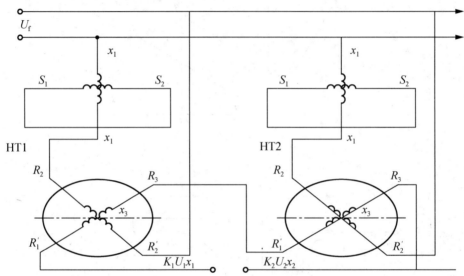

图 4.37 加、减运算接线图

欲消去比例常数 $K_u U_f$,可采用自动平衡系统。旋转变压器在计算装置中的运算方法还有很多,采用多台旋转变压器组合使用,可进行微、积分等运算,此处不做更多的介绍。

小 结

本章首先介绍了旋转变压器的主要结构,重点掌握其工作原理、补偿方法及其应用理论。

旋转变压器和自整角机一样,是转子可以自由转动但不做连续转动的一种静止型电动机,是一种较精密的且具有角度函数特性的控制电机。定子和转子各装有两个结构完全相同,互成正交的绕组。其中旋转变压器励磁绕组产生的是两个在空间按余弦分布,在时间上成余弦变化的磁场,该磁场称为脉振磁场。

旋转变压器是一种高精度的机电式解算元件,能实现输出电压与输入转角之间的诸如正弦、余弦或线性等关系,改变接线方式还可得到其他函数关系。其中最常用的是正、余弦旋转变压器,在自动控制系统中它主要用来测量发送轴和接收轴的差角,因此,必须掌

第4章 旋转变压器

握正、余弦旋转变压器及其用来测量差角的工作原理。

旋转变压器带负载后出现的交轴效应,即横轴磁动势破坏了原来输出电压与输入角的函数变化规律,因此必须进行补偿。

最后,重点介绍了旋转变压器应用的情况。旋转变压器用于角传输系统,其工作原理、误差分析的方法及特性指标的定义均与自整角机控制式运行时相同。但旋转变压器的精度比自整角机高,它适用于高精度的同步系统,组成双通道系统时精度可达到几个角秒。

 知识链接

图 4.38 所示是旋转变压器,包含 3 个绕组,即一个转子绕组和两个定子绕组。转子绕组随马达旋转,定子绕组位置固定且两个定子互为 90°。这样,绕组形成了一个具有角度依赖系数的变压器。

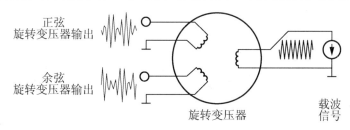

图 4.38 旋转变压器及其相关信号

将施加在转子绕组上的正弦载波耦合至定子绕组,对定子绕组输出进行与转子绕组角度相关的幅度调制。由于安装位置的原因,两个定子绕组的调制输出信号的相位差为 90°。

通过解调两个信号可以获得马达的角度位置信息,首先要接收纯正弦波及余弦波,然后将其相除得到该角度的正切值,最终通过"反正切"函数求出角度值。由于一般情况下要使用 DSP 进行算术处理,因而需要将正弦及余弦波数字化。目前市面上有几种具备这些功能的专用产品,然而其价格昂贵,对于大多数应用而言需要寻求其他替代方案。

目前有一种最为常用的方法是,检测输出信号中载波频率的峰值来触发模数转换器(ADC)。如果总是在这一时间点转换调制信号,则将消除载波频率。由于更高分辨率的增量累加(Δ-Σ)ADC 总是在一段时间内对信号进行积分采样,因此它将不仅仅转换峰值电压,因而需要采用诸如 TI ADS7861 或 ADS8361 等逐次逼近 ADC,分辨率也被限制在 12~14bit。

这种方法还需要使用几种电路模块,必须生成合适的正弦载波,必须在合适的时间点触发转换过程,且 ADC 必须对信号进行同步转换。这样不仅增加了成本,且分辨率有限。

ADS1205 与 AMC1210 的组合单价约为 5 美元(批量为 1000 片),而其他专用产品的最低单价为 20 美元左右,具有标准组件的解决方案单价约为 7.50 美元。除具有价格优势之外,Δ-Σ 架构还可确保更出色的信噪比,这个方案的 ENOB 为 15.5,专用产品解决方案的 ENOB 为 12。其缺点是数字滤波器会产生固定的时间延迟,马达控制器环路需要对此时延进行调整。

1. 采样方法

新概念使用过采样方法,并将解调移至数字域内,调制信号的过采样采用双通道 Δ-Σ 调制器 ADS1205,数字滤波器芯片 AMC1210 用于调制器输出的解调和抽取(decimation)。

调制器仅产生位流,这不同于 ADC 中的数字概念。为了输出相当于模拟输入电压的数字信号,必须使用数字滤波器来处理位流。正弦滤波器是一种非常简单、易于构建且硬件需求最少的一种滤波器。

那些频率为调制器时钟频率除以过采样率所得值的整数倍的信号将被抑制,这些被抑制的频率点称为陷波(notch)。在此新概念中,积分器的抽取率设定的原则是使载波频率落入到某一陷波频率。但首先需要对信号进行解调，否则角度信息将与载波频率一起被忽略。该任务由 AMC1210 完成。

AMC1210 具有四个通道，每个通道均提供如图 4.39 所示的滤波器结构。

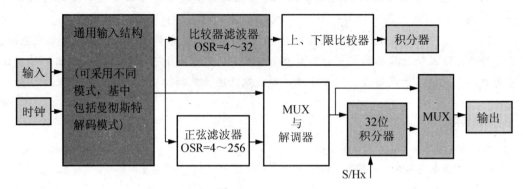

图 4.39　AMC1210 的数字滤波器结构

AMC1210 也可用于测量电流。在本例中，将比较器滤波器（comparator filter）用于过电流保护，能够在低分辨率情况下实现快速响应，如图 4.39 中深色部分所示，浅色部分在较低采样率情况下能够产生更高分辨率的输出，这部分用于控制环路。根据应用的需要，在这里可以使用正弦滤波器及积分器来优化滤波器的结构。此外，该通路还可用于滤波及解调。

首先，AMC1210 中的正弦滤波器对调制器的位流进行滤波，以将其转换为中等分辨率、中等速率的数据字。对 ADS1205 而言，最高效的三阶正弦滤波器的过采样率（OSR）为 128。过采样率超过 128 时，OSR 每增加一倍，信噪比仅增加 3dB。在解调过程后利用积分器可以达到同样的效果，而且还能缩短滤波器的延迟时间。

将 OSR 设为 128 时会产生一个 14bit 的数字调制信号，其数据速率为

$$f_j \sin c = \frac{f_{\text{mod}}}{2 \times \text{OSR}_{\text{sinc}}} \tag{4-64}$$

式中，f_{mod} 为调制器的时钟频率，该时钟频率在调制器中降为原来的一半。在下例中，当时钟信号频率为 32.768MHz 时，三阶正弦滤波器的数据速率为 128kHz。现在需要对信号进行解调，如图 4.40 所示。

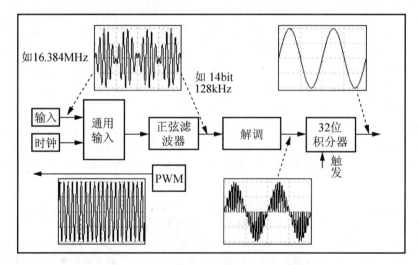

图 4.40　AMC1210 内部的解调过程示例

这表示当未调制载波为正时，14bit 数字信号须乘以＋1，若未调制载波为负则须乘以－1。需要考虑

到载波信号通过旋转变压器、线圈、调制器以及正弦滤波器时产生的延时。因此,AMC1210具有相移校验功能,能够在相移90°内正常工作。若相移超过此范围,则必须在寄存器中编程。

最后,积分器OSR的设定原则是:载波频率是整个滤波器传输函数陷波的整数倍。在时域中,这等同于在多个载波周期内求积分,这样就完全抑制了载波频率。在此例中,如果积分器的OSR为16,则分辨率提高2bit(0.5bit/因数2)。然而输出信号的幅度降低了3dB(−0.5bit),原因是积分器产生的是解调信号的平均电压而非峰值电压。

总结:AMC1210的输出为数字正弦波或余弦波,数据速率为8kHz,噪声性能为15.5bit。该信号的幅度比输入调制信号降低了3dB。

2. 角度检测与控制环路同步

角度检测与马达控制环路的同步非常重要,因此,数字滤波器的输出数据速率与载波频率都必须可调。

通过AMC1210内置的寄存器映射可以设定滤波器结构,正弦滤波器的阶数(1阶、2阶及3阶)及过采样率(1~256)都是可编程设定的。积分器可以运行在固定的过采样率上,也可以由外部采样及保持信号触发。

载波频率也是以PWM格式的AMC1210产生的。因此,提供了高达1024bit的移位寄存器,一个周期的载波正弦波可以存储在该寄存器中,寄存器的PWM位流可由仿真Δ−Σ调制器的小型C语言程序产生。该调制器的输入为要求的载波信号;输出端的位流为PWM信号,这个位流必须储存在移位寄存器中。

AMC1210将提取寄存器中的可编程数据位并将其输出到环路中,这样就产生了连续的载波信号。例如,当系统时钟为30.016MHz、控制环路运行于8kHz时,每个控制环路的时钟周期为3752个。使用AMC1210的内置分频器能够降低系统时钟频率。如果选择降低4,则会占用938bit的PWM寄存器。

AMC1210拥有一个互补的PWM输出(PWM_P及PWM_N),其电流驱动能力最高可达100mA。这样就产生了全差分载波信号,其电压范围高达+/−5V(5V单电源),能够直接驱动旋转变压器。旋转变压器自身具有对PWM信号的低通滤波能力,所以旋转变压器的正弦及余弦绕组可以直接产生幅度整齐的调制正弦波。因为载波信号的谐波也落在滤波器传输函数的陷波频率上,故谐波的影响并不严重。

3. 应用验证

图4.41中所示的电路可用于对这种新概念进行验证。

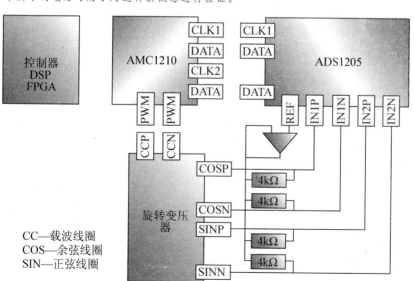

图4.41 测试验证电路

AMC1210 的 PWM 输出直接驱动旋转变压器,ADS1205 的参考引脚(REF)将正弦及余弦信号的电压限制在正确范围之内。由于 ADS1205 参考输出具有高阻抗特性,不能提供足够的驱动电流,故需增加缓冲。旋转变压器另一侧输出引脚的阻抗低,因而可以直接驱动调制器的输入端。

将频率转换器用于驱动马达,会导致旋转频率不佳。50Hz 的信号频率表示马达转速为 3000r/min。可以看出背景噪声低于-120dB,即有效位超过 14bit。

一种检测转子位置的方法,设计了基于 RDC 芯片 AD2S90 的旋转变压器位置信号的接口电路,并在军用装甲车交流传动系统中实现了异步电动机转子位置信号的精确测量。

思考题与习题

1. 旋转变压器由(　　)两大部分组成。
   A. 定子和换向器　　B. 集电环和转子　　C. 定子和电刷　　D. 定子和转子
2. 与旋转变压器输出电压呈一定的函数关系的是转子(　　)。
   A. 电流　　　　　　B. 转速　　　　　　C. 转矩　　　　　　D. 转角
3. 旋转变压器的一、二次绕组分别装在(　　)上。
   A. 定子、换向器　　B. 集电环、转子　　C. 定子、电刷　　　D. 定子、转子
4. 线性旋转变压器正常工作时,其输出电压与转子转角在一定转角范围内成_____。
5. 试述旋转变压器变比的含义?它与转角的关系怎样?
6. 旋转变压器有哪几种?其输出电压与转子转角的关系如何?
7. 旋转变压器在结构上有什么特点?有什么用途?
8. 一台正弦旋转变压器,为什么在转子上安装一套余弦绕组?定子上的补偿绕组起什么作用?
9. 说明二次侧完全补偿的正、余弦旋转变压器的条件,转子绕组产生的合成磁动势和转子转角 α 有何关系。
10. 用来测量差角的旋转变压器是什么类型的旋转变压器?
11. 试述旋转变压器的三角运算和矢量运算方法。
12. 简要说明在旋转变压器中产生误差的原因及其改进方法。

第5章 伺服电动机及其控制系统

知识架构

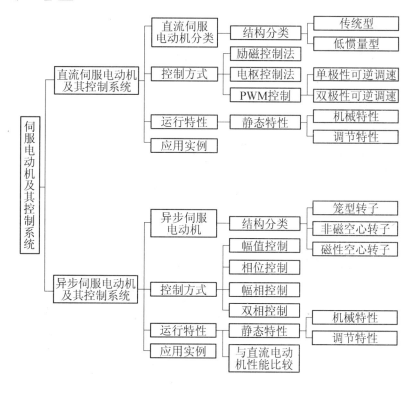

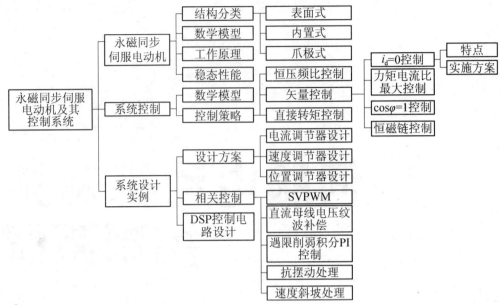

 教学目标与要求

☞ 了解伺服电动机控制系统的发展历史

☞ 掌握直流伺服电动机的原理、结构及运行特性

☞ 掌握直流伺服电动机常用控制芯片及微处理器控制的原理与方法

☞ 掌握异步伺服电动机的原理、结构及运行特性

☞ 掌握永磁同步伺服电动机的原理、结构及运行特性

☞ 掌握永磁同步伺服电动机的控制原理与方法

☞ 掌握功率变换器的基本原理和基本设计步骤

☞ 了解伺服电动机控制系统的一般应用

引言

伺服电动机控制系统是用来精确地跟随或复现某个过程的反馈控制系统,又称为随动系统。在很多情况下,伺服系统专指被控制量(系统的输出量)是机械位移或位移速度、加速度的反馈控制系统,其作用是使输出的机械位移(或转角)准确地跟踪输入的位移(或转角)。图5.1所示为伺服电动机控制系统装置。

伺服系统的发展与伺服电动机的发展紧密地联系在一起,在20世纪60年代以前,伺服驱动是以步进电动机驱动的液压伺服马达,或者以功率步进电动机直接驱动为特征,伺服系统的位置控制为开环控制,以液压伺服系统为盛。液压伺服系统能够传递巨大的转矩,控制简单,可靠性高,可保持恒定的转矩输出,主要应用于重型设备。图5.2所示为采用了双回路液压伺服系统的紧凑型无尾挖掘机和比例液压伺服系统的顶墩弯管机。但该系统也存在发热大、效率低、易污染环境、不易维修等缺点。

20世纪60~70年代是直流伺服电动机诞生和全盛发展的时代,直流伺服系统在工业及相关领域获得了广泛的应用,伺服系统的位置控制也由开环控制发展成为闭环控制。在数控机床应用领域,永磁式直流电动机占据统治地位,其控制电路简单,无励磁损耗,低速性能好。图5.3所示为采用直流伺服电动机控制系统的数控机床和镗铣床。在一些小型仪器设备中,直流伺服电动机也发挥着极其重要的作用,如图5.4所示。

第5章 伺服电动机及其控制系统

图 5.1 伺服电动机控制系统装置

图 5.2 采用液压伺服系统的挖掘机和弯管机

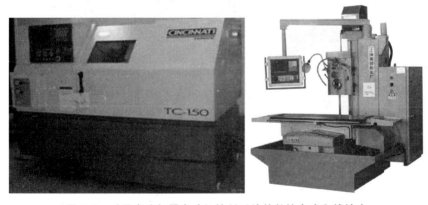

图 5.3 采用直流伺服电动机控制系统的数控车床和镗铣床

20 世纪 80 年代以来,随着伺服电动机结构及永磁材料、半导体功率器件技术、控制技术及计算机技术的突破性进展,出现了无刷直流伺服电动机(方波驱动)、交流伺服电动机(正弦波驱动)、矢量控制的感应电动机和开关磁阻电动机等新型电动机。矢量控制技术的不断成熟,大大推动了交流伺服驱动技术的发展,使交流伺服系统性能日渐提高,与其相应的伺服传动装置也经历了模拟式、数模混合式和全数字化的发展历程。图 5.5 所示为交流伺服电动机驱动的部分应用。

本章将以伺服电动机的发展为线,对伺服电动机系统进行详细讨论,结合上述各种应用领域,分别对直流伺服电动机、异步伺服电动机及永磁同步电动机(正弦波)的结构、原理、运行特性、控制方法及其应用进行分析讨论,使读者充分认识和了解伺服电动机控制系统领域。

(a) 高速搅拌仪　　　(b) 全自动三坐标测量机　　　(c) 电火花小孔加工机

图 5.4　直流伺服电动机驱动在小型仪器设备中的应用

(a) 雷达、卫星通信天线　　　(b) 机器人侦查相机

(c) 滚齿机　　　(d) 伺服压力机

图 5.5　交流伺服电动机驱动的部分应用

5.1　伺服电动机概述

伺服电动机又称为执行电动机，在自动控制系统中作为执行元件。它将输入的电压信号变换成转轴的角位移或角速度而输出。输入的电压信号又称为控制信号或控制电压。改变控制电压可以变更伺服电动机的转速及转向。

按其使用的电源性质不同，伺服电动机可分为直流伺服电动机和交流伺服电动机两大类。交流伺服电动机通常采用笼型转子两相伺服电动机和空心杯转子两相伺服电动机，所以常把交流伺服电动机称为两相伺服电动机。直流伺服电动机能用在功率稍大的系统中。其输出功率约为 1~600W，但有的也可达数千瓦；两相伺服电动机输出功率约为 0.1~100W，其中最常用的是在 30W 以下。

近年来，由于伺服电动机的应用范围日益扩展、要求不断提高，促使它有了很大发展，出现了许多新型结构。又因系统对电动机快速响应的要求越来越高，使各种低惯量的

第5章 伺服电动机及其控制系统

伺服电动机相继出现,如盘形电枢直流电动机、空心杯电枢直流电动机和电枢绕组直接绕在铁心上的无槽电枢直流电动机等。

随着电子技术的发展,又出现了采用电子器件换向的新型直流伺服电动机,它取消了传统直流电动机上的电刷和换向器,故称为无刷直流伺服电动机。此外,为了适应高精度低速伺服系统的需要,研制出直流力矩电动机,它取消了减速机构而直接驱动负载。

伺服电动机的种类虽多,用途也很广泛,但自动控制系统对它们的基本要求可归结如下:

(1) 宽广的调速范围。伺服电动机的转速随着控制电压的改变能在宽广的范围内连续调节。

(2) 机械特性和调节特性均为线性。伺服电动机的机械特性是指控制电压一定时,转速随转矩的变化关系;调节特性是指电动机转矩一定时,转速随控制电压的变化关系。线性的机械特性和调节特性有利于提高自动控制系统的动态精度。

(3) 无"自转"现象。伺服电动机在控制电压为零时能立刻自行停转。

(4) 快速响应。电动机的机电时间常数要小,相应地伺服电动机要有较大的转矩和较小的转动惯量。这样,电动机的转速便能随着控制电压的改变而迅速变化。

此外,还有一些其他的要求,如希望伺服电动机的控制功率要小,这样可使放大器的尺寸相应减小;在航空上使用的伺服电动机还要求其质量轻、体积小。

5.2 直流伺服电动机及其控制

5.2.1 直流伺服电动机的结构和分类

直流伺服电动机是指使用直流电源驱动的伺服电动机,它实际上就是一台他励式直流电动机。直流伺服电动机的结构可分为传统型和低惯量型两大类。

1. 传统型直流伺服电动机

传统型直流伺服电动机的结构形式和普通直流电动机基本相同,也是由定子、转子两大部分所组成,其容量与体积较小。按照励磁方式的不同,它又可以分为永磁式和电磁式两种。永磁式直流伺服电动机的定子磁极由永久磁钢构成。电磁式直流伺服电动机的定子磁极通常由硅钢片铁心和励磁绕组构成,其结构如图 5.6 所示。这两种电动机的转子结构同普通直流电动机的结构相同,其铁心均由硅钢片冲制叠压而成,在转子冲片的外圆周上开有均布的齿槽,在槽中放置电枢绕组,并通过换向器和电刷与外部电路连接。

2. 低惯量型直流伺服电动机

与传统的直流伺服电动机相比,低惯量型直流伺服电动机具有时间常数小、响应速度快的特点。目前低惯量型直流伺服电动机主要形式有:杯形电枢直流伺服电动机、盘形电枢直流伺服电动机和无槽电枢直流伺服电动机。

1) 杯形电枢直流伺服电动机

图 5.7 为杯形电枢永磁式直流伺服电动机的结构简图。它有一个外定子和一个内定子。通常外定子是由两个半圆形的永久磁钢所组成。而内定子则为圆柱形的软磁材料做

成,仅作为磁路的一部分,以减小磁路磁阻。但也有内定子由永久磁钢做成,外定子采用软磁材料的结构形式。杯形电枢上的绕组可以先绕成单个成型线圈,然后将它们沿圆周的轴向排列成杯形,再用环氧树脂热固化成型,也可采用印制绕组。杯形电枢直接装在电动机轴上,在内、外定子间的气隙中旋转。电枢绕组接到换向器上,由电刷引出。

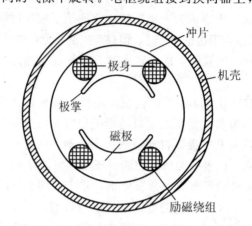

图 5.6　电磁式直流伺服电动机定子结构简图

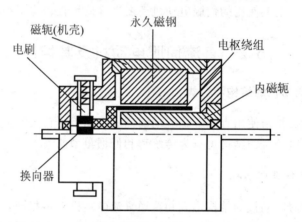

图 5.7　杯形电枢永磁式直流伺服电动机结构简图

这种电动机的性能特点是:

(1) 低惯量。由于转子无铁心,且薄壁细长,惯量极低,有超低惯量电动机之称。

(2) 灵敏度高。因转子绕组散热条件好,绕组的电流密度可取到 $30A/mm^2$,并且永久磁钢体积大,可提高气隙的磁通密度,所以力矩大。加上惯量又小,因而转矩/惯量比很大,机电时间常数很小(最小的在 1ms 以下),灵敏度高,快速性好。其始动电压在 100 MV 以下,可完成每秒 250 个起停循环。

(3) 损耗小,效率高。因转子中无磁滞和涡流造成的铁耗,所以效率可达 80% 或更高。

(4) 力矩波动小,低速运转平稳,噪声很小。由于绕组在气隙中均匀分布,不存在齿槽效应,因此力矩传递均匀,波动小,故运转时噪声小,低速运转平稳。

(5) 换向性能好,寿命长。由于杯形转子无铁心,换向元件电感很小,几乎不产生火花,换向性能好,因此大大提高了电动机的使用寿命。据有关资料介绍,这种电动机的寿命可达 3～5kh，甚至高于 10 kh。而且换向火花很小，可大大减小对无线电的干扰。

这种形式的直流伺服电动机的制造成本较高。它大多用于高精度的自动控制系统及测量装置等设备中，如电视摄像机、录音机、$X-Y$ 函数记录仪、机床控制系统等方面。这种电动机的用途日趋广泛，是今后直流伺服电动机的发展方向之一。

2) 盘形电枢直流伺服电动机

盘形直流伺服电动机以盘形永磁直流伺服电动机为主。电动机结构成扁平状，其定子是由永久磁钢和前后磁轭构成，根据磁钢与圆盘相对位置的不同，可分为单边和双边两种结构，即磁钢在圆盘一侧的为单边结构，同时放置在两侧的为双边结构。电动机的气隙位于圆盘的两边，无论哪种结构，永久磁铁都为轴向磁化，在气隙中产生多极轴向磁场。圆盘上有电枢绕组，同杯形电枢直流伺服电动机一样可分为印制绕组和绕线式绕组两种形式。印制绕组是采用制造印制电路板相类似的工艺制成的，它可以是单片双面的，也可以是多片重叠的，但一般不超过八层。印制绕组电枢制造精度高，成本也高，但转动惯量小。图 5.8 为印制绕组盘形电枢直流伺服电动机结构简图。从图 5.8 可见，此种电动机常用电枢绕组有效部分的裸导体表面兼作换向器，但导体表面需另外镀一层耐磨材料，以延长使用寿命。绕线式绕组则是先绕制成单个线圈，然后将绕好的全部线圈沿径向圆周排列起来，再用环氧树脂浇注成圆盘形。盘形电枢上电枢绕组中的电流是沿径向流过圆盘表面，并与轴向磁通相互作用而产生转矩。因此，绕组的径向段为有效部分，弯曲段为端接部分。图 5.9 为绕线式盘形电枢直流伺服电动机的结构简图。

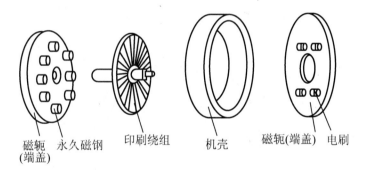

图 5.8 印制绕组盘形电枢直流伺服电动机的结构示意图

盘形电枢直流伺服电动机具有与杯形电枢直流伺服电动机类似的特点，即：

(1) 电动机结构简单，制造成本低。

(2) 启动转矩大。由于电枢绕组全部在气隙中，散热良好，其绕组电流密度比一般普通的直流伺服电动机高 10 倍以上，因此容许的启动电流大，启动转矩也大。

(3) 力矩波动很小，低速运行稳定，调速范围广而平滑，能在 1∶20 的速比范围内可靠平稳运行。这主要是由于这种电动机没有齿槽效应以及电枢元件数、换向片数很多的缘故。

(4) 换向性能好。电枢由非磁性材料组成，换向元件电感小，所以换向火花小。

(5) 电枢转动惯量小，反应快，机电时间常数一般为 10～15ms，属于中等低惯量伺服电动机。

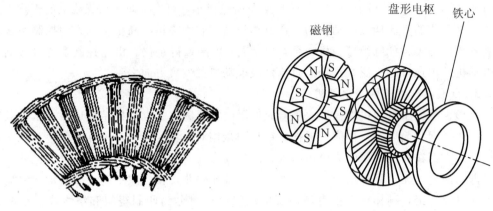

图 5.9　绕线式盘形电枢直流伺服电动机结构示意图

盘形电枢直流伺服电动机适用于低速相启动、反转频繁，要求薄形安装尺寸的系统中。目前它的输出功率一般在几瓦到几千瓦之间，其中功率较大的电动机主要用于数控机床、工业机器人、雷达天线驱动和其他伺服系统。

3) 无槽电枢直流伺服电动机

无槽电枢直流伺服电动机的结构同普通直流电动机的差别仅在于其电枢铁心是光滑、无槽的圆柱体，电枢绕组直接排列在铁心表面，再用环氧树脂把它与电枢铁心固化成一个整体，如图 5.10 所示。定子磁极可以用永久磁钢做成，也可以采用电磁式结构。这种电动机的转动惯量和电枢绕组的电感比前面介绍的两种无铁心转子的电动机要大些，因而其动态性能较差。

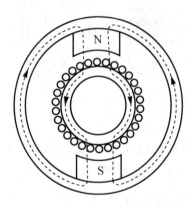

图 5.10　无槽电枢直流伺服电动机结构简图

5.2.2　直流伺服电动机的控制方式

直流伺服电动机的工作原理与一般的他励式直流电动机相同，因此其控制方式同他励式直流电动机一样，可分为两种：改变磁通的励磁控制法和改变电枢电压的电枢控制法。

励磁控制法在低速时受磁饱和的限制，在高速时受换向火花和换向结构强度的限制，且励磁线圈电感较大，动态响应较差，因此这种方法只用于小功率电动机，应用较少。电枢控制具有机械特性和控制特性线性度好、特性曲线为一组平行线、空载损耗较小、控制回路电感小、响应速度快等优点,所以自动控制系统中多采用电枢控制法。该方法以电枢绕组为控制绕组,在负载转矩一定时,保持励磁电压恒定,通过改变电枢电压来改变电动机的转速;电枢电压增加转速增大,电枢电压减小转速降低;若电枢电压为零,则电动机停转;当电枢电压极性改变,电动机的转向也随之改变。因此,将电枢电压作为控制信号就可以实现对电动机的转速控制。

对于电磁式直流伺服电动机采用电枢控制时,其励磁绕组由外施恒压的直流电源励磁,而永磁式直流伺服电动机则由永磁磁极励磁。

5.2.3 直流伺服电动机的稳态特性

直流伺服电动机的稳态特性主要指机械特性和调节特性。电枢控制时直流伺服电动机的工作原理如图 5.11 所示。为了分析简便,先作如下假设:电动机的磁路不饱和;电刷位于几何中性线。因此可认为,负载时电枢反应磁动势的影响可忽略,电动机的每极气隙磁通保持恒定。

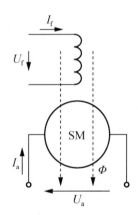

图 5.11 电枢控制时直流伺服电动机的工作原理图

这样,直流电动机电枢回路的电压平衡方程式为

$$U_a = E_a + I_a R_a \tag{5-1}$$

式(5-1)中,U_a 为电动机电枢绕组两端的电压;E_a 为电动机电枢回路的电动势;I_a 为电动机电枢回路的电流;R_a 为电动机电枢回路的总电阻(包括电刷的接触电阻)。

当磁通 Φ 恒定时,电枢绕组的感应电动势将与转速成正比,则

$$E_a = C_e \Phi n = K_e n \tag{5-2}$$

式中:C_e 为电动势常数;n 为转速;K_e 为电动势系数,表示单位转速时所产生的电动势。

电动机的电磁转矩为

$$T = C_t \Phi I_a = K_t I_a \tag{5-3}$$

式中:C_t 为转矩常数;K_t 为转矩系数,表示单位电枢电流所产生的转矩。

若忽略电动机的空载损耗和转轴机械损耗等,则电磁转矩等于负载转矩。

将式(5-1)、式(5-2)和式(5-3)联立求解,可得直流伺服电动机的转速公式为

$$n = \frac{U_a}{K_e} - \frac{R_a}{K_e K_t} T \tag{5-4}$$

由式(5-4)便可得到直流伺服电动机的机械特性和调节特性。

1. 机械特性

$$n = \frac{U_a}{K_e} - \frac{R_a}{K_e K_t} T \tag{5-4}$$

由式(5-4)便可得到直流伺服电动机的机械特性和调节特性。

1. 机械特性

机械特性是指控制电压恒定时，电动机的转速随转矩变化的关系，即 $U_a = C$（C 为常数）时，$n = f(T)$。由式(5-4)可得

$$n = \frac{U_a}{K_e} - \frac{R_a}{K_e K_t} T = n_0 - kT \tag{5-5}$$

由式(5-5)可画出直流伺服电动机的机械特性，如图 5.12 所示。从图中可以看出，机械特性是以 U_a 为参变量的一组平行直线。这些特性曲线与纵轴的交点为电磁转矩等于零时电动机的理想空载转速 n_0，即

$$n_0 = \frac{U_a}{K_e} \tag{5-6}$$

实际上，当电动机不带负载时，由于其自身的空载损耗和转轴的机械损耗，电磁转矩并不为零。因此，转速 n_0 是指在理想空载时的电动机转速，故称为理想空载转速。

当 $n = 0$ 时，机械特性曲线与横轴的交点为电动机堵转时的转矩，即电动机的堵转转短 T_d：

$$T_d = \frac{U_a K_t}{R_a} \tag{5-7}$$

在图 5.12 中机械特性曲线的斜率为

$$k = \frac{n_0}{T_d} = \frac{R_a}{K_e K_t} \tag{5-8}$$

式中，k 为机械特性的斜率，表示了电动机机械特性的硬度，即电动机电磁转矩的变化所引起的转速变化的程度。

由式(5-5)或图 5.12 中都可看出，随着控制电压 U_a 增大，理想空载转速 n_0 和堵转转矩 T_d 同时增大，但斜率 k 保持不变，电动机的机械特性曲线平行地向转速和转矩增加的方向移动。斜率 k 的大小只正比于电枢电阻 R_a 而与 U_a 无关。电枢电阻 R_a 大，斜率 k 也大，机械特性就越软；反之，电枢电阻 R_a 变小，斜率 k 也变小，机械特性就变硬。因此总希望电枢电阻 R_a 数值小，这样机械特性就硬。

在实际应用中，电动机的电枢电压 U_a 通常由系统中的放大器提供，因此还要考虑放大器的内阻，此时式(5-8)中的 R_a 应为电动机电枢电阻与放大器内阻之和。

2. 调节特性

调节特性是指电磁转矩恒定时，电动机的转速随控制电压变化的关系，即 $n = f(U_a)|_{T=C}$，调节特性曲线如图 5.13 所示，它们是以 T 为参变量的一组平行直线。

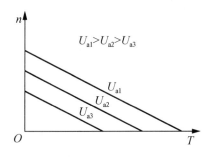
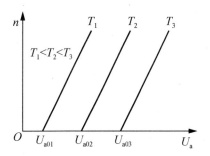

图 5.12　直流伺服电动机的机械特性　　图 5.13　直流伺服电动机的调节特性

当 $n=0$ 时,调节特性曲线与横轴的交点就表示在某一电磁转矩(若略去电动机的空载损耗和机械损耗,则为负载转矩值)时电动机的始动电压 U_{a0}:

$$U_{a0}=\frac{R_a}{K_t}T \tag{5-9}$$

当电磁转矩一定时,电动机的控制电压大于相应的始动电压,电动机便能启动并达到某一转速;反之,当控制电压小于相应的始动电压时,电动机所能产生的最大电磁转矩仍小于所要求的负载转矩值,电动机就不能启动。所以,在调节特性曲线上从原点到始动电压点的这一段横坐标的范围,称为在某一电磁转矩值时伺服电动机的死区。显然,死区的大小与电磁转矩的大小成正比,负载转矩越大,要想使直流伺服电动机运转起来,电枢绕组需要加的控制电压也要相应增大。

由以上分析可知,电枢控制时直流伺服电动机的机械特性和调节特性都是一组平行的直线。这是直流伺服电动机很可贵的优点,也是两相交流伺服电动机所不及的。但是上述的结论,是在开始时所做假设的前提下才得到的,而实际上直流伺服电动机的特性曲线仅是一组接近直线的曲线。

5.2.4　直流伺服控制技术

近年来,直流伺服电动机的结构和控制方式都发生了很大变化。随着计算机技术的发展以及新型的电力电子功率器件的不断出现,采用全控型开关功率元件进行脉宽调制(PWM)的控制方式已经成为主流。

1. PWM 控制原理

在前一节中已经介绍,直流伺服电动机的转速控制方法可以分为两类,即对磁通 Φ 进行控制的励磁控制和对电枢电压 U_a 进行控制的电枢电压控制。

绝大多数直流伺服电动机采用开关驱动方式,现以电枢电压控制方式的直流伺服电动机为分析对象,介绍通过 PWM 来控制电枢电压实现调速的方法。

图 5.14 是利用开关管对直流电动机进行 PWM 调速控制的原理图和输入/输出电压波形图。在图 5.14 中,当开关管的栅极输入信号 U_P 为高电平时,开关管导通,直流伺服电动机的电枢绕组两端电压 $U_a=U_s$,经历 t_1 时间后,栅极输入信号 U_P 变为低电平,开关管截止,电动机电枢两端电压为 0,经历 t_2 时间后,栅极输入重新变为高电平,开关管的动作重复以上过程,这样,在一个周期时间 $T=t_1+t_2$ 内,直流伺服电动机电枢绕组两端的

电压平均值 U_a 为

$$U_a = \frac{t_1 U_s + 0}{t_1 + t_2} = \frac{t_1 U_s}{T} = aU_s \tag{5-10}$$

$$a = \frac{t_1}{T} \tag{5-11}$$

式(5-11)中，a 为占空比，表示在一个周期 T 里，功率开关管导通时间与周期的比值。a 的变化范围为 $0 \leq a \leq 1$。因此，当电源电压 U_s 不变时，电枢绕组两端电压平均值 U_a 取决于占空比 a 的大小，改变 a 的值，就可以改变 U_a 的平均值，从而达到调速的目的，这就是 PWM 调速原理。

在 PWM 调速中，占空比是一个重要的参数，有三种方法可以改变占空比值：

（1）定宽调频法。该方法保持 t_1 不变，只改变 t_2 的值，这样周期 T 或斩波频率随之发生改变。

（2）调宽调频法。该方法保持 t_2 不变，只改变 t_1 的值，这样周期 T 或斩波频率随之发生改变。

（3）定频调宽法。该方法同时改变 t_1 和 t_2，而保持周期 T 或斩波频率不变。

由于前两种方法在调速过程中改变了斩波频率，当斩波频率与系统固有频率接近时，会引起振荡，因此，这两种方法应用较少。一般采用第三种调速方法，即定频调宽法。

可逆 PWM 系统可以使直流伺服电动机工作在正、反转的场合。可逆 PWM 系统可分为单极性驱动和双极性驱动两种。

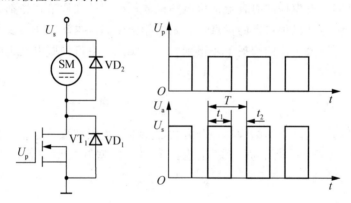

图 5.14 直流伺服电动机的机械特性

2. 单极性可逆调速系统

单极性驱动是指在一个 PWM 周期里，电动机电枢的电压极性呈单一性变化。

单极性驱动电路有两种。一种称为 T 形，由两个开关管组成，需要采用正、负电源，相当于两个不可逆系统的组合，因其电路形状像"T"字，故称为 T 形。由于 T 形单极性驱动系统的电流不能反向，并且两个开关管正、反转切换的工作条件是电枢电流为零，因此，电动机动态性能较差。这种电路很少采用。

另一种称为 H 形，也称为桥式电路。这种电路中电动机动态性能较好，因此在各种控制系统中广泛采用。

图 5.15 为 H 形单极性 PWM 驱动系统示意图。系统由 4 个开关管和 4 个续流二极管组成,单电源供电。$U_{P1} \sim U_{P4}$ 分别为开关管 $VT_1 \sim VT_4$ 的触发脉冲。若在 $t_0 \sim t_1$ 时刻,VT_1 根据 PWM 控制信号同步导通,而 VT_2 则受 PWM 反相控制信号控制关断,VT_3 触发信号保持为低电平,VT_4 触发信号保持为高电平,4 个触发信号波形如图 5.16 所示,此时电动机正转。若在 $t_0 \sim t_1$ 时刻,VT_3 根据 PWM 控制信号同步导通,而 VT_4 则受 PWM 反相控制信号控制关断,VT_1 触发信号保持为 0,VT_2 触发信号保持为 1,此时电动机反转。

当要求电动机在较大负载下加速运行时,电枢平均电压大于感应电动势,即 $U_a > E_a$。在每个 PWM 周期的 $0 \sim t_1$ 区间,VT_1 截止,VT_2 导通,电流 I_a 经 VT_1、VT_4 从 A 到 B 流过电枢绕组。在 $t_1 \sim t_2$ 区间,VT_1 截止,电源断开,在自感电动势的作用下,经 VD_2 和 VT_4 进行续流,使电枢仍然有电流流过,方向仍然从 A 到 B。此时,由于二极管的钳位作用,虽然 U_{P2} 为高电平,VT_2 实际不导通。直流伺服电动机重载时电流波形图如图 5.16 所示。

当电动机在减速运行时,电枢平均电压小于感应电动势,即 $U_a < E_a$。在每个 PWM 周期的 $0 \sim t_1$ 区间,在感应电动势和自感电动势的共同作用下,电流经 VD_4、VD_1 流向电源,方向从 B 到 A,电动机处于再生制动状态。在 $t_1 \sim t_2$ 区间,VT_2 导通,VT_1 截止,在感应电动势的作用下,电流经 VD_4 和 VT_2 仍然从 B 到 A 流过绕组,电动机处于能耗制动状态。

当电动机轻载或空载运行时,平均电压与感应电动势几乎相当,即 $U_a \approx E_a$。在每个 PWM 周期的 $0 \sim t_1$ 区间,VT_2 截止,电流先经 VD_4、VD_1 流向电源,方向从 B 到 A,电动机工作于再生制动状态。当电流减小到 0 后,VT_1 导通,电流改变方向,从 A 到 B 经 VT_4 回到地,电动机工作于电动状态。在 $t_1 \sim t_2$ 区间,VT_1 截止,电流先经过 VD_2 和 VT_4 进行续流,电动机工作在续流电动状态。当电流减小到 0 后,VT_2 导通,在感应电动势的作用下电流变向,流过 VD_4 和 VT_2,工作在能耗制动状态。由上述分析可见,在每个 PWM 周期中,电流交替呈现再生制动、电动、续流电动和能耗制动 4 种状态,电流围绕横轴上下波动。

单极性可逆 PWM 驱动的特点是驱动脉冲仅需两路,电路较简单,驱动的电流波动较小,可以实现四象限运行,是一种应用广泛的驱动方式。

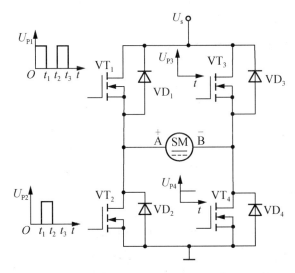

图 5.15 H 形单极性 PWM 驱动系统示意图

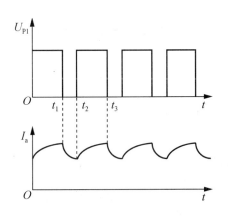

图 5.16 H 形单性可逆 PWM 驱动正转运行电流波形图

3. 双极性可逆调速系统

双极性驱动是指在一个 PWM 周期内，电动机电枢的电压极性呈正负变化。

与单极性一样，双极性驱动电路也分为 T 形和 H 形。由于在 T 形驱动电路中，开关管要承受较高的反向电压，因此使其在功率稍大的伺服电动机系统中的应用受到限制，而 H 形驱动电路不存在这个问题，因此得到了较广泛的应用。

H 形双极性可逆 PWM 驱动系统如图 5.17 所示。四个开关管 $VT_1 \sim VT_4$ 分为两组，VT_1、VT_3 为一组，VT_2、VT_4 为另一组。同组开关管同步导通或截止，而不同组的开关管则与另一组的开关管状态相反。

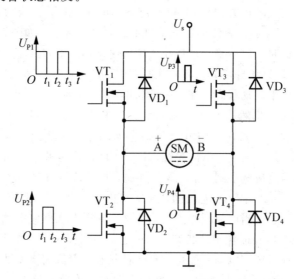

图 5.17 H 形双极性可逆 PWM 驱动系统

在每个 PWM 周期，当控制信号 U_{P1}、U_{P4} 为高电平时，U_{P2}、U_{P3} 为低电平，VT_1、VT_4 导通，VT_2、VT_3 截止，电枢绕组电压方向从 A 到 B；当 U_{P1} 为低电平时，U_{P2} 为高电平，VT_2、VT_3 导通，VT_1、VT_4 截止，电枢绕组电压方向从 B 到 A。即在每个 PWM 周期，电压方向有两个，所以称其为"双极性"。

在一个 PWM 周期中电枢电压经历了正反两次变化，因此其平均电压 U_a 的计算公式可表示为

$$U_a = \left(\frac{t_1}{T} - \frac{T-t_1}{T}\right)U_s = (2a-1)U_a \qquad (5-12)$$

由式(5-12)可见，双极性 PWM 驱动时，电枢绕组承受的电压取决于占空比 a 的大小。当 $a=0$ 时，$U_a=-U_s$，电动机反转，且转速最高；当 $a=1$ 时，$U_a=U_s$，电动机正转，转速最高；当 $a=1/2$ 时，$U_a=0$，电动机停转，但电枢绕组中仍有交变电流流过，使电动机产生高频振荡，该振荡有利于克服电动机负载的静摩擦，提高电动机的动态特性。

图 5.18 为电动机在正转、反转和轻载 3 种情况下电枢绕组中电流的波形图。

当要求电动机在较大负载下正转运行时，电枢平均电压大于感应电动势，即 $U_a > E_a$。在每个 PWM 周期的 $0 \sim t_1$ 区间，VT_1、VT_4 导通，VT_2、VT_3 截止，电流 I_a 方向从 A 到

B。在 $t_1 \sim t_2$ 区间，VT_2、VT_3 导通，VT_1、VT_4 截止，虽然绕组两端加反向电压，但由于绕组负载电流较大，电流方向不会改变，但电流幅值的下降速度比单极性系统要大，因此电流波动较大。

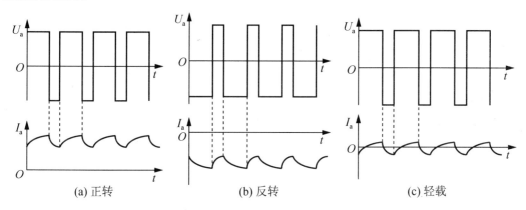

图 5.18 H形双极性可逆 PWM 驱动电流波形图

当要求电动机在较大负载下反转运行时，情况刚好相反，电流波形如图 5.18(b)所示。

当电动机在轻载下正转运行时，电枢电流很小，电流围绕横轴上下波动，如图 5.18(c)所示，电流方向不断变化。在每个 PWM 周期的 $0 \sim t_1$ 区间，VT_2、VT_3 截止，初始时刻，由于电感电动势的作用，电枢中的电流保持原方向，即从 B 到 A，经 VD_4、VD_1 到电源，电动机处于再生制动状态。由于 VD_4、VD_1 的钳位作用，VT_1、VT_4 不能导通。当电流衰减到 0 后，在电源电压的作用下，VT_1、VT_4 开始导通，电流经 VT_1、VT_4 形成回路，此时电流方向从 A 到 B，电动机处于电动状态。在 $t_1 \sim t_2$ 区间，VT_1、VT_4 截止，电流从电源流经 VT_3 后，从 B 到 A 经 VT_2 回到地，电动机处于能耗制动状态。所以，在轻载或空载运行时，电动机的工作状态呈现电动和制动交替变化。

双极性驱动时，电动机可以在 4 个象限上运行，低速时的高频振荡有利于消除负载的静摩擦，低速平稳性好，但在运行过程中，由于 4 个开关管都处于开关状态，功率损耗较大，因此双极性驱动只是用于中、小型直流电动机，使用时要加"死区"，防止同一桥路下开关管直通。

5.3 直流伺服电动机的应用

各种伺服电动机的应用范围与自动控制系统的特性、控制目的、工作条件以及对电动机的要求有关。伺服电动机在自动控制系统中主要用做执行元件，通常作为随动系统、遥测和遥控系统以及各种增量系统（如磁带机的主动轮、计算机和打印机的纸带、磁盘存储器的磁头等）的主传动元件。

直流伺服电动机的输出功率可达 $1 \sim 100W$，比交流伺服电动机的大，通常用于功率较大的自动控制系统中。

根据被控制对象的不同，由伺服电动机组成的伺服系统分为位置、速度和力矩（或力）3 种基本控制方式，前面两种用得更多，本节将列举几个应用实例。

5.3.1 在位置控制系统中的应用

用电火花加工金属的方法越来越普遍地被应用。为了保持最佳的焊接间隙（火花间隙），电火花加工机械，通常都包含有电动机伺服系统，如图 5.19 所示。

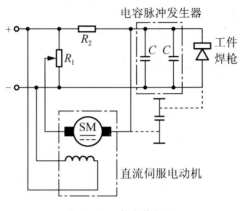

图 5.19 电火花加工

被加工的工件和焊枪之间的间隙通常由他励直流伺服电动机来调整。直流伺服电动机的电枢绕组接在由电阻 R_1、R_2 和火花间隙所组成的电桥对角线上。

电枢旋转的速度和转向取决于电桥对角线中流过的电流大小和方向。电枢通过减速装置与焊枪相连。电枢旋转时，焊枪相对加工工件的位置也跟着移动。脉动电流由电容型脉冲发生器供给。适当地移动变阻器 R_1 的滑动端，可预先调整好击穿电压（也就是火花间隙的大小）。

如果火花不跳过焊接间隙（火花间隙电阻无穷大），那么，电桥对角线上就有电流流过，电流方向使电动机带动焊枪朝着被加工的工件方向移动（减小间隙）。电容器开始放电，火花间隙内电子浓度减小，并发生击穿现象。由于火花放电，工件也就开始被加工。如焊枪和工件直接短路，电桥对角线中的电流改变方向。因此，伺服电动机改变转向，并迅速带动焊枪离开加工工件。火花间隙中的电子浓度复原。上述过程就如此周而复始。

在这个系统中，直流伺服电动机按输入量（火花间隙）的大小控制输出量（焊枪位置）的变化，是典型的位置伺服系统。

5.3.2 在速度控制系统中的应用

在一些老式连续轧钢机的电力拖动系统中，仍然采用发电机-电动机组的调速系统。例如，图 5.20 所示的伺服电动机控制的无静差调速系统就是一个简单的例子。

在该调速系统中，采用永磁式直流测速发电机的输出电压作为测速反馈电压 U_Ω。它与给定电压 U_1 比较后，得到偏差电压 $\Delta U = U_1 - U_\Omega$，经放大器放大后，直接控制发电机的励磁，这就是电机拖动课程中讨论过的有静差调速系统；ΔU 放大后，先给伺服电动机供电，由伺服电动机去带动发电机励磁电位器的滑动端，然后，再控制发电机的励磁。如果系统出现偏差电压 ΔU，经放大器放大后，使伺服电动机转动，并移动电位器的滑动端，改变发电机的励磁电压，以调节电机的转子速度。如不考虑伺服电动机及其负载的摩擦转矩,只要存在 ΔU,伺服电动机就不会停止转动,只有 ΔU 为零,伺服电动机才停止转动。发电机励磁电位器的滑动端停在某一位置,以提供保证电动机按给定转子速度旋转所需要的励磁电压,这就是无静差调速。在这个系统中,直流伺服电动机根据输入的偏差信号,控制直流电动机的转速,属于速度控制方式。

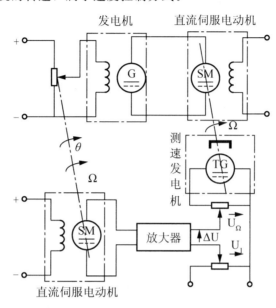

图 5.20 伺服电动机控制的无静差调速系统

5.3.3 在混合控制系统中的应用

直流伺服电动机在军事上应用的实例是很多的,如军舰的自动驾驶,飞机航向的控制,火炮和雷达天线定位等。

图 5.21(a)、(b)分别为火炮跟踪系统的原理图和框图。火炮跟踪系统可视为混合控制系统,即包括位置和速度两种控制方式。

该系统的任务是使火炮的转角 θ_2 与由手轮经减速器减速后所给出的指令 θ_1 相等。当 $\theta_2 \neq \theta_1$ 时,测角装置就输出一个与差角 $\theta = \theta_1 - \theta_2$ 近似成正比例的电压 U_θ,此电压经放大器放大后,驱动直流伺服电动机,带动炮身向着减小差角的方向移动。直到 $\theta_2 = \theta_1$,即 $U_\theta = 0$ 时,电动机停止转动,火炮对准射击目标,这就是位置控制系统。同时,为了减小在跟踪过程中可能出现的速度变化(火炮要准确地跟踪射击目标,应减小风阻等原因引起的速度变化),可在电动机轴上非刚性连结一个测量电动机转速的测速发电机,它发出的电压与转子速度成正比,这个电压加到电位器 R 上,从电位器上取出一部分电压 U_Ω 反馈到放大器的输入端,其极性应与 U_θ 相反(负反馈)。若某种原因使电动机转子速度降低,则测速发电机的输出电压降低,反馈电压减小并与 U_θ 比较后,使输入到放大器的电压升高,伺服电动机及火炮的速度也随之升高,且起着稳速作用。显然,这是速度控制方式。如果用一个框图代表图 5.21(a)中的一个元件,而用箭头分别代表该元件的输入和输出作用,就可以得到描述图 5.21(a)中各元件相互关系的框图,如图 5.21(b)所示。

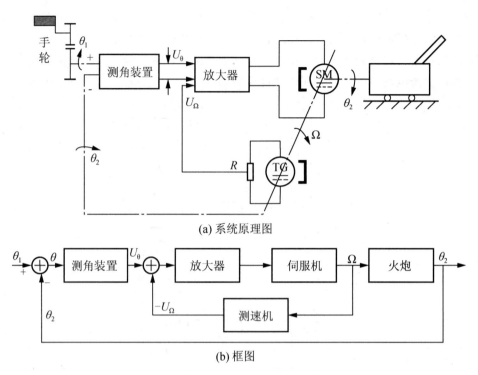

图 5.21 火炮跟踪系统

5.3.4 在张力控制系统中的应用

在纺织、印染和化纤生产中,有不少生产机械(如整经机、浆纱机和卷染机等)在加工过程中以及加工的最后,都要将加工物——纱线或织物卷绕成筒形。为使其卷绕紧密、整齐,要求在卷绕过程中,在织物内建立适当的张力,并保证张力恒定。实现这种要求的控制系统称为张力控制系统。图 5.22 所示是利用张力辊进行检测的张力控制系统。

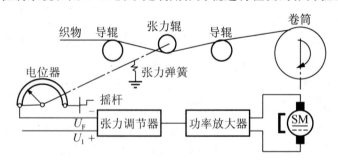

图 5.22 张力控制系统

当织物经过导辊和张力辊时,张力弹簧通过摇杆拉紧张力辊。如织物张力发生波动,则张力辊的位置将上下移动。它带动摇杆改变电位器滑动端位置,使张力反馈信号 U_F 随之发生变化。例如,张力减小,在张力弹簧的作用下,摇杆使电位器滑动端向反馈信号减小的方向移动,在某一张力给定信号 U_1 下,输入到张力调节器的差值电压 $\Delta U_F = U_1 - U_F$ 增加,经功率放大后,使直流伺服电动机的转子速度升高,因而张力增大并保持近似恒定。这种张力控制系统简单易行,不少纺织机台都会采用。

卷绕机构的张力控制系统在造纸工业和钢铁企业都有广泛的应用,例如,钢板或薄钢片卷绕机就采用这种控制系统。

5.3.5 在自动检测装置中的应用

CJ-1C 型地震磁带记录仪采用直流电源供电,在无人管理的情况下运行,仪器装 20 盒磁带,记录 36h,完毕后自动装换,一个月索取一次,驱动磁带的稳速电动机要求寿命长、可靠、无火花,不产生无线电干扰等。因此,选用无刷直流电动机驱动。电动机稳定速度为 500r/min,经两级传动带减速后驱动直径为 Φ2 的卷轮主轴,以拖动磁带稳速运动,其负载转矩不大。电动机轴上带一个永磁式测速发电机,其输出电压经整流、放大、滤波后与标准电压进行比较,由差值电压去控制串联在换向电路中的调整管,从而实现稳速,如图 5.23 所示。

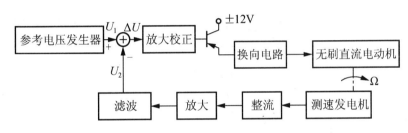

图 5.23 地震磁带记录仪框图

5.3.6 在温度控制系统中的应用

图 5.24 所示为烘烤炉温度控制系统,该控制系统的任务是保持炉温 T 恒定。而炉温既受工件(如面包)数量以及环境温度影响,又受混合器输出煤气流量的控制,调整煤气流量可控制炉温。

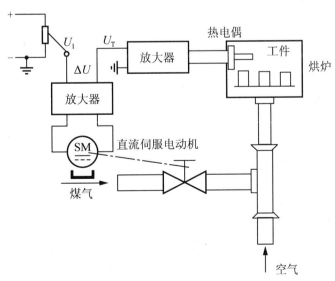

图 5.24 烘烤炉温度控制系统原理图

其整个控制过程如下:

如果炉温恰好等于给定值,经事先整定使测量元件(热电偶——将炉温转变为相应电压的器件)输出的电压 U_T 等于给定电压 U_1,差值电压 $\Delta U = U_1 - U_T = 0$,直流伺服电动机不转,调节阀也静止不动,煤气流量一定,烘炉处于规定的恒温状态。

如果增加工件,烘炉的负荷加大,而煤气流量一时没变,则炉温下降,并导致测量元件的输出电压 U_T 减小,$\Delta U > 0$,电动机将阀门开大,增加煤气供给量,使炉温回升到重新等于给定值($U_T = U_1$)为止。在负荷加大的情况下,仍然可保持规定的温度。

如果负荷减小或煤气压力突然加大,则炉温升高,使 $U_T > U_1$,则 $\Delta U < 0$,电动机反转,关小阀门,减小煤气流量,使炉温降低,到炉温等于给定值为止。

5.3.7 基于微处理器的直流伺服电动机系统

1. 采用专用直流电动机驱动芯片 LMD18200 实现双极性控制

LMD18200 是专用于直流电动机驱动的 H 桥组件,其外形结构有两种,如图 5.25(a)、(b)所示,常用的 LMD18200 芯片有 11 个引脚,采用 TO-220 封装,如图 5.25(a)所示。

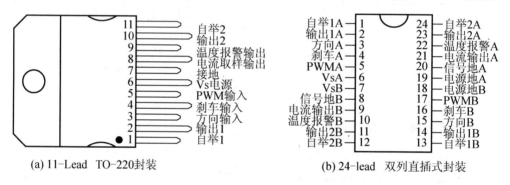

图 5.25 LMD18200 的外形结构图

LMD18200 芯片具有如下功能。

(1) 峰值输出电流高达 6A,连续输出电流达 3A,工作电压高达 55V;
(2) 可接受 TTL/CMOS 兼容电平的输入;
(3) 可通过输入的 PWM 信号实现 PWM 控制;
(4) 可外部控制电动机转向;
(5) 具有温度报警、过热和短路保护功能;
(6) 内部设置防桥路直通电路;
(7) 可实现直流电动机的双极性和单极性控制;
(8) 具有良好的抗干扰性。

LMD18200 的原理如图 5.26 所示。其内部集成了 4 个 CMOS 管,组成一个标准的 H 桥驱动电路。通过自举电路为上桥路的两个开关管提供栅极控制电压,充电泵电路由一个 300kHz 的振荡器控制,使自举电容可充至 14V 左右,典型上升时间是 $20\mu s$,适用于 1kHz 左右的工作频率。可在引脚 1、11 外接电容形成第二个充电泵电路,外接电容越大,向开关管栅极输入的电容充电速度越快,电压上升时间越短,工作频率越高。引脚 2、10

接直流电动机电枢,正转时电流方向从引脚 2 到引脚 10;反转时电流方向从引脚 10 到引脚 2。电流检测输出引脚 8 可以接一个对地电阻,通过电阻来输出过流情况。内部保护电路设置的过流阈值为 10A,当超过该值时会自动封锁输出,并周期性地恢复输出。若过电流持续时间较长,过热保护将关闭整个输出。过热信号还可以通过引脚 9 输出,当结温达到 145℃时,引脚 9 有输出信号。

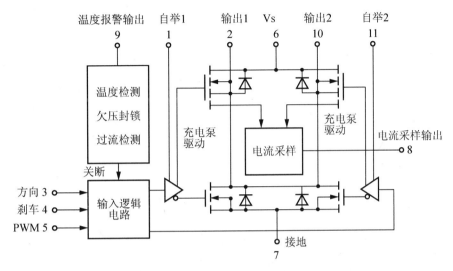

图 5.26　LMD18200 的原理图

基于 LMD18200 的单极性可逆驱动的典型应用电路如图 5.27 所示,其理想波形如图 5.28 所示。该应用电路是 Motorola68332CPU 与 LMD18200 接口,它们组成了一个单极性驱动直流电动机的闭环控制电路。在这个电路中,PWM 控制信号是通过引脚 5 输入的,而转向信号则通过引脚 3 输入。根据 PWM 控制信号的占空比来决定直流电动机的转速和转向。电路中采用一个增量式光电编码器来反馈电动机的实际位置,输出 A、B 两相,检测电动机转速和位置,形成闭环位置反馈,从而达到精确控制直流伺服电动机的目的。

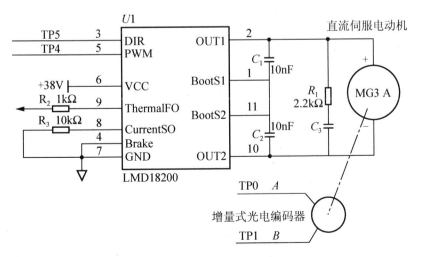

图 5.27　LMD18200 典型应用电路

由于采用了专门的电动机控制芯片 LMD18200，从而减少了整个电路的元件，也减轻了单片机负担，工作更可靠，适合在仪器仪表控制中使用。

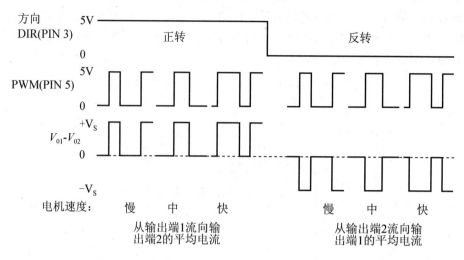

图 5.28　单极性驱动方式下的理想波形

2. 基于 DSP 的全数字直流伺服电动机控制系统

基于 DSP 芯片强大的高速运算能力、强大的 I/O 控制功能和丰富的外设，可以使用 DSP 方便地实现直流伺服电动机的全数字控制。图 5.29 是直流伺服电动机全数字双闭环控制系统框图。控制模块如速度 PI 调节、电流 PI 调节、PWM 控制等均可通过软件实现。

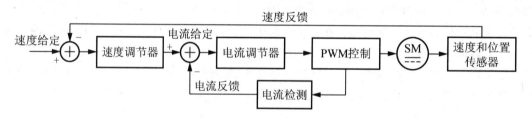

图 5.29　直流伺服电动机双闭环调速框图

图 5.30 所示是根据图 5.29 的控制原理设计的采用 TMS320LF2407ADSP 实现的直流伺服控制系统。在该系统中，采用了 H 桥驱动电路，通过 DSP 对 PWM 输出引脚 PWM1～PWM4 输出的控制信号进行控制。用霍尔电流传感器检测电流变化，并通过 ADCIN00 引脚输入给 DSP，经过 A/D 转换产生电流反馈信号。采用增量式光电编码器检测电动机的速度变化，经过 QEP1、QEP2 引脚输出给 DSP，获得速度反馈信号。该系统同样可以实现位置控制。

采用 DSP 实现直流伺服电动机速度控制的软件由三部分组成：初始化程序、主程序、中断服务子程序。其中主程序只进行电动机的转向判断，用来改变比较方式寄存器 ACTRA 的设置。用户可在主程序中添加其他控制程序。在每个 PWM 周期中都进行一次电流采样和电流 PI 调节，因此电流采样周期与 PWM 周期相同，从而实现实时控制。采用定时器周期中断标志来启动 A/D 转换，转换结束后申请 ADC 中断，图 5.31 为 ADC 中断处理子程序流程图，全部控制功能都通过中断处理子程序来完成。

第5章 伺服电动机及其控制系统

由于速度时间常数比较大,本程序设计每 100 个 PWM 周期对速度进行一次 PI 调节。速度反馈量按以下方法计算:在每个 PWM 周期都通过读编码器求一次编码脉冲增量,并累计。设电动机最高转速为 300r/min,即 50r/s。采用 1024 线的编码器,通过 DSP 四倍频后转发出 4096 个脉冲,因此在该转速下每秒发出 $50 \times 4096 = 204800$ 个脉冲,那么 5ms 发出的最大脉冲数为 $204800 \times 5 \times 10^{-3} = 1024 = 2^{10}$,令编码脉冲速度转换系数 Kspeed=1/1024,其 Q22 格式为 Kspeed=$2^{22}/1024 = 2^{12}$,即 1000H。用编码器的脉冲累计值乘以 Kspeed 就可以得到当前转速反馈量相对于最高转速的比值 n,当前转速反馈量等于 $3000 \times n/2^{22}$。

程序中的速度 PI 调节和电流 PI 调节的各个参数可以根据用户特殊应用要求在初始化程序中修改。

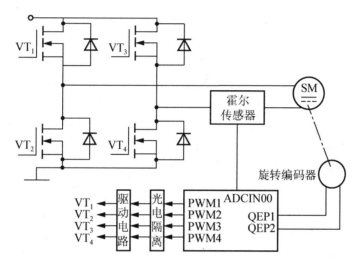

图 5.30 基于 DSP 控制的直流伺服电动机系统

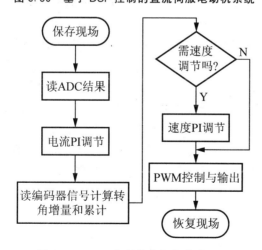

图 5.31 ADC 中断处理子程序流程图

5.4 异步伺服电动机及其控制

交流伺服电动机由于没有换向器,具有构造简单、工作可靠、维护容易、效率较高和价格便宜以及不需整流电源设备等优点,因此交流伺服电动机在自动控制系统中应用非常广泛。

交流伺服电动机分为同步电动机和异步电动机两大类,按相数可分为单相、两相、三相和多相。

传统交流伺服电动机的结构通常是采用笼型转子两相伺服电动机及空心杯转子两相伺服电动机,所以常把交流伺服电动机称为两相异步伺服电动机。

5.4.1 异步伺服电动机的结构与分类

异步伺服电动机结构分为定子和转子两大部分。定子铁心中安放着空间互成 90°电角度的两相绕组,其中一相作为励磁绕组,运行时接至电压为 U_f 的交流电源上;另一相作为控制绕组,输入控制电压 U_c,电压 U_c 与 U_f 的频率相同。

异步伺服电动机的转子通常有 3 种结构形式:高电阻率导条的笼式转子、非磁性空心杯转子和铁磁性空心转子。应用较多的是前两种结构。

1. 高电阻率导条的笼式转子

这种转子结构与普通笼式异步电动机类似,但是为了减小转子的转动惯量,做得细而长。转子笼条和端环既可采用高电阻率的导电材料(如黄铜、青铜等)制造,也可采用铸铝转子,其结构示意图如图 5.32 所示。

2. 非磁性空心杯形转子

这种电动机的结构形式如图 5.33 所示。定子分外定子铁心和内定子铁心两部分,由硅钢片冲制后叠压而成。外定子铁心槽中放置空间相距 90°电角度的两相分布绕组。内定子铁心中不放绕组,仅作为磁路的一部分,以减小主磁通磁路的磁阻。空心杯形转子用非磁性铝或铝合金制成,放在内、外定子铁心之间,并固定在转轴上。

非磁性杯形转子的壁很薄,一般在 0.3mm 左右,因而具有较大的转子电阻和很小的转动惯量。其转子上无齿槽,故运行平稳,噪声小。这种结构的电动机空气隙较大,内、外定子铁心之间的气隙可达 0.5~1.5mm。因此,电动机的励磁电流较大,约为额定电流的 80%~90%,致使电动机的功率因数较低,效率也较低。它的体积和质量都要比同容量的笼式伺服电动机大得多。同样体积下,杯形转子伺服电动机的堵转转矩要比笼式的小得多,因此采用杯形转子大大减小了转动惯量,但是它的快速响应性能并不一定优于笼式结构。因笼式伺服电动机在低速运行时有抖动现象,非磁性杯形转子异步伺服电动机可克服这一缺点,常被用于要求低速平滑运行的系统中。

3. 铁磁性空心转子

这种电动机结构比较简单,转子采用铁磁材料制成,转子本身既是主磁通的磁路,又作为转子绕组,因此不需要内定子铁心。其转子结构有两种形式,如图 5.34 所示。为了使转子中的磁通密度不至于过高,铁磁性空心转子的壁厚也相应增加,约为 0.5~3mm,因而其转动惯量较非磁性空心杯转子要大得多,快速响应性能也较差。但是当定、转子气隙稍有不均匀时,转子就容易因单边磁拉力而被"吸住",所以目前应用得较少。

第5章 伺服电动机及其控制系统

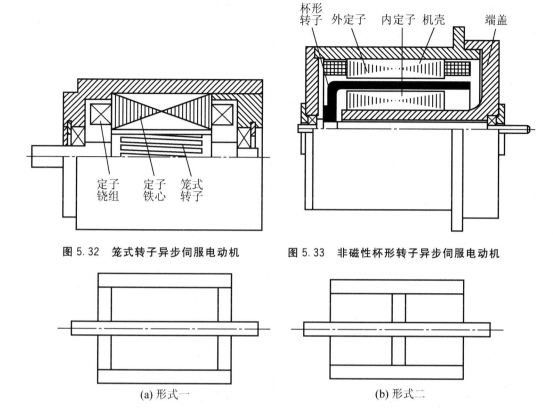

图 5.32 笼式转子异步伺服电动机　　图 5.33 非磁性杯形转子异步伺服电动机

(a) 形式一　　　　　　　　(b) 形式二

图 5.34 铁磁性空心转子

5.4.2 异步伺服电动机的运行原理及分析

1. 控制方式

由电动机学中的旋转磁场理论知道，对于两相交流异步伺服电动机，若在两相对称绕组中施加两相对称电压，即励磁绕组和控制绕组电压幅值相等且两者之间的相位差为90°电角度，便可在气隙中得到圆形旋转磁场。否则，若施加两相不对称电压，即两相电压幅值不同，或电压间的相位差不是90°电角度，得到的便是椭圆形旋转磁场。当气隙中的磁场为圆形旋转磁场时，电动机运行在最佳工作状态。

交流异步伺服电动机运行时，励磁绕组接至电压值恒定的励磁电源，而控制绕组所加的控制电压 U_c 是变化的，一般来说得到的是椭圆形旋转磁场，由此产生电磁转矩驱动电动机旋转。若改变控制电压的大小或改变它相对于励磁电压之间的相位差，就能改变气隙中旋转磁场的椭圆度，从而改变电磁转矩。当负载转矩一定时，通过调节控制电压的大小或相位来达到控制电动机转速的目的。据此，交流异步伺服电动机的控制方法有以下4种。

1) 幅值控制

保持励磁电压的幅值和相位不变，通过调节控制电压的大小来调节电动机的转速，而控制电压 $\dot{U}_c$ 与励磁电压 $\dot{U}_f$ 之间始终保持90°电角度相位差。当控制电压 $\dot{U}_c = 0$ 时，电动机停转;当控制电压反相时,电动机反转。其原理电路和电压相量图如图5.35所示。

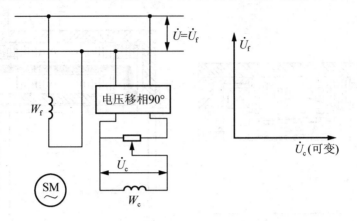

图5.35 幅值控制原理图及相量图

如令 $\alpha = U_c/U_f = U_c/U$ 为信号系数,则 $U_c = \alpha U$。当 $\alpha = 0$,$U_c = 0$ 时,定子电流产生脉振磁场,电动机的不对称度最大;当 $\alpha = 1$ 时,$U_c = U$,产生圆形旋转磁场,电动机处于对称运行状态;当 $0 < \alpha < 1$,即 $0 < U_c < U$ 时,产生椭圆形旋转磁场,电动机运行的不对称程度随 α 的增大而减小。

2) 相位控制

保持控制电压的幅值不变,通过调节控制电压的相位,即改变控制电压相对励磁电压的相位角,实现对电动机的控制。其原理电路和电压相量图如图5.36所示。

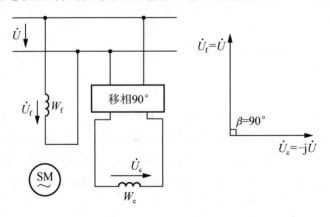

图5.36 相位控制原理图及相量图

励磁绕组直接接到交流电源上,而控制绕组经移相器后接到同一交流电压上,$\dot{U}_c$ 与 $\dot{U}_f$ 的频率相同。而 $\dot{U}_c$ 相位通过移相器可以改变,从而改变两者之间的相位差 β,$\sin\beta$ 称为相位控制的信号系数。改变 $\dot{U}_c$ 与 $\dot{U}_f$ 相位差 β 的大小,可以改变电动机的转速,还可以改变电动机的转向:将交流伺服电动机的控制电压 $\dot{U}_c$ 的相位改变 180°电角度时(即极性对换),若原来的控制绕组内的电流 $\dot{I}_c$ 超前于励磁电流 $\dot{I}_f$,相位改变 180°电角度后,$\dot{I}_c$ 反而滞后于 $\dot{I}_f$,

从而电动机气隙磁场的旋转方向与原来相反，使交流伺服电动机反转。

3）幅值-相位控制

这种控制方式又称为电容控制，是将励磁绕组串联电容 C 后，接到励磁电源上，这时励磁绕组上的电压为 $\dot{U}_f = \dot{U} - \dot{U}_c$，其原理电路和电压相量图如图 5.37 所示。控制绕组电压 $\dot{U}_c$ 的相位始终与 $\dot{U}$ 相同。调节控制电压的幅值来改变电动机的转速时，由于转子绕组的耦合作用，励磁回路中的电流 $\dot{I}_f$ 也发生变化，使励磁绕组的电压 $\dot{U}_f$ 及串联电容上的电压 $\dot{U}_{ca}$ 也随之改变。也就是说，控制绕组电压 $\dot{U}_c$ 和励磁绕组电压 $\dot{U}_f$ 的大小及它们之间的相位角也都跟着改变，所以，这是一种幅值-相位控制方式。这种控制方式利用励磁绕组中的串联电容来分相，不需要复杂的移相装置，所以设备简单，成本较低，成为较常用的控制方式。

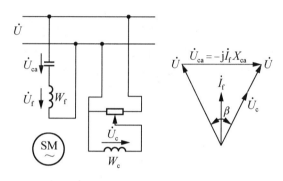

图 5.37 幅相控制原理图以向量图

4）双相控制

其原理电路和电压相量图如图 5.38 所示。励磁绕组与控制绕组间的相位差固定为 90°电角度，而励磁绕组电压的幅值随控制电压的改变而同样改变。也就是说，不论控制电压的大小如何，伺服电动机始终在圆形旋转磁场下工作，获得的输出功率和效率最大。

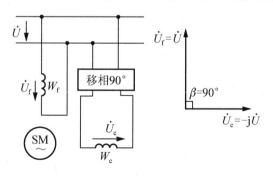

图 5.38 双相控制原理电路和电压相量图

2. 理论分析

交流异步伺服电动机为两相异步电动机，其两相绕组轴线位置在空间正交，相差 90°

电角度。在实际电动机中,两相绕组的匝数并不相等,即两相绕组是不对称绕组。在运行时,为了改变电动机的转速,控制电压的大小和相位又是变化的。因此,两相伺服电动机是在两相不对称绕组上,外施两相不对称电压运行的异步电动机。由旋转磁场理论知道,这时电动机气隙中的磁场是椭圆形旋转磁场。

通常,分析交流电动机不对称运行的方法有对称分量法、双反应理论和双旋转磁场法3种,其中,对称分量法较为简便,所以,本节采用对称分量法来分析交流异步伺服电动机的运行特性。

1) 异步伺服电动机的对称分量分析

为了使分析具有普遍意义,励磁绕组 W_f 串联某电容器 C,其容抗为 X_{ca}。如图 5.39 所示。通常,伺服电动机的励磁绕组和控制绕组分别外加电压 $\dot{U}_f$、$\dot{U}_c$,分别流过电流 $\dot{I}_f$、$\dot{I}_c$,由此产生的磁动势 $\dot{F}_f$、$\dot{F}_c$ 组成一个两相不对称系统,在气隙中形成一个椭圆形旋转磁场。可以利用对称分量法将不对称的两相系统 $\dot{F}_f$、$\dot{F}_c$ 分解为两组对称两相系统,即正序分量系统 $\dot{F}_{f1}$、$\dot{F}_{c1}$ 和负序分量系统 $\dot{F}_{f2}$、$\dot{F}_{c2}$,相序 f–c 为正序,相序 c–f 为负序,如图 5.40 所示。不对称系统和两组对称系统之间满足如下关系

$$\begin{cases} \dot{F}_f = \dot{F}_{f1} + \dot{F}_{f2} \\ \dot{F}_c = \dot{F}_{c1} + \dot{F}_{c2} \end{cases} \tag{5-13}$$

$$\begin{cases} \dot{F}_{f1} = j\dot{F}_{c1} \\ \dot{F}_{f2} = -j\dot{F}_{c2} \end{cases} \tag{5-14}$$

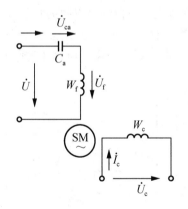

图 5.39 异步伺服电动机原理

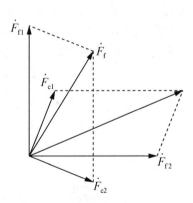

图 5.40 磁动势对称分量相量图

根据式(5-13)和式(5-14),由磁动势 $\dot{F}_f$、$\dot{F}_c$ 可求得各分量为

$$\begin{cases} \dot{F}_{f1} = \dfrac{1}{2}(\dot{F}_f + j\dot{F}_c) \\ \dot{F}_{f2} = \dfrac{1}{2}(\dot{F}_f - j\dot{F}_c) \\ \dot{F}_{c1} = \dfrac{1}{2}(-j\dot{F}_f + \dot{F}_c) \\ \dot{F}_{c1} = \dfrac{1}{2}(j\dot{F}_f + \dot{F}_c) \end{cases} \qquad (5-15)$$

上述将由励磁绕组磁动势 $\dot{F}_f$ 和控制绕组磁动势 $\dot{F}_c$ 所组成的不对称两相系统所形成的椭圆形旋转磁动势，用一组正序磁动势 $\dot{F}_{f1}$、$\dot{F}_{c1}$ 形成的正向圆形旋转磁动势及另一组负序磁动势 $\dot{F}_{f2}$、$\dot{F}_{c2}$ 形成的反向圆形旋转磁动势来等效。在以后的分析中，通过分别分析正、反向两个圆形旋转磁动势作用下伺服电动机的性能，叠加得到椭圆形旋转磁动势作用下的性能。

将励磁绕组各量归算到控制绕组，两个绕组的有效匝数相同，均为 $W_c k_{wc}$，则磁动势可用对应的电流关系来表示，有

$$\begin{cases} \dot{I}'_{f1} = \dfrac{1}{2}(\dot{I}'_f + j\dot{I}'_c) \\ \dot{I}'_{f2} = \dfrac{1}{2}(\dot{I}'_f - j\dot{I}'_c) \\ \dot{I}'_{c1} = \dfrac{1}{2}(-j\dot{I}'_f + \dot{I}'_c) \\ \dot{I}'_{c1} = \dfrac{1}{2}(j\dot{I}'_f + \dot{I}'_c) \end{cases} \qquad (5-16)$$

式中：$\dot{I}'_f = \dfrac{\dot{I}_f}{k_{cf}}$ 为励磁电流归算至控制绕组的归算值；$k_{cf} = \dfrac{N_c k_{wc}}{N_f k_{wf}}$ 为控制绕组和励磁绕组的有效匝数比；$\dot{I}'_{f1}$、$\dot{I}'_{f2}$ 分别为归算后励磁电流的正序分量和负序分量，$\dot{I}'_{c1}$、$\dot{I}'_{c2}$ 分别为控制电流的正序分量和负序分量。

2) 等效电路和电压方程式

多相（如三相）电动机对称运行时，只需用一相的等效电路来表示。异步伺服电动机一般在不对称情况下运行，其等效电路包括正序阻抗和负序阻抗等效电路。异步伺服电动机的励磁绕组和控制绕组一般不对称，其各序的等效电路也不能用某一相来表示。所以，异步伺服电动机的等效电路包括励磁绕组和控制绕组的正序阻抗和负序阻抗4个等效电路。根据单相异步电动机理论，这4个等效电路如图5.41所示。图中，励磁绕组各参数均已归算至控制绕组。为了简化分析，图5.41中略去了电动机铁心损耗，励磁支路上只有励磁电抗 X_{mc}。

在控制回路中，根据电压平衡关系

$$\dot{U}_c = \dot{U}_{c1} + \dot{U}_{c2} = \dot{I}_{c1} Z_{c1} + \dot{I}_{c2} Z_{c2} \qquad (5-17)$$

式(5-17)中，Z_{c1} 为控制绕组正序阻抗；Z_{c2} 为控制绕组负序阻抗。

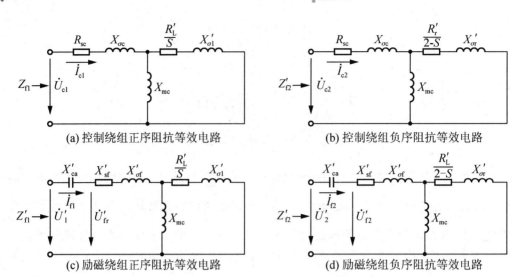

图 5.41 交流异步伺服电动机的正序阻抗和负序阻抗等效电路图

在励磁回路中

$$\dot{U} = \dot{U}_1 + \dot{U}_2 = \dot{I}_{f1} Z_{f1} + \dot{I}_{f2} Z_{f2} \tag{5-18}$$

式中：Z_{f1} 为励磁绕组正序阻抗；Z_{f2} 为励磁绕组负序阻抗。

根据电动机原理，若将励磁绕组回路中的电压、电流、阻抗均折合到控制绕组，则

$$\begin{cases} \dot{U}' = n_{cf} \dot{U} \\ Z'_{f1} = n_{cf}^2 Z_{f1} \\ Z'_{f2} = n_{cf}^2 Z_{f2} \end{cases} \tag{5-19}$$

将式(5-19)代入式(5-29)后得

$$\dot{U}' = \dot{U}'_1 + \dot{U}'_2 = \dot{I}'_{f1} Z'_{f1} + \dot{I}'_{f2} Z'_{f2} \tag{5-20}$$

由式(5-17)和式(5-20)可见，若已知异步伺服电动机的控制绕组正序阻抗与负序阻抗 Z_{c1}、Z_{c2} 和励磁绕组的正序阻抗与负序阻抗 Z'_{f1}、Z'_{f2}，以及它们的电压 $\dot{U}_c$、$\dot{U}'$，便可得出电流各对称分量值，从而可进一步分析电动机的运行性能。

通常，异步伺服电动机的励磁绕组和控制绕组所占的槽数及绕组形式完全相同，两绕组在槽中的铜线面积基本相等，所以折算后两绕组的电阻和阻抗分别近似相等，即

$$\begin{cases} R'_{sf} = k_{cf}^2 R_{sf} = R_{sc} \\ X'_{\sigma f} = k_{cf}^2 X_{\sigma f} = X_{\sigma c} \\ Z'_{\sigma f} = k_{cf}^2 Z_{\sigma f} = Z_{\sigma c} \end{cases} \tag{5-21}$$

若将图 5.41 中正序阻抗和负序阻抗等效电路中的励磁支路和转子支路并联，其等效电路简化成如图 5.42 所示。其中

$$\begin{cases} R'_{rm1} = \dfrac{X_{mc}^2 \dfrac{R'_r}{s}}{\left(\dfrac{R'_r}{s}\right)^2 + (X_{mc}+X'_{\sigma r})^2} = \dfrac{X_{mc}^2 R'_r s}{R'^2_r + s^2(X_{mc}+X'_{\sigma r})^2} \\[2ex]
X'_{rm1} = \dfrac{X_{mc}\left(\dfrac{R'_r}{s}\right)^2 + X_{mc}X'_{\sigma r}(X_{mc}+X'_{\sigma r})}{\left(\dfrac{R'_r}{s}\right)^2 + (X_{mc}+X'_{\sigma r})^2} = \dfrac{X_{mc}R'^2_r + s^2 X_{mc}X'_{\sigma r}(X_{mc}+X'_{\sigma r})}{R'^2_r + s^2(X_{mc}+X'_{\sigma r})^2} \\[2ex]
R'_{rm2} = \dfrac{X_{mc}^2 \dfrac{R'_r}{2-s}}{\left(\dfrac{R'_r}{2-s}\right)^2 + (X_{mc}+X'_{\sigma r})^2} = \dfrac{X_{mc}^2 R'_r(2-s)}{R'^2_r + (2-s)^2(X_{mc}+X'_{\sigma r})^2} \\[2ex]
X'_{rm2} = \dfrac{X_{mc}\left(\dfrac{R'_r}{2-s}\right)^2 + X_{mc}X'_{\sigma r}(X_{mc}+X'_{\sigma r})}{\left(\dfrac{R'_r}{2-s}\right)^2 + (X_{mc}+X'_{\sigma r})^2} = \dfrac{X_{mc}R'^2_r + (2-s)^2 X_{mc}X'_{\sigma r}(X_{mc}+X'_{\sigma r})}{R'^2_r + (2-s)^2(X_{mc}+X'_{\sigma r})^2}
\end{cases}$$

(5-22)

由式(5.22)可知，R'_{rm1}、X'_{rm1}、R'_{rm2}、X'_{rm2} 都是转差率 s 的函数，即随电动机转速而变化。

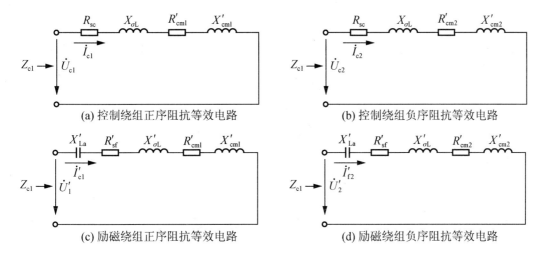

图 5.42 励磁支路与转子支路并联后的正序阻抗和负序阻抗等效电路图

从图 5.42 可以得到控制绕组回路的正序阻抗 Z_{c1} 和负序阻抗 Z_{c2} 分别为

$$\begin{cases} Z_{c1} = Z_{\sigma c} + Z'_{rm1} = (R_{sc}+R'_{rm1}) + j(X_{\sigma c}+X'_{rm1}) = R_{c1} + jX_{c1} \\ Z_{c2} = Z_{\sigma c} + Z'_{rm2} = (R_{sc}+R'_{rm2}) + j(X_{\sigma c}+X'_{rm2}) = R_{c2} + jX_{c2} \end{cases} \quad (5-23)$$

励磁绕组回路的正序阻抗 Z'_{f1} 和负序阻抗 Z'_{f2} 为

$$\begin{cases} Z'_{f1} = Z'_{ca} + Z'_{\sigma f} + Z'_{rm1} = Z'_{ca} + Z'_{c1} \\ Z'_{f2} = Z'_{ca} + Z'_{\sigma f} + Z'_{rm2} = Z'_{ca} + Z'_{c2} \end{cases} \quad (5-24)$$

由式(5-23)和式(5-24)可知，正序阻抗 Z_{c1}、Z'_{f1} 和负序阻抗 Z_{c2}、Z'_{f2} 也都是转差率 s 的函数。

由于异步伺服电动机具有较大的转子电阻，远小于转子漏抗，因此，在近似分析中常

常略去转子漏抗而不会带来明显误差。此时，式(5-22)可表示为

$$\begin{cases} R'_{rm1} = \dfrac{X_{mc}^2 R'_r s}{R'^2_r + s^2 X_{mc}^2} \\ X'_{rm1} = \dfrac{X_{mc} R'^2_r}{R'^2_r + s^2 X_{mc}^2} \\ R'_{rm2} = \dfrac{X_{mc}^2 R'_r (2-s)}{R'^2_r + (2-s)^2 X_{mc}^2} \\ X'_{rm2} = \dfrac{X_{mc} R'^2_r}{R'^2_r + (2-s)^2 X_{mc}^2} \end{cases} \quad (5-25)$$

3) 励磁绕组和控制绕组中的电流

将式(5-16)中励磁绕组和控制绕组电流的对称分量代入式(5-17)和式(5-20)，消去 $\dot{I}'_{f1}$ 和 $\dot{I}'_{f2}$，可得控制绕组电流对称分量为

$$\begin{cases} \dot{I}_{c1} = \dfrac{\dot{U}_c Z'_{f2} - j\dot{U} Z'_{c2}}{Z_{c1} Z'_{f2} + Z_{c2} Z'_{f1}} \\ \dot{I}_{c2} = \dfrac{\dot{U}_c Z'_{f1} + j\dot{U} Z'_{c1}}{Z_{c1} Z'_{f2} + Z_{c2} Z'_{f1}} \end{cases} \quad (5-26)$$

根据对称分量关系式(5-16)，由电流 $\dot{I}_{c1}$ 和 $\dot{I}_{c2}$ 可得出电流 $\dot{I}'_{f1}$ 和 $\dot{I}'_{f2}$，从而解得控制绕组电流 $\dot{I}_c$ 和励磁绕组电流 $\dot{I}_f$ 为

$$\begin{cases} \dot{I}_c = \dot{I}_{c1} + \dot{I}_{c2} \\ \dot{I}'_f = \dot{I}'_{f1} + \dot{I}'_{f2} = j\dot{I}_{c1} - j\dot{I}_{c2} \end{cases} \quad (5-27)$$

4) 电磁功率和电磁转矩

异步伺服电动机经常工作在不对称状态，电磁功率是转子电流流过等效电路中的转子电阻所消耗的电功率，它与定子电流流过不计铁耗时励磁支路与转子支路并联阻抗的等效电阻所消耗的电功率相等。从图5.42可以得到，正向和反向旋转磁场的电磁功率分别为

$$P_{e1} = I_{c1}^2 R'_{rm1} + I'^2_{f1} R'_{rm1} = 2I_{c1}^2 R'_{rm1} \quad (5-28)$$

$$P_{e2} = I_{c2}^2 R'_{rm2} + I'^2_{f2} R'_{rm2} = 2I_{c2}^2 R'_{rm2} \quad (5-29)$$

正向旋转磁场使电动机工作在电动机状态，产生正向的电磁转矩 T_{e1}，反向旋转磁场使电动机工作在电磁制动状态，产生反向电磁转矩 T_{e2}，总的电磁转矩即为上述两种转矩之差。

由正向和反向旋转磁场产生的电磁转矩分别为

$$\begin{cases} T_{e1} = \dfrac{P_{e1}}{\Omega_s} = 9.55 \dfrac{P_{e1}}{n_s} \\ T_{e2} = \dfrac{P_{e2}}{\Omega_s} = 9.55 \dfrac{P_{e2}}{n_s} \end{cases} \quad (5-30)$$

式中：Ω_s 为电动机的同步角速度，单位为 r/s；n_s 为电动机的同步转速，单位为 r/min；T_{e1}、T_{e2} 为电动机的电磁转矩，单位为 N·m。

合成转矩为

$$T_e = T_{e1} - T_{e2} = \frac{9.55}{n_s}(P_{e1} - P_{e2}) = \frac{18.1}{n_s}(I_{c1}^2 R'_{rm1} - I_{c2}^2 R'_{rm2}) \tag{5-31}$$

5.4.3 异步伺服电动机的静态特性

1. 机械特性

不同控制方式时交流异步伺服电动机的机械特性不同，但它们的分析方法相同。现以幅值控制为例进行分析。

伺服电动机在幅值控制时，控制电压 U_c 和电源电压 U 始终保持相位角 $\beta = 90°$ 电角度，且励磁绕组回路中不串联电容器，即 $X'_{ca} = 0$。这时

$$\begin{cases} Z'_{f1} = Z_{c1} \\ Z'_{f2} = Z_{c2} \\ \dot{U}_c = -j\alpha \dot{U} = -j\alpha_e \dot{U}' \end{cases} \tag{5-32}$$

式中：$\alpha = U_c/U$，为电动机的信号系数；$\alpha_e = U_c/U' = U_c/(k_{cf}U') = \alpha/k_{cf}$，为电动机的有效信号系数。

将式(5-32)代入式(5-26)得幅值控制时控制绕组电流的正序分量 $\dot{I}_{c1}$ 和负序分量 $\dot{I}_{c2}$

$$\begin{cases} \dot{I}_{c1} = -j\dfrac{\dot{U}'}{2Z_{c1}}(1 + \alpha_e) \\ \dot{I}_{c2} = j\dfrac{\dot{U}'}{2Z_{c2}}(1 - \alpha_e) \end{cases} \tag{5-33}$$

将式(5-33)代入式(5-31)可得电磁转矩

$$T_e = \frac{9.55}{n_s}\frac{U'^2}{2}\left[\frac{R'_{rm1}}{Z_{c1}^2}(1+\alpha_e)^2 - \frac{R'_{rm2}}{Z_{c2}^2}(1-\alpha_e)^2\right] \tag{5-34}$$

为了简化表达式并使分析结论更具有普遍性，将式(5-34)以标幺值形式表示。选取圆形旋转磁场时的堵转转矩作为转矩的基值。由于获得圆形旋转磁场的条件是 $\alpha_e = 1$，而堵转时

$$\begin{cases} s = 1 \\ 2-s = 1 \end{cases} \tag{5-35}$$

由式(5-22)和式(5-24)得

$$\begin{cases} R'_{rm1} = R'_{rm2} = \dfrac{X_{mc}^2 R'_r}{R'^2_r + (X_{mc} + X'_{\sigma r})^2} = R'_{rm} \\ X'_{rm1} = X'_{rm2} = \dfrac{X_{mc}R'^2_r + X_{mc}X'_{\sigma r}(X_{mc} + X'_{\sigma r})}{R'^2_r + (X_{mc} + X'_{\sigma r})^2} = X'_{rm} \\ Z_{c1} = Z_{c2} = R_{rm} + jX_{rm} = Z_c \end{cases} \tag{5-36}$$

将式(5-36)代入式(5-34)，得到幅值控制时的转矩基值为

$$T_{est} = \frac{9.55}{n_s}\frac{2U'^2}{Z_c^2}R'_{rm} \tag{5-37}$$

电磁转矩的标么值为

$$T_{e*} = \frac{T_e}{T_{est}} = \frac{Z_c^2 R'_{rm1}}{Z_{c1}^2 R'_{rm}} \left(\frac{1+\alpha_e}{2}\right)^2 - \frac{Z_c^2 R'_{rm2}}{Z_{c2}^2 R'_{rm}} \left(\frac{1-\alpha_e}{2}\right)^2 \quad (5-38)$$

式(5-28)中，Z_{c1}、Z_{c2}、R'_{rm1}、R'_{rm2} 都是转速的函数，所以当控制电压不变，即 α_e 为常数时，它表示了电动机的电磁转矩和转速之间的关系。故式(5-38)即为异步伺服电动机幅值控制时的机械特性。

式(5-38)中，转矩 T_{e*} 和转速 n^* 的关系十分复杂。因此，常采用实际电动机的参数，按式(5-38)进行计算，做出不同有效信号系数时的机械特性曲线，由于式(5-38)使用标么值表示，选用实际电动机参数得到的电动机特性曲线仍具有普遍意义。图5.43(a)中给出了一台交流异步伺服电动机(其参数为 $k_{cf}=0.5$，$R_{sc}=75\Omega$，$X_{\sigma c}=750\Omega$，$X_{mc}=150\Omega$，$R'_1=3000\Omega$，$X_{\sigma c}=4.5\Omega$)，当 $\alpha_e=0.25$、0.5、0.75、1 时的一组机械特性曲线。

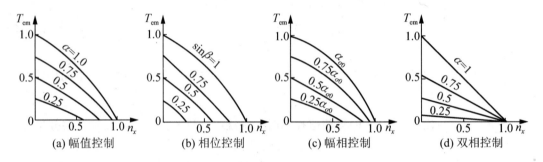

图 5.43 交流异步伺服电动机的机械特性

从图5.43(a)中可以看出，幅值控制时异步伺服电动机的机械特性是一组曲线。只有当有效信号系数 $\alpha_e=1$，即圆形旋转磁场时，异步伺服电动机的理想空载转速才是同步转速。当有效信号系数 $\alpha_e \neq 1$，即椭圆形旋转磁场时，电动机的理想空载转速将低于同步转速。这是因为在椭圆形旋转磁场中，存在的反向旋转磁场产生了附加制动转矩 T_2(图5.43)，使电动机输出转矩减小。同时在理想空载情况下，转子转速已不能达到同步转速 n_s，只能是小于 n_s 的 n_0。正向转矩 T_1 与反向转矩 T_2 正好相等，合成转矩 $T_e = T_1 - T_2 = 0$，转速 n_0 为椭圆形旋转磁场时的理想空载转速。有效信号系数 α_e 越小，磁场椭圆度越大，反向转矩越大，理想空载转速就越低。

应用类似的方法，可得相位控制和幅相控制时的机械特性，如图5.43(b)、(c)所示。图5.43(c)所示的幅相控制方式时的机械特性，对应的有效信号系数为 $0.25\alpha_{e0}$、$0.5\alpha_{e0}$、$0.75\alpha_{e0}$、α_{e0}。这里选定电动机启动时获得圆形旋转磁场，所以电动机运转后便有椭圆形磁场。这使得理想空载情况下负序磁场产生反向转矩，理想空载转速低于同步转速。

对于双相控制方式，励磁电压与控制电压相等，且两个电压间的相位差固定为90°电角度，气隙磁场始终为圆形旋转磁场。从图5.43(d)可见，理想空载转速为同步转速 n_s，不随有效信号系数 α_e 的变化而改变。与另外三种控制方式不同的是，这里取控制电压为额定值时的启动转矩为转矩基值。

比较图5.43交流异步伺服电动机在4种控制方式时的机械特性可以看出，若堵转转矩的标么值相同，对应于同一转速下，在幅值、相位和幅相控制中，幅相控制时电动机的转矩标幺值较大,而相位控制时最小。这是因为在幅相控制时,励磁回路中串联有电容器,当电动机启动后,励磁绕组中的电流将发生变化,电容电压 U'_{ca} 也随之改变,因此使励磁绕组的端电压 U'_f 有可能比堵转时还高,使转矩略有增高。双相控制时,气隙磁场始终为圆形旋转磁场,使电动机运行在最佳状态。

2. 调节特性

交流异步伺服电动机的调节特性是指电磁转矩不变时,转速与控制电压的关系,即 T_{e*} 为常数,$n^* = f(\alpha_e)$ 或 $n^* = f(\sin\beta)$。

从电动机的转矩表达式直接推导出调节特性相当复杂,所以各种控制方式下的调节特性曲线,都是从相应的机械特性曲线用做图法求得,即在某一转矩值下,由机械特性曲线上找出转速和相对应的信号系数,并绘成曲线。各种控制方式下的调节特性如图 5.44 所示。

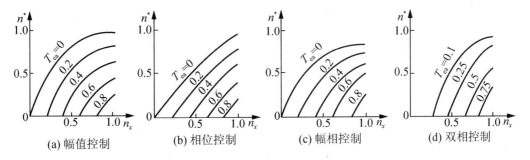

图 5.44 交流异步伺服电动机的调节特性

由图 5.44 可见,交流异步伺服电动机的调节特性都不是线性关系,仅在转速标幺值较小和信号系数 α_e 不大的范围内才近似于线性关系。所以,为了获得线性的调节特性,伺服电动机应工作在较小的相对转速范围内,这可通过提高伺服电动机的工作频率来实现。例如,伺服电动机的调速范围是 $0\sim2400\text{r/min}$,若电源频率为 50Hz,同步转速 $n_s = 3000\text{r/min}$,转速 n^* 的调节范围为 $n^* = 0\sim0.8$;若电源额率为 500Hz,同步转速 $n_s = 3000\text{r/min}$,转速 n^* 的调节范围仅为 $0\sim0.08$,这样伺服电动机便可工作在调节特性的线性部分。

5.4.4 异步伺服电动机和直流伺服电动机的性能比较

异步伺服电动机和直流伺服电动机在自动控制系统中都被广泛使用。下面就这两类电动机的性能做简要的比较,分别说明其优、缺点,以便选用时参考。

1. 机械特性和调节特性

直流伺服电动机的机械特性和调节特性均为线性关系,且在不同的控制电压下,机械特性曲线相互平行,斜率不变。异步伺服电动机的机械特性和调节特性均为非线性关系,且在不同的控制电压下,理想线性机械特性也不是相互平行的。机械特性和调节特性的非线性都将直接影响到系统的动态精度,一般来说特性的非线性度越大,系统的动态精度越低。此外,当控制电压不同时,电动机的理想线性机械特性的斜率变化也会给系统的稳定和校正带来麻烦。

图 5.45 中用实线表示了一台空心杯转子异步伺服电动机的机械特性,同时用虚线表示了一台直流伺服电动机的机械特性。这两台电动机在体积、质量和额定转速等方面都很相近。

从图 5.45 可以看出,直流伺服电动机的机械特性为硬特性;异步伺服电动机的机械特性与之相比为软特性,特别是当它经常运行在低速时,机械特性就更软,这会使系统的品质降低。

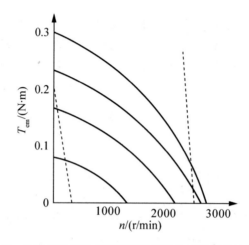

图 5.45 异步伺服电动机和直流伺服电动机机械特性的比较

2. 体积、质量效率

为了满足控制系统对电动机性能的要求,转子电阻就得相当大,又因电动机经常运行在椭圆形旋转磁场下,由于负序磁场的存在要产生制动转矩,使电磁转矩减小,并使电动机的损耗增大。当输出功率相同时,异步伺服电动机要比直流伺服电动机的体积大、质量大、效率低。所以异步伺服电动机只适用于小功率系统,对于功率较大的控制系统,则普遍采用直流伺服电动机。

3. 动态响应

电动机动态响应的快速性常常以机电时间常数来衡量。直流伺服电动机的转子上带有电枢和换向器,它的转动惯量要比异步伺服电动机大些。若两电动机的空载转速相同,而直流伺服电动机的堵转转矩要比异步伺服电动机大得多。综合比较,它们的机电时间常数就较为接近。在负载时,若电动机所带负载的转动惯量较大,这时两种电动机系统的总惯量(即负载的转动惯量与电动机的转动惯量之和)就相差不太多,以致可使直流伺服电动机系统的机电时间常数反而比异步伺服电动机系统的机电时间常数要小。

4."自转"现象

对于两相伺服电动机,若参数选择不适当,或制造工艺上带来缺陷,都会使电动机在单相状态下产生"自转"现象,而直流伺服电动机却不存在"自转"现象。

5. 电刷和换向器的滑动接触

由于直流伺服电动机存在着电刷和换向器因而使其结构复杂,制造困难。又因电刷与换向器之间存在滑动接触和电刷接触电阻的不稳定,这些都将影响到电动机运行的稳定性。此外,直流伺服电动机中存在着换向器火花,它既会引起对无线电通信的干扰,又会给运行和维护带来麻烦。

异步伺服电动机结构简单、运行可靠、维护方便,适宜在不易检修的场合使用。

6. 放大器装置

直流伺服电动机的控制绕组通常由直流放大器供电,而直流放大器有零点漂移现象,这将影响到系统工作的精度和稳定性,而且直流放大器的体积和质量要比交流放大器大得多。这些都是直流伺服系统存在的缺点。

5.5 异步伺服电动机的应用

交流异步伺服电动机广泛应用于自动控制系统、自动检测系统和计算装置以及增量运动中。在这些系统和装置中,它主要作为执行元件。

5.5.1 用于位置控制系统

根据被控制的对象不同,自动控制系统有速度控制和位置控制之分,图 5.46 所示为最简单的位置控制系统。

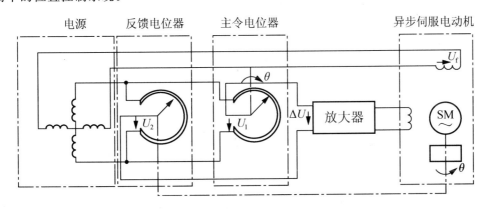

图 5.46 简单的位置控制系统

采用图 5.46 所示的系统可以实现远距离角度传递,即将主令轴的转角 θ 传递到远距离的执行轴,使之复现主令轴的转角位置。这类应用实例,在民用工业、国防建设中是很多的。例如,轧钢机中轧辊间隙的自动控制,火炮和雷达天线的定位,船舰方向舵和驾驶盘的自动控制等。在这里,只简单地介绍图 5.46 所示系统的工作原理。

主令轴的转角 θ 可任意变动,它在任何瞬间的数值由刻度盘读数指示。执行轴必须准确地复现主令轴的转角。为了完成这个动作，用线绕电位器（主令电位器）将转角变成与转角成比例的电压，这个电压就是该系统的输入信号电压 U_1。执行轴的转角同样用另一线绕电位器（反馈电位器）变成与转角成比例的电压，这个电压就是反馈信号电压 U_2。这一对电位器的电压用同一电源供给。输入信号电压与反馈信号电压之差 $\Delta U = U_1 - U_2$ 经放大器放大后，加到交流伺服电动机的控制绕组上。信号放大后，其输出功率足以驱动电动机。电动机的励磁绕组接到与放大器输入电压有 90°相位差的恒定交流电压上。电动机的转轴通过减速齿轮组转动执行轴，转动的方向必须能降低放大器的输入电压 ΔU。因此，当放大器的输入端有电压时，电动机就会转动，直到放大器输入电压减小到零时为止。由于加在两电位器输入端的电压相同，所以，当执行轴和主令轴的转角 θ 相等时，两电位器的输出电压也相等。此时，$\Delta U = 0$，伺服电动机停止转动。

5.5.2 用于检测装置

用交流伺服电动机组成的自动化仪表和检测装置的例子是非常多的。例如，电子自动电位差计，电子自动平衡电桥以及某些轧钢检测仪表等。图 5.47 为钢板厚度测量装置示意图。

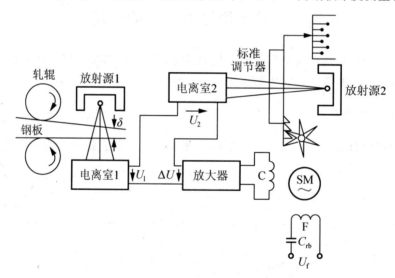

图 5.47 钢板厚度测量装置示意图

该测量装置使用了两个电离室和两个放射源。放射源是指某些放射物质，这些放射物质能自动地放射出一种射线。这些射线穿过钢板厚度进入电离室，使气体电离并产生离子，在电离室外加电压的作用下，正离子向阴极、电子向阳极流动形成电流。这些电流是射线强度的函数。钢板厚度不同，进入电离室的射线强弱不同，产生的电流大小也不一样，因而，电离室的输出电压也就不同。

正常情况下，当钢板厚度 δ 和标准调节片的厚度相同时，两电离室的输出电压 $U_1 = U_2$，放大器的输入电压 $\Delta U = U_1 - U_2 = 0$。当钢板厚度改变时，则电离室 1 和 2 的输出电压 $U_1 \neq U_2$，差值电压 $\Delta U \neq 0$，经放大后加到交流伺服电动机的控制绕组 C 上（其励磁绕组 F 已由励磁电压 U_f 供电），伺服电动机转动并移动标准调节片，直到标准调节片的厚度与被测的钢板厚度相等时，进入两电离室的射线相等，输出电压 $U_1 = U_2$，$\Delta U = 0$，电动机就停止转动。此时指针可在刻度盘上直接指示出钢板的厚度。

5.5.3 用于计算装置

交流伺服电动机和其他控制元件一起可组成各种计算装置,以进行加、减、乘、除、乘方、开方、正弦函数、微分和积分等运算。例如,和异步测速发电动机组成积分运算器,和旋转变压器组成乘法运算器。

图 5.48 所示为用交流伺服电动机进行倒数计算的装置,其工作原理如下:当线性电位器的输入端外施交流电压 U_1 时,在电位器的输出端得到与电动机转轴的旋转角度 θ 成正比的电压 $U_1'=U_1\theta$,然后与一个幅值为 1 的恒值电压 U_2 比较。差值电压 $\Delta U=U_1'-U_2=U_1\theta-U_2$,经放大后,加到伺服电动机的控制绕组上,电动机转动并通过齿轮组带动线性电位器的滑动头。于是,电位器的输出电压 U_1' 随之改变,一旦差值电压 ΔU 为零,则电动机停止转动。此时电动机转轴的角位移 θ 就必然等于输入电压的倒数。即

$$\Delta U = U_1\theta - 1 = 0$$

所以

$$\theta = \frac{1}{U_1} \tag{5-39}$$

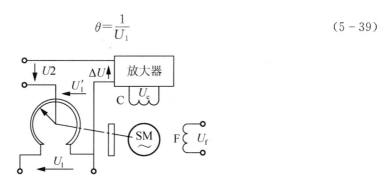

图 5.48 倒数计算装置

5.5.4 用于增量运动的控制系统

图 5.49 所示为机床的数字控制系统,属于增量运动控制系统的典型例子。

在图 5.49 所示的系统中,用数字纸带控制机器部件或刀具的运动。系统工作过程大致是这样的:系统启动后,纸带上的信息通过读出器送出脉冲信号,这个脉冲信号在控制器中,与反馈脉冲进行比较和运算,再经数/模转换器将脉冲信号转换为模拟信号,即大小一定的电压,以控制伺服电动机的动作。根据不同的输入信号,伺服电动机控制刀架的位置,再由与刀盘相连的模/数转换器,将刀具的运动转变为数字脉冲信号,即反馈信号。伺服电动机力图使输入脉冲和反馈脉冲的差值减至最小,这样加工的误差就可以减小。为了稳定系统的速度,还采用了由测速发电动机组成的速度反馈环节。

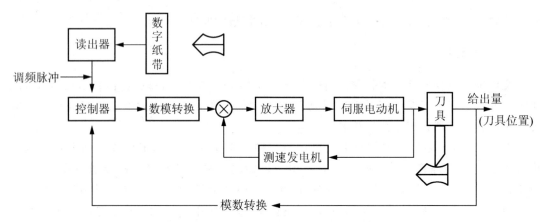

图 5.49 机床的数字控制系统

5.6 永磁同步伺服电动机及其控制

近年来,随着高性能永磁材料技术、电力电子技术、微电子技术的飞速发展以及矢量控制理论、自动控制理论研究的不断深入,永磁同步电动机伺服控制系统得到了迅速发展。由于其调速性能优越,克服了直流伺服电动机机械式换向器和电刷带来的一系列限制,结构简单、运行可靠;且体积小、质量轻、效率高、功率因数高、转动惯量小、过载能力强;与异步伺服电动机相比,控制简单、不存在励磁损耗等问题,因而在高性能、高精度的伺服驱动等领域具有广阔的应用前景。

5.6.1 永磁同步伺服电动机的结构与分类

永磁同步电动机分类方法比较多。按工作主磁场方向的不同,可分为径向磁场式和轴向磁场式;按电枢绕组位置的不同,可分为内转子式(常规式)和外转子式;按转子上有无启动绕组分,可分为无启动绕组的电动机(常称为调速永磁同步电动机)和有启动绕组的电动机(常称为异步启动永磁同步电动机);按供电电流波形的不同,可分为矩形波永磁同步电动机和正弦波永磁同步电动机(简称为永磁同步电动机)。异步启动永磁同步电动机用于频率可调的传动系统时,形成一台具有阻尼(启动)绕组的调速永磁同步电动机。

永磁同步伺服电动机由定子、转子和端盖等部件组成。永磁同步伺服电动机的定子与异步伺服电动机定子结构相似,主要是由硅钢片、三相对称绕组、固定铁心的机壳及端盖部分组成。对其三相对称绕组输入三相对称的空间电流可以得到一个圆形旋转磁场,旋转磁场的转速被称为同步转速

$$n_s = \frac{60f}{p} \tag{5-40}$$

式中:f 为定子电流频率;p 为电动机的极对数。

永磁同步伺服电动机的转子采用磁性材料组成,如钕铁硼等永磁稀土材料,不再需要额外的直流励磁电路。这样的永磁稀土材料具有很高的剩余磁通密度和很大的矫顽力,加上它的磁导率与空气磁导率相仿,对于径向结构的电动机交轴(q 轴)和直轴(d 轴)磁路磁阻都很大,可以在很大程度上减少电枢反应。永磁同步电动机转子按其形状可分为两类:

凸极式永磁同步电动机和隐极式永磁同步电动机，如图 5.50 所示。凸极式是将永久磁铁安装在转子轴的表面，因为永磁材料的磁导率很接近空气磁导率，所以在交轴(q 轴)和直轴(d 轴)上的电感基本相同。隐极式转子则是将永久磁铁嵌入到转子轴的内部，因此交轴电感大于直轴电感，且除了电磁转矩外，还存在磁阻转矩。

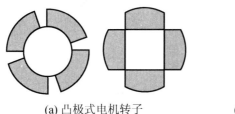

(a) 凸极式电机转子　　　　　(b) 隐极式电机转子

图 5.50　永磁同步电动机转子类型

为了使得永磁同步伺服电动机具有正弦波感应电动势波形，其转子磁钢形状呈抛物线状，使其气隙中产生的磁通密度尽量呈正弦分布。定子电枢采用短距分布式绕组，能最大限度地消除谐波磁动势。

转子磁路结构是永磁同步伺服电动机与其他电动机最主要的区别。转子磁路结构不同，电动机的运行性能、控制系统、制造工艺和适用场合也不同。按照永磁体在转子上位置的不同，永磁同步伺服电动机的转子磁路结构一般可分为：表面式、内置式和爪极式。

1. 表面式转子磁路结构

这种结构中，永磁体通常呈瓦片形，并位于转子铁心的外表面上，永磁体提供磁通的方向为径向，且永磁体外表面与定子铁心内圆之间一般仅套上一个起保护作用的非磁性圆筒，或在永磁磁极表面包以无纬玻璃丝带作保护层。有的调速永磁同步电动机的永磁磁极用许多矩形小条拼装成瓦片形，能降低电动机的制造成本。

表面式转子磁路结构又分为凸出式和插入式两种，如图 5.51 所示。对采用稀土永磁的电动机来说，永磁材料的相对回复磁导率接近 1，所以表面凸出式转子在电磁性能上属于隐极转子结构；而在表面插入式转子的相邻两永磁磁极间有着磁导率很大的铁磁材料，故在电磁性能上属于凸极转子结构。

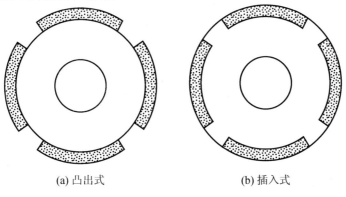

(a) 凸出式　　　　　(b) 插入式

图 5.51　表面式转子磁路结构

表面式转子磁路结构的制造工艺简单,成本低,应用较为广泛。尤其适宜于矩形波永磁同步电动机,但因转子表面无法安放启动绕组,无异步启动能力,故不能用于异步启动永磁同步电动机。

2. 内置式转子磁路结构

这类结构的永磁体位于转子内部,永磁体外表面与定子铁心内圆之间有铁磁物质制成的极靴,极靴中可以放置铸铝笼或铜条笼,起阻尼或(和)启动作用,动、稳态性能好,广泛用于要求有异步启动能力或动态性能高的永磁同步电动机。内置式转子内的永磁体受到极靴的保护,其转子磁路结构的不对称性所产生的磁阻转矩有助于提高电动机的过载能力和功率密度,而且易于"弱磁"扩速,按永磁体磁化方向与转子旋转方向的相互关系,内置式转子磁路结构又可分为径向式、切向式和混合式3种。

1) 径向式结构

这类结构如图5.52所示,其优点是漏磁系数小、轴上不需采取隔磁措施,极弧系数易于控制,转子冲片机械强度高,安装永磁体后转子不易变形。图5.52(a)是早期采用转子磁路结构,现已较少采用。图5.52(b)和(c)中,永磁体轴向插入永磁体槽并通过隔磁磁桥限制漏磁通,结构简单可靠,转子机械强度高,因此近年来应用较为广泛。图5.52(c)比图5.52(b)所示结构提供更大的永磁空间。

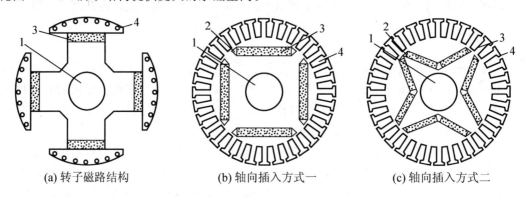

(a) 转子磁路结构　　　(b) 轴向插入方式一　　　(c) 轴向插入方式二

图5.52　内置径向式转子磁路结构

1—转轴；2—永磁体槽；3—永磁体；4—启动笼

2) 切向式结构

这类结构如图5.53所示,它的漏磁系数较大,并且需采用相应的隔磁措施,电动机的制造工艺和制造成本较径向式结构有所增加。其优点在于一个极距下的磁通由相邻两个磁极并联提供,可得到更大的每极磁通,尤其当电动机极数较多、径向式结构不能提供足够的每极磁通时,这种结构的优势更为突出。此外,采用切向式转子结构的永磁同步电动机磁阻转矩在电动机总电磁转矩中的比例可达40%,这对充分利用磁阻转矩,提高电动机功率密度和扩展电动机的恒功率运行范围很有利。

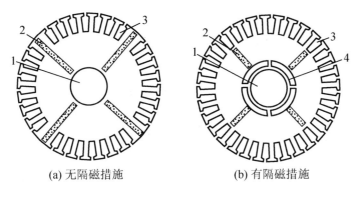

(a) 无隔磁措施　　　　　　(b) 有隔磁措施

图 5.53　内置切向式转子磁路结构

1—转轴；2—永磁体；3—启动笼；4—空气隔磁槽

3) 混合式结构

这类结构如图 5.54 所示，它集中了径向式和切向式转子结构的优点，但其结构和制造工艺较复杂，制造成本也比较高。图 5.54(a)所示是由德国西门子公司发明的混合式转子磁路结构，需采用非磁性轴或采用隔磁铜套，主要应用于采用剩磁密度较低的铁氧体等永磁材料的永磁同步电动机。图 5.54(b)所示结构采用隔磁磁桥隔磁。需指出的是，这种结构的径向部分永磁体磁化方向长度约是切向部分永磁体磁化方向长度的一半。图 5.54(c)是由图 5.52 的径向式结构(b)和(c)衍生来的一种混合式转子磁路结构，其中，永磁体的径向部分与切向部分的磁化方向长度相等，也采取隔磁磁桥隔磁。

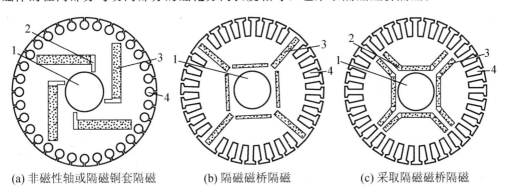

(a) 非磁性轴或隔磁铜套隔磁　　(b) 隔磁磁桥隔磁　　(c) 采取隔磁磁桥隔磁

图 5.54　内置混合式转子磁路结构

1—转轴；2—永磁体槽；3—永磁体；4—启动笼

在选择转子磁路结构时还应考虑到不同转子磁路结构电动机的直、交轴同步电抗 X_d、X_q 及其比例关系 X_q/X_d（称为凸极率）也不同。在相同条件下，上述三类转子磁路结构电动机的直轴同步电抗 X_d 相差不大，但它们的交轴同步电抗 X_q 却相差较大。切向式转子结构电动机的 X_q 最大，径向式转子结构电动机的 X_q 次之。

3. 爪极式转子磁路结构

爪极式转子结构通常由两个带爪的法兰盘和一个圆环形的永磁体构成，图 5.55 为其结构示意图。左、右法兰盘的爪数相同，且两者的爪极互相错开，沿圆周均匀分布，永磁体轴向充磁,因而左、右法兰盘的爪极形成极性相异、相互错开的永磁同步电动机的磁极。爪极式转子结构永磁同步电动机的性能较低,又不具备异步启动能力,但结构及工艺较为简单。

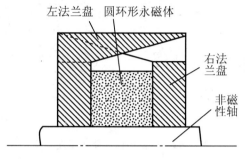

图 5.55　爪极式永磁转子结构

4. 隔磁措施

如前所述,为不使电动机中永磁体的漏磁系数过大而导致永磁材料利用率过低,应注意各种转子结构的隔磁措施。图 5.56 所示为几种典型的隔磁措施,其中标注尺寸 b 的冲片部位称为隔磁磁桥,通过磁桥部位磁通达到饱和来起限制漏磁的作用。

切向式转子结构的隔磁措施一般采用非磁性铂或在轴上加隔磁铜套,这使得电动机的制造成本增加,制造工艺变得复杂。近年来,有些单位研制了采用空气隔磁加隔磁磁桥的新技术(如图 5.56(b)所示),取得了一定的效果。但是,当电动机容量较大时,这种结构使得转子的机械强度显得不足,电动机可靠性下降。

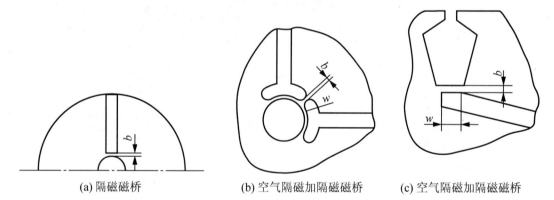

(a) 隔磁磁桥　　　　(b) 空气隔磁加隔磁磁桥　　　　(c) 空气隔磁加隔磁磁桥

图 5.56　几种典型隔磁措施

5.6.2　永磁同步伺服电动机的工作原理

如前所述,永磁同步电动机的转子可以制成一对极的,也可制成多对极的,下面以两极电动机为例说明其工作原理。

图 5.57 所示为两极转子的永磁同步电动机的工作原理。当电动机的定子绕组通上交流电后,就产生一旋转磁场,在图 5.57 中以一对旋转磁极 N 和 S 表示。当定子磁场以同步转速 n_s 逆时针方向旋转时,根据异性极相吸的原理,定子旋转磁极就吸引转子磁极,带

动转子一起旋转。转子的旋转速度与定子旋转磁场(同步转速 n_s)相等。当电动机转子上的负载转矩增大时,定、转子磁极轴线间的夹角 θ 就相应增大;反之,夹角 θ 则减小。定、转子磁极间的磁力线如同具有弹性的橡皮筋一样,随着负载的增大和减小而拉长和缩短。虽然定、转子磁极轴线之间的夹角会随负载的变化而改变,但只要负载不超过某一极限,转子就始终跟着定子旋转磁场以同步转速 n_s 转动。即转子转速为

$$n = n_s = \frac{60f}{p} (\text{r/min}) \tag{5-41}$$

式中:f 为定子电流频率;p 为电动机的极对数。

由式(5-41)可知,转子转速仅取决于电源频率和极对数。略去定子电阻,永磁同步电动机的电磁转矩为

$$T_{em} = \frac{mpE_0 U}{\omega_s X_d} \sin\theta + \frac{mpU^2}{2\omega_s}\left(\frac{1}{X_d} - \frac{1}{X_q}\right)\sin 2\theta \tag{5-42}$$

式中:m 为电动机相数;$\omega_s = 2\pi f$,为电角速度;U、E_0 分别为电源电压和空载反电动势有效值;X_d、X_q 分别为电动机直轴、交轴同步电抗;θ 为功角或转矩角。由于永磁同步电动机的直轴同步电抗 X_d 一般小于交轴同步电抗 X_q,磁阻转矩为一负正弦函数,因而最大转矩值对应的转矩角大于 90°。

一般来讲,永磁同步电动机的启动比较困难。其主要原因是,刚合上电源启动时,虽然气隙内产生了旋转磁场,但转子还是静止的,转子在惯性的作用下,跟不上旋转磁场的转动。因为定子和转子两对磁极之间存在着相对运动,转子所受到的平均转矩为零。例如,在图 5.58(a)所示的瞬间,定、转子磁极间的相互作用倾向于使转子逆时针方向旋转,但由于惯性的影响,转子受到作用后不能马上转动;当转子还来不及转起来时,定子旋转磁场已转过 180°,到达了如图 5.58(b)所示的位置,这时定、转子磁极的相互作用又趋向于使转子依顺时针方向旋转。所以转子所受到的转矩方向时正时反,其平均转矩为零。因而,永磁式同步电动机往往不能自启动。从图 5.58 还可看出,在同步伺服电动机中,如果转子的转速与旋转磁场的转速不相等,转子所受到的平均转矩也总是为零。

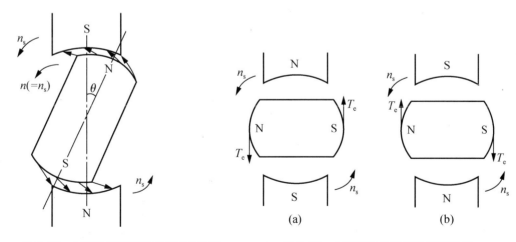

图 5.57 永磁同步伺服电动机工作原理　　图 5.58 永磁同步电动机的启动转矩

从上面的分析可知,影响永磁式同步电动机不能自启动主要有下面两个因素:

(1) 转子本身存在惯性;

(2) 定、转子磁场之间转速相差过大。

为了使永磁同步电动机能自行启动,在转子上一般都装有启动绕组。当永磁同步电动机启动时,依靠启动绕组可使电动机如同异步电动机启动时一样产生启动转矩,使转子转动起来。等到转子转速上升到接近同步速时,定子旋转磁场就与转子永久磁钢相互吸引把转子牵入同步,转子与旋转磁场一起以同步转速旋转。

如果电动机转子本身惯性不大,或者是多极的低速电动机,定子旋转磁场转速不是很大,那么永磁同步电动机不另装启动绕组还是可自启动的。

永磁同步电动机的转子具有永久磁钢和笼式启动绕组两部分。

5.6.3 永磁同步伺服电动机的稳态性能

1. 稳态运行和相量图

正弦波永磁同步电动机与电励磁凸极同步电动机有着相似的内部电磁关系,故可采用双反应理论来研究永磁同步电动机。需要指出的是,由于永磁同步电动机转子直轴磁路中永磁体的磁导率很小,X_{ad}较小,故一般$X_{ad} < X_{aq}$,这与电励磁凸极同步电动机$X_{ad} > X_{aq}$正好相反,分析时应注意这一参数特点。

电动机稳定运行于同步转速时,根据双反应理论,可写出永磁同步电动机的电压方程为

$$\begin{aligned}\dot{U} &= \dot{E}_0 + \dot{I}R_1 + j\dot{I}X_1 + j\dot{I}_d X_{ad} + j\dot{I}_q X_{aq} \\ &= \dot{E}_0 + \dot{I}R_1 + j\dot{I}_d X_d + j\dot{I}_q X_q \end{aligned} \quad (5-43)$$

式中:$\dot{E}_0$为永磁气隙基波磁场所产生的空载反电动势;$\dot{U}$为外施相电压;R_1为定子绕组每相电阻;X_{ad}、X_{aq}为直、交轴电枢反应电抗;X_1为定子漏抗;X_d为直轴同步电抗,$X_d = X_{ad} + X_1$;X_q为交轴同步电抗,$X_q = X_{aq} + X_1$;$\dot{I}_d$、$\dot{I}_q$分别为直、交轴电枢电流,$I_d = I\sin\psi$,$I_q = I\cos\psi$;ψ为$\dot{I}$与$\dot{E}_0$间的夹角,称为功率因数角,$\dot{I}$超前$\dot{E}_0$时为正。

由电压方程可画出永磁同步电动机于不同情况下稳定运行时的几种典型相量图,如图 5.59 所示。

图 5.59 中,E_δ为气隙合成基波磁场所产生的电动势,称为气隙合成电动势;E_d为气隙合成基波磁场直轴分量所产生的电动势,称为直轴内电动势;θ为$\dot{U}$超前$\dot{E}_0$的角度,即功率角,又称为转矩角;Φ为电压$\dot{U}$超前定子相电流$\dot{I}$的角度,即功率因数角。图 5.59(a)、(b)和(c)中的电流$\dot{I}$均超前于空载反电动势$\dot{E}_0$,这时的直轴电枢反应(图 5.59 中的$j\dot{I}_d X_{ad}$)均为去磁性质,导致电动机直轴内电动势E_d小于空载反电动势E_0。图 5.59(e)中电流$\dot{I}$滞后$\dot{E}_0$,此时直轴电枢反应为增磁性质,导致直轴内电动势E_d大于E_0。图 5.59(d)所示是直轴增、去磁临界状态($\dot{I}$与$\dot{E}_0$同相)下的相量图,由此可列出如下电压方程:

$$\begin{cases} U\cos\theta = E_0' + IR_1 \\ U\sin\theta = IX_q \end{cases} \quad (5-44)$$

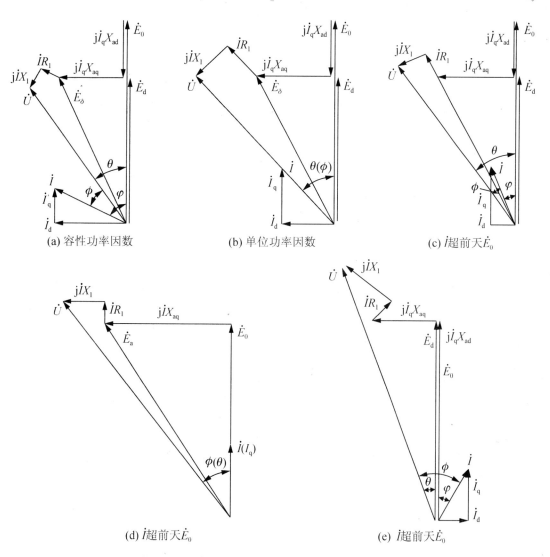

图 5.59 永磁同步电动机几种典型相量图

从而可以求得直轴增、去磁临界状态时的空载反电动势 E_0' 为

$$E_0' = \sqrt{U^2 - (IX_q)^2} - IR_1 \tag{5-45}$$

式(5-45)可用于判断所设计的电动机是运行于增磁状态还是运行于去磁状态。实际 E_0 值由永磁体产生的空载气隙磁通算出，比较 E_0 与 E_0'，如 $E_0 > E_0'$，电动机将运行于去磁工作状态，反之将运行于增磁工作状态。从图 5.59 还可看出，要使电动机运行于单位功率因数(图 5.59(b))或容性功率因数(图 5.59(a))状态，只有设计在去磁状态时才能达到。

2. 稳态运行性能分析计算

永磁同步电动机的稳态运行性能包括效率、功率因数、输入功率和电枢电流等与输出功率之间的关系以及失步转矩倍数等。电动机的这些稳态性能均可从电动机的基本电磁关系或相量图推导而得。

1) 电磁转矩和功角特性

从图 5.59 和式(5-44)可得出如下关系

$$\Phi = \arctan \frac{I_d}{I_q} \tag{5-46}$$

$$\Phi = \theta - \psi \tag{5-47}$$

$$U\sin\theta = I_q X_q + I_d R_1 \tag{5-48}$$

$$U\cos\theta = E_0 - I_d X_d + I_q R_1 \tag{5-49}$$

从式(5-48)和式(5-49)中不难求出电动机定子电流直、交轴分量

$$I_d = \frac{R_1 U \sin\theta + X_q(E_0 - U\cos\theta)}{R_1^2 + X_d X_q} \tag{5-50}$$

$$I_q = \frac{X_d U \sin\theta - R_1(E_0 - U\cos\theta)}{R_1^2 + X_d X_q} \tag{5-51}$$

定子相电流为

$$I_1 = \sqrt{I_d^2 + I_q^2} \tag{5-52}$$

而电动机的输入功率为

$$P_1 = mUI_1 \cos\psi = mUI_1 \cos(\theta - \Phi) = mU(I_d \sin\theta + I_q \cos\theta)$$

$$= \frac{mU\left[E_0(X_q \sin\theta - R_1 \cos\theta) + R_1 U + \frac{1}{2}U(X_d - X_q)\sin 2\theta\right]}{R_1^2 + X_d X_q} \tag{5-53}$$

忽略电动机定子电阻,由式(5-53)可得电动机的电磁功率为

$$P_{em} \approx P_1 \approx \frac{mE_0 U \sin\theta}{X_d} + \frac{mU^2}{2}\left(\frac{1}{X_d} - \frac{1}{X_q}\right)\sin 2\theta \tag{5-54}$$

式(5-54)除以电动机的机械角速度 Ω,即可得电动机的电磁转矩 T_{em} 为

$$T_{em} = \frac{P_{em}}{\Omega} = \frac{mp}{\omega}\left[\frac{E_0 U \sin\theta}{X_d} + \frac{U^2}{2}\left(\frac{1}{X_d} - \frac{1}{X_q}\right)\sin 2\theta\right] \tag{5-55}$$

图 5.60 所示是永磁同步电动机的功角特性曲线,在图 5.60(a)中,曲线 1 为式(5-55)第 1 项由永磁气隙磁场与定子电枢反应磁场相互作用产生的基本电磁转矩,又称为永磁转矩;曲线 2 为由于直、交轴不对称而产生的磁阻转矩;曲线 3 为曲线 1 和曲线 2 的合成。由于永磁同步电动机直轴同步电抗 X_d 一般小于交轴同步电抗 X_q,磁阻转矩为一个负正弦函数,因而功角特性曲线上转矩最大值所对应的功率角大于 90°,而不像电励磁同步电动机那样小于 90°,这是永磁同步电动机一个值得注意的特点。图 5.60(b)所示为某台永磁同步电动机的实测 T_2—θ 曲线。

功角特性上的转矩最大值 T_{max} 被称为永磁同步电动机的失步转矩,如果电动机负载转矩超过此值,则电动机将不再能保持同步转速。

2) 工作特性曲线

计算出电动机的 E_0、X_d 和 R_1 等参数后,给定一系列不同的功率角 θ,便可求出相应的电动机输入功率、定子相电流和功率因数角 φ 等,然后求出电动机此时的各个损耗,便可得到电动机的效率 η,从而得到电动机稳态运行性能(P_1、η、$\cos\varphi$ 和 I_1 等)与输出功率 P_2 之间的关系曲线,即电动机的工作特性曲线。图 5.61 所示为用以上步骤求出的某台永磁同步电动机的工作特性曲线。

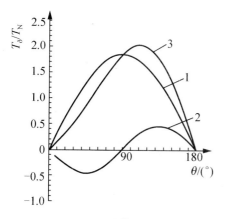
(a) 计算曲线

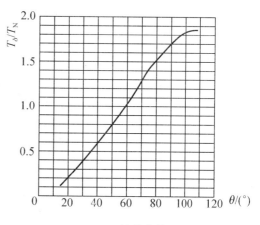
(b) 计算曲线

图 5.60 永磁同步电动机的功角特性

1—永磁转矩；2—磁阻转矩；3—曲线 1 和曲线 2 的合成

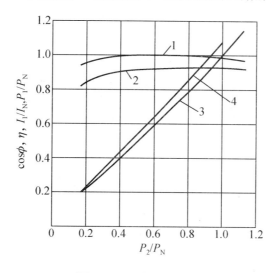

图 5.61 工作特性曲线

1—功率因数 $\cos\varphi$；2—效率 η 曲线；3—I_1/I_N 曲线；4—P_1/P_N 曲线

对于永磁同步电动机的稳态分析，由于电动机物理过程是相同的，因此同样可以应用到永磁同步伺服电动机的稳态分析。但是由于永磁同步伺服电动机通常工作在动态过程，电动机的转速和转矩总是处于变化的状态，因此必须采用永磁同步伺服电动机的暂态分析方法来分析电动机的动态控制过程，其通常采用的数学方法是采用电动机转子坐标系的 Park 方程来建立永磁同步电动机的动态数学方程和传递函数，进而建立起基于 PID 调节器的伺服电动机的前向控制框图，同时，可采用单片机或数字信号处理器对永磁同步伺服电动机进行全数字化离散控制。

5.6.4 永磁同步伺服电动机的控制

本节通过分析永磁同步伺服电动机控制系统的原理、结构和主要控制方法，使读者对永磁同步伺服电动机控制系统有进一步的认识。三相永磁同步伺服电动机采用三相逆变器交流供电,其数学模型具有多变性、强耦合及非线性等特点,所以控制较为复杂。为使三相永磁同步伺服电动机具有高性能控制特性,需要采用矢量变换并进行线性化解耦控制。

1. 永磁同步伺服电动机的数学模型

当永磁同步伺服电动机的定子通入三相交流电时,三相电流在定子绕组的电阻上产生电压降。由三相交流电产生的旋转电枢磁动势及建立的电枢磁场,一方面切割定子绕组,并在定子绕组中产生感应电动势;另一方面以电磁力拖动转子以同步转速旋转。电枢电流还会产生仅与定子绕组相交链的定子绕组漏磁通,并在定子绕组中产生感应漏电动势。此外,转子永磁体产生的磁场也以同步转速切割定子绕组,从而产生空载电动势。为了便于分析,在建立数学模型时,做如下假设:

(1) 忽略电动机的铁心饱和;

(2) 不计电动机中的涡流和磁滞损耗;

(3) 定子和转子磁动势所产生的磁场沿定子内圆按正弦分布,即忽略磁场中所有的空间谐波;

(4) 转子上没有阻尼绕组,永磁体也没有阻尼作用;

(5) 各相绕组对称,即各相绕组的匝数与电阻相同,各相轴线相互位移同样的电角度。

永磁同步电动机的数学模型由两部分组成,即电动机的机械模型和绕组电压模型。其中,电动机的机械运动方程是固定的,不随坐标系的不同而变化,电动机的机械运动方程为

$$T_{em} + T_l = J\frac{d\omega_m}{dt} + B\omega_m \tag{5-56}$$

式中:T_{em} 为电动机电磁转矩;T_l 为电动机负载转矩;J 为电动机转子及负载惯量;B 为电动机黏滞摩擦因数;ω_m 为电动机机械转速。

下面将基于以上假设,建立在不同坐标系下永磁同步电动机的数学模型。

1) 永磁同步电动机在静止坐标系(ABC)上的数学模型

永磁同步电动机三相集中绕组分别为 A、B、C(对应着 U、V、W 三相绕组),各相绕组的中心线在与转子轴垂直的平面上,分布如图 5.62 所示。图(5.62)中定子三相绕组用 3 个线圈来表示,各相绕组的轴线在空间是固定的,ψ_r 为转子上安装的永磁磁钢的磁场方向,转子上无任何线圈。电动机转子以 ω_r 角速度顺时针方向旋转,其中 θ 为 ψ_r 与 A 相绕组间的夹角,$\theta = \omega_r t$。

三相绕组的电压回路方程为

$$\begin{bmatrix} u_A \\ u_B \\ u_C \end{bmatrix} = \begin{bmatrix} R_A & 0 & 0 \\ 0 & R_B & 0 \\ 0 & 0 & R_C \end{bmatrix} \begin{bmatrix} i_A \\ i_B \\ i_C \end{bmatrix} + p\begin{bmatrix} \psi_A \\ \psi_B \\ \psi_C \end{bmatrix} \tag{5-57}$$

式中:u_A、u_B、u_C 为各相绕组两端的电压;i_A、i_B、i_C 为各相线电流;ψ_A、ψ_B、ψ_C 为各相绕组总磁链;p 为微分算子(d/dt)。

磁链方程为

$$\begin{bmatrix} \psi_A \\ \psi_B \\ \psi_C \end{bmatrix} = \begin{bmatrix} L_A & M_{AB} & M_{AC} \\ M_{BA} & L_B & M_{BC} \\ 3_{CA} & M_{CB} & L_C \end{bmatrix} \begin{bmatrix} i_A \\ i_B \\ i_C \end{bmatrix} + \begin{bmatrix} \psi_{rA} \\ \psi_{rB} \\ \psi_{rC} \end{bmatrix} \quad (5-58)$$

式中：L_X 为各相绕组自感；M_{XX} 为各相绕组之间的互感；ψ_{rX} 为永磁体磁链在各相绕组中产生的交链，是 θ 的函数。

如果下面的条件可以满足，那么电压回路方程就可以得到简化。

（1）气隙分布均匀，磁回路与转子的位置无关，即各相绕组的自感 L_X、绕组之间的互感 M_{XX} 与转子的位置无关。

（2）不考虑磁饱和现象，即各相绕组的自感 L_X、绕组之间的互感 M_{XX} 与通入绕组中的电流大小无关，忽略漏磁通的影响。

（3）转子磁链在气隙中呈正弦分布。

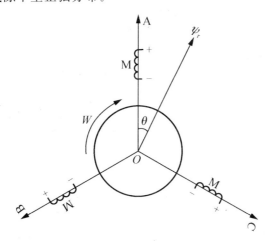

图 5.62 永磁同步伺服电动机在 ABC 坐标下的模型

转子在各相绕组中的交链分别为

$$\begin{bmatrix} \psi_{rA} \\ \psi_{rB} \\ \psi_{rC} \end{bmatrix} = \psi_f \begin{bmatrix} \cos\theta \\ \cos(\theta - 2\pi/3) \\ \cos(\theta + 2\pi/3) \end{bmatrix} \quad (5-59)$$

式中：ψ_f 为转子永磁体磁链的最大值，对于特定的永磁同步伺服电动机为一常数。

三相绕组在空间上对称分布，并且通入三相绕组中的电流是对称的，则有下述关系成立：
$L_A = L_B = L_C$；$M_{AB} = M_{AC} = M_{BA} = M_{BC} = M_{CA} = M_{CB}$；$i_A + i_B + i_C = 0$

设 $L = L_X - M_{XX}$，则电动机在三相坐标系下的方程可写为

$$\begin{bmatrix} u_A \\ u_B \\ u_C \end{bmatrix} = \begin{bmatrix} R_A + pL & 0 & 0 \\ 0 & R_B + pL & 0 \\ 0 & 0 & R_C + pL \end{bmatrix} \begin{bmatrix} i_A \\ i_B \\ i_C \end{bmatrix} - \omega_r \psi_f \begin{bmatrix} \sin\theta \\ \sin(\theta - 2\pi/3) \\ \sin(\theta + 2\pi/3) \end{bmatrix} \quad (5-60)$$

由式(5-60)可以看出，永磁同步电动机在三相实际轴系下的电压方程为一组变系数的线性微分方程，不易直接求解。为方便分析，常用几种更为简单、等效的模型电动机来替代实际电动机，并使用采用恒功率变换的原则，利用坐标变换方法分析和求解。

2）永磁同步电动机在静止坐标系（$\alpha\beta$）上的数学模型

众所周知，电磁场是电动机进行能量交换的媒体，电动机之所以能够产生转矩做功，是因为定子产生的磁场和转子产生的磁场相互作用的结果。为了使交流电动机达到与直流电动机一样的控制效果，也能对负载电流和励磁电流分别进行独立的控制，并使它们的磁场在空间位置上也能相差$90°$，实现完全解耦控制，首先了解产生旋转磁场的方法，然后用磁场等效的观点简化三相永磁同步电动机的模型，将原来的三相绕组上的电压回路方程式转化并简化为两相绕组上的电压回路方程式。

（1）三相绕组和三相电流如图 5.63 所示。三相固定绕组 A、B、C 的特点是：三相绕组在空间上相差$120°$，三相平衡电流 i_A、i_B、i_C 在相位上相差$120°$。对三相绕组通入三相交流电后，其合成磁场如图 5.64 所示，由图可知，随着时间的变化，合成磁场的轴线也在旋转，电流交变一个周期，磁场也旋转一周。在合成磁场旋转的过程中，合成磁感应强度不变，所以称为圆磁场。

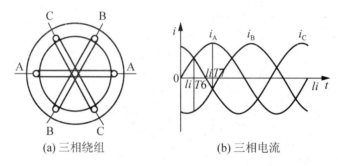

图 5.63 三相绕组和三相交流电流

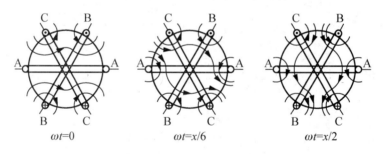

图 5.64 三相合成磁场

（2）两相绕组和两相电流如图 5.65 所示，两相固定绕组 α、β 在空间上相差$90°$，两相平衡的交流电流 i_α、i_β 在相位上相差$90°$，对两相绕组通入两相电流后，其合成磁场如图 5.66 所示，由图可知，两相合成磁场也具有和三相合成磁场完全相同的特点。

若用上述方法产生的旋转磁场完全相同（即磁极对数相同、磁感应强度相同、转速相同），则可认为这时的三相磁场和两相磁场是等效的。因此，这两种旋转磁场之间可以互相进行等效转换。

图 5.67 所示三相电动机集中绕组 A、B、C 的轴线在与转子轴垂直的平面分布，轴线之间相差$120°$。每相绕组在气隙中产生的单位磁动势（磁动势方向）记为：$\vec{F}_A$、$\vec{F}_B$、$\vec{F}_C$。因为$\vec{F}_A$、$\vec{F}_B$、$\vec{F}_C$不会在轴向上产生分量，可以把气隙内的磁场简化为一个二维的平面场，所以

磁动势 $\vec{F_A}$、$\vec{F_B}$、$\vec{F_C}$ 就成为在同一个平面场内的三个矢量，分别为：$e^{j \cdot 0}$、$e^{j \cdot 2\pi/3}$、$e^{j \cdot 4\pi/3}$。由于在二维线性空间的三个线性矢量一定线性相关，即 $\vec{F_A}$、$\vec{F_B}$、$\vec{F_C}$ 的线性张成（$S_1 = k_A \vec{F_A} + k_B \vec{F_B} + k_C \vec{F_C}$，$k_A$、$k_B$、$k_C$ 为任意实数）与二维平面场（R^2）内任意两个不相关的矢量（$\vec{F_\alpha}$、$\vec{F_\beta}$）的线性张成（$S_2 = k_\alpha \vec{F_\alpha} + k_\beta \vec{F_\beta}$，$k_\alpha$、$k_\beta$ 为任意实数）构成同一个线性空间。S_1 和 S_2 中的每一个元素都具有一一对应的关系，给定矢量就可以得到 S_1 与 S_2 之间的变换关系。

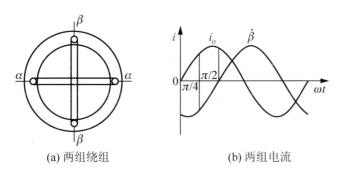

图 5.65　两相绕组和两相交流电流

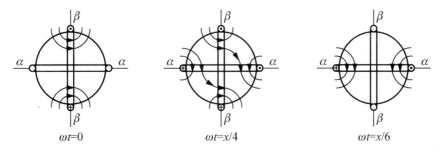

图 5.66　两相合成磁场

选取 α 轴同 A 轴重合，β 轴超前 α 轴 90°，则 $\vec{F_\alpha}$ 同 $\vec{F_A}$ 方向一致，$\vec{F_\beta}$ 超前 $\vec{F_\alpha}$ 90°，$\vec{F_\alpha}$、$\vec{F_\beta}$ 分别代表 α、β 轴上的集中绕组产生的磁动势方向，其值分别为 $e^{j \cdot 0}$、$e^{j \cdot \pi/2}$，那么三相绕组在气隙中产生的总磁动势 $\vec{F}$ 就可以由两相绕组 α、β 等效产生。

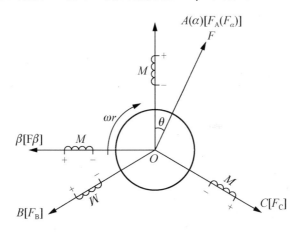

图 5.67　永磁同步伺服电动机在（$\alpha\beta$）坐标下的模型

等效关系为

$$\vec{F} = \begin{bmatrix} \vec{F_\alpha} & \vec{F_\beta} \end{bmatrix} N_2 \begin{bmatrix} i_\alpha \\ i_\beta \end{bmatrix} = \begin{bmatrix} \vec{F_A} & \vec{F_B} & \vec{F_C} \end{bmatrix} N_3 \begin{bmatrix} i_A \\ i_B \\ i_C \end{bmatrix} \quad (5-61)$$

式中：N_2 为两相绕组 α、β 的匝数；N_3 为三相绕组 A、B、C 的匝数。

根据式(5-61)可得电流的变化矩阵

$$\begin{bmatrix} i_\alpha \\ i_\beta \end{bmatrix} = \frac{N_3}{N_2} \begin{bmatrix} 1 & -1/2 & -1/2 \\ 0 & \sqrt{3}/2 & -\sqrt{3}/2 \end{bmatrix} \begin{bmatrix} i_A \\ i_B \\ i_C \end{bmatrix} = T \begin{bmatrix} i_A \\ i_B \\ i_C \end{bmatrix} \quad (5-62)$$

满足功率不变时应有

$$\frac{N_3}{N_2} = \sqrt{\frac{2}{3}}$$

因此得变换矩阵为

$$T = \sqrt{\frac{2}{3}} \times \begin{bmatrix} 1 & -1/2 & -1/2 \\ 0 & \sqrt{3}/2 & -\sqrt{3}/2 \end{bmatrix} \quad (5-63)$$

永磁电动机的电压变换关系与磁动势的变换关系是一致的。由此，三相绕组的电压回路方程可以简化为两相绕组上的电压回路方程。

$$\begin{bmatrix} u_\alpha \\ u_\beta \end{bmatrix} = \begin{bmatrix} R_s + pL_\alpha & 0 \\ 0 & R_s + pL_\beta \end{bmatrix} \begin{bmatrix} i_\alpha \\ i_\beta \end{bmatrix} + \omega_r \psi_f \begin{bmatrix} -\sin\theta \\ \cos\theta \end{bmatrix} \quad (5-64)$$

$$\begin{bmatrix} i_\alpha \\ i_\beta \end{bmatrix} = T \begin{bmatrix} i_A \\ i_B \\ i_C \end{bmatrix}, \quad \begin{bmatrix} u_\alpha \\ u_\beta \end{bmatrix} = T \begin{bmatrix} u_A \\ u_B \\ u_C \end{bmatrix}$$

式(5-64)中，$R_s = R_\alpha = R_\beta$。

则转矩方程为

$$T_{em} = \sqrt{\frac{3}{2}} \psi_f (i_\beta \cos\theta - i_\alpha \sin\theta) \quad (5-65)$$

通过对于三相坐标系向两相坐标系的变换关系分析可得：

(1) 电压回路方程与变量的个数减少，给分析问题带来了很大方便；

(2) 当 A、B、C 各相绕组上的电压与电流分别为相位互差120°的正弦波时，通过变换方程和变换矩阵可以看到在 α、β 绕组上的电压与电流相位互差90°的正弦波。三相绕组与两相绕组在气隙中产生的磁动势是一致的，并且由矩阵方程式可以看到磁动势为一个旋转磁动势，旋转角度为电源电流(电压)的角频率。

3) 永磁同步电动机在旋转坐标系(dq)上的数学模型

上面是用磁场等效的观点简化了三相永磁同步电动机的模型，将原来的三相绕组上的电压回路方程式转化为两相绕组上的电压回路方程。从式(5-64)可见，电动机的输出转矩与 i_α、i_β 及 θ 有关，控制电动机的输出转矩就必须控制电流 i_α、i_β 的频率、幅值和相位。为了进行矢量控制的方便，用样地，还必须用磁场等效的观点把 α、β 轴坐标系上的电动机模型变换为旋转坐标系(dq)上的电动机模型。

如前所述,首先了解旋转体的旋转磁场,在图 5.68 所示的旋转体上放置一个直流绕组 M,M 内通入直流电流,这样它将产生一个恒定的磁场,这个恒定的磁场是不旋转的。但是旋转体旋转时,恒定磁场也随之旋转,在空间形成了一个旋转磁场,由于是借助于机械运动而得到的,所以也称为机械旋转磁场。

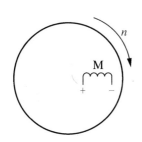
(a) 旋转体所形成的旋转磁场

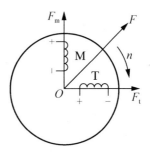
(b) 旋转磁体上两个直流绕组产生的旋转磁场

图 5.68 机械旋转磁场

如果在旋转体上放置两个互相垂直的直流绕组 M、T,则当给这两个绕组分别通入直流电流时,它们的合成磁场仍然是恒定磁场,如图 5.68(b)所示;同样,当旋转体旋转时,该合成磁场也随之旋转,称其为机械旋转直流合成磁场,而且,如果调整直流电流 i_M、i_T 中的任何一路时,直流合成磁场的磁感应强度也得到了调整。

若用该方法产生的旋转磁场同前面产生的磁场完全相同(即磁极对数相同、磁感应强度相同、转速相同)的话,则可认为这时的三相磁场、两相磁场、旋转直流磁场系统是等效的。因此,这三种旋转磁场之间可以互相进行等效转换。从而可以进一步用磁场等效的观点把 α、β 轴坐标系上的电动机模型变换为旋转坐标系(dq)上的电动机模型。

如图 5.69 所示,静止坐标系 $\alpha\beta$ 与旋转坐标系 dq 中的坐标轴在二维平面场中的分布;dq 轴的旋转角频率为 ω_n,d 轴与 α 轴的初始位置角为 φ,所以,在 dq 轴上的集中绕组产生的单位磁动势 $\vec{F}_d$、$\vec{F}_q$ 定义为 $e^{j(\omega_n t+\varphi)}$、$e^{j(\omega_n t+\varphi+\pi/2)}$。

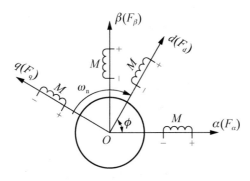

图 5.69 永磁同步伺服电动机在(dq)坐标下的模型

根据磁动势等效的原则有以下方程式成立

$$\begin{bmatrix} \vec{F}_\alpha & \vec{F}_\beta \end{bmatrix} N_2 \begin{bmatrix} i_\alpha \\ i_\beta \end{bmatrix} = \begin{bmatrix} \vec{F}_d & \vec{F}_q \end{bmatrix} N_4 \begin{bmatrix} i_d \\ i_q \end{bmatrix} \qquad (5-66)$$

式中，N_4 为 d、q 轴上集中绕组的匝数。

由式(5-66)可得静止坐标系 $\alpha\beta$ 与旋转坐标系 dq 中的电流变换关系为

$$\begin{bmatrix} i_\alpha \\ i_\beta \end{bmatrix} = \frac{N_4}{N_2} \begin{bmatrix} \cos(\omega_n t + \varphi) & -\sin(\omega_n t + \varphi) \\ \sin(\omega_n t + \varphi) & \cos(\omega_n t + \varphi) \end{bmatrix} \begin{bmatrix} i_d \\ i_q \end{bmatrix} \quad (5-67)$$

满足功率不变时应有

$$\frac{N_4}{N_2} = 1$$

所以可得

$$\begin{bmatrix} u_\alpha \\ u_\beta \end{bmatrix} = \begin{bmatrix} \cos(\omega_n t + \varphi) & -\sin(\omega_n t + \varphi) \\ \sin(\omega_n t + \varphi) & \cos(\omega_n t + \varphi) \end{bmatrix} \begin{bmatrix} u_d \\ u_q \end{bmatrix} \quad (5-68)$$

$$\begin{bmatrix} i_\alpha \\ i_\beta \end{bmatrix} = \begin{bmatrix} \cos(\omega_n t + \varphi) & -\sin(\omega_n t + \varphi) \\ \sin(\omega_n t + \varphi) & \cos(\omega_n t + \varphi) \end{bmatrix} \begin{bmatrix} i_d \\ i_q \end{bmatrix} \quad (5-69)$$

将式(5-68)和式(5-69)代入式(5-65)可得永磁同步电动机在旋转坐标系 dq 下的电压回路方程式

$$\begin{bmatrix} u_d \\ u_q \end{bmatrix} = \begin{bmatrix} R_s + pL_d & -\omega_n L_q \\ -\omega_n L_d & R_s + pL_q \end{bmatrix} \begin{bmatrix} i_d \\ i_q \end{bmatrix} + \omega_r \psi_f \begin{bmatrix} -\sin(\theta - \omega_n t + \varphi) \\ \cos(\theta - \omega_n t + \varphi) \end{bmatrix} \quad (5-70)$$

又因为 $\theta = \omega_r t$，所以式(5-70)可化为

$$\begin{bmatrix} u_d \\ u_q \end{bmatrix} = \begin{bmatrix} R_s + pL_d & -\omega_n L_q \\ -\omega_n L_d & R_s + pL_q \end{bmatrix} \begin{bmatrix} i_d \\ i_q \end{bmatrix} + \omega_r \psi_f \begin{bmatrix} -\sin((\omega_r - \omega_n)t + \varphi) \\ \cos((\omega_r - \omega_n)t + \varphi) \end{bmatrix} \quad (5-71)$$

当 dq 坐标系的旋转角频率与转子的旋转角频率一致时，即 $\omega_r = \omega_n$ 时，可得永磁同步电动机在同步运转时的电压回路方程为

$$\begin{bmatrix} u_d \\ u_q \end{bmatrix} = \begin{bmatrix} R_s + pL_d & -\omega_n L_q \\ -\omega_n L_d & R_s + pL_q \end{bmatrix} \begin{bmatrix} i_d \\ i_q \end{bmatrix} + \omega_r \psi_f \begin{bmatrix} -\sin\psi \\ \cos\psi \end{bmatrix} \quad (5-72)$$

如果 d 轴与转子主磁通方向一致时，即 $\psi = 0$，就可以得到永磁同步电动机同步运转转子磁通定向的电压回路方程

$$\begin{bmatrix} u_d \\ u_q \end{bmatrix} = \begin{bmatrix} R_s + pL_d & -\omega_n L_q \\ -\omega_n L_d & R_s + pL_q \end{bmatrix} \begin{bmatrix} i_d \\ i_q \end{bmatrix} + \omega_r \psi_f \begin{bmatrix} 0 \\ 1 \end{bmatrix} \quad (5-73)$$

永磁同步电动机定子磁链方程为

$$\begin{bmatrix} \psi_d \\ \psi_q \end{bmatrix} = \begin{bmatrix} L_d & 0 \\ 0 & L_q \end{bmatrix} \begin{bmatrix} i_d \\ i_q \end{bmatrix} + \psi_f \begin{bmatrix} 1 \\ 0 \end{bmatrix} \quad (5-74)$$

永磁同步电动机的转矩方程可以表示为

$$T_{em} = p(\psi_d i_q - \psi_q i_d) = p[\psi_f i_q + (L_d - L_q) i_d i_q] \quad (5-75)$$

式中，p 为电动机极对数。

将式(5-56)、式(5-73)和式(5-75)整理后可得永磁同步电动机的数学模型

$$\begin{cases} Pi_d = (u_d - R_s i_d + p\omega_m L_q i_q)/L_d \\ Pi_q = (u_q - R_s i_q - p\omega_m L_d i_d - p\omega_m \psi_f)/L_q \\ P\omega_m = [p\psi_f i_q + p(L_d - L_q) i_d i_q - T_l - B\omega_m]/J \end{cases} \quad (5-76)$$

通过从静止坐标系 $\alpha\beta$ 向旋转坐标系 dq 的变换中可以看出：

第5章 伺服电动机及其控制系统

(1) 在旋转坐标系 dq 中的变量都为直流变量,并且由转矩方程式可以看出电动机的输出转矩与电流呈线性关系,只需控制电流的大小就可以控制电动机的输出转矩了;

(2) 在旋转坐标系 dq 轴上的绕组中,如果分别通入直流电流 i_d、i_q 同样可以产生旋转磁动势,并且可以知道电流 i_d、i_q 为互差 $90°$ 的正弦量,其角频率与 dq 轴的旋转角频率一致。

2. 永磁同步电动机的控制策略

永磁同步电动机的特点是转速与电源频率的严格同步,采用变压变频来实现调速。目前,永磁同步电动机采用的控制策略主要有恒压频比控制、直接转矩控制、矢量控制等。

1) 恒压频比控制

恒压频比控制是一种开环控制。根据系统的给定,利用空间矢量脉宽调制转化为期望的输出电压 u_{out} 进行控制,使电动机以一定的转速运转。在一些动态性能要求不高的场所,由于开环变压变频控制方式简单,至今仍普遍用于一般的调速系统中,但因其依据电动机的稳态模型,无法获得理想的动态控制性能,因此必须依据电动机的动态数学模型。永磁同步电动机的动态数学模型为非线性、多变量,含有 ω_m 与 i_d 或 i_q 的乘积项,因此要得到精确的动态控制性能,必须对 ω_m 和 i_d、i_q 解耦。近年来,研究各种非线性控制器用于解决永磁同步电动机的非线性特性。

2) 矢量控制

高性能的交流调速系统需要现代控制理论的支持,对于交流电动机,目前使用最广泛的当属矢量控制方案。

矢量控制的基本思想是:在普通的三相交流电动机上模拟直流电动机转矩的控制规律,磁场定向坐标通过矢量变换,将三相交流电动机的定子电流分解成励磁电流分量和转矩电流分量,并使这两个分量相互垂直,彼此独立,然后分别调节,以获得像直流电动机一样良好的动态特性。因此矢量控制的关键在于对定子电流幅值和空间位置(频率和相位)的控制。矢量控制的目的是改善转矩控制性能,最终的实施是对 i_d、i_q 的控制。由于定子侧的物理量都是交流量,其空间矢量在空间以同步转速旋转,因此调节、控制和计算都不方便。需借助复杂的坐标变换进行矢量控制,而且对电动机参数的依赖性很大,难以保证完全解耦,使控制效果大打折扣。

3) 直接转矩控制

矢量控制方案是一种有效的交流伺服电动机控制方案。但因其需要复杂的矢量旋转变换,而且电动机的机械常数低于电磁常数,所以不能迅速地响应矢量控制中的转矩。针对矢量控制的这一缺点,德国学者 Depenbrock 于 20 世纪 80 年代提出了一种具有快速转矩响应特性的控制方案,即直接转矩控制(DTC)。该控制方案摒弃了矢量控制中解耦的控制思想及电流反馈环节,采取定子磁链定向的方法,利用离散的两点式控制直接对电动机的定子磁链和转矩进行调节,具有结构简单,转矩响应快等优点。

DTC 方法实现磁链和转矩的双闭环控制。在得到电动机的磁链和转矩值后,即可对永磁同步电动机进行 DTC。图 5.70 给出永磁同步电动机的 DTC 方案结构框图。它由永磁同步电动机、逆变器、转矩估算、磁链估算及电压矢量切换开关表等环节组成,其中 u_d、

u_q、i_d、i_q 为静止 dq 坐标系下电压、电流分量。

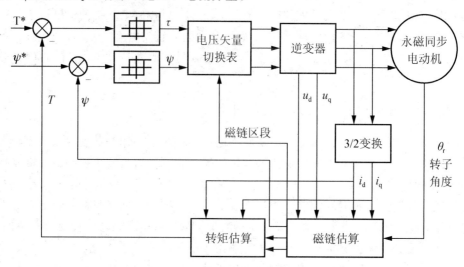

图 5.70　永磁同步电动机的直接转矩控制框图

虽然对 DTC 的研究已取得了很大的进展,但在理论和实践上还不够成熟,如低速性能、带负载能力等,而且它对实时性要求高,计算量大。

上述永磁同步电动机的各种控制策略各有其优缺点,实际应用中应当根据性能要求采用与之相适应的控制策略,以获得最佳性能。

5.6.5　永磁同步伺服电动机的矢量控制策略

1. 矢量控制策略分析

由式(5-75)可见,电动机动态特性的调节和控制完全取决于动态中能否简便而精确的控制电动机的电磁转矩输出。在忽略转子阻尼绕组影响的条件下,由式(5-75)可以看出,永磁同步电动机的电磁转矩基本上取决于交轴电流和直轴电流,对力矩的控制最终可归结为对交、直轴电流的控制。在输出力矩为某一值时,对交、直轴电流的不同组合的选择,将影响电动机的逆变器的输出能力及系统的效率、功率因数等。如何根据给定力矩确定交、直轴电流,使其满足力矩方程构成了永磁同步电动机电流的控制策略问题。

根据矢量控制原理,在不同的应用场合可选择不同的磁链矢量作为定向坐标轴。目前存在 4 种磁场定向控制方式:转子磁链定向控制、定子磁链定向控制、气隙磁链定向控制和阻尼磁链定向控制。对于永磁同步电动机主要采用转子磁链控制方式,该方式对交流伺服系统等小容量驱动场合特别适用。按照控制目标可以分为:$i_d=0$ 控制、$\cos\varphi=1$ 控制、总磁链恒定控制、最大转矩/电流控制、最大输出功率控制、转矩线性控制、直接转矩控制等。

(1) $i_d=0$ 控制是一种最简单的电流控制方法,该方法用于电枢反应没有直轴去磁分量而不会产生去磁效应,不会出现永磁电动机退磁而使电动机性能变坏的现象,能保证电动机的电磁转矩和电枢电流成正比。其主要的缺点是功角和电动机端电压均随负载而增大,功率因数低,要求逆变器的输出电压高,容量比较大。另外,该方法输出转矩中磁阻反应转矩为0,

未能充分利用永磁同步电动机的力矩输出能力，电动机的力能指标不够理想。

（2）力矩电流比最大控制在电动机输出力矩满足要求的条件下使定子电流最小，减小了电动机的铜耗，有利于逆变器开关器件的工作，逆变器损耗也最小。同时，运用该控制方法由于逆变器需要的输出电流小，可以选用较小运行电流的逆变器，使系统运行成本下降。在该方法的基础上，采用适当的弱磁控制方法，可以改善电动机高速时的性能。因此该方法是一种较适合于永磁同步电动机的电流控制方法。其缺点是功率因数随着输出力矩的增大而下降较快。

（3）$\cos\varphi=1$ 控制方法使电动机的功率因数恒为 1，逆变器的容量得到充分的利用。但是在永磁同步电动机中，由于转子励磁不能调节，在负载变化时，转子绕组的总磁链无法保持恒定，所以电枢电流和转矩之间不能保持线性关系。而且最大输出力矩小，退磁系数较大，永磁材料可能被去磁，造成电动机电磁转矩、功率因数和效率下降。

（4）恒磁链控制方法就是控制电动机定子电流，使气隙磁链与定子交链磁链的幅值相等。这种方法在功率因数较高的条件下，一定程度上提高了电动机的最大输出力矩，但仍存在最大输出力矩的限制。

以上各种电流控制方法各有特点，适用于不同的运行场合。

2. $i_d=0$ 控制方式的特点

由转矩公式可以看出，只要在同步电动机的整个运行过程中，保证 $i_d=0$，使定子电流产生的电枢磁动势与转子励磁磁场间的角度 β 为 $90°$，即保证正交，则 $\vec{i}_s$ 与 q 轴重合时，电磁转矩只与定子电流的幅值 $\vec{i}_s$ 成正比。在转子磁链定向时，如图 5.71 所示，采用 $i_d=0$ 控制，具有以下特点：

（1）由于 d 轴定子电流分量为 0，d 轴阻尼绕组与励磁绕组是一对简单耦合的线圈，与定子电流无相互作用，实现了定子绕组与 d 轴的完全解耦。

（2）转矩方程中磁链 ψ_f 与电流 i_q 解耦，相互独立。

（3）定子电流 d 轴分量为 0，可以使同步电动机数学模型进一步简化。

（4）当负载增加时，定子电流增大，由于电枢反应影响，造成气隙合成磁链 ψ_δ 加大，这样会使得电动机的定子电压大幅度上升，如果同步电动机过载 2～3 倍，电压幅值会到达 150%～200% 额定电压。同步电动机电压升高要求电控装置和变压器是足够的容量，降低了同步电动机的利用率，因此采用这种方法不经济。

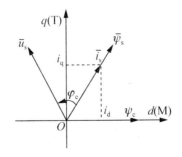

图 5.71 永磁同步电动机转子磁链定向矢量图

(5) 随负载增加，定子电流的增加，由于电枢反应的影响，造成气隙磁链和定子反电动势都加大，迫使定子电压升高。由图 5.71 可知，定子电压矢量 $\vec{u_s}$ 和定子电流矢量 $\vec{i_s}$ 的夹角 φ_e 将增大，造成同步电动机功率因数降低。

因此，在这种基于 $i_d=0$ 转子磁场定向方式的矢量控制中，定子电流与转子永磁磁通互相独立（解耦），控制系统简单，转矩定性好，可以获得很宽的调速范围，适用于高性能的数控机床、机器人等场合。但由于上述(4)、(5)缺点，这种转子磁场定向方式对于小容量交流伺服系统，特别适合于永磁同步电动机伺服系统。

3. $i_d=0$ 控制方式的实施

永磁同步伺服电动机矢量控制的基本思想是模仿直流电动机的控制方式，具有转矩响应快、速度控制精确等优点。矢量控制是通过控制定子电流的转矩分量来间接控制电动机转矩，所以内部电流环调节器的参数会影响到电动机转矩的动态响应性能。而且，为了实现高性能的速度和转矩控制，需要精确知道转子磁链矢量的空间位置，这就需要电动机额外安装位置编码器，会提高系统的造价，并使得电动机的结构变得复杂。

当转速在基速以下时，在定子电流给定的情况下，控制 $i_d=0$，可以更有效地产生转矩，这时电磁转矩 $T_{em}=\psi_r i_q$，电磁转矩就随着 i_q 的变化而变化。控制系统只要控制 i_q 大小就能控制转速，实现矢量控制。当转速在基速以上时，因为永磁铁的励磁磁链为常数，电动机感应电动势随着电动机转速成正比例增加。电动机感应电压也跟着提高，但是又要受到与电动机端相连的逆变器的电压上限的限制，所以必须进行弱磁升速。通过控制 i_d 来控制磁链，通过控制 i_q 来控制转速，实现矢量控制。最简单的方法是利用电枢反应消弱磁场，即使定子电流的直轴分量 $i_d<0$，其方向与 ψ_r 相反，起去磁作用。但是由于稀土永磁材料的磁导率与空气相仿，磁阻很大，相当于定、转子间有很大的有效气隙，利用电枢反应弱磁的方法需要较大的定子电流直轴分量。作为短时运行，这种方法才可以接受，长期弱磁工作时，还须采用特殊的弱磁方法，这是永磁同步伺服电动机设计的主要问题。

通常 $i_d=0$ 实施的方案有两种，即采用电流滞环控制和转速及电流双闭环控制。但两种方法具体实施差异较大，因此分别介绍。

1) 电流滞环控制

图 5.72 和图 5.73 分别为电流滞环控制电流追踪波形图和原理示意图，折线为电流波形。

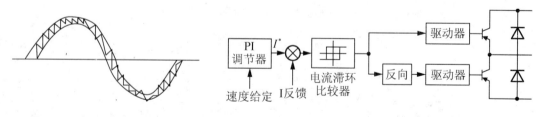

图 5.72 电流追踪波形图　　图 5.73 滞环控制原理示意图

通常是生成一个正弦波电流信号作为电流给定信号，将它与实际检测得到的电动机电流信号进行比较，再经过滞环比较器导通或关断逆变器的相应开关器件，使实际电流追踪给定电流的变化。如果电动机电流比给定电流大，并且大于滞环宽度的一半，则使上桥臂开关截止,使下桥臂导通,从而使电动机电流减小;反之,如果电动机电流比给定电流小,并且小于滞环宽度的一半,则使电动机电流增大。滞环的宽度决定了在某一开关动作之前,实际电流同给定电流的偏差值。上、下桥臂要有一个互锁延迟电路,以便形成足够的死区时间。

显然,滞环宽度越窄,则开关频率越高。但对于给定的滞环宽度,开关频率并不是一个常数,而是受电动机定子漏感和反电动势制约的。当频率降低、电动机转速降低,从而电动机反电动势降低时,电流上升增大,因此开关频率提高;反之,则开关频率降低。

以上是针对三相逆变器中的一相而讨论的。对于三相逆变器的滞环控制,上述结论也是适用的。只是,由于三相电流的平衡关系,某一相的电流变化率要受到其他两相的影响。在一个开关周期内,由于其他两相开关状态的不定性,电流的变化率也就不是唯一的。一般来说,其电流变化率比一相时平坦,因此开关频率可以略低些。

由以上分析可知在电流滞环控制中,它的开关频率是变化的。如果开关频率的变化范围是在8kHz以下,将产生刺耳的噪声。此外,滞环控制不能使输出电流达到很低,因为当给定电流太低时,滞环调节作用将消失。

2)速度和电流的双闭环控制

图5.74所示为$i_d=0$转子磁链定向矢量控制的永磁同步电动机伺服控制系统原理,从框图中可见,控制方案包含了速度环和电流环的双闭环系统。其中速度控制作为外环,电流闭环作为内环,采用直流电流的控制方式。该方案结构简洁明了,主要包括定子电流检测、转子位置与速度检测、速度环调节器、电流环调节器、Clarke变换、P1ark变换与逆变换、电压空间矢量脉宽调制(SVPWM)控制等几个环节。具体的实施过程如下:通过位置传感器准确检测电动机转子空间位置(d轴),计算得到转子速度和电角度;速度调节器输出定子电流q轴分量的参考值i_{qref},同时给定$i_d=0$;由电流传感器测得定子相电流,分解得定子电流的d、q轴分量i_d和i_q;由两个电流调节器分别预测需要施加的空间电压矢量的d、q轴分量U_{dref}和U_{qref};将预测得到的空间电压矢量经坐标变换后,形成SVPWM控制信号,驱动逆变器(PIM模块)对电动机施加电压,从而实现$i_d=0$控制。

采用这种方法逆变器的开关频率是恒定的,通过适当调节PWM的占空比便可实现真正意义上的解耦控制,且系统输出电流谐波分量小,无稳态误差,稳定性好。

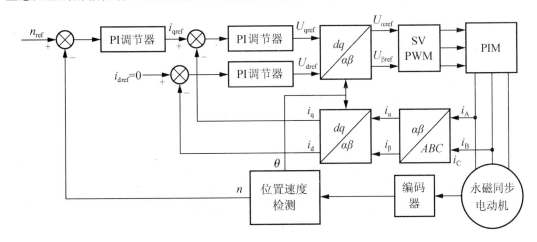

图5.74 $i_d=0$永磁同步电动机伺服系统原理

5.7 永磁同步伺服电动机的应用

永磁同步电动机具有功率因数高、动态响应快、运行平稳、过载能力强等优点,目前交流伺服系统中应用最为广泛的执行元件。本节将通过详细介绍永磁同步电动机伺服系统的设计方法,使读者了解永磁同步电动机在交流伺服系统的应用。

5.7.1 永磁同步电动机伺服系统的设计

通常永磁同步电动机伺服控制系统由位置环、速度环、电流环三闭环构成,其动态结构框图如图5.75所示。

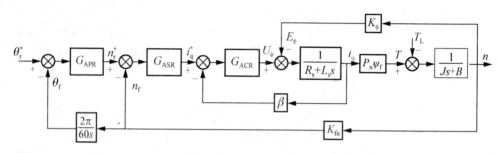

图 5.75 伺服系统三闭环动态结构

图5.75中,θ_r^*、θ_f分别为位置给定与反馈;n_r^*、n_f分别为转速给定与反馈;i_q^*、i_q分别为交轴电流给定与反馈;U_ϕ、E_ϕ分别为电动机相电压和相电动势(U_ϕ、E_ϕ为等效的直流量);K_ϕ为电动机电动势系数;P_n为电动机的极对数;ψ_f为永磁体的磁链;$K_T = P_n \psi_f$,为电磁转矩与转矩电流的比例系数;T、T_L分别为电磁转矩与负载转矩;β为电流反馈系数;J为电动机的转动惯量;B为摩擦因数;K_{fn}为转速反馈系数;R_s、L_s分别为电动机定子电阻和电感;G_{APR}、G_{ASR}、G_{ACR}分别为位置、速度、电流调节器。

当采用传统PID调节器时,永磁同步电动机伺服控制系统属于多环系统,按照设计多环系统的一般方法来设计控制器,即从内环开始,逐步向外扩大,一环一环地进行设计。首先设计好电流调节器,然后把电流调节环看做转速环中的一个环节,再设计转速调节器,最后再设计出位置调节器。这样整个系统的稳定性就有可靠的保证,并且当电流环或速度环内部的某些参数发生变化或受到扰动时,电流反馈与速度反馈能对它们起到有效的抑制作用,因此对最外部的位置环工作影响很小。

1. 电流调节器的设计

电流控制是交流伺服系统中的一个重要环节,是提高伺服系统控制精度和响应速度,改善控制性能的关键。伺服系统要求电流控制环节具有输出电流谐波分量小、响应速度快等性能,因此需要求得电流环控制对象的传递函数。电流环控制对象为:PWM逆变器、电动机电枢回路、电流采样和滤波电路。按照小惯性环节的处理方法,忽略电子电路延时,仅考虑主电路逆变器延时,PWM逆变器看成是时间常数 T_s ($T_s = 1/f$,f为逆变器工作频率)的一阶小惯性环节。电动机电枢回路有电阻和电感 R_s、L_s 为一阶惯性环节。但是电动机存在反电动势,虽然它的变化没有电流变化快,但是仍然对电流环的调节有影响。

低速时，由于电动势的变化与电动机转速成正比，相对于电流而言，在一个采样周期内，可认为是恒定扰动，相对于直流电压而言较小，对于电流环的动态响应过程可以忽略。高速时，因电动势扰动，使外加电压与电动势的差值减小，电动机一相绕组有方程

$$U_\phi = E_\phi + L_s \frac{di_s}{dt} + R_s i_s \quad (5-77)$$

由式(5-77)可见，逆变器直流电压恒定，E_ϕ 随转速增加，加在电动机电枢绕组上净电压减少，电流变化率降低。因此，电动机转速较高时，实际电流和给定电流间将出现幅值和相位偏差，速度很高时，实际电流将无法跟踪给定。在电流环设计时，可先忽略反电动势对电流环的影响。

由以上分析，电流环的控制对象为两个一阶惯性环节的串联，此时电流环控制对象为

$$G_{iobj}(s) = \frac{K_v K_m \beta}{(T_1 s + 1)(T_i s + 1)} \quad (5-78)$$

式中：$K_m = 1/R_s$；K_v 为逆变器电压放大倍数，即逆变器输出电压与电流调节器输出电压比值；$T_1 = L_s/R_s$，为电动机电磁时间常数；$T_i = T_s + T_{oi}$，为等效小惯性环节时间常数，T_{oi} 为电流采样滤波时间常数。

忽略反电动势影响条件及小惯性环节等效条件分别是电流环截止频率 ω_{ci} 满足

$$\omega_{ci} \geqslant 3\sqrt{1/T_m T_1} \quad (5-79)$$

$$\omega_{ci} \leqslant \sqrt{1/T_s T_{oi}}/3 \quad (5-80)$$

式中，T_m 为电动机机电时间常数，$T_m = \dfrac{JR_s}{9.55 K_\phi K_r}$。按照调节器工程设计方法，将电流环校正为典型Ⅰ型系统，电流调节器 G_{ACR} 选为 PI 调节器。

$$G_{ACR}(s) = K_{pi} \frac{\tau_i s + 1}{\tau_i s} \quad (5-81)$$

式中，K_{pi}、τ_i 分别为电流调节器比例系数、积分时间常数。为使调节器零点抵消控制对象中较大的时间常数极点，选择 $\tau_i = T_1$，那么电流环开环传递函数为

$$G_i(s) = \frac{K_v K_m K_{pi} \beta}{\tau_i s(T_i s + 1)} = \frac{K_i}{s(T_i s + 1)} \quad (5-82)$$

式中，$K_i = K_v K_m K_{pi} \beta / \tau_i$ 为电流环的开环放大倍数。为使电流环有较快响应和较小的响应超调，在一般情况下，希望超调量 $\sigma\% \leqslant 5\%$，选择 $K_i T_i = 0.5$，可得

$$K_{pi} = \frac{R_s T_1}{2K_v \beta T_i} \quad (5-83)$$

由此可确定电流调节器的参数。

电流控制器参数的确定，除了要满足上述典型Ⅰ型系统的要求，在设计控制器增益时，还要考虑以下因素：

(1) 由于电流控制存在相位延迟，因此当输入三相正弦电流指令时，三相输出电流在相位上将产生一定的滞后，同时在幅值上也会有所下降，这样一方面破坏了电流矢量的解耦条件，另一方面降低了输出转矩。为了克服这种影响，在对电流相位进行补偿的同时需要增大电流环的增益。

(2) 由于电流检测器件的漂移误差会引起转速的波动，若提高电流控制器的增益，必然

会加大漂移误差，对转速的控制精度产生不利的影响，故不能过分提高电流控制的增益。

(3) 考虑到电流控制环节的稳定性，也不宜过于增加电流控制器的增益。

(4) 过大的电流环控制增益还会产生较大的转矩脉动和磁场噪声。

2. 速度调节器的设计

速度控制也是交流伺服控制系统中极为重要的一个环节，其控制性能是伺服系统整体性能指标的一个重要组成部分。从广义上讲，速度伺服控制应具有精度高、响应快的特性。具体而言，反映为小的速度脉动率、快的频率响应、宽的调速范围等性能指标。选择性能好的三相交流永磁同步伺服电动机、分辨率高的光电编码器、零漂误差小的电流检测元件以及高开关频率的大功率开关元件，就可以降低转速不均匀度，实现高性能速度控制。但是在实际系统中，这些条件都是受限制的，这就要求用合适的速度调节器来补偿，以获得所需性能。

由前面分析可知，经校正后的电流环为典型 I 型系统，是速度调节环的一个环节，由于速度环的截止频率很低，且小惯性时间常数 $T_i < \tau_i$，于是，可将电流环降阶为一阶惯性环节，闭环传递函数变为

$$G_{ib}(s) = \frac{K_i/s}{\beta + \beta K_i/s} = \frac{1/\beta}{s/(K_i+1)} = \frac{K_{li}}{T_{li}+1} \tag{5-84}$$

降阶的近似条件是速度环截止频率 ω_{cn} 满足条件

$$\omega_{cn} \leqslant \sqrt{K_{li}/T_{li}}/3 \tag{5-85}$$

式中，$K_{li} = 1/\beta$，$T_{li} = 1/K_i$。由此得速度环动态结构如图 5.76 所示。

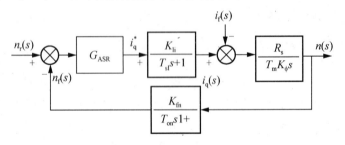

图 5.76 速度环动态结构图

为了方便分析，假定速度给定存在与反馈滤波相同的给定滤波环节，结构图简化时，可将其等效到速度环内。另外，电机摩擦因数 B 较小，在速度调节器设计时，忽略它对速度环的影响，可得速度调节器控制对象传递函数为

$$G_{nobj}(s) = \frac{K_{li} R_s K_{fn}}{T_m K_\phi s (T_{li} s + 1)(T_{on} s + 1)} \tag{5-86}$$

式中，T_{on} 为速度反馈滤波时间常数。和电流环处理一样，按小惯性环节处理，T_{li} 和 T_{on} 可合并为时间常数为 $T_{\Sigma n}$ 的惯性环节，$T_{\Sigma n} = T_{li} + T_{on}$，得速度环控制对象为：

$$G_{nobj}(s) = \frac{K_{li} R_s K_{fn}/T_m K_\phi}{s(T_{\Sigma n} s + 1)} = \frac{K_{on}}{s(T_{\Sigma n} s + 1)} \tag{5-87}$$

式中，$K_{li} = K_{li} R_s K_{fn}/T_m K_\phi$。小惯性环节等效条件是速度环截止频率满足

$$\omega_{cn} \leqslant \sqrt{1/T_{li} T_{on}}/3 \tag{5-88}$$

可见，速度环控制对象为一个惯性环节和一个积分环节串联。为实现速度无静差，满

足动态抗扰动性能好的要求,将速度环校正成典型Ⅱ型系统,按工程设计方法速度调节器 G_{ASR} 选为 PI 调节器。

$$G_{ASR}(s)=\frac{K_{pn}\tau_n s+1}{\tau_n s} \tag{5-89}$$

式中,K_{pn}、τ_n 分别为电流调节器比例系数、积分时间常数。经过校正后,速度环变成为典型Ⅱ型系统,开环传递函数为

$$G_n(s)=\frac{K_n(\tau_n s+1)}{s^2(T_{\Sigma n}s+1)} \tag{5-90}$$

式中,$K_n=K_{on}K_{pn}/\tau_n$ 为速度环开环放大倍数,定义中频宽 $h=\tau_n/T_{\Sigma n}$,按照典型Ⅱ型系统设计,可得

$$\tau_n=hT_{\Sigma n} \tag{5-91}$$

$$K_{pn}=\frac{h+1}{2h}\cdot\frac{T_m K_\phi \beta}{R_s K_{fn} T_{\Sigma n}} \tag{5-92}$$

针对不同的性能要求,合适地选择中频,即可确定系统的调节器参数。中频段的宽度对于典型Ⅱ型系统的动态品质起着决定性的作用,中频宽增大,系统的超调减小,但系统的快速性减弱。一般情况下,中频宽为 5~6 时,Ⅱ型系统具有较好的跟随和抗扰动性能。同时在一定超调量和抗扰动性要求情况下,速度调节器参数可以通过控制对象参数得到。控制对象参数变化时,为满足原定条件,调节器参数应相应调整。具体来说,当控制对象转动惯量增加时,调节器比例系数应增大,积分时间常数应增大,以满足稳定性要求;当控制对象转动惯量减小时,调节器比例系数应减小,积分时间常数应减小,以保证低速时控制精度要求。一般情况下,伺服系统控制对象参数变化范围有限,故可按其变化范围,寻求一折中值。

3. 位置调节器的设计

由前面分析可得,为设计位置调节器,将速度环用其闭环传递函数代替,伺服系统动态结构如图 5.77 所示。

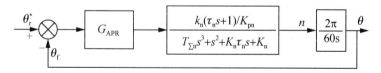

图 5.77 位置伺服系统动态结构图

可以看出伺服系统是一个高阶动态调节系统,系统位置调节器设计十分复杂,须对其做降阶或等效处理,抓住主要矛盾,用反应位置环主要特性的环节来等效。考虑到系统速度响应远比位置响应快,即位置环截止频率远小于速度环各时间常数的倒数,在分析系统时,将速度环近似等效成一阶惯性环节。用伺服系统单位速度阶跃响应时间(电动机在设定转矩下,空载启动到设定转速时的响应时间)作为该等效惯性环节时间常数 T_p,速度环闭环放大倍数 K_p,它表示电动机实际速度和伺服速度指令间的比值,速度环表示为

$$G_{nb}(s)=\frac{K_p}{T_p s+1} \tag{5-93}$$

速度环等效后，位置环控制对象是一个积分环节和一个惯性环节的串联。作为连续跟踪控制，位置伺服系统不希望位置出现超调与振荡，以免位置控制精度下降。因此，位置控制器采用比例调节器，将位置环校正成典型Ⅰ型系统。假定位置调节器比例放大倍数为K_{pp}，闭环系统的开环传递函数为

$$G_p(s) = \frac{2\pi K_{pp} K_p}{60 s(T_p s+1)} = \frac{K_{pp} K_p / 9.55}{s(T_p s+1)} \quad (5-94)$$

位置控制不允许超调，应该选择调节器放大倍数，使式（5-94）中的参数满足

$$K_{pp} K_p T_p / 9.55 \approx 0.25 \quad (5-95)$$

也就是使位置环所对应的二阶系统阻尼系数接近1，系统位置响应成为临界阻尼或者接近临界阻尼响应过程。

这里关键是如何求取K_p、T_p即速度闭环放大倍数和等效惯性环节时间常数。前者可用稳态时速度指令与电动机实际速度的关系求得。根据电动机运动方程$Jd\omega_m/dt = T_e - T_L - B\omega_m$，忽略摩擦阻力，假定电动机在设定转矩作用下，电动机从静止加速到设定转速，可得到等效惯性环节时间常数

$$T_p = \frac{n_{sd} J}{9.55 T_{sd}} \quad (5-96)$$

式中，n_{sd}、T_{sd}分别为设定速度及设定电磁转矩，代入式(5.95)得

$$K_{pp} = \frac{9.55^2}{4} \frac{T_{sd}}{K_p n_{sd} J} \quad (5-97)$$

由此可见，伺服电动机带载时，随着电动机转动惯量增加，电动机阶跃响应时间变长，等效环节时间常数增加，为满足式(5-97)，位置调节器放大倍数应相应减小。

实际系统位置环增益与以下因素有关：

（1）机械部分负载特性，包括负载转动惯量和传动机构刚性；

（2）伺服电动机特性，包括机电时间常数、电气时间常数及转动的刚性；

（3）伺服放大环节的特性，速度检测器的特性。

所以，实际位置环设计需要考虑很多因素。在实际系统速度阶跃响应已知时，可根据式(5-97)求出位置控制器比例增益，再在实验中做相应调整即可以满足要求。

5.7.2 伺服控制中相关控制策略

在伺服控制系统中，要解决的主要问题是：如何在获得最大快移速度的同时保证定位精度，即快速到达给定位置，然后快速停止，且不能有超调，此外减少齿谐波及PWM控制等造成的转矩脉动。除了对调节器进行设计外，还应考虑直流母线电压波动，PI调节器积分溢出和输出饱和及速度摆动等对定位精度的影响。为了解决这些问题，在采用基于转子磁链定向矢量控制的伺服控制的基础上，通过空间矢量脉宽调制，解决电动机快速响应性和电压利用率的问题。采用直流母线电压纹波补偿，遇限削弱积分PI控制算法，抗振荡处理，速度斜坡处理等控制策略解决定位精度的问题，取得了良好的伺服控制效果，伺服控制系统原理框图如图5.78所示，下面将对各控制策略展开详细介绍。

1. 空间矢量脉宽调制

在直-交变换的脉宽调制中，正弦脉宽调制（SPWM）、电流跟踪控制着眼于使逆变器

第5章 伺服电动机及其控制系统

输出电压、输出电流尽量接近正弦波,然而脉宽调制的最终目的是在交流电动机内部产生圆形旋转磁场,磁链跟踪控制对准这一目标,把逆变器和交流电动机作为一个整体考虑,着眼于如何控制逆变器功率开关以改变电动机的端电压,使电动机内部形成的磁链轨迹去跟踪基准磁链圆。由于磁链的轨迹是靠电压空间矢量相加得到的,所以这种 PWM 方式又称为空间矢量脉宽调制(Space Vector PWM,SVPWM)。下面讨论 SVPWM 在 MC56F8357 中的实现原理。

从三相电压型逆变器的功率级示意图(图 5.79)可以看出,6 个功率开关共有 8 种组合开关状态,如果用 1 表示对应桥臂的上管导通、0 表示对应桥臂的下管导通,那么这 8 种开关状态(图 5.80)得到的线电压、相电压值和经 Clarke 坐标变换后 U_α、U_β 就如表 5-1 所示,各电压单位均为 U_{DC}。

表 5-1 八种开关状态及由此产生的线电压,相电压和 U_α、U_β

a	b	c	U_a	U_b	U_c	U_{AB}	U_{BC}	U_{CA}	U_α	U_β	vector
0	0	0	0	0	0	0	0	0	0	0	O_{000}
1	0	0	2/3	−1/3	−1/3	1	0	−1	2/3	0	U_0
1	1	0	1/3	1/3	−2/3	0	1	−1	1/3	$1/\sqrt{3}$	U_{60}
0	1	0	−1/3	2/3	−1/3	−1	1	0	−1/3	$1/\sqrt{3}$	U_{120}
0	1	1	−2/3	1/3	1/3	−1	0	1	−2/3	0	U_{180}
0	0	1	−1/3	−1/3	2/3	0	−1	2	−1/3	$-1/\sqrt{3}$	U_{240}
1	0	1	1/3	−2/3	1/3	1	−1	0	1/3	$-1/\sqrt{3}$	U_{300}
1	1	1	—	—	—	0	0	0	—	0	O_{111}

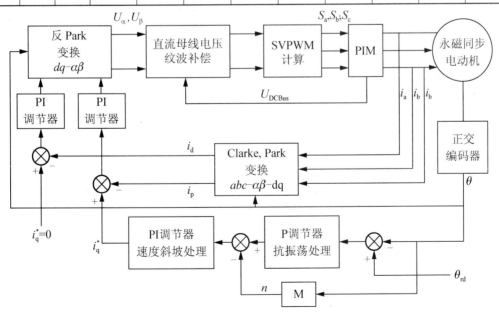

图 5.78 基于矢量控制永磁同步电动机伺服控制系统原理框图

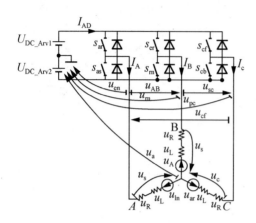

图 5.79　三相电压型逆变器的功率级示意图

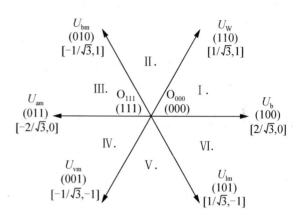

图 5.80　开关状态和空间电压矢量图

在 8 个开关状态中，有 6 个非零矢量 U_0、U_{60}、U_{120}、U_{180}、U_{240}、U_{300}，及两个零矢量 O_{111}、O_{000}。SVPWM 的基本原理是把任意一个空间电压矢量都分解为所在扇区相邻的两个开关电压矢量和一个零矢量，分解的每个分量的大小表示该电压矢量作用的时间。例如，参考电压矢量 U_S 在扇区 I 中，如图 5.81 和图 5.82 所示，则 U_S 可以分解为 U_0 和 U_{60} 两个相邻开关电压矢量和一个零矢量。

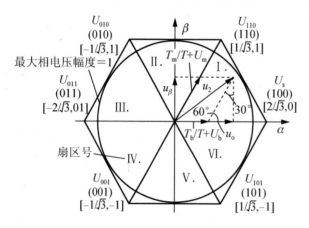

图 5.81　参考电压矢量在扇区 I 中

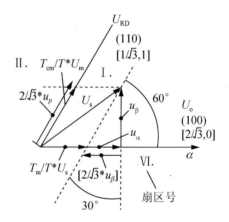

图 5.82　参考电压矢量在扇区 I 中详细解图

$$T = T_{60} + T_0 + T_{null}, \quad U_S = \frac{T_{60}}{T} U_{60} + \frac{T_0}{T} U_0 \tag{5-98}$$

式中：T_0、T_{60} 分别为开关电压矢量 U_0 和 U_{60} 在周期 T 内的导通时间；T_{null} 为零电压矢量 O_{111}、O_{000} 的作用时间。由图 5.82 可以看出 u_α、u_β 可以表示为

$$u_\beta = \frac{T_{60}}{T} |U_{60}| \sin 60°, \quad u_\alpha = \frac{T_0}{T} |U_0| + \frac{u_\beta}{\tan 60°} \tag{5-99}$$

由于假定最大相电压幅值为 1，可得基本电压矢量 $|U_{60}| = |U_0| = 2/\sqrt{3}$，则可计算出 U_{60} 和 U_0 在周期 T 内的占空比 T_{60}/T、T_0/T 分别为

$$\frac{T_{60}}{T}=u_\beta \ , \qquad \frac{T_0}{T}=\frac{1}{2}(\sqrt{3}u_\alpha-u_\beta) \tag{5-100}$$

当参考电压矢量 U_s 在扇区Ⅱ中，同理如图 5.83 和图 5.84 所示，则 U_s 可以分解为 U_{60} 和 U_{120} 两个相邻开关电压矢量和一个零矢量。

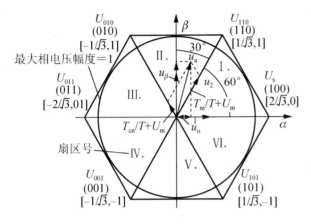 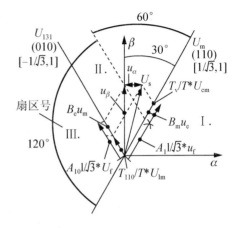

图 5.83 参考电压矢量在扇区Ⅱ中   图 5.84 参考电压矢量在扇区Ⅱ中详细解图

$$T=T_{120}+T_{60}+T_{null} \ , \qquad U_s=\frac{T_{120}}{T}U_{120}+\frac{T_{60}}{T}U_{60} \tag{5-101}$$

由图 5.84 可得 $|U_{120}|=|U_{60}|=2/\sqrt{3}$，则可计算出 U_{120} 和 U_{60} 在周期 T 内的占空比 T_{120}/T、T_{60}/T 分别为

$$\frac{T_{120}}{T}=\frac{1}{2}(u_\beta-\sqrt{3}u_\alpha) \ , \qquad \frac{T_{60}}{T}=\frac{1}{2}(u_\beta+\sqrt{3}u_\alpha) \tag{5-102}$$

对于其他 4 个扇区，则跟这两个扇区类似，在这里就不一一推导了。

为了更好地表示所有参考电压矢量的占空比，在这里定义如下：

(1) 3 个辅助变量：$3=u_\beta$，$Y=1/2 \cdot (u_\beta+\sqrt{3}u_\alpha)$，$Z=1/2 \cdot (u_\beta-\sqrt{3}u_\alpha)$。

(2) 两个作用时间变量：t_1，t_2。

若参考电压矢量在扇区Ⅰ，则 t_1 和 t_2 表示 U_{60} 和 U_0 的导通占空比，若参考电压矢量在扇区Ⅱ，则 t_1 和 t_2 表示 U_{120} 和 U_{60} 的导通占空比。对每个扇区，t_1 和 t_2 借助 3 个辅助变量 X、Y、Z 表示，如表 5-2 所示。

表 5-2 每个扇区 t_1 和 t_2 表达式

扇区	U_0，U_{60}	U_{60}，U_{120}	U_{120}，U_{180}	U_{180}，U_{240}	U_{240}，U_{300}	U_{300}，U_0
t_1	X	Z	$-Y$	$-X$	$-Z$	Y
t_2	$-Z$	Y	X	Z	$-Y$	$-X$

为获取辅助变量 X、Y、Z，则必须知道参考电压矢量所在的扇区号，扇区号的获取有很多种方法，这里所述的是采用修正后的反 Clark 变换，将直角坐标系的 α、β 分量转换为 3 个电压参考量 u_{ref1}、u_{ref2}、和 u_{ref3} 用以计算扇区号。图 5.85 所示的扇区判断方法可由图 5.86 的扇区判断树来求出具体参考电压矢量所在的扇区号。

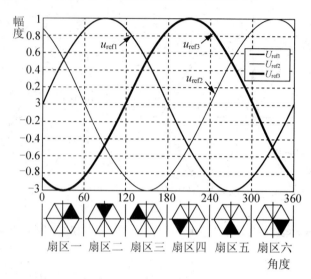

图 5.85 转化后的三个电压参考量 u_{ref1}、u_{ref2} 和 u_{ref3}

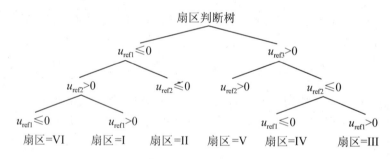

图 5.86 扇区判断树

$$u_{ref1} = u_\beta \quad (5-103)$$

$$u_{ref2} = \frac{-u_\beta + \sqrt{3}u_\alpha}{2} \quad (5-104)$$

$$u_{ref3} = \frac{-u_\beta - \sqrt{3}u_\alpha}{2} \quad (5-106)$$

这样就可以通过以下 3 个公式求出三相的导通占空比 t_1、t_2、t_3。

$$t_1 = \frac{1-t\_1-t\_2}{2} \quad (5-106)$$

$$t_2 = t_1 + t\_1 \quad (5-107)$$

$$t_3 = t_2 + 3\_2 \quad (5-108)$$

式中，t_1 和 t_2 为基本电压矢量的导通占空比。各扇区的三相导通占空比 t_1、t_2、t_3 分配如表 5-3 所示。

第5章 伺服电动机及其控制系统

表5-3 各扇区的导通占空比配

Sectors	U_0,U_{60}	U_{60},U_{120}	U_{120},U_{180}	U_{180},U_{240}	U_{240},U_{300}	U_{300},U_0
pwm_a	t_3	t_2	t_1	t_1	t_2	t_3
pwm_b	t_2	t_3	t_3	t_2	t_1	t_1
pwm_c	t_1	t_1	t_2	t_3	t_3	t_2

从本质上来说，SVPWM 也是一种带谐波注入的调制方法，它的调制波相当于在原正弦波的基础上叠加了一个零序分量，该零序分量的波动频率是变换器输出基波频率的倍数，而且可能还有直流分量。与此同时，零序分量不仅含有奇次谐波，还含有偶次谐波。当零序分量加入后，它会将调制波的峰值拉低，并且相调制波已经不是正弦波，所以输出相电压必有畸形。但对于三相无中线系统，零序电压不会产生电流，而输出线电压因零序分量互相抵消仍保持正弦，故三相△联结负载时不会产生畸变谐波，就是三相变压器为 Y 联结，负载上实际的相电压仍没有畸变。

总结起来，这种 SVPWM 模式有以下特点：
(1) 每个小区间均以零电压矢量开始和结束；
(2) 在每个小区间内虽有多次开关状态切换，但每次切换都只涉及一个功率开关器件，因而开关损耗较小；
(3) 利用电压空间矢量直接生成三相 PWM 波，计算简便；
(4) 交流电动机旋转磁场逼近圆形的程度取决于小区间时间 T 的大小，T 越小，越逼近圆形，但 T 的减小受到所用功率器件允许开关频率的制约；
(5) 采用 SVPWM，逆变器输出线电压基波最大幅值为直流侧电压，这比一般的 SPWM 逆变器输出电压高 15%，提高了电压利用率，减少了齿谐波及 PWM 控制造成的转矩脉动，且它的谐波电流有效值总和接近优化。

2. 直流母线电压纹波补偿

电网电压波动及电动机负载扰动会引起直流母线电压波动。为减少直流母线电压纹波扰动对 PWM 输出电压的影响，需对直流母线电压进行纹波补偿，采用直流母线电压纹波补偿方案可以补偿直流母线电压波动，即在定子参考电压 U_s 在 α、β 方向分量各乘一个加权系数。具体算法如下所述：

$$\alpha^* = \begin{cases} \dfrac{\text{index}\alpha}{\text{u\_dcbus}} & |\text{index}\alpha| < \dfrac{\text{u\_dcbus}}{2} \\ \text{sign}(\alpha)\cdot 1.0 \end{cases} \quad (5-109)$$

$$\beta^* = \begin{cases} \dfrac{\text{index}\beta}{\text{u\_dcbus}} & |\text{index}\beta| < \dfrac{\text{u\_dcbus}}{2} \\ \text{sign}(\beta)\cdot 1.0 \end{cases} \quad (5-110)$$

式中，index 为反调制系数，应写成正分数的形式且满足 0<index<1，index 的具体取值决定于电压矢量的调制方式。例如，对于大多数空间矢量脉宽调制，index$=\sqrt{3}/2=$ 0.8660252；对于直接反 Clark 变换，index=1。0<u_dcbus<1 对应于最大直流母线电压的 0%～100%。其中 $y=\text{sign}(x)$ 定义如下所示：

$$y=\begin{cases}1.0 & x\geqslant 0\\ -1.0 & \end{cases} \tag{5-111}$$

式(5-111)中，$x=\alpha$、β，为电压矢量输入的占空比；α^*、β^*为电压矢量输出的占空比。

通过直流母线电压纹波补偿方案，可显著减小电网电压波动及电动机负载扰动所引起的直流母线电压波动对PWM输出电压的影响，减小转矩脉动。

3. 遇限削弱积分PI控制算法

传统PI调节器的输出和输入之间为比例-积分关系，即

$$u(t)=K_p\left[e(t)+\frac{1}{\tau_i}\int_0^t e(t)\mathrm{d}t\right] \tag{5-112}$$

若以传递函数的形式表示，则为

$$G(s)=\frac{U(s)}{E(s)}=K_p+K_i\frac{1}{s} \tag{5-113}$$

式中，$u(t)$为调节器的输出信号；$e(t)$为调节器的偏差信号；K_p为比例系数；K_i为积分系数，$K_i=K_p/\tau_i$；τ_i为积分时间常数。

当采样周期T足够短时，离散的PI调节器可写为

$$u(k)=K_p\left[e(t)+K_i\sum_{j=0}^k e(j)\right] \tag{5-114}$$

而增量式模型可写为

$$\Delta u(k)=u(k)-u(k-1)=K_p[e(k)-e(k-1)]+K_i e(k) \tag{5-115}$$

式(5-115)中，k为采样次序；$u(k)$为k时刻PI调节器输出；$e(k)$为k时刻误差输入信号。

但是在实际运行中，为防止PI调节器积分溢出和输出饱和，采用遇限削弱积分的PI控制算法，当PI调节器进入积分饱和区后，不再进行积分项的累加，只执行削弱积分的运算。具体控制算法如下：

$$e(k)=r(k)-y(k),\ u(k)=x(k-1)+K_p e(k),\ x(k)=x(k-1)+K_i e(k)+K_{cor}E_{PI} \tag{5-116}$$

式(5-116)中，$K_{cor}=K_i/K_p$，为校正增益因子；$E_{PI}=u_{out}-u(k)$。

当PI调节器溢出或输出饱和时，即

(1) 当$u(k)>U_{max}$时，$u_{out}=U_{max}$；

(2) 当$u(k)<U_{min}$时，$u_{out}=U_{min}$；

(3) 当$U_{max}<u(k)<U_{min}$时，$u_{out}=u(k)$。

遇限削弱积分PI控制算法可防止PI调节器的积分溢出和输出饱和。在进行PI整定时，PI调节器参数整定需把比例和积分的控制作用综合起来考虑。

1) 比例控制对系统性能的影响分析

(1) 对动态特性的影响：K_p加大，会使系统的动作灵敏、响应速度加快，但K_p偏大又会使振荡次数增多，调节时间加长，当K_p太大时，系统就会趋于不稳定；若K_p太小，又会使系统动作过于缓慢。

(2) 对稳态特性的影响：加大K_p，在系统稳定的情况下，可以减少稳态误差，提高控制精度，但K_p的加大只能减小误差，却不能完全消除稳态误差。

2) 积分控制对系统性能的影响分析

(1) 对动态特性的影响：τ_i通常会使系统稳定性下降，τ_i太小，系统将不稳定；τ_i偏

小，振荡次数较多；τ_i太大，积分对系统性能的影响减小。

（2）对稳态特性的影响：τ_i能消除系统的稳态误差，提高系统的控制精度；但若τ_i太大，积分作用太弱，就不能够减小稳态误差。

转子速度是机械变量，由于转子转动惯量的影响，机械时间常数远大于电气时间常数，机械变量变化相对于电变量（如电流）来说慢得多，所以转速外环的PI控制程序不需要在每次PWM中断时都执行。

4. 抗摆动处理

通常情况下，伺服系统定位过程可以划分为四段：加速运行阶段、恒速运行阶段、减速运行阶段和低速趋近定位点阶段。在低速趋近定位点阶段，当转子转到给定位置，在电动机将进入停止状态时仍需提供相应的转矩，此时若仍采用原来的PI参数，容易使电机转子振荡和来回摆动，这是伺服控制中最需要解决的问题，同时也是如何获得最大的快移速度又保证控制定位精度的问题，因此需要采取一定措施进行抗摆动处理，在获取最大的快移速度的同时保证定位精度。根据整个运行过程时间最优的设计原则，为了不出现位置超调与振荡，在位置环采用了比例调节器。在加速运行阶段和恒速运行阶段位置环采用常系数控制，此时电动机以最大加速度上升至最大限幅转速，并以此转速迅速使位置偏差减小。当位置偏差减小到一定程度时，即在减速运行阶段和低速趋近定位点阶段，采用了以下两种防摆动处理方案，最终使电动机无超调地逼近给定位置。

（1）变位置P调节器输出速度限幅的方法，如图5.87所示。当位置偏差较大时，速度限幅输出值较大，速度限幅输出值随位置偏差的变小成阶梯状下降。采用这种方法调节比较简单，速度响应较快，但有微小的超调，适用于对位置精度要求不是很高，但响应速度快的场合，如工业缝纫机的应用。

（2）变P调节器P参数的防摆动处理方案，如图5.88所示。当位置偏差足够大时（区域1和5），位置P调节器参数保持不变；当位置偏差足够小时（区域2和4），P调节器的参数逐渐变小；当转子进入停止区域时（区域3），P调解器的参数设置为0。试验结果表明该方法能够在获取最大的快移速度的同时又保证了定位精度，采用这种方法响应速度快，位置无超调，同时有效地消除转子到达预定位置停机时的摆动现象。这种方法适用于对位置要求非常高的场合，但P参数变化曲线整定相对较麻烦。

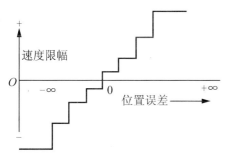

图5.87 防摆动处理P调节器变速度限幅原理图

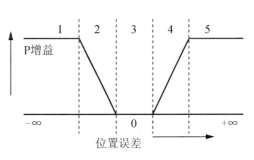

图5.88 防摆动处理变P调节器P参数原理图

采用上述两种抗摆动处理方案，能使伺服控制系统进行位置控制时，在获取最大的快移速度的同时又保证了良好的定位精度，同时有效地消除了电动机转子到达预定位置停机时的振荡和来回摆动现象。

5. 速度斜坡处理

为了减小速度的摆动问题，采用了速度斜坡处理方案，当需要增加速度时，使输出值沿预先设置的斜坡上升，直到到达期望值；当需要减小速度时，使输出值沿预先设置的斜坡下降，直到到达期望值，如图 5.89 所示。通过速度斜坡处理后可显著减少速度的摆动问题，使得电动机速度输出较稳定。

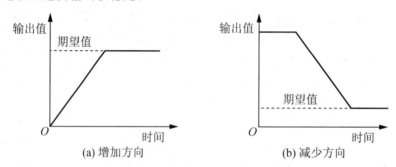

图 5.89　速度斜坡处理方案

5.7.3　永磁同步伺服电动机的 DSP 控制电路

本节针对 5.7.2 节提出的基于 MC56F8357 永磁同步伺服电动机（PMSM）控制系统方案，给出整套伺服控制硬件系统。该硬件系统是一套完整的电动机控制系统，不仅可以用于永磁同步电动机的位置伺服控制，而且可以进行速度控制，并可通过上位机进行 PC Master 控制。基于 Freescale DSP MC56F8357 的伺服控制系统硬件结构图如图 5.90 所示。本节将介绍伺服控制系统控制板的主要硬件电路，主要包括主回路电路、检测电路（电流、电压、转子位置）、保护电路、驱动电路、LCD 显示电路和电源电路。

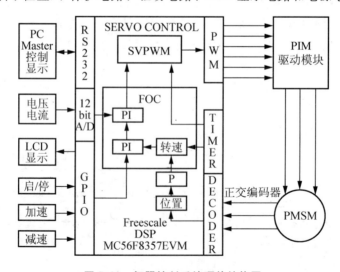

图 5.90　伺服控制系统硬件结构图

第5章 伺服电动机及其控制系统

1. 主回路电路

本系统主回路采用交-直-交结构，其中逆变器部分采用电压型逆变器。采用 Tyco 公司的 PIMP549-A-PM 模块(额定电压为 1200V，电流为 10A)构成功率主回路。它包括一个三相整流器，制动断流器及由 6 个 IGBT(绝缘栅双极晶体管)和 FRED(快速恢复外延二极管)组成的三相逆变器。PIM 的引脚图如图 5.91 所示。当发生过压需要制动时，DSP 将制动信号经光耦传输后使 PIM 的 BR 端触发，PIM 模块引脚的信号连接方式及制动回路如图 5.92 所示。

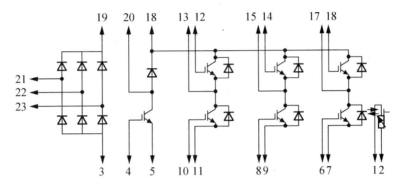

图 5.91 PIM 的引脚图

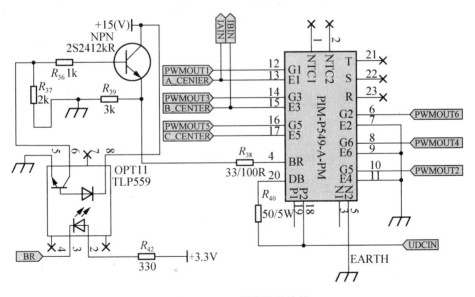

图 5.92 PIM 引脚信号连接

2. 检测电路

在基于矢量控制的伺服控制系统中，需要检测一些反馈量，如电动机相电流、直流母线电压、电动机转子的位置和速度。电动机电流的检测是为了实现电流闭环控制和主电路的过流保护；直流母线电压的检测是为了电压空间矢量调制的需要；而电动机转子位置和速度的检测是为了实现位置闭环和速度闭环控制，并予以显示。

1)电流信号的检测

电流检测通常有以下几种方式:①电阻采样;②采用磁场平衡式霍尔电流检测器(LEM模块);③采用电流互感器。电阻采样适合于被测电流较小的情况,在待测电流的支路上串入小值电阻,通过测量电阻上的压降就可以计算电流大小。若要在保证电流检测线性度的同时又实现强、弱电的隔离,需要采用用于传输模拟量的线性光电耦合器件。电流互感器只能用于交流电流的检测,检测过程中需要对互感器获得的电流信号进行整流以得到单极性的直流电压,再通过 A/D 转换读入微处理器,由于整流电压本身具有脉动性,因此读入微处理器时因采样方式的不同将会得到不同的测量结果。与这两种电流检测方法相比,采用 LEM 模块可以达到很好的测量精度和线性度,而且霍尔电流传感器响应快,隔离也彻底。实验系统中电动机侧电流传感器的选择至关重要,通过对精度、线性度以及响应速度等指标的全面比较,选用电流 LEM 模块 LA28-NP(选择 5A 量程)作为电动机侧的电流传感器,电流 LEM 模块的输出为电流型信号,必须经过精密采样电阻转换为电压信号才能进行信号调理。又因 MC55F8357 的 ADC 模块工作在单边方式,交流电流信号的调理电路中需要包括电平提升电路。电动机侧电流信号的调理过程如图 5.93 所示,实际电流检测电路图如图 5.94 所示。

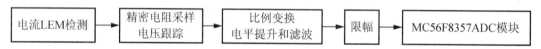

图 5.93 电动机侧电流信号的调理过程

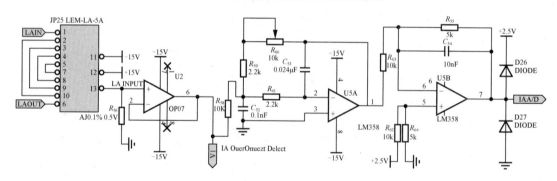

图 5.94 电动机侧实际电流检测图

电流采用 5A 量程时,当一次电流为 10mA 时,则二次输出电流为 25mA。由于本系统电动机最大输出电流为 1.65A,则在 LEM 的一次最大输入电流为 $1.65/5 \times 10\text{mA} = 3.3\text{mA}$,二次最大输出电流为 $1.65/5 \times 25\text{mA} = 8.25\text{mA}$,LEM 后端采样电阻为 300Ω,则可获得的最大电压为 $300 \times 0.00825\text{V} = 2.475\text{V}$。通过电平提升则可得 MC56F8357ADC 模块最大输入电压为 $2.475\text{V}/2 + 2.5\text{V}/2 = 2.4875\text{V}$,最小输入电压为 $-2.475\text{V}/2 + 2.5\text{V}/2 = 0.0125\text{V}$。

2)电压信号的检测

电压的检测方式通常有:①分压电阻采样;②采用电压互感器;③采用磁场平衡式霍尔电压传感器(LEM 模块)。分压电阻采样可以用于直流母线电压的检测,但要进行强、弱电隔离时,需采用光电耦合电路。电压互感器只能用于交流电压的检测。而应用磁场平衡式霍尔电压传感器进行直流母线电压的测量和隔离,可以获得很好的测量精度和动态响应,因此,实验系统选用电压 LEM 模块 LV28-P 来检测直流母线电压,直流母线电压信号的调理过程与电动机侧电流信号大体相同,但无须电平提升电路。实际电压检测电路图如图 5.95 所示。

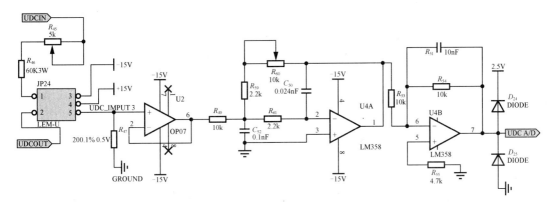

图 5.95 直流母线实际电压检测图

由于直流母线电压为 36V,则在一次采用 3.6kΩ 的功率电阻,则一次输入电流为 10mA 时,二次输出电流为 25mA。LEM 后端采样电阻为 100Ω,则可获得输入 MC56F8357ADC 模块的电压为 $100×0.025=2.5V$。

3) 转子位置信号的检测

应用机械式位置传感器检测电动机转子的位置和速度,可以把测量结果作为评价转子位置自检测精度的依据。要精确检测转子某一时刻达到的位置,需要较为精密的转角检测器。本系统选用 1024 线的增量式光电编码器作为机械式转子位置传感器。光电编码器的输出信号包括用于检测转子空间绝对位置的互差 120°的 U、V、W 脉冲,还有用于检测转子旋转速度的两个频率变化且正交的 A、B 脉冲及其定位 Z 脉冲。编码器的输出通过接口电路与 MC56F8357 的 Quadrature Decoder 电路相连接。Quadrature Decoder 电路的时基由设置为定向增/减计数模式的通用定时器来提供,Quadrature Decoder 电路的方向检测逻辑决定两个 Quadrature Decoder 引脚的输入序列中哪一个是先导序列,接着它就产生方向信号作为通用定时器的计数方向输入,因此,电动机的旋转方向就可以通过计数方向来判定,而转子的旋转速度可以由计数值来确定。具体电路如图 5.96 所示,A+、A-、B+、B-、Z+、Z-差分信号先经过 26LS32 差分电路转换芯片转换后,经快速光耦 TLP559 再反向后送到 MC56F8357Quadrature Decoder 接口。

3. 保护电路

为确保实验系统安全可靠运行,必须设计完善的故障保护功能。故障保护可以通过硬件或软件来实施。软件保护灵活,可以根据被测量进行故障诊断,决定相应的应变措施,但软件保护依赖于微处理器的正常工作,一旦微处理器本身也发生故障,或微处理器到驱动电路之间发生传输错误,故障就可能继续蔓延并造成损失,同时软件在处理故障时还存在时序、中断优先级的先后等问题,保护的实时性较差。而硬件保护实时性高,可靠性好,但它不能根据运行状态进行故障诊断,只能通过硬件电路检测系统的异常并采取简单的保护动作,如封锁驱动脉冲并停机等。由于过电流保护要求很高的反应速度,故采用硬件电路实施检测和保护。过流检测保护电路如图 5.97 所示,其原理是检测电动机定子相电流的瞬时值,再将其正、负半周的最大值与设定的参考值(由 TL431 参考电压电路给出)相比较,一旦出现过流的情况,就锁定过流信号,同时也把过流保护信号与MC56F8357 的 RESET 信号相或之后经快速光耦处理后送到 IR2110 的保护信号输入端SD,封锁驱动脉冲以保障系统运行的安全。

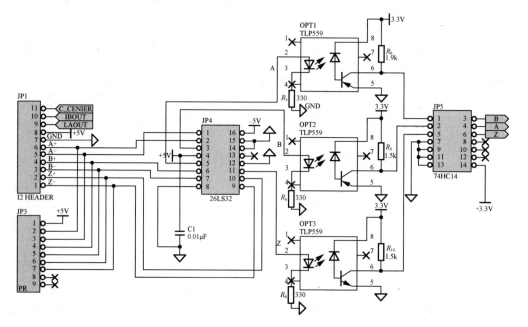

图 5.96 实际转子位置信号检测图

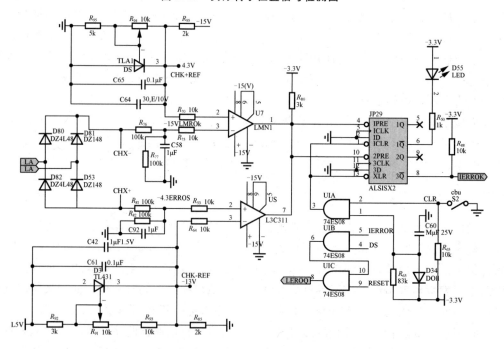

图 5.97 过流检测保护电路

第5章 伺服电动机及其控制系统

4. 驱动电路

驱动电路是主电路与控制电路之间的接口。采用性能良好的驱动电路可以使功率半导体器件工作在较为理想的开关状态，缩短开关时间，降低开关损耗。此外，对功率器件和整个装置的保护往往也要通过驱动电路来实现，因此，驱动电路对装置的运行效率、可靠性和安全性都有重要的影响。

IGT/P-MOSFET是电压型控制器件，使IGBT/P-MOSFET开通的栅源极间驱动电压一般为10～15V，其输入阻抗很大，故驱动电路可以做得很简单，且驱动功率也小。栅极驱动电路的基本功能应包括：向IGBT/P-MOSFET栅极提供需要的栅荷以保证功率器件的开关性能；实现主电路与控制电路之间的电隔离，具有较强的抗干扰能力以保证功率器件在高频工况下可靠工作；具有较短的信号传输延迟时间；具有可靠的保护功能。为了保障功率器件的安全运行，当主电路或驱动电路出现故障时（如主电路过流或驱动电路欠压），驱动电路应迅速封锁正向栅极电压并使功率器件关断。

IR(International Rectifier)公司的IR21xx系列高压浮动MOS栅极驱动集成电路是常用的集成式栅极驱动电路之一，该驱动电路将驱动一个高压侧和一个低压侧MOSFET所需的绝大部分功能集成在一个封装内，它们依据自举原理工作，驱动高压侧和低压侧两个器件时，不需要独立的驱动电源，因而使电路得到简化，而且开关速度快，可以得到理想的驱动波形。本装置采用该系列的IR2110对PIM（集成6个IGBT）或P-MOSFET(IRFP44N)进行驱动。IR2110有两个独立的输入输出通道，主电路最大直流工作电压为500V，驱动脉冲最大延迟时间为10ns，门极驱动电源电压范围为10～20V；逻辑电源电压范围为3.3～20V；逻辑输入端采用施密特触发器，以提高抗干扰能力并能接收缓慢上升的输入信号；在电压过低时，有自关断等保护功能。

MC56F8357输出的PWM信号先经过快速光耦TLP559实现隔离和电平转换，再通过IR2110实现驱动，其一相桥臂的驱动电路如图5.98所示。SD为IR2110的保护信号输入端，当该引脚为高电平时，芯片的输出信号全部被封锁。所以当主电路出现过流故障时，过流保护信号就会封锁IR2110，使其无法再继续传送PWM信号，截止功率开关器件，从而阻断故障的进一步发展。

5. LCD显示电路

为了可以直观地看出电动机运行时的速度、位置等电参数，本系统采用LCD显示电动机各个运行状态参数，用以显示给定转速和实际转速及给定位置和实际位置信息。

本设计采用FM1601A-LA液晶，单行显示，每行16个字符，5V电压供电。由于DSP的I/O口只提供3.3V电压电平，不能直接驱动LCD，需要一个电压转换芯片，本设计采用的是74LS245，可将3.3V电平提升为5V。为了节省DSP的I/O口资源，本设计通过采用74F164，串行数据转换为并行数据给LCD，如图5.99所示，中央复位端$\overline{MR}$为高电平，数据输入端A和B相连。首先将每一位字符所对应的代码转化为8位的BCD码，然后逐一发送，每传完一个，CLK动作，进行移位，当8位BCD码全部发送完毕后，

LCD 端的 RS 和 E 动作，使数据 Q0～Q7 在 LCD 显示出来。

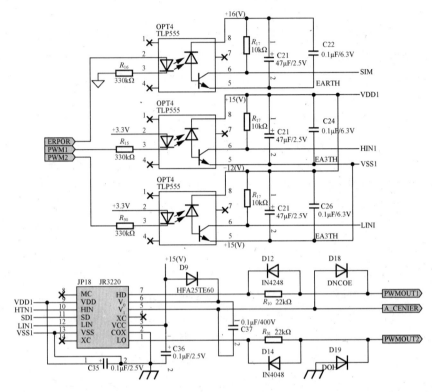

图 5.98 逆变器一相桥臂的驱动电路

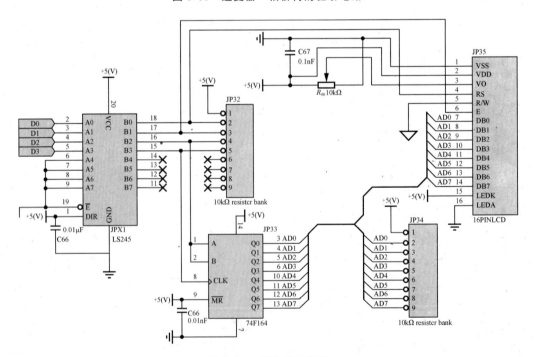

图 5.99 液晶显示电路

第5章 伺服电动机及其控制系统

同时，LCD 端的 R/W 不直接接低电平，这样就不用判定 LCD 是否忙碌，通过分别设定适当的延迟，对 LCD 完成初始化，发送指令和数据等操作。

6. 电源设计

由于系统涉及电动机、控制板、EVM 板，是一个强电、弱电、数字地、模拟地在一起的高耦合系统，需要提供很多不同电压的电源，这就需要进行多种电平转换。

系统主回路采用 36V 开关电源提供，控制板采用 +5V、±15V、+24V 3 组不共地的电源。+5V 电源供给编码器使用；±15V 供给 LEM、OP07、LM358、LM311、TL431 等使用，通过 7812 转成 12V 给 EVM 使用，通过 7805 转成 5V 给 LCD 使用，再通过 SPX1117 转成 3.3V 给 I/O 口使用；+24V 转成 +15V 供给 IR2110 驱动回路使用，具体电压转换图如图 5.100 所示。在 3 组不同形式的地之间通过光耦进行隔离，+24V 的地与主回路的地采用单点接地的方式。

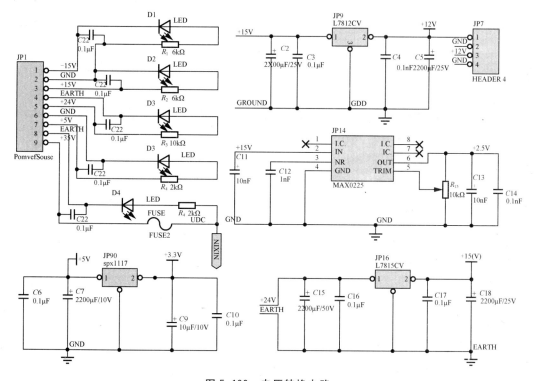

图 5.100 电压转换电路

小　　结

伺服电动机将电压信号转变为电动机转轴的角速度或角位移输出，在自动控制系统中作为执行元件。

直流伺服电动机是指使用直流电源的伺服电动机，实质上是一台他励式直流电动机。除了传统型直流伺服电动机外，还有盘式电枢、空心杯形转子和无槽电枢等低惯量直流伺服电动机,它们大大减小了直流伺服电动机的机电时间常数,改善了电动机的动态特性。直流伺服电动机有电枢控制和磁极控制两种控制方式,其中以电枢控制应用较多。电枢控制时直流伺服电动机具有机械特性和控制特性的线性度好,控制绕组电感较小,电气过渡过程短等优点。

交流异步伺服电动机在自动控制系统中也主要用做执行元件。相对于普通的异步电动机,异步伺服电动机具有较大的转子电阻,一方面能防止转子的自转现象;另一方面,可使伺服电动机的机械特性更接近于线性。

交流异步伺服电动机的控制方式有幅值控制、相位控制、幅值—相位控制和双相控制4种。通过改变控制电压的值,就可以控制电动机的转速。采用双相控制时,控制电压和励磁电压大小相等,相位差90°电角度,电动机始终工作在圆形旋转磁场下,能获得最佳的运行性能。

利用对称分量法分析异步伺服电动机的运行性能,得到各种不同有效信号系数时的机械特性和调节特性。当控制电压发生变化时,电动机转速也发生相应变化,因而达到控制转速的目的。与直流伺服电动机相比,交流异步伺服电动机的机械特性和调节特性都是非线性的。

在自动控制系统中,当要求电动机的转速恒定不变,即要求电动机的转速不随负载的变化而改变时,可以使用交流同步伺服电动机。根据转子结构特点,同步伺服电动机可分为永磁式、磁阻式和磁滞式3种。这些电动机的定子结构与异步电动机相同,转子上均没有励磁绕组。永磁同步电动机的转速为同步转速。

知识链接

从本章的分析可以看出,数字化交流伺服电动机系统的应用越来越广,用户对伺服驱动技术的要求越来越高。总体来说,伺服系统的发展趋势可以概括为以下几个方面。

1. 交流化

伺服技术的发展将继续快速地推进直流伺服系统向交流伺服系统的转型。从目前国际市场的情况看,几乎所有的新产品都是交流伺服系统。在工业发达国家,交流伺服电动机的市场占有率已经接近90%。在国内生产交流伺服电动机的厂家也越来越多,已经完全超过生产直流伺服电动机的厂家。可以预见,在不远的将来,除了在某些微型电动机领域之外,交流伺服电动机将完全取代直流伺服电动机。

2. 全数字化

采用新型高速微处理器和专用DSP的伺服控制单元将全面代替以模拟电子器件为主的伺服控制单元,从而实现完全数字化的伺服系统。全数字化的实现,将原有的硬件伺服控制变成了软件伺服控制,从而使在伺服系统中应用现代控制理论的先进算法成为可能,同时还大大简化了硬件,降低了成本,提高了系统的控制精度和可靠性。

全数字化是未来伺服驱动技术发展的必然趋势。全数字化不仅包括伺服驱动内部控制的数字化、伺服驱动到数控系统接口的数字化,而且还应该包括测量单元的数字化。因此伺服驱动单元位置环、速度环、电流环的全数字化,现场总线连接接口、编码器到伺服驱动的数字化连接接口,是全数字化的重要标志。

3. 高性能化

伺服控制系统的功率器件越来越多地采用金属氧化物半导体场效应晶体管(MOSFET)和绝缘栅双极型晶体管(IGBT)等高速功率半导体器件。这些先进器件的应用显著降低了伺服系统逆变电路的功耗,提高了系统的响应速度和平稳性,降低了运行噪声。

通过采用分数槽绕组以及电动机优化设计减少永磁同步电动机的定位转矩,提高反电动势的正弦度,减少转矩波动,降低振动和损耗。铁损和温度变化对感应电动机的转矩控制精度有很大的影响,尤其是低速运行时更为突出,通过定量解析感应电动机的磁滞损耗和涡流损耗,并采用先进的补偿技术,可以有效地提高转矩的控制精度,提高伺服系统的调速范围。

高性能控制策略广泛应用于交流伺服系统。高性能控制策略通过改变传统的 PI 调节器设计,将现代控制理论、人工智能、模糊控制、滑膜控制等新成果应用于交流伺服系统中,可以弥补这些缺陷和不足。

4. 多功能化

最新数字化的伺服控制系统具有越来越丰富的功能。首先,具有参数记忆功能,系统的所有的运行参数都可以通过人机对话的方式由软件来设置,保存在伺服单元内部,甚至可以在运行途中由上位计算机加以修改,应用十分方便。其次,能提供十分丰富的故障自诊断、保护、显示与分析功能。无论什么时候,只要系统出现故障,会将故障的类型以及可能引起故障的原因,通过用户界面清楚地显示出来。除此之外,有的伺服系统还具有参数自整定的功能,可以通过自学得到伺服系统的各项参数;还有一些高性能伺服系统具有振动抑制功能。例如,当伺服电动机用于驱动机器人手臂时,由于被控对象的刚度较小,有时手臂会产生持续振动,通过采用振动控制技术,可有效缩短定位时间,提高位置控制精度。

5. 小型化和集成化

新的伺服系统产品改变了将伺服系统划分为速度伺服单元和位置伺服单元两个模块的做法,取而代之的是单一的、高度集成化的、多功能的控制单元。同一个控制单元,只要通过软件设置系统参数,就可以改变其性能,既可以使用电动机本身配置的传感器构成半闭环调节系统,也可以通过接口与外部的位置或转速传感器构成高精度的全闭环调节系统。高度的集成化还显著地缩小了整个控制系统的体积,使伺服系统的安装与调试工作都得到了简化。

控制处理功能的软件化,微处理器及大规模集成电路的多功能化、高度集成化,促进了伺服系统控制电路的小型化。通过采用表面贴装元器件和多层印制电路板(PCB)也大大减少了控制电路板的体积。

新型的伺服控制系统已经开始使用智能功率模块(IPM)。IPM 将输入隔离、能耗制动、过温、过电压、过电流保护及故障诊断等功能全部集成于一个模块中。通过采用高压电平移位技术及自举技术,可以实现 IPM 栅极的非绝缘驱动,减少了控制电源输出的路数。IPM 的输入逻辑电平与 TTL 信号完全兼容,与微处理器的输出可以直接接口。它的应用显著地简化了伺服单元的设计,并实现了伺服系统的小型化和集成化。

6. 模块化和网络化

在国外,以工业局域网技术为基础的工厂自动化(Factory Automation,FA)工程技术在最近 10 年来得到了长足发展,并显示出良好的发展势头。为适应这一发展趋势,最新的伺服系统都配置了标准的串行通信接口(如 RS-232、RS-422 等)和专用的局域网接口。这些接口的设置,显著地增强了伺服单元与其他控制设备间的互连能力,从而简化了与 CNC 系统的连接,只需要一根电缆或光缆,就可以将数台甚至数十台伺服单元与上位计算机连接成一个数控系统,也可以通过串行接口,与可编程控制器(PLC)的数控模块相连。

思考题与习题

1. 可以决定直流伺服电动机旋转方向的是( )。
   A. 电动机的极对数   B. 控制电压的幅值
   C. 电源的频率   D. 控制电压的极性

2. 有一台直流伺服电动机，电枢控制电压和励磁电压均保持不变，当负载增加时，电动机的控制电流、电磁转矩和转速如何变化？

3. 如果用直流发电机作为直流电动机的负载来测定电动机的特性(图 5.101)，就会发现，当其他条件不变，而只是减小发电机负载电阻 R_L 时，电动机的转速就下降。试问这是什么原因？

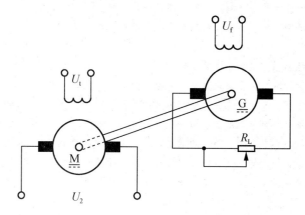

图 5.101 用直流发电机作为直流电机的负载

4. 已知一台直流电动机，其电枢额定电压 $U_a=110V$，额定运行时的电枢电流 $I_a=0.4A$，转速 $n=3600r/min$，它的电枢电阻 $R_a=50\Omega$，空载阻转矩 $T_0=15mN\cdot m$。试问该电动机额定负载转矩是多少？

5. 用一对完全相同的直流机组成电动机-发电动机组，它们的励磁电压均为 110V，电枢电阻 $R_a=75\Omega$。已知当发电动机不接负载，电动机电枢电压加 120 V 时，电动机的电枢电流为 0.12A，绕组的转速为 4500 r/min。试问：

(1) 发电动机空载时的电枢电压为多少伏？

(2) 电动机的电枢电压仍为 110V，而发电动机接上 0.5kΩ 的负载时，机组转速 n 多大(设空载阻转矩为恒值)？

6. 一台直流电动机，额定转速为 3000r/min。如果电枢电压和励磁电压均为额定值，试问该电动机是否允许在转速 $n=2500r/min$ 下长期运转？为什么？

7. 直流伺服电动机在不带负载时，其调节特性有无死区？调节特性死区的大小与哪些因素有关？

8. 一台直流伺服电动机其电磁转矩为 0.2 倍的额定电磁转矩时，测得始动电压为 4V，当电枢电压增加到 49V 时，其转速为 1500 r/min。试求当电动机为额定转矩，转速 $n=3000r/min$ 时，电枢电压 $U_a=?$

9. 已知一台直流伺服电动机的电枢电压 $U_a=110V$，空载电流 $I_{a0}=0.055A$，空载转速 $n=4600r/min$，电枢电阻 $R_a=80\Omega$。试求：

(1) 当电枢电压 $U_a=67.5V$ 时的理想空载转速 n_0 及堵转转矩 T_d；

(2) 该电动机若用放大器控制，放大器内阻 $R_i=80\Omega$，开路电压 $U_1=67.5V$，求这时的理想空载转速 n_0 及堵转转矩 T_d；

(3) 当阻转矩 T_L+T_0 由 30mN·m 增至 40mN·m 时，分别试求上述两种情况下转速的

第5章 伺服电动机及其控制系统

变化 Δn。

10. 交流伺服电动机转子的结构常用的有(　　)转子和非磁性杯形转子。
    A. 磁性杯　　　　B. 圆盘　　　　C. 圆环　　　　D. 笼式

11. 有一台四极交流伺服电动机，电源频率为400Hz，其同步速为(　　)
    A. 3000r/min　　B. 6000r/min　　C. 9000r/min　　D. 12000r/min

12. 理论上交流异步测速发电动机转速为0时输出电压应为(　　)
    A. 0　　　　　　B. 最大值　　　C. 平均值　　　D. 有效值

13. 异步伺服电动机的两相绕组匝数不同时，若外施两相对称电压，电动机气隙中能否得到圆形旋转磁场？如要得到圆形旋转磁场，两相绕组的外施电压要满足什么条件？

14. 为什么异步伺服电动机的转子电阻要设计得相当大？若转子电阻过大对电动机的性能会产生哪些不利影响？

15. 异步伺服电动机在幅值控制时，有效信号系数由0变化到1，电动机中的正序、负序磁动势的大小将怎样变化？

16. 幅值控制异步伺服电动机，当有效信号系数 $\alpha \neq 1$ 时，理想空载转速为何低于同步转速？当控制电压发生变化时，电动机的理想空载转速为什么会发生改变？

17. 什么叫"自转"现象？对异步伺服电动机应采取哪些措施来克服"自转"现象？

18. 有一台异步伺服电动机忽略其定子参数和转子漏抗，并假定 $R_2' = 4X_m$。试计算当分别为幅值控制及幅值-相位控制方式，始动为圆形旋转磁场时，它们的堵转转矩之比是多少？此时电容电抗 X_{cm} 为 R_2' 的多少倍？

19. 为什么交流伺服电动机有时能称为两相异步电动机？如果有一台电动机，技术数据上标明空载转速是1200r/min，电源频率为50Hz，请问这是几极电动机？空载转差率是多少？

20. 一台400Hz的异步伺服电动机，当励磁绕组加电压 $U_f = 110V$，而控制电压 $U_c = 0$ 时，测得励磁电流 $I_f = 0.2A$，将 I_f 的无功分量用并联电容补偿后，测得有功分量(即 I_f 的最小值) $I_{fm} = 0.1A$。试问：
    (1) 励磁绕组阻抗 Z_{f0} 及阻抗角 ψ_{f0} 各等于多少？
    (2) 如果只有单相电源，又要求 $n=0$ 时移相90°，应在励磁绕组上加多大电容？
    (3) 若电源电压为110V，串联电容后，U_f、U_c 的值分别为多少？($n=0$)
    (4) 设电动机额定电压 $U_{fn} = 110V$，此时电源电压 U_1 应减少到多少伏？串联电容值是否需要修改？

21. 伺服电动机的转矩、转速和转向都非常灵敏和准确地随着_____变化。

22. 一台500r/min，50Hz的同步电动机，其极数是_____。

23. 同步电动机最大的缺点是_____。

24. 同步电动机电枢绕组匝数增加，其同步电抗(　　)
    A. 增大　　　　B. 减小　　　　C. 不变　　　　D. 不确定

25. 对于同步电动机的转速，以下结论正确的是(　　)。
    A. 与电源频率和电动机磁极对数无关
    B. 与负载大小有关，负载越大，速度越低

C. 带不同负载输出功率总量恒定

D. 转速不随负载大小改变

26. 如果永磁式同步电动机轴上负载阻转矩超过最大同步转矩，转子就不再以同步速运行，甚至最后会停转，这就是同步电动机的（   ）。

    A. 失步现象　　　　B. 自转现象　　　C. 停车现象　　　D. 振荡现象

27. 说明永磁同步伺服电动机三闭环控制原理，并说明其与常规速度控制的区别。

第6章 步进电动机及其控制系统

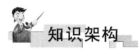
知识架构

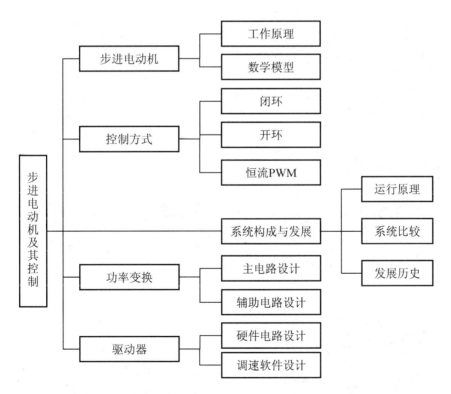

教学目标与要求

☞ 了解步进电动机系统的发展历史

控制电机与特种电机及其控制系统

☞ 掌握步进电动机系统的基本构成与工作原理
☞ 掌握步进电动机的运动控制方式
☞ 掌握步进电动机功率变换器的基本原理和基本设计步骤
☞ 掌握驱动器的构成、原理和基本设计步骤、设计方法
☞ 了解步进电动机系统的一般应用
☞ 了解步进电动机的一般原理与应用

引言

步进电动机(Stepping Motor 或 Step Motor，Stepper Motor)是一种可由电脉冲控制运动的特殊电动机，可以通过脉冲信号转换控制的方法将脉冲电信号变换成相应的角位移或线位移。因此步进电动机又称为脉冲电动机(Pulse Motor)。步进电动机不能直接使用通常的直流或交流电源来驱动，而是需要使用专门的步进电动机驱动器。由于可以实现由脉冲到位移的信号变换，因此在自动控制和数字控制系统中步进电动机作为执行元件得到了广泛应用。如在工业生产中被应用于数控机床、打印机、绘图仪、机器人控制等，同时日常生活中也可以见到它的身影，如家庭中常见的石英钟表带动指针的转动就使用了步进电动机。图6.1中列出了一些使用步进电动机的机器、设备。

(a) 步进电动机及其控制器

(b) 数控机床（一）

(c) 数控机床（二）

(d) 数控机床（三）

(e) 石英钟表芯

(f) 打印机

第6章 步进电动机及其控制系统

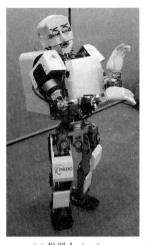

(g) 机器人（一）

(h) 机器人（二）

图 6.1 步进电动机及应用

随着计算机技术及控制、电子、信息等技术的快速发展，数控机床越来越得到更加广泛的应用，数据机床的运动方式也不断增多，在这些应用中都大量使用了步进电动机。驱动石英钟的表芯也是步进电动机的一种。在一些打印机内部也使用了多个步进电动机，如进纸及带动打印头运动的电动机也是步进电动机。在机器人的设计中由于所需的运动部件很多，其中也大量使用了步进电动机。

通过一定的控制方式，可以使步进电动机运动时的角位移或线位移与脉冲数成正比，即其转速或线速度与输入控制脉冲的频率成正比。在步进电动机所能承受的负载能力范围内，这种关系不会因电源电压、负载大小以及环境条件的波动而变化，因此在系统中可以采用开环的方式进行运动控制，从而使控制系统大为简化。通常步进电动机可以在较宽的范围内通过改变输入控制脉冲的频率来实现调速，并能够做到快速启动、反转和制动。由于它能直接利用脉冲数字信号进行控制并将其转换成角位移，因此很适合于采用计算机来进行数字式控制的场合。

6.1 步进电动机简介

传统的交直流电动机主要功能是将电能转换成机械能，机电能量转换的效率是衡量它性能优劣的主要指标。随着社会生产及科学技术的发展，在生产、生活中除了要求电动机完成机电能量转换的功能，还提出了运动控制方面的要求，如实现角速度和角位移的控制。对于控制应用来说，主要控制指标包括：稳速精度、调速范围、动态响应、跟随精度及定位精度等。在现代高性能运动控制应用中，步进电动机、无刷直流电动机和交流伺服电动机成为主要角色。其中步进电动机最早成为适应计算机控制的运动控制电动机，在20世纪60年代有较大的进展，二相混合式步进电动机的专利也是那时提出的，70～80年代步进电动机迅速发展，在计算机外设和办公自动化设备中广泛应用，并迅速推广到很多工业装置，包括数控车床。

所有电动机运动所需的力都源于电磁力。与交流电动机运动不同的是，步进电动机运动时的所需的电磁力是由定子绕组因通电产生的磁场，对由磁性材料按照一定形状做成的转子磁极的吸引力形成的。交流电动机转动时，定子绕组通电产生旋转磁场，而转子由于形成切割磁力线的等效作用在其内部产生感应电流,与定子绕组产生的旋转磁场相互作用形成运动所需的电磁力,从而产生转子的转动。为了产生运动所需的一定强度的感应电流,交流电动机在原理上就会要求旋转磁场在转速上有一定限制。而步进电动机的转动类似于同步电动机在同步转动时的状态,即由定子线圈通过电流产生的磁场吸引转子形成转动所需的作用力,磁场的旋转带动转子的运动。在这一过程中并不需要在转子内部产生感应电流及其产生的相应的磁场,可采用走一步停一下的步进方式运行。

使电动机产生转动的作用力可以表现为两种形式:一种是由电磁作用原理产生的,另一种是由磁阻原理产生的。在第一种形式中,作用力是定/转子两个磁场相互作用的结果,其作用力的来源类似于两个磁铁的同极性相排斥,异极性相吸引而产生作用力的现象,目前大部分电动机也都是遵循这一原理,如一般的直流电动机和交流电动机。在第二种形式中,作用力则是由定/转子间气隙磁阻的变化产生的,当定子绕组通电时,产生一个单相磁场作用于转子,由于磁场在转子与定子之间的分布要遵循磁阻最小原则(或磁导最大原则),即磁通总要沿着磁阻最小(磁导最大)的路径闭合,因此,当转子产生的磁场的磁极轴线与定子磁极的轴线不重合时,便会有磁阻力作用在转子上并产生转矩使其趋于磁阻最小的位置,即两轴线重合位置,这类似于磁铁吸引铁质物质的现象。对于第一种形式中的定子与转子之间相互作用的两个磁场的来源有两种形式:一种是由磁铁产生的固定磁场,另一种是由电流通过定子或转子绕组产生的。如交流电动机,其定子磁场由外加电源产生的电流通过定子绕组产生,转子磁场由感应电流产生。而某些直流电动机,则是定子由磁铁做成,转子绕组则由电流通过产生磁场;同步电动机则是定子由电流通过定子绕组产生磁场,转子由磁铁(或电磁铁)做成。

以上两种产生力矩的方式都被用于步进电动机,如步进电动机有励磁式、反应式及混合式等。其中励磁式是由电磁作用产生力矩的,反应式是由磁阻原理产生力矩的,而混合式则同时利用了两种形式的作用。

由于步进电动机运动所需的电磁力并不是由于感应电流产生的,通过结构上的设计,并按一定的规则控制定子绕组的电流,可以使转子以一步步的方式来转动,并且可以停在某一位置,实现转动或位置控制。因此可以方便地用来实现将脉冲信号转换成角位移或线位移。通过结构上的设计,可以实现每输入一个电脉冲信号,步进电动机就走一步。步进电动机走一步的角度大小称为步距角,这种步进式运动不同于普通匀速旋转的电动机,所以称为步进电动机。由于其工作电源是脉冲电压,因此步进电动机又称脉冲电动机。这也是步进电动机名称的由来。步进电动机由专用控制电源供给电脉冲信号,电脉冲信号又称走步脉冲信号。

步进电动机的运动是受走步脉冲信号控制的,因此适合于作为数字控制系统的伺服元件。它的直线位移量或角位移量与电脉冲数成正比,所以电动机的线速度或转速与脉冲频率成正比。通过改变脉冲频率的高低,就可以在很大的范围内调节电动机的转速,并能实现快速启动、制动和反转。当在设计条件下工作时,步进电动机的步距角和转速的大小不受电压波动和负载变化的影响,也不受环境条件如温度、气压、冲击和振动等影响,仅与电脉冲频率有关,每转一周都有固定的步数。步进电动机在不丢步的情况下运行,其步距误差不会长期积累。这些优点使它完全适用于在数字控制的开环系统中作为伺服元件,并使整个系统大为简化而又运行可靠。

步进电动机存在功耗大,效率低,带负载能力不强,且易出现共振或振荡现象等缺点。当采用速度和位置检测装置后,步进电动机也可用于闭环位置伺服系统,但这种情况下其性能和成本难以与无刷直流电动机竞争。

步进电动机的一些基本参数:

电动机固有步距角:表示控制系统每发一个步进脉冲信号,电动机所转动的角度。电动机出厂时给出了一个步距角的值,这个步距角可以称为"电动机固有步距角",它不一定是电动机实际工作时的真正步距角,真正的步距角和驱动器有关。

步进电动机的相数:是指电动机内部的线圈组数,目前常用的有二相、三相、四相、五相步进电动机。电动机相数不同,其步距角也不同,一般二相电动机的步距角为 $0.9°/1.8°$,三相的为 $0.75°/1.5°$,五相的为 $0.36°/0.72°$。在没有细分驱动器时,用户主要靠选择不同相数的步进电动机来满足自己步距角的要求。如果使用细分驱动器,用户只需在驱动器上改变细分数,就可以改变步距角,与相数无关。

保持转矩:是指步进电动机通电但没有转动时,定子锁住转子的力矩。它是步进电动机最重要的参数之一。通常步进电动机在低速时的力矩接近保持转矩。由于步进电动机的输出力矩随速度的增大而不断衰减,输出功率也随速度的增大而变化,所以保持转矩就成为衡量步进电动机最重要的参数之一。

6.2 步进电动机分类

步进电动机应用广泛,种类很多,根据不同的作用原理和结构形式有不同的分类方法,一般常见的有以下几种分类方法:

(1) 按转矩产生的原理分为:① 反应式步进电动机。② 励磁式步进电动机。这类步进电动机又分为电磁式与永磁式。③ 混合式步进电动机。同时混合使用前两种方式。

(2) 按输出转矩的大小分为:① 功率步进电动机(动力式),转矩一般在 9.8N·m 以上,可直接用来拖动执行元件。② 伺服式步进电动机(指示式),转矩在几百克力·厘米(gf·cm)以下,多用于控制系统中。

(3) 按磁场方向分为:① 横向磁场式步进电动机。② 纵向磁场式步进电动机。

(4) 按定、转子数目分为:① 单定子式步进电动机。② 双定子及多定子式步进电动机。

(5) 按定、转子相对位置可分为:① 内定子外转子式步进电动机。② 外定子内转子式步进电动机。③ 十双定子式(内外定子)步进电动机。

另外也还可按绕组形式(集中、分布),转向(可逆转、不可逆转)、相数(单相、两相、三相及多相)等方法分类。

在本章中,将按产生转矩的原理来进行分类及分别叙述。

6.3 步进电动机的工作原理、矩角特性及振荡现象

如前所述，步进电动机按产生转矩的方式不同可分为反应式、励磁式及混合式 3 种。反应式步进电动机的定、转子都是凸极结构，是利用磁阻最小原理工作的。因为步进电动机凸极转子的交轴磁阻与直轴磁阻不同，所以引起电枢反应磁场按照磁阻最小原理产生电磁转矩，从而驱动转子转动。反应式步进电动机转子齿数可以很多，因此步距角可以做得很小，即使没有减速装置，也可以低速、高精度地实现位置控制。励磁式步进电动机的励磁可以是永磁式或电磁励磁式，通常是永磁式励磁。励磁式步进电动机转子由于具有磁场，驱动转矩较大，但由于制造工艺的缘故，转子磁极数目不能做得太多，因此步距角比较大。混合式步进电动机兼有反应式步进电动机和永磁式步进电动机的优点，可以做到步距角小而驱动转矩又大。

励磁式步进电动机与反应式步进电动机比较起来，只是在转子(或定子)上多了励磁，使产生偏转的因素有些改变，而它的动作过程与反应式步进电动机相似，混合式步进电动机则是同时混合使用了反应式及励磁式的设计。在这里只重点说明反应式步进电动机的工作原理。

6.3.1 步进电动机的工作原理

1. 单定子三相反应式步进电动机的结构及工作原理

步进电动机是由转子和定子两部分组成的。反应式步进电动机的转子由低剩磁的软磁材料制成，它的定子和转子都是凸极结构，且由多个小齿形成，如图 6.2 所示。它利用了磁阻最小原理工作。定子和转子的多个凸极形成定子小齿和转子小齿。把定子小齿与转子小齿对齐的状态称为对齿；把定子小齿与转子小齿不对齐的状态称为错齿，如图 6.3 所示。

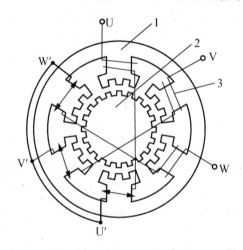

图 6.2 单定子三相反应式步进电动机的结构
1. 定子；2. 转子；3. 定子绕组

第6章 步进电动机及其控制系统

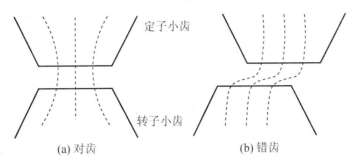

图 6.3 定子与转子间的磁导现象

磁阻式转矩产生的原理：在定子绕组由通电产生的相应电磁场的作用下，在定子小齿与转子小齿之间存在磁场，转子小齿将被强行推动到最大磁导（或者最小磁阻）的位置（见图 6.3(a)），这一过程称为对齿，并处于平衡状态。同时这一过程中形成了转子的转动。当定子小齿与转子小齿对齐后，将不再产生使转子转动的磁力，为了持续形成转动，必须使其他没有对齐的即错齿（见图 6.3(b)）的定子小齿与转子小齿产生磁力，并由磁阻作用形成转矩。这一过程中即是步进电动机的电流换相。错齿的存在是步进电动机能够旋转的前提条件。所以，在步进电动机的结构中必须保证有错齿的存在，也就是说，当某一相处于对齿状态时，其他相必须处于错齿状态。

定子的齿距角与转子的相同，所不同的是，转子的小齿是圆周分布的，而定子的小齿只分布在磁极上，属于不完全齿。当某一相处于对齿状态时，该相磁极上定子的所有小齿都与转子上的小齿对齐。

如果给处于错齿状态的相通电，则转子在电磁力的作用下，将向磁导最大（或磁阻最小）的位置转动，即向趋于对齿的状态转动。电动机基于这一原理实现转动。

步进电动机中最简单的结构如图 6.4(a) 所示，其定子铁心上有 6 个形状相同的大齿，相邻两个大齿之间的夹角为 60°。每个大齿上都套有一个线圈，径向相对的两个线圈串联起来成为一相绕组。6 个电极共构成三相绕组，即相对的 UU、WW、VV 齿极分别缠有两个相互串联的线圈从而构成三相绕组。转子有两个磁极。绕组电路原理如图 6.4(b) 所示。这种形式的步进电动机即是三相步进电动机。对三相步进电动机来说，当某一相的磁极处于最大磁导位置时，另外两相必处于非最大磁导位置，如图 6.3(b) 所示，即定子与转子小齿不对齐的位置）。

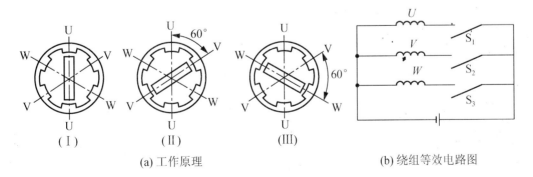

图 6.4 三相步进电动机的工作原理及其绕组的通电顺序

如前所述，当定子绕组通电及换相时，将会产生使转子转动的力矩并使转子转动。根据通电及换相的方法的不同，可以有以下几种转动方式：

(1) 通电方式为 U→V→W→U…的顺序轮流供电且一相通电、两相断电的方式。此时步进电动机每换一次通电方式，转子按顺时针方向转过 60°。如果按 U→W→V→U…顺序轮流供电，则步进电动机逆时针转动。这种方式称为"三相三位"或"单三拍"分配方式。

(2) 通电方式为 U→UV→V→VW→W→WU→U…（或反顺序），则称为"三相六位"或"三相六拍"。此时，步进电动机每步为 30°，步距角减小一半。

(3) 如果通电方式为 UV→VW→WU→UV…，则称为"双三拍"，步距角仍为 60°。

实际应用中，要求的步距角要小得多。定子每个磁极的内表面都分布着多个小齿（图 6.2），它们大小相同，间距相同。转子的外表面也均匀分布着小齿，这些小齿与定子磁极上的小齿齿距相同，形状相似。由于小齿的齿距相同，所以不管是定子还是转子，它们的齿距角都可以由式 $\theta_z = 2\pi/Z$ 来计算，式中 Z 为转子的齿数。

磁阻式步进电动机的相数 m 通常为三至六相，每相一对磁极。大的可采用多对极，小的可采用每相一个极。为了实现转子齿与定子齿能自动错位，使电动机中一相磁极的一个定子齿和一个转子齿对齐时，其他的齿应错开一定的角度。则必须满足如下两个条件：

(1) 在相同的磁极下，对应的定子与转子齿应同时对齐或同时错开，使在各同名相下产生的反应转矩大小相等，方向相同，因此要求转子齿数 Z_r 是一相磁极对数的倍数，即

$$Z_r = 2pk$$

(2) 在不同的磁极下，定子与转子齿的相对位置应依次错开 $1/m$ 齿，从而使变换通电状态时，转子能连续步进，因而转子齿数不能是总极数的倍数，即

$$Z_r \neq 2mpk$$

式中：m 为电动机的相数；p 为电动机的极对数（每相）；k 为正整数。

据此，当定子前后相的磁极在相邻位置上时，如图 6.5(a)所示，转子齿数应为

$$Z_r = 2mpk \pm 2p$$

当前后相的磁极在相隔一个极的位置时，如图 6.5(b)所示，转子齿数应为

$$Z_r = 2mpk \pm p$$

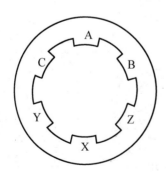
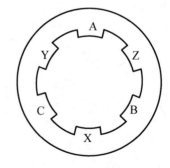

(a) 前后相在相邻的位置　　　　(b) 前后相在相隔的位置

图 6.5　步进电动机的相与极的相互位置

第6章 步进电动机及其控制系统

一种设计方案如下：

定、转子做成图 6.6(a)所示的形式，它的定子上有三相六极，分别绕有三相对称的控制绕组。三相绕组分别为 U 相，V 相，W 相。其定子铁心上有 6 个形状相同的大齿，相邻两个大齿之间的夹角为 60°。每个大齿上都套有一个线圈，径向相对的两个线圈串联起来成为一相绕组。转子是一个圆柱形铁心，外表面上沿圆周方向均匀地布满了小齿。转子小齿的齿距是和定子小齿相同的。

根据前面所述条件，设计时应使转子齿数能被 2 整除而不能被相数整除。转子可自由旋转时，该相两个大齿下的各个小齿将吸引相近的转子小齿，使电动机转动到转子小齿与该相定子小齿对齐的位置，而其他两相的各个大齿下的小齿必定和转子的小齿分别错开±1/3 齿距，形成"齿错位"。例如，取转子齿数为 40，则齿距角为 360°/40＝9°，相邻两个大齿所跨越的小齿数为

$$\frac{40}{6} = 6\frac{2}{3} = 7 - \frac{1}{3}$$

因此当 U 相通电，磁拉力使 U 相大齿下的定、转子小齿对齐时，V 相下面的定、转子小齿将错开 1/3 齿距，也就是 3°。接下来若让 U 相断电，V 相通电，转子就会转过 3°，形成 B 相大齿下的定、转子小齿对齐的状况。再让 V 相断电、W 相通电，转子就会再转过 3°。按 U→V→W→U…的次序轮流通电，这台步进电动机就会以每步 3°的步距角一步一步地旋转。

因为任何时候都只有一相绕组通电，且每一循环包含三种通电状态，故称其为单三拍运行方式。图 6.6(b)为定、转子不同时刻位置图。

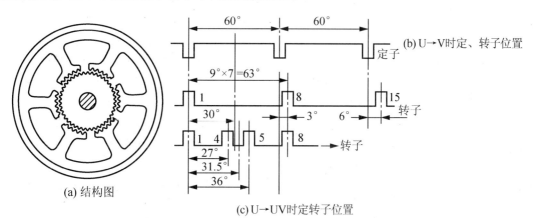

图 6.6 三相反应式步进电动机及其定、转子的相对位置

如果为"三相六拍"通电方式，即 U→UV→V→VW→W→WU→U…则步距为 1.5°。

从以上分析可知，步进电动机的步距决定于绕组的相数、转子齿数及逻辑供电方式。设步距角为 β，则

$$\beta = \frac{360°}{mQK} \tag{6-1}$$

式中：m 为定子绕组相数；Q 为转子齿数；K 为逻辑供电方式，"单三拍"、"双三拍"时，$K=1$；"三相六拍"时，$K=2$。

反应式步进电动机，除上面介绍的单段式以外，还可以把定子分成三段，称为三段式步进电动机。此外，还可以把相数做成四相、五相、六相等。

对于反应式步进电动机，绕组电流只要求向一个方向流动，故驱动电路采用单极性驱动。

2. 励磁(永磁)式步进电动机工作原理

励磁式步进电动机转子具有永久磁铁形成的磁场。其定子结构与反应式步进电动机相同，有 6 个磁极，配有三相绕组。转子为一对永久磁极。和反应式步进电动机不同，永磁式步进电动机的绕组电流要求正、反向流动，故驱动电路一般要做成双极性驱动。混合式步进电动机的绕组电流也要求正、反向流动，故驱动电路通常也要做成双极性驱动。

若以 U 表示对 U 相绕组正向通电，以(-U)表示对 U 相绕组反向通电，其他两相类似。当三相绕组励磁顺序为 U→V→W→(-U)→V→W→(-U)→(-V)→W→(-U)→(-V)→(-W)…通电时，转子以 60°步距旋转。为了获得更小的齿距角，可以将转子制成很多齿，如图 6.6(a)所示。

永磁式步进电动机可以有两相式的，即定子上有 U、V 两相励磁绕组。按 U→V→(-U)→(-V)→U…的次序轮流通电，电动机将每次转过 90°电角度。

永磁式步进电动机的结构有多种，其典型结构如图 6.7 所示。永磁式与磁阻式的主要区别是转子用永久磁钢做成。转子极数 $2p_r$ 可以为一对极、二对极或多对极，呈星状。定子相数 m 有二相或多相，做成凸极无小齿。定子极数 $2p_t$ 为转子极数的相数 m 倍，即

$$2p_r = 2mp_t \tag{6-2}$$

定子磁极依空间位置分成相数 m 组，并将同一组的励磁绕组按一正一负的顺序串联成一相绕组，如图 6.7 所示，各相绕组的末端连接成一点 O，各首端引出线接到有正、负极性的脉冲电源配电器。配电顺序为 +U、+V、-A、-V 四拍一个循环。

当 U 相通电时，设 U 相输入一个正脉冲，则在定子磁极中构成图 6.7 所示的极性。根据磁极的同性相斥、异性相吸的原理，转子便受磁力吸引成图示位置，转子磁极与定子 U 相磁极对齐。当切断 U 相励磁电源，并将 V 相接通正脉冲时，转子将依顺时针方向转过一个步距角 45°；若 V 相接通的是负脉冲时，转子则向逆时针方向旋转一个步距角。

永磁式步进电动机的步距角 θ 较大，其值为

$$\theta = \frac{360°}{2mp_r} \tag{6-3}$$

式中：m 为电动机的相数；p_r 为转子的极对数。

永磁式步进电动机的特点：消耗功率小，断电时有定位转矩；但是电源线路较复杂，需要正负脉冲，启动和运行的频率较低，步距角较大(常采用 90°、45°、30°、22.5°和 15°等)，总步数较少。

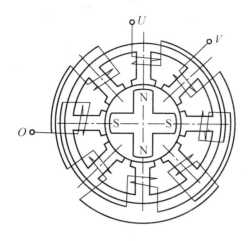

图 6.7 永磁式步进电动机

3. 混合式步进电动机

混合式步进电动机，可分为永磁混合式步进电动机和电磁混合式步进电动机两种。图 6.8 所示为永磁混合式步进电动机的典型结构，定子结构与单段磁阻式步进电动机相同，定子铁心的凸极式磁极弧面有与转子齿形相同的小齿。每个极上安装有控制绕组，绕组的连接方式同永磁式步进电动机一样接 U、V 两相，每相绕组按正、反交替串联，转子由环形永久磁铁和两个有小齿的铁心组成。永磁环为轴向极性，永磁环两端上各套一转子铁心，两端铁心彼此错开 1/2 齿距，一端铁心上各齿的极性均相同。

当 U 相接入正脉冲时，如图 6.8 所示，在 S 端（Ⅱ-Ⅱ 断面）转子齿与定子 N 极齿对齐，同时在 N 端（Ⅰ-Ⅰ 断面）转子齿与定子 S 极齿对齐；而这时 S 端转子的槽与定子 S 极的齿相对，同时 N 端转子的槽与定子 N 极的齿相对。当切断 U 相、正脉冲接入 V 相时，电动机将顺时针转一个步距角 θ_b，即 1/4 齿距角 θ_r，永磁混合式步进电动机的步距角应为

$$\theta_b = 360°/2mZ_r \tag{6-4}$$

转子中的永久磁铁可用直流励磁代替，在定子安放轴向励磁绕组便成为电磁混合式步进电动机。

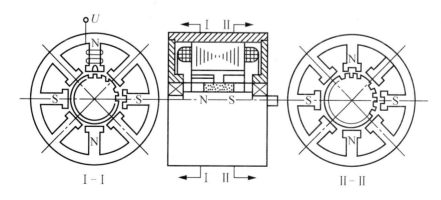

图 6.8 混合式步进电动机

4. 直线和平面步进电动机

一般步进电动机都是旋转的,对于某些需要直线移动或纵横平面移动,如绘图、打印等自动机械,可采用直线步进电动机或平面步进电动机。

直线步进电动机的典型结构如图 6.9 所示。直线步进电动机主要由定子和动子(作为直线移动的部分)两部分组成。定子铁心成异型齿条,为矩形齿,槽内用非磁性材料填平。动子有两块永久磁铁 A、B,并共同固定在一块非磁性板上,两磁铁安放的极性方向相反。每一个磁铁磁极的端部,都装有一块槽形极片。在同一块磁铁的两动子极片的槽中安放一个控制绕组。

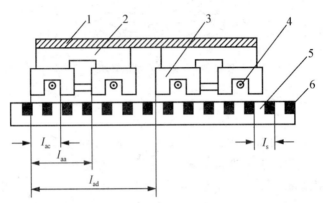

图 6.9 直线步进电动机

1—非磁性板;2—磁铁;3—动子极齿;4—控制绕组;5—定子齿板;6—填料

动子极片有两个齿,它的齿形与定子的齿形相同,并且每个动子极片两齿之间的齿距 t_{ac} 应错开 1/2 定子齿距 t_s 如图 6.10 所示,各动子极齿 a 与 c、a′与 c′、d 与 b 和 d′与 b′的齿距应为

$$t_{ac} = \left(k \pm \frac{1}{2}\right)t_s \tag{6-5}$$

式中:t_s 为定子齿距;k 为正整数。

当极片的一个齿与定子齿对齐时,另一个极片齿与定子槽相对。同时要求在同一块磁铁上的两片极片的对应齿如 a 与 a′和 b 与 b′、d 与 d′能同时与定子齿对齐或错开。因此,每磁铁的对应极片齿之间的齿距应为

$$t_{ac}' = kt_s \tag{6-6}$$

式中:k 为正整数。

磁铁 A 和 B 两相中对应的齿如 a 与 d、c 与 b 等之间需错开 1/4。因此,相距应为

$$t_{ad} = \left(k \pm \frac{1}{4}\right)t_s \tag{6-7}$$

式中:k 为正整数。

当控制绕组没有电流通过时,如图 6.10(a)所示中的磁铁 B,由永久磁铁磁通在动子与定子各齿之间产生的磁阻力(反应磁力),F_d、F_d' 与 F_b、F_b' 几乎平衡,没有推动力。当控制绕组通入单向脉冲电流时,控制绕组产生磁通,在动子与定子各齿中同时存在永久磁

铁的磁通和控制绕组的磁通，在铁心齿中的磁通为两磁通的叠加，从图 6.10 中可以发现其中有两个动子齿的磁通方向相反而被抵消，如图 6.10(a)中的 c 与 c′，而另外两个动子齿中的磁通方向相同使磁通增加，如图 6.10(a)中的 a 与 a′，将产生推动磁力。由于电流方向的改变，则磁通被抵消和增加的齿也随之改变。这样就可在动子中产生推力，若按一定的顺序通电就能使电动机逐步前进或后退运行。对此分析如下：

当 A 相绕组通正脉冲电流时，如图 6.10(a)所示，c 与 c′ 磁通被抵消失去作用力，B 相各齿作用彼此平衡，也几乎无作用，只有 a 与 a′ 起作用，使其齿与定子齿对齐，并产生定位力。当切断 A 相并将 B 相接入正脉冲电流，则 b 与 b′ 磁通将增加，与定子齿产生推动力并使其与定子齿对齐，则电动机步进一个齿距 θ_t，即 1/4 齿距 t_s。若再切断 B 相并将 A 相接入负脉冲电流时，则 c、c′ 起作用，推动动子步进一个步距。依此再切断 A 相并将 B 相接负脉冲电流，使 d 与 d′ 及其定子齿对齐又可步进一步距。

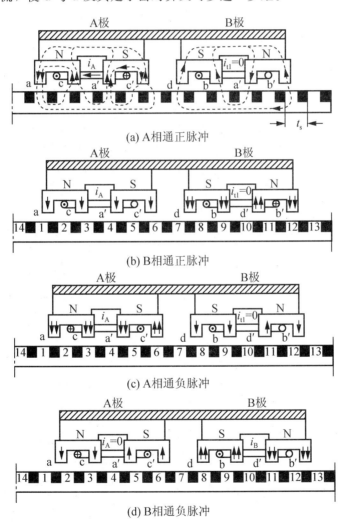

图 6.10 直线步进电动机原理

据此电流脉冲由 +A、+B、-A 和 -B 再到 +A 完成一个循环，电动机步进 4 个步距，即前进一个齿距。如果通电顺序改为+A、-B、-A、+B、+A，则电动机便后退步进。

按直线步进电动机原理，如果把定子做成方格排列平面齿板，槽中注入环氧树脂填平。两个正交排列的动子组成联合动子，便可构成平面步进电动机，如图6.11所示。

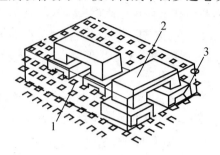

图 6.11　平面步进电动机
1—定子平台；2—动子磁钢；3—动子磁极

6.3.2　步进电动机的矩角特性

步进电动机不改变通电方式的状态称为静态运行状态。步进电动机的静态运行特性，主要是转矩 T 与偏离角 θ 的关系——$T=f(\theta)$——称为矩角特性。

当磁阻式步进电动机通电时，定子齿对转子齿将有吸引磁力，如图6.12所示，当转子齿与定子齿对齐时，两齿的轴线重合 $\theta=0$，转子受到的磁力只有径向力而没有切向力，所以没有电磁转矩，$T=0$，此时称为初始稳定平衡点，也称为协调点；当两齿错开 θ 时，电磁转矩应为

$$T = T_m \sin\theta \qquad (6-8)$$

式中，θ 为转子齿与定子齿的轴线错开的电角度。以一个转子齿距角规定为360°电角度。θ 为转子离开协调位置的角度，所以称为失调角。

当失调角 θ 从协调点 $\theta=0$ 开始增大时，定子对转子的切向拉力随着增大，当转子与定子错开1/4齿距角时 $\theta=90°$电角度，转子受到的拉力最大，电磁转矩也达到最大值 $T=T_m$。若失调角再增大，$\theta>90°$电角度时，转子齿将受到下一个定子齿的拉力，其方向与原齿的拉力相反，所以电磁转矩反而减小。当转子齿在两个定子齿的正中位置，即齿与槽对齐时，$\theta=180°$电角度，转子齿受到两个定子齿的拉力大小相等，方向相反，彼此抵消，所以电磁转矩 T 又等于零，如图6.12(c)所示。步进电动机的矩角特性如图6.13(a)所示。

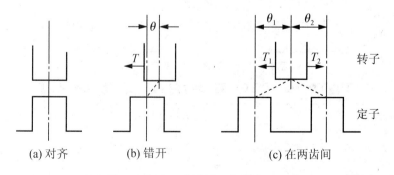

图 6.12　定子齿对转子齿的作用力

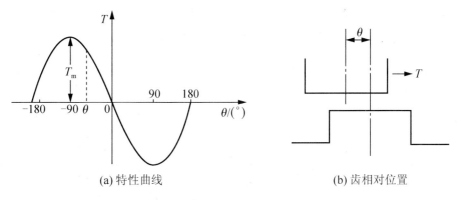

(a) 特性曲线　　　　　　　　(b) 齿相对位置

图 6.13　步进电机的距角特性

由此可见步进电动机空载时，转子将停在协调点。当有负载时转子将偏离协调点处，产生电磁转矩 T 与负载转矩 T_L 相平衡。失调角 θ 在 $-180°\sim+180°$ 范围内，若负载去掉，转子将能回到协调点初始稳定平衡的位置，因此 $-180°<\theta<180°$ 的区域称为静态稳定区。

上述分析的是一个齿距角关系，其实对整个电动机的关系也是这样，因为各齿都是对称的，所以电动机的转矩等于每极的转矩乘以每相小齿数。对于两相通电运行方式，则可应用叠加原理按单相通电方式进行叠加。

现以三相步进电动机两相通电方式进行分析，设 A、B 两相同时通电状态。先假设 A 相单独通电时，A 相的电磁转矩应为

$$T_A = T_m \sin\theta \tag{6-9}$$

当 B 相单独通电时，由于 B 相定子齿与 A 相定子齿之间错开 1/3 转子齿距，即 B 相的矩角特性曲线落后 A 相的矩角特性曲线 120°电角度如图 6.14 所示，B 相电磁转矩应为

$$T_B = T_m \sin(\theta - 120°) \tag{6-10}$$

两相同时通电的电磁转矩应为式(6-9)与式(6-10)相加，则

$$T_{AB} = T_A + T_B = T_m \sin\theta + T_m \sin(\theta - 120°)$$
$$= 2T_m \sin\frac{2\theta - 120°}{2}\cos\frac{120°}{2} = T_m \sin(\theta - 60°) \tag{6-11}$$

由此可见三相步进电动机两相运行和单相运行的特性不变。其合成的电磁转矩的幅值 T_m 仍不变，只是相位落后 60°电角度。但对于更多相的步进电动机，其多相通电时合成的电磁转矩的幅值可以大于单相时的合成转矩，从而可以提高步进电动机的最大转矩。

步进电动机矩角特性中的最大转矩 T_m 称为静态最大转矩，可表示步进电动机的负载能力，是步进电动机的最主要的性能指标之一。

从以上分析可知，步进电动机的转矩随转角位置的不同而不同，是脉动的。人们平时所说的转矩是整步转矩的平均值。一般把步进电动机的输出转矩与脉冲频率的关系称为矩频特性，即步进电动机的机械特性，其中，启动频率和转矩的关系称为启动矩频特性；工作频率和转矩的关系称为连续矩频特性。

步进电动机启动频率不能过高，当启动频率过高时，由于转动力矩大小有一定范围，其启动加速度也会在一定范围内，过高的启动频率会使转子的转动速度跟不上输入脉冲控制要求的转动速度，从而导致转子转动落后于定子磁场的转速，这种情况称为步进电动机的失步。失步可能导致步进电动机不能启动或堵转。电动机的启动频率是步进电动机不失

步启动的最高频率。当负载惯量一定时,随着负载的增加,启动频率要下降。随着启动频率增加,转矩下降较慢的是启动频矩特性较好的步进电动机。

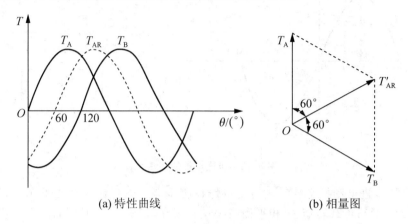

(a) 特性曲线　　　　　(b) 相量图

图 6.14　两相通电的距角特性

步进电动机是长期工作在启动状态的,因此步进电动机的工作电流就是启动电流,设计时应注意这一点。

启动后,连续提高脉冲频率至电动机不失步运行的最高频率称为步进电动机的运行频率或连续频率。

实际使用中,不但要求步进电动机带负载不失步启动,而且还要求当控制脉冲突然下降为零时不多走一步。因此,电动机制动时有一个降频过程,将运行频率降低到启动频率之下再突然带电停车。带电停车是使电动机具有"自锁"能力,实现准确停车。

6.3.3　步进电动机的低频共振和低频失步

当步进电动机的控制脉冲等于或接近步进电动机的振荡频率的 $1/k(k=1,2,3,\cdots)$ 倍时,电动机就会出现强烈的振荡现象,甚至出现失步或无法工作,这种现象就是低频共振和低频失步现象。

低频失步的原因是转子在步进运动时,由于惯性会在一个步进脉冲到来,达到新的位置之后在平衡位置来回摆动,如果步进脉冲的频率恰好符合前述条件,则就会出现振荡。为了消除这种低频振荡,可以采用的方法除了不允许电动机在振荡频率下工作外,还可以通过增加系统阻尼,限制振荡的幅度的方法来减弱振荡的幅度。

转子的振荡频率 f 可以由下式计算:

$$f = \frac{1}{2\pi}\sqrt{\frac{Z_r T_{max}}{J}}$$

式中:J 为电动机及负载的转动惯量;Z_r 为转子小齿数;T_{max} 为最大静转矩。

6.4　步进电动机的传递函数

步进电动机本身有很多非线性因素(如涡流的影响、矩角特性的非线性等),因此分析其动特性只能采取近似的方法。

图 6.15 给出了步进电动机定、转子的三种位置。图 6.15(a)所示为稳定的平衡位置，图 6.15(b)所示为不平衡位置，图 6.15(c)所示为不稳定平衡位置。

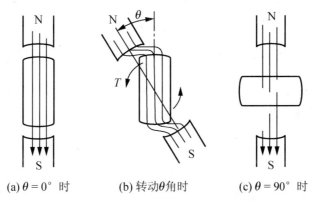

(a) $\theta=0°$ 时　　(b) 转动 θ 角时　　(c) $\theta=90°$ 时

图 6.15　定转子不同位置时的磁力线路径

步进电动机的静态整步转矩可由一定失调角 θ 下电动机气隙磁场能量对失调角 θ 的变化率求得。根据直流电磁铁的有关计算公式可得

$$T_e = \frac{1}{2} p F_\mu^2 \frac{d\Lambda}{d\theta} \tag{6-12}$$

式中：T_e 为静态整步转矩；p 为磁极作用对数；F_μ 为气隙磁通势；Λ 为定子与转子间的磁导；θ 为失调角。

磁导 Λ 是 θ 的函数，其关系曲线如图 6.16 所示。其中 Λ_M 为最大磁导，Λ_L 为最小磁导。

$$\Lambda = \frac{1}{2}(\Lambda_M - \Lambda_L)\cos 2\theta \tag{6-13}$$

对式(6-13)进行微分得

$$-\frac{d\Lambda}{d\theta} = (\Lambda_M - \Lambda_L)\sin 2\theta \tag{6-14}$$

从式(6-12)可知，式(6-14)表示了 T_e 与 θ 的关系，称为步进电动机的矩角特性，如图 6.16(b)所示，由于磁路饱和等影响，矩角特性如图中虚线所示。

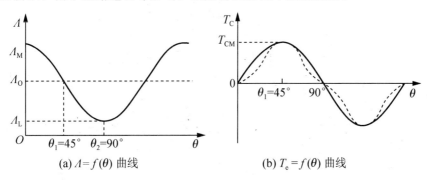

(a) $\Lambda = f(\theta)$ 曲线　　(b) $T_e = f(\theta)$ 曲线

图 6.16　步进电动机的磁导与转矩曲线

步进电动机的电压平衡方程式和运动方程式为

$$u = iR + e \quad (6-15)$$

$$T_e - T_L = J\frac{d\Omega}{dt} + B\Omega \quad (6-16)$$

式中：e 为励磁绕组的反电动势，$e = K_E\Omega$；K_E 为电动势系数；T_e 为静态整步转矩；B 为机械阻尼系数；Ω 为机械角速度；J 为转子及负载的转动惯量；T_L 为静负载转矩；u、i、R 为励磁绕组的电压、电流和电阻。

设 K_M 为转矩系数（即 $T_L = K_M i$），并将式(6-14)代入式(6-12)得

$$T_e = -K_e \sin 2\theta$$

若有 p 对极，则整步转矩为

$$T_e = -K_e \sin 2p\theta$$

采用线性化方法时，上式可近似为

$$T_e = -K_e\theta = -K_e(\theta_o - \theta_i) = K_e(\theta_i - \theta_o) \quad (6-17)$$

式中：θ_i 为给定的平衡位置；θ_o 为步进电动机的转角；K_e 为常数。

将式(6-15)、式(6-16)与式(6-17)联立代入 $e = K_E\Omega$、$T_L = K_M i$，并考虑到平衡位置时绕组上电压 ΔU 应为零，因此得

$$J\frac{d^2\theta_o}{dt^2} + \left(\frac{K_M K_E}{R} + B\right)\frac{d\theta_o}{dt} + K_e\theta_o = K_e\theta_i \quad (6-18)$$

两边取拉氏变换，得

$$\frac{\theta_o}{\theta_i} = \frac{K_e}{Js^2 + \left(\dfrac{K_M K_E}{R} + B\right)s + K_e} \quad (6-19)$$

其动态结构图如图 6.17 所示。

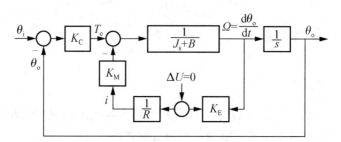

图 6.17 步进电动机的动态结构图

6.5 步进电动机的运动控制

6.5.1 步进电动机驱动方法

步进电动机不能直接接到直流或工频交流电源上工作，必须使用专用的步进电动机驱动控制器。如图 6.18 所示，它一般由脉冲发生分配控制单元、功率驱动单元、保护单元等部分组成，图中点画线线框内的单元可用微机控制来实现，这将在后面详细介绍。功率驱动单元与步进电动机直接相连，它也可理解为步进电动机微机控制器的功率接口，下面

先加以简单介绍。

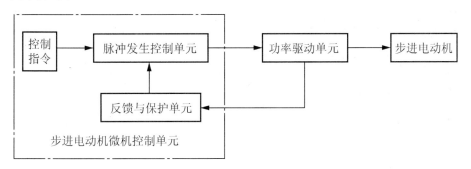

图 6.18　步进电动机驱动控制器

1. 单极性驱动电路

对于反应式步进电动机，绕组电流只要求向一个方向流动，故驱动电路采用单极性驱动。下面介绍几种不同性能的单极性驱动电路。

1) 单电压功率驱动电路

图 6.19(a)所示是步进电动机的单电压功率驱动电路(只画了一相)。其中，电动机绕组 A 串有电阻 R_s，使绕组回路的时间常数减小，以便在高低频不同频率的驱动下使电动机的电磁转矩相对稳定。R_s 还能缓解电动机的低频共振现象，这可从图 6.19(b)中的步进电动机单步响应曲线看出。曲线 1 是不串电阻 R_s 的，曲线 2 是串电阻 R_s 并调高电源电压以保持绕组静态电流相同的；显然曲线 2 比曲线 1 的响应特性好。但 R_s 会引起附加的损耗，故一般只适用于小功率步进电动机。

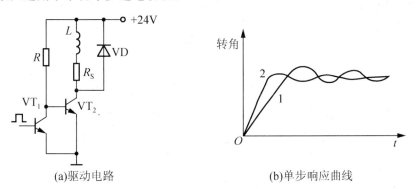

图 6.19　单电压功率驱动电路(一相)及电动机的单步响应曲线

1—不串 R_s；2—串 R_s

2) 高低压驱动电路

高低压功率驱动电路的结构如图 6.20 所示。U_H 为高压电源，U_L 为低压电源。当高压管 VT_H 及低压管 VT_L 均导通时，绕组 L 由高压电源供电。此时 VD_L 反向偏置，低压电源不供电。当高压管关断、低压管导通时，VD_L 导通，绕组由低压电源供电。当高压管及低压管均关断时，绕组电流通过续流二极管 VD 流向高压电源。高低压驱动的设计思想是，不论电动机的工作频率如何，均利用短时间的高电压供电以提高导通相绕组电流前沿的陡度和高度，经过一个短时间后,关断高电压,只用低电压来维持一定的电流。这样就可改善驱动系统的高频性能,使电动机在高频段也有较大的输出转矩,而在静止锁定时的功耗则比较小。

高低压驱功电路要有两个输入控制信号,一个是高压有效控制信号 u_H,它使高压管导通一个短时间 t_1。另一个是该相的驱动控制信号 u_L,u_H 和 u_L 应保持同步,且上升沿在同一时刻出现;高压管 VT_H 的导通时间 t_1 不能太大,也不能太小。太大时,电动机电流过载;太小时,高频性能的改善不明显。t_1 与电动机的电气时间常数相当时比较合适,一般可取 0.1~0.3ms。

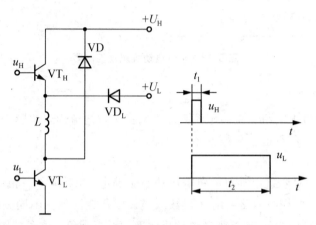

图 6.20 高低压功率驱动电路

3) 斩波恒流驱动电路

恒流驱动的设计思想是:设法使导通相绕组的电流不论在锁定、低频或高频工作时均保持额定值,使电动机具有恒转矩输出特性。这种电路具有效率高,高低频性稳定的特点,是目前使用较多、效果较好的一种功率接口。图 6.21 是斩波恒流驱动电路原理框图,图中 R 是一个用于电流采样的小阻值电阻,称为采样电阻。

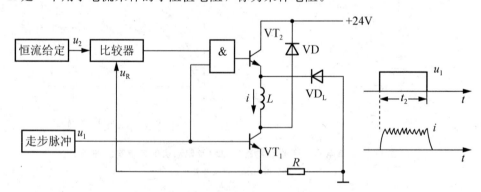

图 6.21 斩波恒流驱动电路框图

2. 双极性驱动电路

以上介绍的各种驱动电路都是单极性驱动电路,即绕组电流只向一个方向流动,适用于反应式步进电动机。至于永磁式或混合式步进电动机,工作时要求定子磁极的极性交变,通常要求其绕组由双极性驱动电路驱动,即绕组电流能正、反向流动。当然,也可在这类电动机中采用带中间抽头的绕组,以便采用单极性驱动,例如,把两相双极性驱动的混合式步进电动机做成四相单极性驱动的结构,如图 6.22(a)所示。但绕组的利用不充分,要达到同样的性能,电动机的体积和成本都要增大。

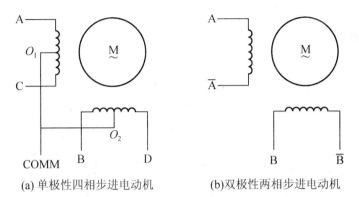

(a) 单极性四相步进电动机　　(b)双极性两相步进电动机

图 6.22　单极性和双极性绕组结构

如果系统能提供合适的正、负功率电源,则双极性驱动电路将相当简单。然而,大多数系统只有单极性功率电源,这时就要采用全桥式驱动电路。

由于双极性桥式驱动电路较为复杂,过去仅用于大功率步进电动机。但近年来出现了集成化的双极性驱动芯片,使它能方便而廉价地应用于对效率和体积要求较高的产品中。

下面以 L298 双 H 桥驱动器和 L297 步进电动机斩波驱动控制器组成的双极性斩波驱动电路为例,介绍集成化驱动电路的应用。

L298 芯片可接受标准 TTL 逻辑电平信号,H 桥可承受 46V 电源电压,相电流可达 2.5A。可驱动电感性负载。L298(或 XQ298、SGS298)的逻辑电路使用 5V 电源,功放级使用 5～46V 电压。下桥晶体管的发射极单独引出,以便接入电流采样电阻,形成电流传感信号。L298 的内部结构如图 6.23 所示。

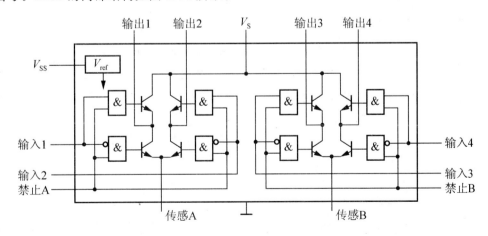

图 6.23　L298 内部原理框图

L297 是一种步进电动机斩波驱动控制器,以后还要做较详细的介绍。它内部包含四相脉冲分配器及斩波驱动控制电路,可以和 L298 组成双极性斩波驱动电路,如图 6.24 所示。当某一绕组的电流上升,电流采样电阻上的电压超过斩波控制电路 L297 中 V_{ref} 引脚上的限流电平参考电压时,相应的禁止信号变为低电平,使驱动管截止,绕组电流下降。

待绕组电流下降到一定值后,禁止信号变为高电平,相应的驱动管又导通,这样就使电流稳定在所需值的附近。

与 L298 类似的电路还有 TSR 公司的 3717,它是单 H 桥电路。SGS 公司的 SG3635 是单桥臂电路,IR 公司的 IR2130 则是三相桥电路。

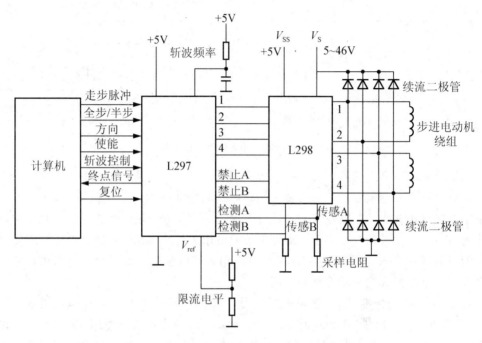

图 6.24 专用芯片构成的双极性斩波驱动电路

6.5.2 步进电动机的开环控制

对步进电动机进行微机定位控制,有开环控制和闭环控制两类。开环控制时没有位置反馈,不需要光电编码器之类位置传感器,因此控制系统的价格比较便宜。为了保证定位不出错,系统设计时要留出足够的裕度。这就是说,步进电动机的驱动脉冲频率不能设计得太高,电动机的机械负载不能太重。万一因为负载短时超重而导致步进电动机失步,定位就会出错。至于闭环控制,则要采用光电编码器之类位置传感器将电动机的实际位置反馈给计算机,万一步进电动机失步,计算机发现电动机的实际位置没有达到给定值,就补发脉冲,直到电动机的实际位置和给定值一致或相当接近为止。

理论上说,闭环控制比开环控制可靠,但是步进电动机闭环控制系统的价格比较贵,还容易引起持续的机械振荡。如果要保证动态性能优良,不如选用直流或交流位置伺服系统。因此,步进电动机大部分还是采用开环控制。

不论是开环还是闭环,使用微型计算机对步进电动机进行控制时,控制方法可分为串行控制和并行控制两类。

1. 串行控制

串行控制中,微机与步进电动机的功率接口之间只要两条控制线:一条用以发送走步脉冲串(CP),另一条用以发送控制旋转方向的电平信号。图 6.25 所示表示如何用 8031 单片机通过串行控制来驱动步进电动机。

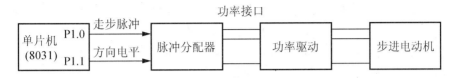

图 6.25　单片机串行控制

单片机串行控制的硬件:

串行控制的功率接口电路内含有一个脉冲分配器(又称环形分配器)。其作用是将单路脉冲转换成多相循环变化的脉冲。它有一路输入,多路输出。随着一个个脉冲的输入,各路输出电压轮流变高和变低。例如,三相脉冲分配器有 A、B、C 三路输出,采用单三拍运行方式时,当计算机将一个个脉冲送入脉冲分配器后,三路输出电压将按 A→B→C→A→…的次序轮流变高和变低。三路电压分别经功率放大器向步进电动机的三相绕组供电,步进电动机就一步一步地旋转起来。脉冲分配器一般还有一个旋转方向控制端,根据方向控制端的电平是低还是高,决定三路输出电压的轮流顺序是 A→B→C→A→…还是 A→C→B→A→…。这也就决定步进电动机的转向是正还是负。

脉冲分配器有专用芯片供应市场,如 CH250、L297 等。其中,CH250 专用于三相步进电动机,L297 专用于两相或四相步进电动机。

CH250 可通过设置引脚 1、2 和 14.15 的电平。按双三拍、单二拍、单双八拍以及各有正、反转,共六种状态工作。图 6.26 是使用 CH250 于三相六拍状态的接线图。

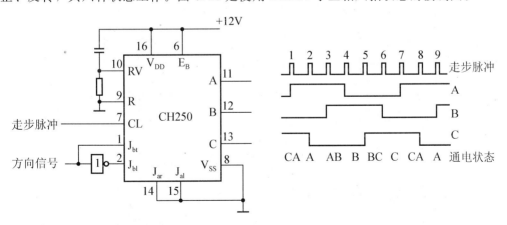

图 6.26　CH250 三相六拍脉冲分配接线图

图 6.27 是 L297 的原理框图。它主要包含下列 3 部分:

(1) 译码器(即脉冲分配器):它将输入的走步时钟脉冲(STEP)、正/反转方向信号(CW/CCW)、半步/全步信号(半步相应于单双拍)综合以后,产生合乎要求的各相通断信号。

（2）斩波器：由比较器、触发器和振荡器组成。用于检测电流采样值和参考电压值，并进行比较。由比较器输出信号来开通触发器，再通过振荡器按一定频率形成斩波信号。

（3）输出逻辑：它综合了译码器信号与斩波信号。产生 A、B、C、D(1，3，2，4) 四相信号以及禁止信号。控制(CONTROL)信号用来选择斩波信号的控制方式。当它是低电平时，斩波信号作用于禁止信号；而当它是高电平时，斩波信号作用于 A、B、C、D 信号。使能(ENABLE)信号为低电平时，禁止信号及 A、B、C、D 信号均被强制为低电平。

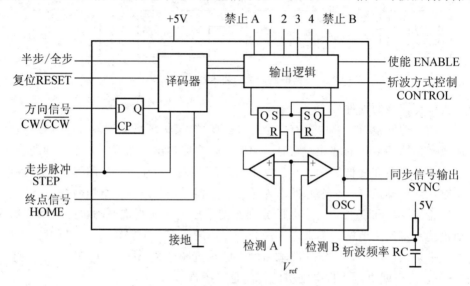

图 6.27　L297 电原理图

L297 与功率驱功芯片 L298 配合使用，如图 6.28 所示，可获得很好的效果。

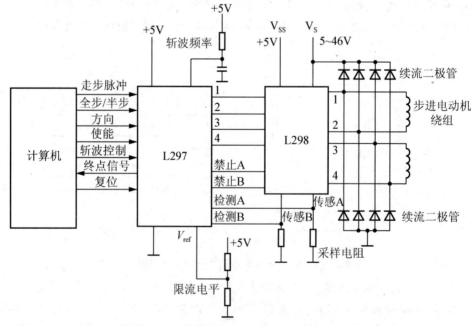

图 6.28　专用芯片构成的双极性斩波驱动电路

在实际应用中还可以把 EPROM 和可逆计数器组合起来,构成通用型脉冲分配器,如图 6.29 所示。这种脉冲分配器的工作原理是:设计一个二进制可逆计数器,其计数长度(即循环计数值)应等于电动机运行的拍数(或拍数的整数倍)。计数器的输出端接到 EPROM 的几条低位地址线上,并使 EPROM 总处于读出状态。这样,计数器每一个输出状态都对应 EPROM 的一个地址。该 EPROM 地址单元中的内容就将确定 EPROM 数据输出端各条线上的电平状态。只要根据要求设计好计数器的计数长度,并按要求固化 EPROM 中的内容,就能完成所要求的脉冲分配器的输入输出逻辑关系。还可考虑改变 EPROM 的高位地址线的电平以区分出几个不同的地址区域(页面),并在不同的页面中设定不同的逻辑关系,从而实现诸如单拍、双拍、单双拍等各种运行方式的脉冲分配功能。

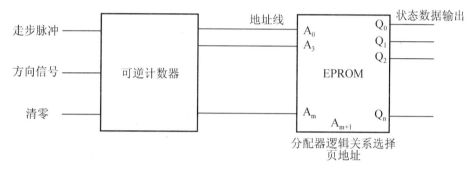

图 6.29 通用的脉冲分配器

2. 并行控制

在并行控制中,微型计算机通过数条并行口线,直接发出多相脉冲波信号,再通过功率放大后,送入步进电动机的各相绕组。这样就不再需要脉冲分配器。脉冲分配器的功能可以由微机用纯软件的方法实现,也可以用软件和硬件结合的方法实现。

1) 纯软件方法

在这种方法中,脉冲分配器的功能全部由软件来完成。由软件按步骤依次循环输出驱动反应式步进电动机所需的各个状态。用纯软件方法代替脉冲分配器的特点是比较灵活,可以完成多种运动的控制方式。

2) 软、硬件结合的方法

软、硬件结合的方法可比纯软件方法减少计算机工作时间的占用,图 6.30 是一台四相步进电动机软、硬件结合控制系统的示意图。

图 6.30 步进电动机软、硬件结合控制

图 6.30 中，8031 的 P1 口用做信号输出，其中 P1.3～P1.7 均空置不用，仅以 P1.0～P1.2 三条线接到一个 EPROM 的低三位地址线上，可选通 EPROM 的 8 个地址单元，相应于八种状态。EPROM 的低四位数据输出线作为步进电动机 ABCD 各相的控制线，硬件设计成低电平时绕组通电。这样，EPROM 作为一种解码器，通过其输入输出关系可以使系统设计得更便于微机控制。因为只有 P1.0～P1.2 上的数据对步进电动机的通电状态有影响，于是 EPROM 的输入地址和输出数据可采用如下的对应关系：输出线低电平时，绕组通电。这样，只要把 8031 中的某一寄存器认定为可逆计数器，每次对它进行加一或减一操作然后送 P1 口即可。脉冲分配器的功能由软、硬件分担，从而减少了 CPU 的负担。

3. 步进电动机转速控制

控制步进电动机的转速，实际上就是控制各通电状态持续时间的长短。方法：一种是软件延时，另一种是定时器延时。

1) 软件延时法

这种方法是在每次转换通电状态（简称换相）后，调用一个延时子程序，待延时结束后，再次执行换相子程序。如此反复，就可使步进电动机按某一确定的转速运转。

2) 定时器延时法

单片机一般均带有几个片载定时/计数器。可利用其中某个定时器，加载适当的定时值，经过一定的时间，定时器溢出，产生中断信号，暂停主程序的执行，转而执行定时器中断服务程序，于是产生硬件延时效果。若将步进电动机换相子程序放在定时器中断服务程序之内，则定时器每小断一次，电动机就换相一次，从而实现对电动机的速度控制。

6.5.3 步进电动机微步距控制

早期步进电动机控制器都是按照环形分配器决定的分配方式，控制步进电动机各相绕组的导通和截止，从而使步进电动机产生步进旋转的合成磁动势拖动转子步进旋转，步距角已由步进电动机的结构所决定。

如果要求步进电动机有更小的步距角、更高的分辨率或者减小步进电动机的噪声、振动等，可以在每次输入脉冲切换时，不是将绕组电流全部通入或切断，而是只改变相应绕组额定电流的一部分，则步进电动机的合成磁动势也只是旋转步距角的一部分，转子的每步运行也只有步距角的一部分。这里绕组电流不再是一个方波，而是阶梯波，额定电流台阶式的投入或切断，电流分成多个台阶，转子则以同样的步数转过一个步距角，这种将一个步距角分成若干步的驱动方法称为细分控制。

以二相混合式步进电动机为例，当电动机以整步方式运行时，U 相、V 相绕组电流波形以及其合成电流矢量如图 6.31 所示。

第6章 步进电动机及其控制系统

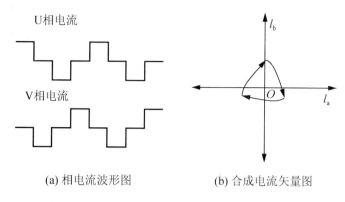

(a) 相电流波形图　　(b) 合成电流矢量图

图 6.31　步进电动机无细分驱动时，相电流波形与合成电流的矢量图

由图 6.31 可以看出，当混合式步进电动机绕组中通过图中电流时，定子就可以得到一个旋转变化的磁场，转子也会随着这个旋转的磁场转动。当定子合成磁场方向旋转一周时，转子转过一个齿距。步进电动机转动的速度取决于电机各相的通断电频率，其转向取决于通电的次序，这就是传统的步进电动机驱动原理。

步进电动机细分控制的原理是在改变各绕组电流的通断和方向的同时也改变各绕组电流的大小，通过获得任意位置的合成磁场方向来驱动电动机以任意大小的步距角转动。例如，对于三相反应式步进电动机，从 U 相通电切换到 V 相通电，不是一步完成，而是分若干微步让 U 相电流逐次减小，V 相电流逐次加大，每一次步进电动机将转动一个小角度，形成微步距。这样，步进电动机的步距就可按微步距控制，能提高角度分辨率或增加步进电动机旋转的平稳性。

当步进电动机 U、V 两相绕组通以图 6.32(a) 所示电流时，其合成电流矢量如图 6.32(b) 所示。

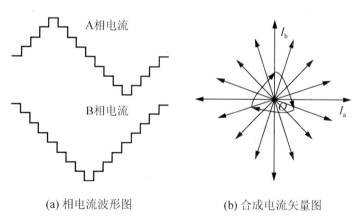

(a) 相电流波形图　　(b) 合成电流矢量图

图 6.32　步进电动机细分驱动时，相电流波形与合成电流的矢量图

从图 6.32 中可以看出，通过按照一定规律改变各绕组电流的大小和方向就可以获得以任意小步距均匀旋转的合成磁动势方向，从而使驱动步进电动机以任意大小的步距角转动。但是从图 6.32 中也可以看到，这种阶梯电流的细分控制方式所获得的磁动势幅值大小不是恒定的，使步进电动机的转矩并不恒定，这在一定程度上会影响电动机的驱动性能。

一般情况下，步进电动机绕组合成磁动势的幅值决定了电动机旋转力矩的大小，相邻两合成磁场矢量之间的夹角大小决定了步距角的大小。因此，要想实现对步进电动机的恒力矩均匀细分控制，必须合理控制电动机绕组中的电流，使步进电动机内部合成磁场的幅值恒定，而且每个步进脉冲所引起的合成磁场的角度变化也要均匀。

如果二相混合式步进电动机的 U、V 两相绕组分别被通以正、余弦变化的阶梯波电流，且两相绕组电流按下式

$$\begin{cases} I_A = I_m \cos \theta \\ I_B = I_m \sin \theta \end{cases}$$

变化时，则合成后的电流矢量的幅值为 I_m，转过的空间角为 θ。令 $\theta = s90°/n$，n 为细分数，s 为步数，这样合成磁动势就可实现恒幅均匀旋转。两相绕组电流波形如图 6.33(a) 所示，则其合成电流矢量如图 6.33(b) 所示，合成电流矢量幅值大小恒定。

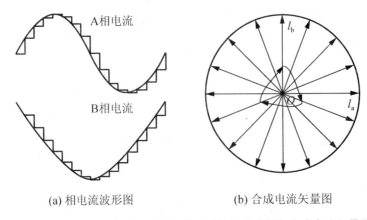

(a) 相电流波形图　　　　(b) 合成电流矢量图

图 6.33　步进电动机恒力矩均匀细分驱动的理想电流与合成电流矢量图

由图 6.33 可以看出，当二相混合式步进电动机的 U、V 两相绕组分别通以正、余弦变化的阶梯波电流就可以使混合式步进电动机以恒力矩方式转动。

目前，已有许多专用的微步距驱动芯片供应，例如，SGS－THOMSON 公司生产的 L6217A 是适合于双极性两相步进电动机微步距驱动的集成电路，其原理框图如图 6.34 所示。

L6217A 以脉宽调制(PWM)方式控制各相平均电流的绝对值和方向。电流的方向指令通过引脚 PH 输入芯片，高电平时，平均电流为正方向；低电平时，平均电流为反方向。电流绝对值指令则是由微机输入其并行数据口 D0—D6 的 7 位二进制数，经内部两个 D/A 转换电路得到。芯片内 A、B 两个 H 桥的输出接步进电动机的两相绕组。H 桥经外接的电流采样电阻接地，从而得到相电流反馈信号。引脚 A/B 用以选择通道 A 或 B。引脚 STROBE 上的信号用以将输入数据送入 A 或 B 锁存器，低电平有效。运行时，该芯片让 H 桥按电流方向指令开通相应的桥臂，电动机绕组电流上升。这时，芯片内的比较器将指令电流信号和反馈电流信号进行比较，当电动机绕组电流到达预定数值时，比较器翻转，触发芯片内的单稳态电路，使单稳电路翻转一段时间，时间由引脚 PTA、PTB 外接的 RC 值决定。在此单稳延时时间内，H 桥的上桥臂关断，而下桥臂仍

然导通，绕组电流通过续流二极管续流，绕组电流下降。过了这段单稳延时时间，单稳电路恢复到原状态，H桥中相应的桥臂重新开通，电动机绕组电流又开始上升。如此反复，实现PWM电流闭环斩波调节，使绕组电流维持在指令值附近。使用单片L6217A可实现最大达26V、0.4A的两相混合式步进电动机双极性电流斩波微步距控制，要驱动更大功率的步进电动机时，可外加大功率H桥电路。例如，外加L6202，可提供每相1.5A电流；若外加L6203，则每相电流可达3A。也可外接分立功率器件以得到更高电压、更大电流的驱动能力。

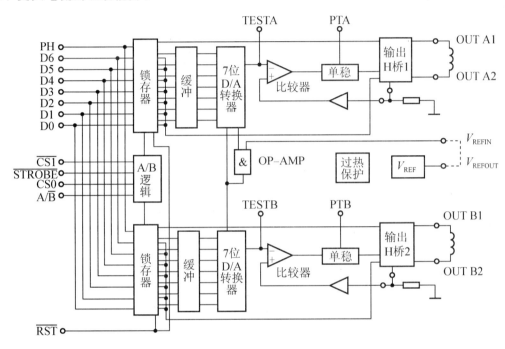

图6.34 L6217A原理框图

相近的集成电路还有日本东芝公司生产的TA7289步进电动机驱动集成电路、美国IXYSIXMS150步进电动机微步距控制器、NSC公司生产的LMD18245H桥驱动集成电路等。

6.5.4 加减速定位控制

1. 加减速定位控制原理

步进电动机的最高启动频率（突跳频率）一般为几百赫到三四千赫，而最高运行频率则可以达到几万赫。以超过最高启动频率的频率直接启动，将出现"失步"（失去同步）现象，有时根本就转不起来。而如果先以低于最高启动频率的某一频率启动，再逐步提高频率，使电动机逐步加速，则可以到达最高运行频率。此外，对于正在快速旋转的步进电动机，若在到达终点时，立即停发脉冲，令其立即准确锁定，也是很难实现的；由于惯性，电动机往往会冲过头，也会出现失步。

如果电动机的工作频率总是低于最高启动频率，当然不会失步，但电动机的潜力没有发挥，工作速度太低了。采用加减速定位控制，就可充分发挥电动机的潜力，此时电动机的定位过程如图6.35所示，通过加速→恒定高速→减速→恒定低速→锁定，就可以既快又稳地准确定位。

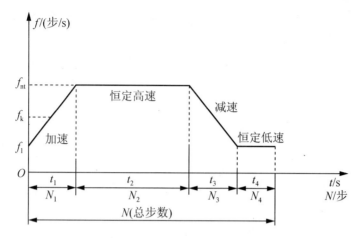

图6.35 加减速定位过程

图中，纵坐标是频率，其单位是步/秒，实质上也反映了转速的高低。横坐标是时间，各段时间内走过的步用 N_1、N_2 等表示。步数实质上也反映了距离。加速时的起始频率 f_1 应等于或略低于系统的最高启动频率。由于最高启动频率和电动机的驱动方法及机械负载的性质、大小有关，所以 f_1 通常由实验来确定。

当然，短距离移动定位时，电动机可能还没有加速到最高运行频率就必须减速了，没有恒定高速运行阶段。

加减速规律一般有两种选择，一种是按指数规律，也就是升速开始时先采用大一点的加速度，随着转速的升高，加速度逐步减小；降速时则是高速段减速度小一些，低速段减速度大一些，这样比较符合步进电动机的输出转矩随转速的升高而减小的状况，但计算较为复杂。另一种是按直线规律升降速，如图6.35所示，计算比较简单。

步进电动机的加减速定位控制，就是控制步进电动机拖动给定的负载，通过加速、恒定高速及减速过程，从一个位置快速运行到另一个给定位置。对电动机而言，就是从一个锁定位置，运行若干步，尽快到达另一个位置，并加以锁定。这样就有两个基本要求：第一是总步数要符合给定值，第二是总的走步时间应尽量短。

为了达到上述要求，在软件上要做很多工作。首先，为了保证总步数不出错，要建立一种随时校核总步数是否达到给定值的机制。电动机每一次换相，都要校核一次。例如，在电动机运动前，可在RAM区的某些单元中存放给定的总步数。电动机转动后，软件按换相次数递减这些单元中的数值，同时校核单元中的数值是否为零。为零时，说明电动机已走完给定的正转或反转总步数，应停止转动，进入锁定状态；至于正、反转，则可以由方向标志位的情况来确定。

用微机对步进电动机进行加减速控制，实际上就是控制每次换相的时间间隔；升速时，使脉冲串逐渐加密，减速时则相反。若微机使用定时器中断方式来控制电动机的速度，那么加减速控制实际上就是不断改变定时器的装载值的大小。为了便于编制程序，不一定每步都计算装载值,而可以用阶梯曲线来逼近图 6.35 中的升降曲线,如图 6.36 所示。对于每一档频率,软件系统可以通过查表方式,查出所需要的装载值。

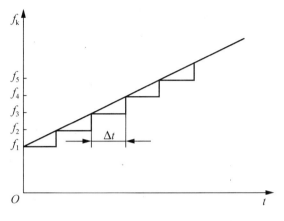

图 6.36　阶梯升速

2. 加减速定位控制的软件设计

软件设计是在硬件设计基本完成的基础上进行的。现在假定采用图 6.34 所示的硬件环境。于是,对步进电动机的正向走步控制,就是对通电状态计数器进行加一运算;而速度控制,则通过不断改变定时器的装载值来实现。整个应用软件由主程序和定时器中断服务程序构成。主程序的功能是,对系统资源进行全面管理,处理输入与显示,计算运行参数,加载定时器中断服务程序所需的全部参数和初始值,开中断,等待走步过程的结束,主程序框图如图 6.37 所示。

在定时器中断服务程序中,主要做 3 件事:使步进电动机走一步;累计转过的步数;向定时器送下一个延时参数。

整个定时器中断服务程序的运行时间必须比走步脉冲间隔短。在电动机低速旋转的情况下,由单片机实时地计算走步脉冲间隔并向定时器送下一个延时参数是可以办到的。但当电动机高速旋转时,如脉冲频率在 1000 步/s 以上,运算时间就会来不及。因此,采用查表方式查出每一档频率所需要的装载值。

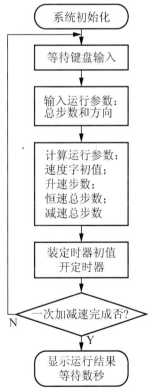

图 6.37　加减速软件主程序框图

6.5.5　步进电动机的闭环控制

在一些运行速度范围宽、负载大小变化频繁的场合,步进电动机容易失步,而使整个系统趋于失控。这时候,可以对步进电动机进行位置闭环控制。控制系统对电动机转子位置进行检测,并将信号反馈至控制单元，使系统对步进电动机发出的走步命令，只有得到相应实际位置响应后方告完成。因此，闭环控制的最基本任务是防止步进电动机失步，实际上是一种简单的位置伺服系统。

图 6.38 为闭环系统的原理框图，整个系统是在开环系统的基础上增加了位置检测、数据处理、闭环控制电路。

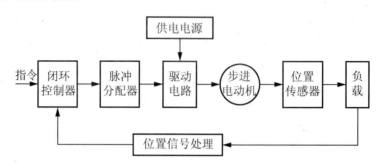

图 6.38　步进电动机的闭环控制

1. 位置检测

最简单的位置检测方法是在电动机的轴上加上一个增量型光学编码器。所选择的编码器线条数目与步进电动机的步距分辨率相对应，一般选择一倍或整数倍。光学编码器通过光栅接受到信号以后进行整形使得到方波信号，与电动机的位移步距相对应。

2. 闭环控制器

最基本的闭环控制器接受电动机的位置信号，然后与位置指令相比较，所得到的差值将决定输出脉冲。最简单的位置检测方法是在电动机的轴上加上一个增量型光学编码器。所选择的编码器线条数目与步进电动机的步距分辨率相对应，一般选择一倍或整数倍。光学编码器通过光栅接受到信号以后进行整形使得到方波信号，与电动机的位移步距相对应。随着高速微处理器的应用，闭环控制不仅防止电动机失步，还能够使电动机运行于最优状态。

闭环控制策略——导通角控制：

闭环控制更重要的意义还在于改善系统的动态性能，使整个系统处于最优状态，已有的文献表明，控制步进电动机的导通角将可使电动机运行于最大矩频特性曲线上而不至于因某个微小扰动而失步。

如图 6.39 所示的步进电动机单四拍运转模式，在低速运行时，不考虑反电动势的影响，只有当后一相绕组开通超过前一相的稳定点 22.5°电角度时，电动机才能够驱动最大的负载。而当电动机运行于高速状态时，由于反电动势的影响，绕组中的电流不再恒定，因此它不能维持静态的矩角特性，因此这时后一相的开通需要比低速时更超前一个角度，才能保证电动机在一定的速度上输出最大转矩。

最优的超前导通角与电动机的运转速度有关，图 6.40 示出了它们之间的关系，图中，R、L 分别为电动机的电阻和电感。

第6章 步进电动机及其控制系统

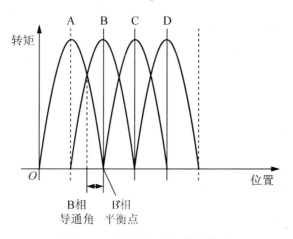

图 6.39 导通角与平衡点的关系

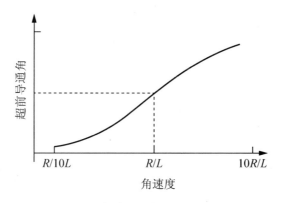

图 6.40 超前导通角与速度的关系

6.6 步进电动机的应用

1. 各类步进电动机的应用分析

无论何处需要运动控制时，步进电动机都是最优先的选择，它可以应用于角度、旋转、速度、位置和同步运行，其中包括打印机、绘图机、高档办公设备、硬盘、医疗仪器、传真机、数控机床等自动化设备。

2. 各类步进电动机驱动器的应用分析

各类驱动器的特性见表 6-1。用户根据本身的需要加以比较和综合，选择最合适的产品。

3. 各类步进电动机和驱动器的选用准则

步进电动机可以应用于很多不同的场合，很难用循序渐进的方法来选择，设计过程中经常需要反复计算和实验。

表 6-1 各类驱动器的特点比较

项目名称	单极性恒压电路	单极性附加电阻恒压电路	单极性高/低压电路	单极性恒流电路	双极性恒流电路	双极性恒流电路微步细分驱动器
优点	(1) 小功率电动机仅需使用单个三极管阵列 (2) 低电气噪声	低电气噪声	中电气噪声	(1) 达到双极性波电流 (2) 比双极性电路的元件少 (3) 转矩波动小	(1) 电动机效率最高 (2) 绕组利用率最高 (3) 保持模式功耗低 (4) 电流斩波模式可选择	(1) 与双极性恒流电路一样 (2) 低速时，无共振现象 (3) 位置分辨率提高
缺点	(1) 低输出功率 (2) 保持时功率损耗最大 (3) 与输出功率相等的其他电动机相比，电动机尺寸大，价格高 (4) 三极管内压要数倍于供电电压 (5) 绕组必须按供电电压设计 (6) 转矩波动大	(1) 低效率 (2) 外部限流电阻与电动机内阻之比越高，效率越低 (3) 保持时，功率损耗最大 (4) 整步模式，转矩波动大	(1) 需要定时电路 (2) 多功率元件 (3) 高低压相差不大，将影响保持转矩和精度	(1) 与双极性比较，只有70%保持转矩 (2) 功率必须为2倍于电源电压 (3) 泄放电路要考虑电动机的漏电感影响	(1) 多功率管 (2) 电气噪声干扰大 (3) 低频振荡严重	与双极性恒流电路一样
价格	低	低	中	中	中	高
应用场合	低速、低功率、小尺寸电动机	低、中速和小功率	中速、中功率	高速、中功率	高速、高功率、小、中型电动机	高速、高功率、高分辨率；低速无共振

第6章 步进电动机及其控制系统

1) 了解系统的特性

（1）转矩和输出功率：电动机的动态输出转矩和功率与电动机大小、散热条件、连续工作时期、电动机绕组参数和驱动器有密切的关系，通常需要根据厂家提供的额定数据、矩频特性、惯频特性以及负载状况来做评估，然后经过多方试验，以确定选型。

静止时，步进电动机的保持转矩应大于最大负载作用转矩。

启动时，步进电动机应满足不同启动方法（匀速、升速），特别是对于惯性负载应考虑。

运行时，步进电动机的牵出转矩应大于负载转矩，步进电动机的最大运行频率应大于负载极限转速要求。

（2）阻尼和振荡：在低阻尼状态下，通常步进电动机在低速、中速和高速均会产生振荡，而恒流电路中低频振荡尤为严重，电动机的有效转矩将因振荡而下降，因此在系统设计时，应避开振荡区域，或者人为增加阻尼系数，或者用半步和微步驱动方式进一步减少振荡。

（3）分辨率和步距精度：步进电动机系统的分辨率有以下几个因素：电动机的驱动方式和减速比，要得到一个理想的分辨率，除了考虑到电动机的步距角外，有时还得考虑微步距驱动器的作用，正因为如此，分辨率问题将在确定电动机尺寸和驱动形式后再决定。

值得注意的是系统对步距精度的要求，常常会涉及很多因素，主要还是以机械精度为首选。对于精度要求高的场合，采用小步距角的步进电动机，而且实行直接驱动。

2) 了解各类电动机结构和安装需求

钢板壳电动机结构简单，价格便宜，但是抗恶劣环境的能力比较低，因此该类电动机一般用于家用或办公用小型电器中。

在工业场合，通常采用标准尺寸的铝壳制混合式步进电动机，其抗振动和冲击的能力非常强。

3) 了解驱动器对运行特性的影响

选择一个正确的电动机型号和尺寸的另一个问题是驱动器对转矩的影响，同一台电动机，如果采用不同的驱动形式，其输出转矩、功率和功耗均不同。

对于小型电动机（如相电流小于4A），可以采用专用集成电路来进行控制和驱动。对于中、大型步进电动机，则选用专业公司制造的驱动器。采用标准的输入输出信号，可方便地与可编程控制器、工业计算机等连接，组成步进电动机的控制系统。

目前，新型的驱动器大多采用中高档微处理器，除了能够正确处理步进（微步细分）指令外，还具有可编程、用户自定义输入输出接口，这种智能型的驱动器还能够通过控制区域网络进行连接，真正达到联网控制的目的。

4) 设计时间

选用通用的驱动器和标准的电动机，将会减少设计时间。

5) 设计费用和价格

在大容量、大功率步进电动机应用中，主要的费用是硬件，包括电源、驱动器接线、电动机和加速机构，这种情况下，设计费用占用的比例不大。在很多应用场合，可以选用较复杂、价格较高的驱动器，以及低成本电动机和电源，来降低整个系统的成本。

在低、中型步进电动机应用中,恒流驱动器是首选。首先它本身价格不高,此外还能当恒压驱动器用,同时恒流电路可以起到电流保护作用。

小　　结

本章介绍了步进电动机的基本结构与工作原理,并对基本的设计方法进行了分析。分析了步进电动机的运动模型,并对步进电动机驱动器的设计及控制方式进行了介绍。

对于步进电动机系统来说,它的运动特点是可以将控制的脉冲信号转换成相应的角位移或线位移。其转速与控制脉冲信号的频率成正比,并能按要求进行正转、反转、制动及无级调速。步进电动机步距精度高,并在停止状态时能自锁。它的这些特点使它在自动控制系统特别是开环的数字控制系统中作为传动部件而得到广泛应用。

根据励磁方式不同,步进电动机分为反应式、永磁式及混合式三种。反应式步进电动机结构简单,生产成本低,步距角可以做的比较小,但动态性能相对较差;永磁式转距大,动态性能好,但步距角较大;混合式步进电动机兼有两者的优点,综合性能较好。

步进电动机的步距角是由转子齿数和运动拍数决定的,不同的控制方式会有不同的步距角。通过设计转子齿数及控制方式,可以得到不同的步距角。

步进电动机的功率驱动方式主要有两种:单极性及双极性驱动。单极性驱动方式适用于反应式步进电动机,双极性驱动方式适用于永磁和混合式步进电动机。

步进电动机主要采用开环控制方式,这时系统具有最佳的性能价格比。随着研究的深入及计算机、信息及半导体技术的发展,对步进电动机实行角度细分的控制方式也得到了进一步的发展及广泛应用。

 知识链接

1. 步进电动机本体的国内外的研究发展状况

20 世纪 60 年代后期,随着永磁材料的发展,各种实用性步进电动机应运而生,而半导体技术的发展则推进了步进电动机在众多领域的应用。特别是混合式步进电动机以其优越的性能(功率密度高于同体积的反应式步进电动机 50%)得到了较快发展。其中,20 世纪 60 年代 GE 公司申请了四相(二相)混合式步进电动机专利,20 世纪 70 年代中期,德国的 BL 公司申请了五相混合式步进电动机及驱动器的专利,发展了性能更高的混合式步进电动机系统。这个时期各个工业发达国家都建立了混合式步进电动机规模生产企业,使得步进电动机很快成为区别于直流电动机和交流电动机以外的第三大类电动机。此外,1993 年,也就是五相混合式步进电动机及驱动器专利到期之时,BL 公司又申请了三相混合式步进电动机的专利。

我国步进电动机的研究及制造起始于 20 世纪 50 年代后期。从 20 世纪 50 年代后期到 60 年代后期,主要是高等院校和科研机构为研究一些装置而使用或开发少量产品,这些产品以多段结构三相反应式步进电动机为主。20 世纪 70 年代初期,步进电动机的生产和研究有所突破。除反映在驱动器设计方面的长足进步外,对反应式步进电动机本体的设计研究发展到一个较高水平,20 世纪 70 年代中期至 80 年代中期为产品化发展阶段,新品种高性能电动机不断被开发。自 80 年代中期以来,由于对步进电动机精确模型做了大量的研究工作,各种混合式步进电动机及驱动器作为产品逐步出现,如三相、九相混合式步进电动机以及具有中国专利的升频升压型混合式步进电动机驱动器,此外电流型步进电动机驱动器技术也已成熟，并拥有一项专利技术。

步进电动机的使用性能与它的驱动电路有密切的关系，随着电力电子技术及微电子技术及其器件的发展，驱动器的面貌不断改变。近些年来随着半导体技术的发展，大功率双极性晶体管一般不再采用。目前，功率开关管多采用功率场效应晶体管（MOSFET）。功率集成电路（PIC）将功率器件、前级驱动电路、控制电路及保护电路等都集成在一起，具有较强的功能和较大的输出功率。用这种器件做成步进电动机驱动器，具有结构简单、性能稳定及运行可靠等优点。目前已应用于中、小功率步进电动机的驱动。驱动器控制电路发展的一个重要方面是集成电路专用芯片的采用，如 F/V 变换器、步进电动机细分芯片、微步控制与功率器件集成在一起的芯片等，更使步进电动机驱动器的研制上了一个新台阶，使其性能指标有了显著的提高。使步进电动机的控制系统达到了一个新的水平，其他一些控制技术，如矢量控制、模糊控制、神经网络控制等也获得了飞速发展和应用。

2. 我国步进驱动单元的研究应用现状

1) 反应式步进电动机驱动单元仍占较大比例

在我国，步进电动机的研究总体起步较晚，但一开始便得到重视，有大量科研院所投入到研究中去，赶上了反应式步进电动机研究的大潮，因此在这一领域的研究和生产非常活跃。一个明显例子是有我国特色的快走丝线切割机的繁荣，迄今为止，这种设备几乎仍采用的是反应式步进电动机驱动单元。反应式步进电动机的盛行，几乎制约了混合式步进电动机驱动单元的发展：已采用反应式步进电动机的，由于担心采用混合式步进驱动单元后造成成本增加而不愿改进；未采用步进驱动单元的，则只看到了（反应式）步进驱动单元的不足，从而放弃采用步进驱动单元，直接选用交流或直流伺服。只是等到近年大批进口设备涌入我国，而这些设备大多数采用了混合式步进驱动单元，混合式步进驱动单元才为人们所熟悉和接受。

2) 生产和应用规模较小

在国外特别是工业发达国家，步进驱动单元早已实现规模化生产，如德国 BL 公司已达到年产 15 万多套的规模，日本 ORIENTOR 公司年产 200 余万套等。而我国具备年产万余套的厂家亦难觅一二。

3) 小功率驱动单元为主

由于步进电动机（特别是高分辨率步进电动机）属于需要精加工的一类电动机，大功率的步进电动机的生产便不适合于生产线进行批量生产（所需设备复杂），因此，目前国内外均以小功率为主。当然，生产大功率步进驱动单元的难点不仅是电动机生产方面的问题，驱动器的安全可靠性及简化和降低成本也是问题。

4) 驱动器技术落后于电动机技术

长期以来，我国电子工业基础较差，半导体元器件及集成电路工艺比较落后，这些制约着驱动器技术的进步。相反地，我国自行设计的混合式步进电动机在许多指标上已优于进口电动机。

5) 规格品种繁多，生产格局复杂

从步进电动机驱动单元发展历史来看，它经历了一个从反应式步进电动机驱动单元到混合式步进电动机驱动单元的发展过程，而混合式步进电动机则既有相数的不同，如二相、三相、四相、五相、九相等，又有齿数的不同，如齿数 25、50、60 等。使得步进驱动单元规格品种繁多，生产格局复杂，对用户选用也不利。

3. 混合式步进驱动单元的发展趋势

作为工业化水平标志之一的便是工业自动化程度的高低，驱动单元是实现自动化的执行单元，可以说是一个重要的环节，步进驱动单元以其组成系统简单方便，成本低，高分辨率，高可靠性，始终处于不可替代的地位。在今天世界各国都在大力提高工业自动化水平之际，人们有理由相信步进驱动单元，特别是混合式步进驱动单元将会得到更大的发展。

对生产效率的追求，必然要求混合式步进驱动单元向更高的动态特性和更宽的调速范围方向发展。

例如,某陶瓷丝印机械要求传动电动机达到1000r/min的速度(步距角0.9°时),这几乎是对调速电动机的要求。

对传动机构简化的追求,要求去掉减速箱(可消除齿轮间隙误差,进一步提高传动精度),必然要求混合式步进驱动单元向大扭矩方向发展。

对驱动单元应用的"傻瓜化"追求,必然要求混合式驱动单元在满足驱动功率要求及刚度时具有更好的互换性,主要是步距角方面的。也就是说使同一驱动单元能满足用户的几乎任意步距角的要求。这方面的发展对步进驱动单元制造者也有简化生产格局的作用。

此外,从现场使用和维护的方便性等角度出发,要求驱动单元(主要是驱动器)具有积木化结构。为便于不同厂家的驱动器能直接替换,也有必要实现一种统一的工业化接口。

思考题与习题

1. 步进电动机是数字控制系统中的一种执行元件,其功用是将(　　)变换为相应的角位移或线位移。
   A. 直流电信号　　　　　　B. 交流电信号
   C. 计算机信号　　　　　　D. 脉冲电信号
2. 在步进电动机的步距角一定的情况下,步进电动机的转速与_____成正比。
3. 步进电动机与一般旋转电动机有什么不同?步进电动机有哪几种?
4. 试以三相单三拍磁阻式步进电动机为例说明步进电动机的工作原理。为什么步进电动机有两种步距角?
5. 步进电动机常用于(　　)系统中作为执行元件,以有利于简化控制系统。
   A. 高精度　　　　　　　　B. 高速度
   C. 开环　　　　　　　　　D. 闭环
6. 步进电动机的角位移量或线位移量与输入脉冲数成_____。
7. 步进电动机的输出特性是(　　)。
   A. 输出电压与转速成正比　　B. 输出电压与转角成正比
   C. 转速与脉冲量成正比　　　D. 转速与脉冲频率成正比
8. 如何控制步进电动机输出的角位移、转速或线速度?
9. 反应式步进电动机与永磁式及感应式步进电动机在作用原理方面有什么共同点和差异?步进电动机与同步电动机有什么共同点和差异?
10. 一台反应式步进电动机步距角为0.9°/1.8°,试问:
    (1)这是什么意思?
    (2)转子齿数是多少?
11. 采用双拍制的步进电动机步距角与采用单拍制相比(　　)。
    A. 减小一半　　　　　　　B. 相同
    C. 增大一半　　　　　　　D. 增大一倍
12. 有一个四相八极反应式步进电动机,其技术数据中有步距角为1.8°/0.9°,则该电动机转子齿数为(　　)。
    A. 75　　　　　　　　　　B. 100

C. 50 D. 不能确定

13. 一台三相反应式步进电动机，采用三相六拍运行方式，在脉冲频率 f 为 400Hz 时，其转速 n 为 100r/min，试计算其转子齿数 Z_R 和步距角 θ_b。若脉冲频率不变，采用三相三拍运行方式，其转速 n_1 和步距角 θ_{b1} 又为多少？

14. 一台三相反应式步进电动机，其转子齿数 Z_R 为 40，分配方式为三相六拍，脉冲频率 f 为 600Hz，要求：
    (1) 写出步进电动机顺时针和逆时针旋转时各相绕组的通电顺序；
    (2) 求步进电动机的步距角 θ_b；
    (3) 求步进电动机的转速 n。

15. 有一脉冲电源，通过环形分配器将脉冲分配给五相十拍通电的步进电动机定子绕组，测得步进电动机的转速为 100r/min，已知转子有 24 个齿。求：
    (1) 步进电动机的步距角 θ；
    (2) 脉冲电源的频率 f。

16. 有一台三相反应式步进电动机，按 A→AB→B→BC→C→CA 方式通电，转子齿数为 80 个，如控制脉冲的频率为 800Hz，求该电动机的步距角和转速。

17. 为什么步进电动机的脉冲分配方式应尽可能采用多相通电的双拍制？

18. 一台三相反应式步进电动机步距角为 $0.75°/1.5°$，已知它的最大静转矩 $T_{max}=1$N·m，转动部分的转动惯量 $J=2×10^{-5}$kg·m²，求该电动机的自由振荡频率。

19. 步进电动机带载时的启动频率与空载时相比有什么变化？

20. 步进电动机连续运行频率和启动频率相比有什么不同？

21. 步进电动机在什么情况下会发生失步？什么情况下会发生振荡？

22. 设计一个完整的三相步进电动机的驱动电路，并设计一套单片机的控制程序，包括调速（启动、加速、恒速、减速）及正、反转过程。

第7章 无刷直流电动机及其控制系统

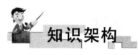知识架构

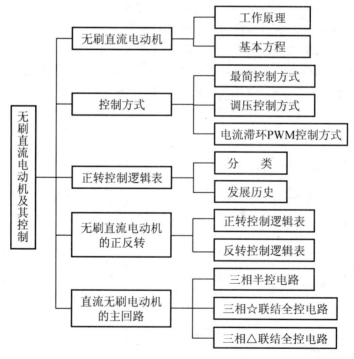

第7章 无刷直流电动机及其控制系统

教学目标与要求

☞ 了解无刷直流电动机的发展历史
☞ 掌握无刷直流电动机的基本构成与工作原理
☞ 了解无刷直流电动机的控制方式
☞ 掌握直流无刷电动机的主回路

引言

无刷直流电动机在中小功率传动场合应用日益普及,图7.1所示是某衣车用无刷直流电动机系统。

图7.1 衣车无刷节能电动机系统

该系统采用霍尔无触点传感,成熟的可控硅控制、电子制动技术、点针、制动精确,操作轻松灵活,具有通风、散热、降温的功能。该产品设计通过数控调速系统驱动无刷电动机直接拖动缝制设备,实现了驱动控制、制动控制、控制反馈数字化控制多种功能;使员工在使用过程中调速方便、灵敏,操作舒适,性能更加稳定。该电动机的投放,是替代传统离合器电动机的有效产品。

它的特点主要有:

(1) 结构简单、体积小、质量轻,是同功率离合器电动机及直流电动机质量的1/2。

(2) 产品通过数控调速系统驱动无刷电动机直接拖动缝制设备,调速方便、灵敏,操作舒适,性能稳定。

(3) 高效节能环保,该电动机与缝纫机保持同步工作、即开即停、无空载耗能、比同功率离合器电动机节电60%以上;且噪声低,发热少。

(4) 转矩强大:可缝制10层以上600D牛津布,电子制动技术、点针、制动精确、操作灵敏、舒适、轻松、速度快、节能、安全、环保、安静、一机多用。相比离合器电动机,有低速高转矩的优势。

(5) 电动机无电刷设计,无火花安全隐患,长期使用无须更换任何部件;运行期间对外界其他电子设备干扰小。

(6) 适用范围广,可以取代450W以下所有功率等级的离合器及直流电动机,适用于制衣、手袋皮具、制鞋、箱包、沙发、玩具等行业。

(7) 电动机最高转速可调,支持3800r/min、2800r/min、1800r/min。

传统产品和本产品对比，主要有以下不同点：

普通离合电动机是交流异步电动机，输出功率只有输入功率的70%左右；通过摩擦离合器传递转矩到缝纫机，效率又只有70%左右。所以，真正用于缝纫机的电能利用率只有50%左右。而节能电动机，用于缝纫机的电能利用率高达90%以上。

普通离合电动机开电源即会运转、用电（即空载用电，脚不踩也要耗电），而节能电动机能与缝纫机同步，缝纫机停电动机停、断电（即无空载耗电，脚不踩电动机即停不耗电）。上述两个因素加起来，节能电动机（工缝电子调速电动机）比普通离合电动机省电60%～85%。，节电率高达60%～85%的高效针车节电电动机；该产品节电率比普通针车高达60%～85%，具有低能耗、低振动、低温升、脚控无级变速、五档转速可调、自动平衡功率、全时伺服、自动定位等等普通电动机不具备的优异性能。

无刷直流电动机是随着电子技术的迅速发展而发展起来的一种新型直流电动机，它是现代工业设备中重要的运动部件。无刷直流电动机以法拉第的电磁感应定律为基础，而又以新兴的电力电子技术、数字电子技术和各种物理原理为后盾，具有很强的生命力。

无刷直流电动机的最大特点是没有换向器和电刷组成的机械接触机构。因此，无刷直流电动机没有换向火花，寿命长，运行可靠，维护简便。此外，其转速不受机械换向的限制，如采用磁悬浮轴承或空气轴承等，可实现每分钟几万到几十万转的超高转速运行。

由于无刷直流电动机具有上述一系列优点，因此，它的用途比有刷直流电动机更加广泛，尤其适用于航空航天、电子设备、采矿、化工等特殊工业部门。

7.1 无刷直流电动机的发展及分类

7.1.1 无刷直流电动机的发展历史

1831年，法拉第发现了电磁感应现象，奠定了现代电动机的基本理论基础。从19世纪40年代研制成功第一台直流电动机，经过大约17年的时间，直流电动机技术才趋于成熟。随着应用领域的扩大，对直流电动机的要求也就越来越高，有接触的机械换向装置限制了有刷直流电动机在许多场合中的应用。为了取代有刷直流电动机的电刷-换向器结构的机械接触装置，人们曾对此做过长期的探索。1915年，美国人Langnall发明了带控制栅极的汞弧整流器，制成了由直流变交流的逆变装置。20世纪30年代，有人提出用离子装置实现电机的定子绕组按转子位置换接的所谓换向器电机，但此种电机由于可靠性差、效率低、整个装置笨重又复杂而无实用价值。

科学技术的迅猛发展，带来了电力半导体技术的飞跃。开关型晶体管的研制成功，为创造新型直流电动机——无刷直流电动机带来了生机。1955年，美国人Harrison首次提出了用晶体管换相线路代替电动机电刷接触的思想，这就是无刷直流电动机的雏形。它由功率放大部分、信号检测部分、磁极体和晶体管开关电路等组成，其工作原理是当转子旋转时，在信号绕组中感应出周期性的信号电动势，此信号电动势分别使晶体管轮流导通实现换相。

问题在于，首先，当转子不转时，信号绕组内不能产生感应电动势，晶体管无偏置，功率绕组也就无法馈电，所以这种无刷直流电动机没有启动转矩；其次，由于信号电动势的前沿陡度不大，晶体管的功耗大。为了克服这些弊病，人们采用了离心装置的换向器，或采用在定子上放置辅助磁钢的方法来保证电机可靠地启动。但前者结构复杂，而

第7章 无刷直流电动机及其控制系统

后者需要附加的启动脉冲。其后,经过反复试验和不断实践,人们终于找到了用位置传感器和电子换相线路来代替有刷直流电机的机械换向装置,从而为直流电动机的发展开辟了新的途径。

20世纪60年代初期,接近开关式位置传感器、电磁谐振式位置传感器和高频耦合式位置传感器相继问世,之后又出现了磁电耦合式和光电式位置传感器。半导体技术的飞速发展,使人们对1879年美国人霍尔发现的霍尔效应再次产生兴趣,经过多年的努力,终于在1962年试制成功了借助霍尔元件(霍尔效应转子位置传感器)来实现换相的无刷直流电机。在20世纪70年代初期,又试制成功了借助比霍尔元件的灵敏度高千倍左右的磁敏二极管实现换相的无刷直流电机。在试制各种类型的位置传感器的同时,人们试图寻求一种没有附加位置传感器结构的无刷直流电机。

1968年,德国人W. Mieslinger提出采用电容移相实现换相的新方法。在此基础上,德国人R. Hanitsch试制成功借助数字式环形分配器和过零鉴别器的组合来实现换相的无位置传感器无刷直流电动机。

7.1.2 无刷直流电动机分类

无刷直流电动机按照工作特性,可以分为两大类。

1. 具有直流电动机特性的无刷直流电动机

反电动势波形和供电电流波形都是矩形波的电动机,称为矩形波同步电动机,又称无刷直流电动机。这类电动机由直流电源供电,借助位置传感器来检测主转子的位置,由所检测出的信号去触发相应的电子换相线路以实现无接触式换相。显然,这种无刷直流电动机具有有刷直流电动机的各种运行特性。

2. 具有交流电动机特性的无刷直流电动机

反电动势波形和供电电流波形都是正弦波的电动机,称为正弦波同步电动机。这类电机也由直流电源供电,但通过逆变器将直流电变换成交流电,然后去驱动一般的同步电动机。因此,它们具有同步电动机的各种运行特性。

严格来说,只有具有直流电动机特性的电动机才能称为无刷直流电动机,本书主要讨论这种类型的无刷直流电机。

7.1.3 无刷直流电动机特点

(1) 容量范围大:可达400kW以上;

(2) 电压种类多:直流供电,交流高、低电压均不受限制;

(3) 低频转矩大:低速可以达到理论转矩输出,激活转矩可以达到两倍或更高;

(4) 高精度运转:最高不超过1r/min(不受电压变动或负载变动影响);

(5) 高效率:所有调速装置中效率最高,比传统直流电机高出5%~30%;

(6) 调速范围:简易型/通用型(1:10),高精度型(1:100),伺服型;

(7) 过载容量高:负载转矩变动在200%以内,输出转速不变;

(8) 体积弹性大：实际比异步电机尺寸小，可以做成各种形状；

(9) 可设计成外转子电机(定子旋转)；

(10) 转速弹性大；

(11) 制动特性良好，可以选用四象限运转；

(12) 可设计成全密闭型，IP54，IP65，防爆型等均可；

(13) 允许高频度快速激活，电机不发烫；

(14) 通用型产品安装尺寸与一般异步电机相同，易于技术改造。

7.2 无刷直流电动机的基本组成和工作原理

本节将讨论无刷直流电动机的结构和工作原理，着重介绍各种类型的转子位置传感器、电枢绕组和电子换相线路的组合方式，以及不同换相方式的无刷直流电动机。

7.2.1 基本组成环节

直流无刷电动机主要由电动机本体、位置传感器和电子开关线路3个部分组成。电动机本体主要包括定子和转子两部分，定子绕组一般为多相(三相、四相、五相不等)，转子由永磁材料按一定极对数($2p=2$, 4, …)组成。图7.2为一个本体为三相两极的直流无刷电动机的原理图，三相定子绕组分别与电子开关线路中相应的功率开关器件相连。

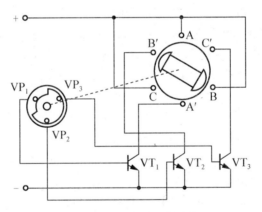

图 7.2 直流无刷电动机的结构原理

在图 7.2 中，A 相、B 相、C 相绕组分别与功率开关管 VT_1、VT_2、VT_3 相连，位置传感器的跟踪转子与电动机转轴相连接。

当定子绕组的某一相通电时，该电流与转子磁极所产生的磁场相互作用而产生转矩，驱动转子旋转，再由位置传感器将转子位置变换成电信号，去控制电子开关线路，从而使定子各相绕组按一定次序导通，定子相电流随转子位置的变化而按一定的次序换相。由于电子开关线路的导通次序是与转子转角同步的，因而起到了机械换向器的换向作用。因此，所谓直流无刷电动机，就其基本结构而言，可以认为是一台由电子开关线路、永磁式同步电动机以及位置传感器三者组成的"电动机系统"，其原理框图如图7.3所示。构成直流无刷电动机转子的永久磁钢与永磁有刷电动机中所使用的永久磁钢的作用相似，都是在电动机的气隙中建立足够的磁场。其不同之处在于，直流无刷电动机中永久磁钢装在转子上，而直流有刷电动机的磁钢则装在定子上。

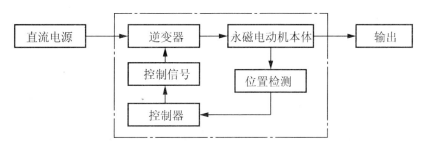

图 7.3　无刷直流电动机的原理框图

直流无刷电动机的电子开关线路用来控制电动机定子上各相绕组，通电的顺序和时间，主要由功率逻辑开关单元和位置传感器信号处理单元两个部分组成。功率逻辑开关单元是控制电路的核心，其功能是将电源的功率以一定的逻辑分配关系分配给直流无刷电动机定子上的各相绕组，以便使电动机产生持续不断的转矩。各相绕组导通的顺序和时间主要取决于来自位置传感器的信号。但位置传感器所产生的信号一般不能直接用来控制功率逻辑开关单元，往往需要经过一定逻辑处理后才能去控制逻辑开关单元。综上所述，组成无刷电动机各主要部件的框图，如图 7.4 所示。

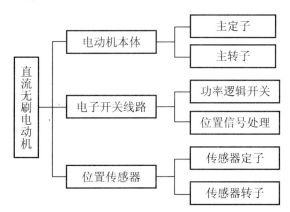

图 7.4　直流无刷电动机的组成框图

7.2.2　基本工作原理

一般永磁直流电动机的定子由永久磁钢组成，其主要作用是在电动机气隙中产生磁场。其电枢绕组通电后产生反应磁场，由于电刷的换向作用，使得这两个磁场的方向在直流电动机的运行过程中始终保持相互垂直，从而产生最大转矩而驱动电动机不停地运转。直流无刷电动机为了实现无电刷换向，首先要求把一般直流电动机的电枢绕组放在定子上，把永久磁钢放在转子上，这与传统直流永磁电动机的结构正好相反。但是，这样还是不够的，因为用一般直流电源给定子上的各绕组供电，只能产生固定磁场，它不能与运动中的转子磁钢所产生的永磁磁场相互作用，以产生单一方向的转矩来驱动转子转动。所以，直流无刷电动机除了由定子和转子组成电动机本体以外，还要由位置传感器、控制电路以及功率逻辑开关共同组成换向装置，使得直流无刷电动机在运行过程中由定子绕组所产生的磁场和转动中的转子磁钢产生的永磁磁场，在空间中始终保持在90°左右的电角度。

为了更加清晰地阐述这种直流无刷电动机的工作原理和特点，下面就以三相星形绕组半控桥电路为例，来加以简要说明。用图7.2所示的三相直流无刷电动机半控桥电路原理图说明。此处采用光电器件作为位置传感器，以3个功率晶体管V_1、V_2、V_3构成功率逻辑单元。

在图7.2中，3个光电器件VP_1、VP_2、VP_3的安装位置各相差120°，均匀分布在电动机一端。借助于安装在电动机轴上的旋转遮光板(又称截光器)的作用，使得从光源射来的光线依次照射在各个光电器件上，并依照某一光电器件是否被照射到光线来判断转子磁极的位置。

假定此时光电器件VP_1被照射，从而使功率晶体管V_1呈导通状态，电流流入绕组A—A′，该绕组电流同转子磁极作用后所产生的转矩使转子的磁极按照顺时针方向转动。当转子极转过120°以后，直接装在转子轴上的旋转遮光板也跟着同时转动，并遮住VP_1而使VP_2受光照射，从而使V_1截止，晶体管V_2导通，电流从绕组A—A′断开而流入绕组B—B′，使得转子磁极继续朝着箭头方向转动，并带动遮光板同时朝顺时针方向旋转。当转子磁极再次转过120°以后，此时旋转遮光板已经遮住VP_2而使VP_3受光照射，从而使V_2截止，晶体管V_3导通，电流流入绕组C—C′，于是驱动转子磁极继续朝着顺时针方向旋转过120°以后，重新开始下次的360°旋转。

这样，随着位置传感器转子扇形片的转动，定子绕组在位置传感器VP_1、VP_2、VP_3的控制下，一相一相地依次馈电，实现了各相绕组电流的换向。

不难看出，在换向过程中，定子各相绕组在工作气隙中所形成的旋转磁场是跳跃式的，这种旋转磁场在360°的电角度范围内有3种磁状态，每种磁状态持续120°电角度。图7.5是各相绕组的导通顺序示意图。

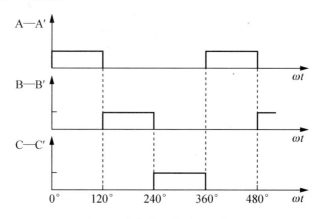

图7.5　各相绕组的导通示意图

7.2.3　常用的位置传感器

位置传感器在直流无刷电动机中起着测定转子磁极位置的作用，为逻辑开关电路提供正确的换向信息，即将转子磁钢、磁极的位置信号转换成电信号，然后去控制定子绕组换向。位置传感器的种类很多，且各具特点。目前，在直流无刷电动机中常用的位置传感器有以下几种类型。

1. 电磁式位置传感器

电磁式位置传感器是利用电磁效应来实现其位置测量作用的，主要有开口变压器、铁磁谐振电路、接近开关等多种类型。在直流无刷电动机中，用的较多的是开口变压器。电磁式位置传感器具有输出信号大、工作可靠、寿命长、使用环境要求不高、适应性强、结构简单和紧凑等优点。但这种传感器的信噪比较低，体积较大，同时其输出波形为交流，一般需经过整流、滤波后才可使用。

这种传感器的结构如图7.6所示。它由定子和转子两部分组成。定子磁心及转子上的扇形部分均由高频导磁材料(如软磁铁氧体)制成，导磁扇形片数等于电动机极对数，放置在不导磁的铝合金圆盘上制成了转子。传感器定子由磁心和线圈组成，磁心的结构特点是中间为圆柱体，安放励磁绕组，外施高频电源励磁。圆周上沿轴向有凸出的极，极上套着信号线圈产生信号电压。可以看出，这实际上是一个有共同励磁线圈的几个开口变压器，扇形导磁片的作用是使开口变压器铁芯接近闭合，减少磁阻，使信号线圈感应出较大的电动势。

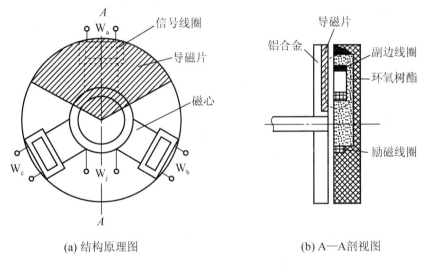

(a) 结构原理图　　　　　(b) A—A剖视图

图 7.6　电磁式位置传感器

2. 光电式位置传感器

光电式传感器是由固定在定子上的几个光电耦合开关和固定在转子轴上的遮光盘所组成，如图7.7所示。遮光盘上按要求开出光槽(孔)，几个光电耦合开关沿着圆周均布，每只光电耦合开关是由相互对着的红外发光二极管(或激光器)和光电管(光电二极管，晶体管或光电池)所组成的。红外发光二极管(或激光器)通上电后，发出红外光(或激光)；当遮光盘随着转轴转动时，光线依次通过光槽(孔)，使对着的光电管导通，相应地产生反应转子相对定子位置的电信号，经放大后去控制功率晶体管，使相应的定子绕组切换电流。

光电式位置传感器产生的电信号一般都较弱，需要经过放大才能去控制功率晶体管。但它输出的是直流电信号，不必再进行整流，这是它的一个优点。

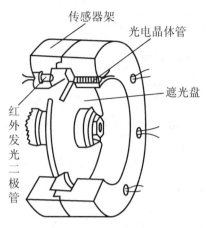

图 7.7 光电式位置传感器

3. 磁敏式位置传感器

磁敏式位置传感器是指它的某些电参数按一定规律随周围磁场变化的半导体敏感元件，其基本原理为霍尔效应和磁阻效应。目前，常见的磁敏传感器有霍尔元件或霍尔集成电路、磁敏电阻器及磁敏二极管等多种。

采用霍尔元件作为位置传感器的无刷直流电动机通常称为"霍尔无刷直流电动机"。由于无刷直流电动机的转子是永磁的，就可以很方便地利用霍尔元件的"霍尔效应"检测转子的位置。图 7.8 为四相霍尔无刷直流电动机原理图。图中两个霍尔元件 H_1 和 H_2 以间隔 90°电角度粘于电动机定子绕组 A 和 B 的轴线上，并通上控制电流，电动机转子磁钢兼作位置传感器的转子。当电动机转子旋转时磁钢 N 极和 S 极轮流通过霍尔元件 H_1 和 H_2，因而产生对应转子位置的两个正的和两个负的霍尔电动势，经放大后去控制功率晶体管导通，使 4 个定子绕组轮流切换电流。

霍尔无刷直流电动机结构简单，体积小，但安置和定位不便，元件片薄易碎，对环境及工作温度有一定要求，耐振差。

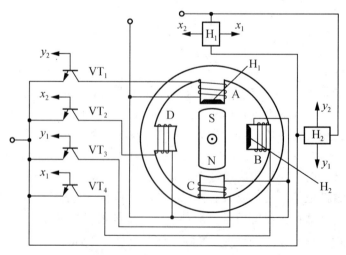

图 7.8 霍尔无刷直流电动机原理图

第7章 无刷直流电动机及其控制系统

除了上述三大类位置传感器外,还有正、余弦旋转变压器和编码器等多种位置传感器。但是,这些元件成本较高,体积较大,而且所配电路复杂,因而在一般的直流无刷电动机中很少采用。

另外,近期还出现了利用电动机定子绕组的反电动势作为转子磁钢的位置信号的应用,该信号被检测到以后,经数字电路处理,并送给逻辑开关电路去控制直流无刷电动机的换向。由于该方法省去了位置传感器,使得直流无刷电动机的结构更为紧凑,因而得到了广泛的应用。

7.2.4 基本方程

无刷直流电动机的特征是反电动势为梯形波,梯形波反电动势意味着定子和转子间的互感是非正弦的,将无刷直流电动机三相方程变换为 dq 方程是比较困难的,因为 dq 方程适用于气隙磁场为正弦分布的电动机。若将电感表示为级数形式且采用多参考坐标理论,也可进行这种坐标变换,但运算烦琐。若仅仅取其基波进行变换,计算结果误差大。相反,若按利用电动机原有的相变量来建立数学模型却比较方便,又能获得较准确的结果。为简化分析,以一台三相两极永磁电动机为例,并假设:

(1) 定子绕组为 60°相带整距集中绕组星形联结;
(2) 忽略齿槽效应绕组均匀分布于光滑定子的内表面;
(3) 忽略磁路饱和,不计涡流和磁滞损耗;
(4) 不考虑电枢反应气隙磁场分布近似矩形波,其波形平顶宽度为 120°电角度;
(5) 转子上没有阻尼绕组永磁体,不起阻尼作用。

1. 无刷直流电动机的电压方程

定子三相绕组的电压平衡方程可表示为

$$\begin{bmatrix} u_A \\ u_B \\ u_C \end{bmatrix} = \begin{bmatrix} R_S & 0 & 0 \\ 0 & R_S & 0 \\ 0 & 0 & R_S \end{bmatrix} \begin{bmatrix} i_A \\ i_B \\ i_C \end{bmatrix} + p \begin{bmatrix} L_A & L_{AB} & L_{AC} \\ L_{BA} & L_B & L_{BC} \\ L_{CA} & L_{CB} & L_C \end{bmatrix} \begin{bmatrix} i_A \\ i_B \\ i_C \end{bmatrix} + \begin{bmatrix} e_A \\ e_B \\ e_C \end{bmatrix} \tag{7-1}$$

式中:p 为微分算子;R_S 为定子绕组;L_A、L_B、L_C 为定子三相绕组自感;L_{AB}、L_{BA}、L_{BC}、L_{CB}、L_{CA}、L_{AC} 为定子三相绕组互感;u_A、u_B、u_C 为定子三相绕组电压;e_A、e_B、e_C 为三相绕组感应电动势。

对于面装式转子结构,可以认为自感和互感为常值,与转子位置无关,即有

$$L_A = L_B = L_C = L_S$$

$$L_{AB} = L_{BA} = L_{BC} = L_{CB} = L_{CA} = L_{AC} = M$$

式中:L_S 为每相绕组自感;M 为相间互感。

因为

$$i_A + i_B + i_C = 0 \tag{7-2}$$

因此有

$$M i_B + M i_C = -M i_A \tag{7-3}$$

利用式(7-2)和式(7-3)的关系,可将式(7-1)无刷直流电动机定子三相绕组的电压平衡方程写为

$$\begin{bmatrix} u_A \\ u_B \\ u_C \end{bmatrix} = \begin{bmatrix} R_S & 0 & 0 \\ 0 & R_S & 0 \\ 0 & 0 & R_S \end{bmatrix} \begin{bmatrix} i_A \\ i_B \\ i_C \end{bmatrix} + \begin{bmatrix} L_S - M & 0 & 0 \\ 0 & L_S - M & 0 \\ 0 & 0 & L_S - M \end{bmatrix} p \begin{bmatrix} i_A \\ i_B \\ i_C \end{bmatrix} + \begin{bmatrix} e_A \\ e_B \\ e_C \end{bmatrix} \quad (7-4)$$

式中：

$$\begin{bmatrix} u_A \\ u_B \\ u_C \end{bmatrix} = \begin{bmatrix} u_a - u_n \\ u_b - u_n \\ u_c - u_n \end{bmatrix} \quad (7-5)$$

u_a、u_b、u_c 分别为电动机的端电压；u_n 为电动机中性点电压。

当非换相工作时，设 i、j 两相导通（i，j＝a、b、c，且 $i \neq j$），结合式(7-2)、式(7-4)和式(7-5)可知：

$$u_n = \frac{u_i + u_j}{2} - \frac{e_i + e_j}{2} \quad (7-6)$$

当换相工作时可得

$$u_n = \frac{u_a + u_b + u_c}{3} - \frac{e_a + e_b + e_c}{3} \quad (7-7)$$

无刷直流电动机反电动势波形为梯形波，可看出它是与空间位置角有关的一个量，可以根据分段函数形式写出反电动势 e 的表达式，此处以 e_a 为例：

$$e_a = \begin{cases} -k_e \omega_r \times \theta_e/(\pi/6) & 0 \leq \theta_e < \pi/6 \\ -k_e \omega_r & \pi/6 \leq \theta_e < 5\pi/6 \\ k_e \omega_r \times (\theta_e - \pi)/(\pi/6) & 5\pi/6 \leq \theta_e < 7\pi/6 \\ k_e \omega_r & 7\pi/6 \leq \theta_e < 11\pi/6 \\ k_e \omega_r \times (2\pi - \theta_e)/(\pi/6) & 11\pi/6 \leq \theta_e < 2\pi \end{cases} \quad (7-8)$$

式中：k_e 为电动机的反电动势系数；ω_r 为永磁转子的电角速度；θ_e 为转子与坐标轴 a 的夹角。e_b、e_c 分别滞后 e_a 120°和240°电角度。

2. 转矩和运动方程

电动机的电磁转矩方程为

$$T_e = \frac{1}{\Omega}(e_A i_A + e_B i_B + e_C i_C) \quad (7-9)$$

式中，e_A、e_B、e_C 和 i_A、i_B、i_C 分别为 A、B、C 三相的反电动势和定子电流；Ω 为电动机的机械角速度。电动机的运动方程为

$$\frac{d\Omega}{dt} = \frac{1}{J}(T_e - T_L) = \frac{1}{p} \frac{d\omega}{dt} \quad (7-10)$$

式中，T_e 为电动机的电磁转矩；T_L 为电动机的负载转矩；J 为电动机的转动惯量；Ω 为电动机的机械角速度；ω 为电动机的电角速度。

另外转子的位置角 θ_e、Ω 和 ω 之间的关系为

$$\frac{d\theta_e}{dt} = \omega = p\Omega \quad (7-11)$$

对无刷直流电动机来说，转速 n(r/min)、极对数 p 和供电频率 f(Hz)存在如下关系：

$$n = \frac{60f}{p} \quad (7-12)$$

为产生恒定的电磁转矩，要求输入方波定子电流，或者当定子电流为方波时，要求反电动势波形为梯形波。且在每半个周期内，方波电流的持续时间为120°电角度，那么梯形波反电动势的平顶部分也为120°电角度，并且两者应严格同步。在任何时刻，定子只有两相导通。

3. 状态方程

可将无刷直流电动机定子三相绕组的电压方程写成状态方程的形式，如下：

$$p\begin{bmatrix}i_A\\i_B\\i_C\end{bmatrix} = \begin{bmatrix}1/(L_S-M) & 0 & 0\\ 0 & 1/(L_S-M) & 0\\ 0 & 0 & 1/(L_S-M)\end{bmatrix}\begin{bmatrix}\begin{bmatrix}u_A\\u_B\\u_C\end{bmatrix} - \begin{bmatrix}R_S & 0 & 0\\0 & R_S & 0\\0 & 0 & R_S\end{bmatrix}\begin{bmatrix}i_A\\i_B\\i_C\end{bmatrix} - \begin{bmatrix}e_A\\e_B\\e_C\end{bmatrix}\end{bmatrix} \quad (7-13)$$

下面来讨论无刷直流电动机的各种运行特性。

1) 启动特性

电动机在启动时，由于反电动势为零，因此电枢电流（即启动电流）为

$$I_{acp} = \frac{U - \Delta U}{r_{acp}}$$

其值可为正常工作电枢电流的几倍到十几倍，所以启动电磁转矩很大，电动机可以很快启动，并能带负载直接启动。随着转子的加速，反电动势 E 增加，电磁转矩降低，加速转矩也减小，最后进入正常工作状态。在空载启动时，电枢电流和转速的变化如图7.9所示。

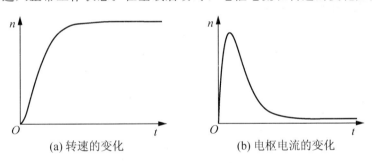

(a) 转速的变化　　　　　　(b) 电枢电流的变化

图 7.9　空载启动时电枢电流和转速的变化

需要指出的是，无刷直流电动机的启动转矩，除了与启动电流有关外，还与转子相对于电枢绕组的位置有关。转子位置不同时，启动转矩值是不同的，这是因为上面所讨论的关系式都是平均值间的关系。而实际上，由于电枢绕组产生的磁场是跳跃的，当转子所处位置不同时，转子磁场与电枢磁场之间的夹角在变化，因此所产生的电磁转矩也是变化的。这个变化量要比有刷直流电动机因电刷接触压降和电刷所短路元件数的变化而造成的启动转矩的变化大得多。

2) 工作特性

在无刷直流电动机中，工作特性主要包括如下几方面的关系：电枢电流和电动机效率与输出转矩之间的关系。

(1) 电枢电流和输出转矩的关系：由式(7-9)可知，电枢电流随着输出转矩的增加而增加，如图 7.10(a)所示。

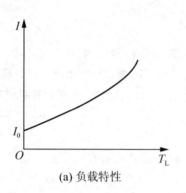
(a) 负载特性

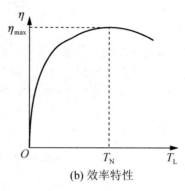
(b) 效率特性

图 7.10 负载和效率特性曲线

(2) 电动机效率和输出转矩之间的关系：这里只考察电动机部分的效率与输出转矩的关系。电动机效率

$$\eta = \frac{P_2}{P_1} = 1 - \frac{\sum P}{P_1} \tag{7-14}$$

式中：$\sum P$ 为电动机的总损耗；P_1 为电动机的输入功率，$P_1 = I_{acp}U$；P_2 为输出功率，$P_2 = M_2 n$。

$M_2 = 0$，即没有输出转矩时，电动机的效率为零。随着输出转矩的增加，电动机的效率也就增加。当电动机的可变损耗等于不变损耗时，电动机效率达到最大值。随后，效率又开始下降，如图 7.10(b) 所示。

3) 机械特性和调速特性

机械特性是指外加电源电压恒定时，电动机转速和电磁转矩之间的关系。

$$I_{acp} = \frac{U - \Delta U}{r_{acp}} = \frac{nK_e}{r_{acp}} \tag{7-15}$$

$$M = K_m I_{acp} = K_m \left(\frac{U - \Delta U}{r_{acp}} - \frac{nK_e}{r_{acp}} \right) \tag{7-16}$$

当不计 U 的变化和电枢反应的影响时，式(7-15)等号右边的第一项是常数，所以电磁转矩随转速的减小而线性增加，如图 7.11 所示。

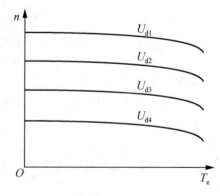

图 7.11 机械特性曲线

当转速为零时，即为启动电磁转矩。当式(7-15)等号右边两项相等时，电磁转矩为

第7章 无刷直流电动机及其控制系统

零,此时的转速即为理想空载转速。实际上,由于电动机损耗中可变部分及电枢反应的影响,输出转矩会偏离直线变化。

由式(7-15)可知,在同一转速下改变电源电压,可以容易地改变输出转矩或在同一负载下改变转速。所以,无刷直流电源电压实现平滑调速,但此时电子换相线路不变。总之,无刷直流电动机的运行特性与有刷直流电动机极为相似,有着良好的伺服控制性能。

7.3 无刷直流电动机的正、反转

无刷直流电动机广泛应用于驱动和伺服系统中,在许多场合,不但要求电动机具有良好的启动和调节特性,而且要求电动机能够正、反转。

有刷直流电动机的正、反转可以通过改变电源电压的极性来实现,而无刷直流电动机则不能通过改变电源电压的极性来实现,但无刷直流电动机正、反转原理和有刷直流电动机是相同的。

通常采用改变逆变器开关管的逻辑关系,使电枢绕组各相导通顺序变化来实现电动机的正、反转。为了使电动机正、反转均能产生最大平均电磁转矩以保证对称运行,必须精确设计转子位置传感器与转子主磁极和定子各相的相互位置关系,以及正确的逻辑关系。下面以两相导通星形三相六状态无刷直流电动机为例,来分析其正、反转的实现方法。

采用霍尔元件转子位置传感器来实现无刷直流电动机的正、反转调速,3 个霍尔元件沿圆周均匀分布粘贴于电动机端盖上,故霍尔元件彼此相差 120°电角度,如图 7.12 所示。

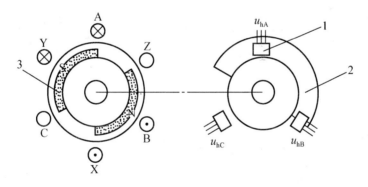

图 7.12 定子绕组、磁极与位置传感器的相互位置关系

1—霍尔元件;2—定子;3—转子主磁钢

1. 正转

设电动机处于 A、B 相绕组导通的磁状态初始位置,如图 7.13(a)所示,此时霍尔元件 A、B 在传感器磁场作用下,有高电平输出,$u_{hA}=u_{hB}=1$;霍尔元件 C 不受磁场作用,有低电平输出,此时定转子磁场相互作用使电动机顺时针旋转。故 A、B 相绕组导通的磁状态对应的霍尔元件信号逻辑为 $u_{hA}=1$,$u_{hB}=1$,$u_{hC}=0$。

当转子转过 60°电角度,达到 A、C 相绕组导通的磁状态初始位置,如图 7.13(b)所示。此时霍尔元件 B 处于传感器永磁体下,有高电平输出,$u_{hB}=1$;霍尔元件 A、C 不受磁场作用，有低电平输出，$u_{hA} = u_{hC} = 0$，定、转子磁场相互作用仍使电动机顺时针继续旋转，从而产生最大电磁转矩。A、C 相绕组导通的磁状态对应的霍尔元件信号逻辑为 $u_{hA} = 0$，$u_{hB} = 1$，$u_{hC} = 0$。依此类推，可得一周内电动机正转时对应的各相绕组导通顺序与 3 个霍尔元件输出信号的逻辑关系。

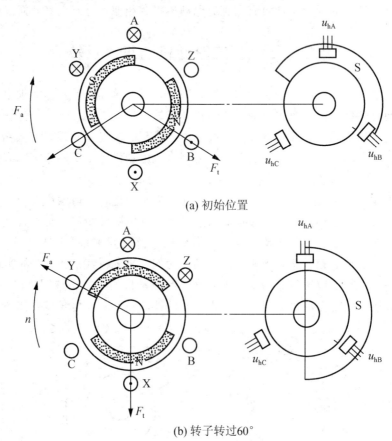

(a) 初始位置

(b) 转子转过60°

图 7.13 正转时相互位置关系

2. 反转

设电动机定子及位置传感器的相互位置仍如图 7.13(a) 所示，但绕组 B、C 通电，对应的定、转子磁动势关系如图 7.14(a) 所示。可见电动机反向逆时针旋转，此时霍尔元件输出逻辑为 $u_{hA} = 1$，$u_{hB} = 0$，$u_{hC} = 0$。在 B、C 相绕组通电状态，定、转子磁动势轴线平均以正交相互位置关系逆时针方向旋转，同样可以产生最大电磁转矩。当转子转过 60°电角度后，到达图 7.14(b) 所示状态。此时导通 A、C 相绕组，该两相绕组的合成定子磁动势仍驱动转子逆时针方向继续旋转，该磁状态对应的霍尔元件输出逻辑为 $u_{hA} = 1$，$u_{hB} = 0$，$u_{hC} = 1$。由此可得，根据霍尔传感器的输出信号，各开关管控制电动机正、反转的导通逻辑关系如表 7-1 所示。由表 7-1 可知，正、反转时各开关管对应于霍尔传感器输出信号的逻辑关系正好相反。

第7章 无刷直流电动机及其控制系统

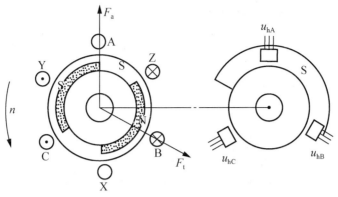

(a) B、C通电

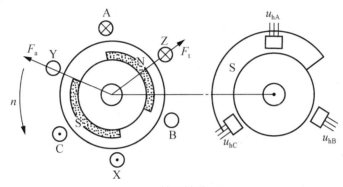

(b) 转子转过60°

图 7.14 反转时相互位置关系

表 7-1 无刷直流电动机正、反转换向逻辑表

状 态	A	B	C	D	E	F
逻辑量(正转)	101	100	110	010	011	001
正转时电流流向	A→B	A→C	B→C	B→A	C→A	C→B
逻辑量(反转)	010	011	001	101	100	110
反转时电流流向	B→A	C→A	C→B	A→B	A→C	B→C

7.4 直流无刷电动机的主回路

前面已经指出，直流无刷电动机实际上是一个由电动机本体、功率电子主回路和转子磁钢位置传感器等部分组成的闭环系统。为方便讨论，又把功率电子主回路和转子磁钢位置传感器合并在一起，称为电子换向器，其主要功能是保证电动机定子绕组的准确换向，确保直流无刷电动机在运行过程中，定、转子两磁场始终保持基本垂直，以提高其运行效率。因此，要了解直流无刷电动机的运行，首先必须了解其定子绕组与电子换向器之间的

各种连接方法;由于定子绕组为三相绕组的直流无刷电动机在实际生活中最为常用,本节将对此着重加以讨论。

1. 三相半控电路

常见的三相半控电路如图 7.15 所示。

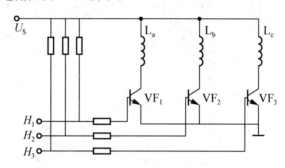

图 7.15 三相半控电路

图 7.15 中,A、B、C 为电动机定子三相绕组;VT_1、VT_2、VT_3 为 3 个大功率 MOSFET,主要起开关作用;H_1、H_2、H_3 为来自转子位置传感器的信号。在三相半控电路中,要求位置传感器的输出信号 1/3 周期为高电平,2/3 周期为低电平,并要求各传感器之间的相位差也是 1/3 周期,如图 7.16 所示。

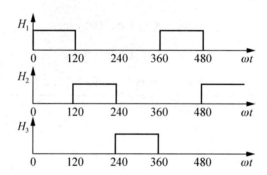

图 7.16 三相半控电路中位置传感器的信号波形

当转子磁钢的位置如图 7.17(a)所示时,要求 H_1 处于高电平,H_2、H_3 都处于低电平;VT_1 导通,A 相绕组通电,由左手定则可知,在电磁力 F_a 的作用下,转子沿顺时针方向旋转;当转子磁钢转到图 7.17(b)所示的位置时,H_2 处于高电平,H_1、H_3 都处于低电平,VT_2 导通,B 相绕组通电,A 相绕组断电,在转子磁钢同 B 相绕组所产生的电磁力 F_b 的作用下,转子继续沿顺时针方向旋转;到图 7.17(c)所示的位置时,H_3 处于高电平,H_1、H_2 都处于低电平,VT_3 导通,C 相绕组通电,在转子磁钢同 C 相绕组所产生的电磁力 F_c 的作用下,转子继续沿顺时针方向旋转,回到图 7.17(a)所示的位置。然后,继续重复上述过程。

第7章 无刷直流电动机及其控制系统

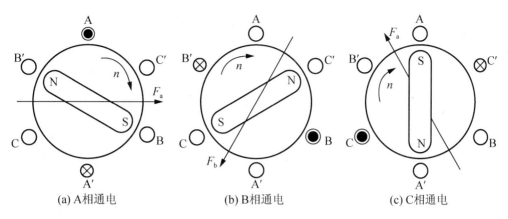

(a) A相通电　　　　　　(b) B相通电　　　　　　(c) C相通电

图 7.17　绕组通电同转子磁钢位置的关系

同一般的直流电动机一样，在电动机启动时，由于其转速很低，故转子磁通切割定子绕组所产生的反电动势很小，因而可能产生较大的电流。另外，三相半控电路虽然结构简单，但电动机本体的利用率很低，每个绕组只通电 1/3 时间，2/3 时间处于关断状态，没有得到充分的利用；在运行过程中其转矩的波动也较大。因此，在一些要求比较高的场合，一般不使用三相半控电路。

2. 三相Y形联结全控电路

图 7.18 给出了一种三相Y联结的全控电路。图中，$VT_1 \sim VT_6$ 为 6 个功率 MOSFET，起绕组的开关作用。VT_1、VT_3、VT_5 为 P 沟道 MOSFET，低电平时导通；VT_2、VT_4、VT_6 为 N 沟道 MOSFET，高电平时导通。它们的通电方式又可分为两两导通方式和三三导通方式两种。

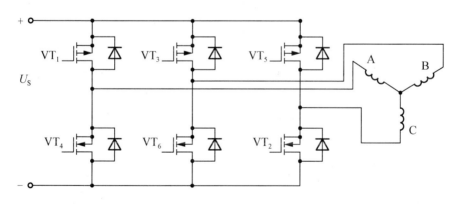

图 7.18　Y联结绕组三相全控桥式电路

1) 两两通电方式

所谓的两两通电方式是指每一瞬间有两个功率管导通，每隔 1/6 周期（60°电角度）换向一次，每次换向一个功率管，每一功率管导通 120°电角度。各功率管的导通顺序依次为 VT_1、VT_2，VT_2、VT_3，VT_3、VT_4，VT_4、VT_5，VT_5、VT_6，VT_6、VT_1。当功率管

VT_1 和 VT_2 导通时,电流从 VT_1 流入 A 相绕组,再从 C 相绕组流出,经 VT_2 回到电源。如果认定流入绕组的电流所产生的转矩为正,那么从绕组流出电流所产生的转矩为负,它们的合成转矩如图 7.19(a)所示,其大小为 $\sqrt{3}T_a$。方向在 T_a 和 $-T_c$ 的角平分线上;当电动机转过 60°以后,由 VT_1、VT_2 通电换成 VT_2、VT_3 通电,这时,电流从 VT_3 流入 B 相绕组再从 C 相绕组流出,经 VT_2 回到电源,此时的合成转矩如图 7.19(b)所示,大小同样为 $\sqrt{3}T_a$,但合成转矩的方向转过了 60°电角度。而后,每次换向一个功率管,合成转矩矢量方向就随着转过 60°电角度,但大小始终保持着 $\sqrt{3}T_a$ 不变,图 7.19(c)表示了全部合成转矩的方向。所以,同样一台直流无刷电动机,每相绕组通过与三相半控电路同样的电流时,采用三相丫形联结全控电路,在两两换向的情况下,合成转矩增加了 $\sqrt{3}$ 倍;每隔 60°换向一次,每个功率管通电 120°,每个绕组通电 240°,其中正向通电和反向通电各 120°。

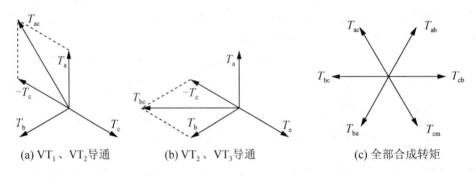

(a) VT_1、VT_2 导通　　　　(b) VT_2、VT_3 导通　　　　(c) 全部合成转矩

图 7.19　丫联结绕组两两通电时的合成转矩矢量图

2) 三三通电方式

所谓的三三通电方式是指每一瞬间均有 3 个功率管同时通电,每隔 60°换向一次,每个功率管通电 180°,它们的导通顺序依次是 VT_1、VT_2、VT_3,VT_2、VT_3、VT_4,VT_3、VT_4、VT_5,VT_4、VT_5、VT_6,VT_5、VT_6、VT_1,VT_6、VT_1、VT_2。

当 $VT_6 VT_1 VT_2$ 导通时,电流从 VT_1 流入 A 相绕组,经 B 相和 C 相绕组(此时,B、C 两相绕组为并联)分别从 VT_6 和 VT_2 流出。此时,流过 B 相和 C 相绕组的电流分别为流过 A 相绕组的一半,其合成转矩如图 7.20(a)所示,方向同 A 相,大小为 $1.5T_a$;经过 60°电角度后,换向到 VT_1、VT_2、VT_3 通电,即先关断 VT_6 而后导通 VT_3(注意,一定要先关 VT_6 而后通 VT_3,否则 VT_6 和 VT_3 同时通电,则电源被 VT_6、VT_3 短路,这是绝对不允许出现的),此时,电流分别从 VT_1 和 VT_3 流入,经 A 相和 B 相绕组(相当于 A 相和 B 相并联)再流入 C 相绕组,经 VT_2 回到电源,如图 7.20(b)所示,方向与 C 相相反,转过了 60°,大小仍然是 $15T_a$;再经过 60°电角度,换向到 VT_2、VT_3、VT_4 通电,而后依次类推。它们的合成转矩如图 7.20(c)所示。

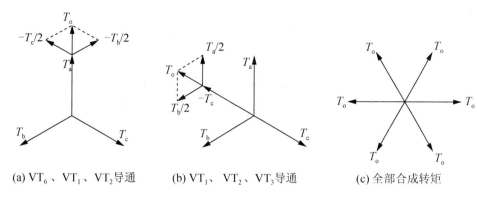

(a) VT_6、VT_1、VT_2导通　　(b) VT_1、VT_2、VT_3导通　　(c) 全部合成转矩

图 7.20　Y联结绕组三三通电时的合成转矩矢量图

3．三相△联结全控电路

直流无刷电动机的三相△联结主回路如图 7.21 所示。该连接电路的组成元件与三相Y形联结全控桥式电路类似，也可分为两两通电和三三通电两种控制方式。

1) 两两通电方式

此时，通电顺序为 VT_1、VT_2，VT_2、VT_3，VT_3、VT_4，VT_4、VT_5，VT_5、VT_6，VT_6、VT_1。当 VT_1、VT_2 通电时，电流从 VT_1 流入，分别通过 A 相绕组和 B、C 两相绕组，再从 VT_2 流出。此时，绕组的连接是 B、C 两相绕组串联后再同 A 相绕组并联，如果假定流过 A 相绕组的电流为 I，则流过 B、C 两相绕组的电流分别为 $I/2$。此时的合成转矩如图 7.22(a) 所示，其方向同 A 相转矩，大小为 A 相转矩的 1.5 倍。不难看出，其结果与Y形联结时的三三通电情况类似。

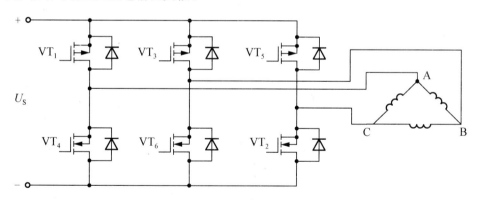

图 7.21　三相△连接绕组原理图

2) 三三通电方式

此时的导通顺序依次是 VT_1、VT_2、VT_3，VT_2、VT_3、VT_4，VT_3、VT_4、VT_5，VT_4、VT_5、VT_6，VT_5、VT_6、VT_1，VT_6、VT_1、VT_2。当 VT_6、VT_1、VT_2 导通时，电流从 VT_1 流入，同时经 A 相和 B 相绕组，再分别从 VT_6 和 VT_2 流出，C 相绕组则没有电流通过，这就相当于 A、B 两相绕组并联。如果假定电流的方向从 A 到 B、从 B 到 C、从 C 到 A 所产生的转矩为正，从 B 到 A、从 C 到 B、从 A 到 C 所产生的转矩为负。由

图7.23可知,流向A相绕组所产生的转矩为正,而流入B相绕组所产生的转矩为负,合成转矩的大小为A相绕组转矩的$\sqrt{3}$倍。不难看出,其结果与Y联结两两通电时的情况类似。区别在于当绕组星形联结两两通电时,为两绕组相串联,而当△联结三三通电时,则为两绕组并联。

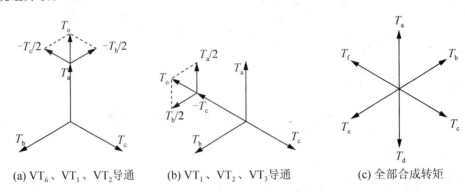

图7.22 三相△联结时,两两通电合成转矩矢量图

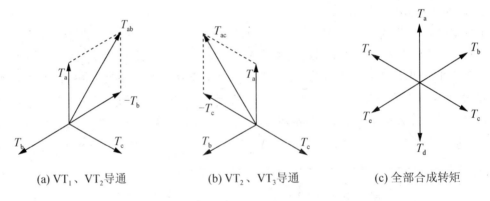

图7.23 三相△联结时,三三通电合成转矩矢量图

7.5 无刷直流电动机的控制方法

从无刷直流电动机(BLDCM)的发展历程来看,大致有三种控制方式,第一种是最简控制方式;第二种是调压控制方式;第三种是电流滞环PWM控制方式。以下分别介绍这三种控制方式。

1. 最简控制方式

最简控制方式下无刷直流电动机系统只有位置环,该位置环仅起同步作用。电动机不能实现调速,给定母线电压后无刷直流电动机就工作在一定转速下,其转速不可调,同时转矩脉动较大,图7.24为该控制方式控制框图。

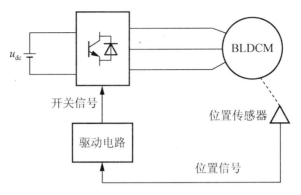

图 7.24　最简控制方式控制框图

2. 调压控制方式

调压控制方式下位置传感器提供转子位置实现电动机同步，同时根据给定转速和实际转速的 PI 调节来控制母线电压幅值，实现调压调速。图 7.25 为调压控制方式框图。

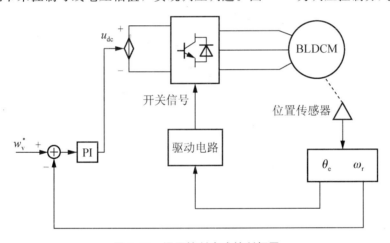

图 7.25　调压控制方式控制框图

以上两种控制方式转矩脉动都较大，不适合应用在高性能要求应用场合，只能应用在诸如风机、水泵等场合。

3. 电流滞环 PWM 控制方式

电流滞环 PWM 控制方式是目前无刷直流电动机应用最多的控制方法，该方法直接控制电动机的相电流，因此相比调压调速的控制方法性能更好，较好地抑制了电流的脉动。同时该方法控制可靠，控制结构简单，能满足一般运行性能下的要求，近来有很多文章研究 PWM 方式，并且在这基础上使用各种方式来改善 PWM 方式控制效果，使其具有更加好的运行性能。图 7.26 是常见的电流滞环 PWM 的控制框图。该方法通过一个 PI 速度调节器输出给定电流，与实际电流作比较，形成滞环控制，实现对电流脉动的限制，由于相电流的改善可以减小电流脉动，从而可以改善电动机的运行特性。该方法存在的不足还是没有从根本上解决换相引起的转矩脉动。同时电流滞环 PWM 模式下，滞环宽度减少能减

小电流转矩脉动,但带来了如下不足:

(1) 电流滞环宽度的减小,开关频率上升,逆变桥开关损耗加大。

(2) 在电动机电感较小或者在轻载情况下,电动机的电流变得很难控制在滞环宽度内。

在一般工程应用情况下,无刷直流电动机使用上述控制方法就能满足一般场合的运行性能要求,所以并没有很多人去追求把高性能的控制策略应用在无刷直流电动机上,但是如果使用高性能的控制策略来使电动机本体结构简单的无刷直流电动机的运行性能改善,那无疑是相当有吸引力的研究,尝试把直接转矩控制技术应用到无刷直流电动机上的研究就是想要得到这样的效果,为无刷直流电动机的高性能控制另辟蹊径。为了增加绝缘和机械强度,还需要采用环氧树脂进行灌封。

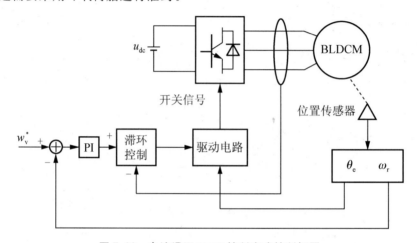

图 7.26　电流滞环 PWM 控制方式控制框图

小　　结

本章首先介绍了无刷直流电动机的主要构成,对各个部分进行了简要介绍;并简要介绍了该电机的发展现状和分类;详细介绍了无刷直流电动机的工作原理。

在此基础上,着重在对无刷直流电动机的电动机数学模型进行分析的同时,引出电动机的几种控制方式,即:最简控制方式、调压控制方式、电流滞环 PWM 控制方式三种控制方式,其均有各自的特点,针对不同应用场合可以单独选用某一方式或者采用复合控制方式,以发挥各自特长。

本章还简要介绍了该电动机正、反转的实现,给出了逻辑控制表;详细介绍了直流无刷电动机的三种主控制回路,即:三相半控电路、三相Y联结全控电路、三相△联结全控电路。

知识链接

无刷直流电机主要由电机本体、功率驱动电路和位置传感器三部分组成,其控制涉及电机技术、电力电子技术、检测与传感器技术和控制理论技术。因此,新电子技术、新器件、新材料及新控制方法的

第7章 无刷直流电动机及其控制系统

出现都将进一步推动无刷直流电机的发展和应用。

1. 电力电子及微处理器技术对无刷直流电机发展的影响

微机电系统(MEMS)技术的发展将使电机控制系统朝控制电路和传感器高度集成化的方向发展,如将电流、电压、速度等信号融合后再进行反馈,可使无刷直流电机控制系统更加简单而可靠。

高速微处理器及高密度可编程逻辑器件技术的出现,为控制器的全数字化提供了可行的方案和可靠的保证。

2. 永磁材料对无刷直流电机发展的影响

与传统电励磁电机相比,由稀土提炼的钕铁硼制造的永磁电机具有加工简单、体积和质量小等特点。同等条件下,电机的电枢绕组的匝数也由于磁性材料性能的提高而大大减少。我国是稀土元素矿藏大国,有着丰富的资源优势。近年来第三代稀土永磁材料钕铁硼的磁钢性能不断提高,为我国无刷直流电机等永磁电机的大规模生产提供了可靠的基础。

3. 新型无刷直流电机的发展

在无刷直流电机控制系统中,速度和转矩波动一直是需要进一步解决的问题,希望具有更加平稳、高精度、低噪声的特点。目前,已经涌现出多种新型无刷直流电机,如无槽式与无铁心无刷直流电机、轴向磁场的盘式无刷直流电机、无刷直流力矩电机、直线型无刷直流电机、无刷直流平面电机等,如图 7.27 为国外 LEM 公司开发的直线型无刷直流电机。

图 7.27 LEM 公司直线无刷直流电机

4. 先进控制策略的应用

无刷直流电机控制系统是典型的非线性、多变量耦合系统,传统的 PID 算法很难实现电机的高精度运行。基于现代控制理论和智能控制理论的非线性控制方法为实现被控系统高质量的动态和稳态性能奠定了基础,再结合数字控制技术的发展和 DSP 处理速度的加快,为各种先进控制策略更多地用于无刷直流电动机控制系统中,使系统性能大幅提高。全面推进无刷直流电机控制系统朝小型化、轻量化、智能化和高效节能的方向发展。

思考题与习题

1. 无刷直流电动机转子的一种结构是磁钢插入转子铁心的沟槽中,称为内嵌式或_____式。
2. 无刷直流电动机转子的一种结构是转子铁心外表面粘贴瓦片形磁钢,称为_____式。
3. 无刷直流电动机利用电子开关线路和位置传感器来代替电刷和_____,使这种电动机既具有直流电动机的特性,又具有交流电动机结构简单、运行可靠、维护方便等优点。

4. 在三相星形六状态无刷直流电动机的控制运行中,主电路总开关管数量和瞬时处于开通状态的开关管各为( )个。
   A. 3、2　　　　　B. 6、2　　　　　C. 6、3　　　　　D. 3、3
5. 三相星形六状态无刷直流电动机控制中,每支开关管每次导通的电角度是( )。
   A. 30°　　　　　B. 60°　　　　　C. 90°　　　　　D. 120°
6. 说明无刷直流电动机的工作原理(以使用位置传感器控制两相导通三相星形六状态无刷直流电动机为例)。
7. 当转矩较大时,无刷直流电动机的机械特性为什么会向下弯曲?
8. 无刷直流电动机如何实现正、反转。
9. 说明无刷直流电动机的控制方式。
10. 如何使无刷直流电动机制动、倒转和调速?

第8章 开关磁阻电动机及其控制系统

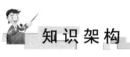
知识架构

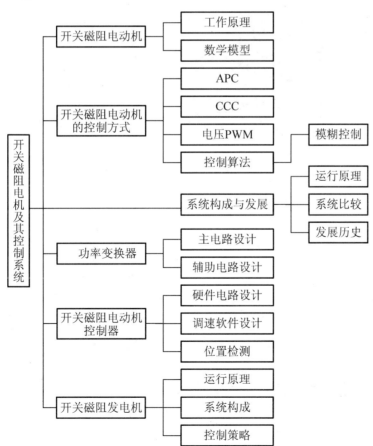

控制电机与特种电机及其控制系统

教学目标与要求

- ☞ 了解开关磁阻电动机驱动系统的发展历史
- ☞ 掌握开关磁阻电动机驱动系统的基本构成与工作原理
- ☞ 掌握开关磁阻电动机的三种控制方式
- ☞ 掌握功率变换器的基本原理和基本设计步骤
- ☞ 掌握控制器的构成、原理和基本设计步骤、设计方法
- ☞ 了解开关磁阻电动机驱动系统的一般应用
- ☞ 了解开关磁阻发电机的一般原理与应用

➡ 引言

开关磁阻电动机驱动(Switched Reluctance motor Drive，SRD)控制系统是自 20 世纪 80 年代逐步发展起来的一种电气传动系统，它主要由开关磁阻电动机(Switched Reluctance Motor，简称 SRM 或 SR 电动机)及其控制装置组成。图 8.1 所示为典型通用 SRD 系统装置。

图 8.1 典型通用 SRD 系统

如前所述，全世界各类人工运动装置中，采用内燃机与电动机是主要的两个方向，飞机、轮船、通用汽车、各类农业机械等方面的动力主要来源于内燃机，工厂生产机械、工业控制装置、农业水电设备、轨道交通牵引、家用电器等方面的动力主要来自电动机；电动机是最最主要的方向。并且，随着能源的日益紧张，尤其是石油能源的匮乏，越来越多的动力装置采用电动机来替代，而电能也是由煤炭、水利、核能等不同能源形式产生的，尤其是煤炭，和石油一样，也是不可再生能源，那么，应用更加节能，效率更高的电动机则是电传动系统发展的重要方向。SRD 系统就符合这个发展方向，同时，随着现代电力电子器件与技术的发展，近些年来 SRD 系统在国内外得到广泛发展，逐步拓展应用领域，并占据了部分传统电机系统的市场。

汽车是世界上第一大耗能产业，尤其是对石油的消耗，在我国，石油本身就比较匮乏，图 8.2 所示为投入商业运行的采用 SRD 系统的电动汽车，SRM 因其明显的高效率，特别适合在电动汽车中应用。在 2008 年北京绿色理念的奥运会期间，我国自行开发的采用 SRD 系统的电动大巴已经进入商业运行，据悉 2009 年起国家科学技术部将推行"十城千辆"的电动汽车规划。在可以预见的未来，人们不需要为城市中汽车尾气排放的污染而头疼，不需要每天关注汽油的短缺与油价上涨，也会发现地球的温室效应在放缓，而这将得益于电动汽车的逐步应用，SRD 系统将会作为重要的传动装置在这个领域中占有一席之地。

图 8.2 采用 SRD 系统的电动轿车与大型客车

采用 SRD 系统的电动自行车、摩托车也以其优秀的品质在深入人们的生活，相比电动汽车，采用 SRD 系统的电动单车则更容易实现，图 8.3 所示是早期开发应用的电动助力车和电动摩托车。

图 8.3 采用 SRD 系统的电动助力车和摩托车

在日常生活中，也许人们不太关注家中各类电器内部的东西，但事实上人们随时都离不开家用电器，离不开它的内部执行电动机装置，SRD 系统的节能高效、成本低廉、维护简便的特点，促使它逐步在各类家用电器中被采用，图 8.4 为一款采用 SRD 系统的吸尘器。

图 8.4 SRD 系统吸尘器

当然，作为耗费电能的第一大户，电动机主要应用在工、农业等的一般领域，SRD 系统同样以其特有的优秀品质获得青睐并逐步取得深入替代发展。如图 8.5～图 8.6 中，均由于 SRD 系统的高效率及启动特性等在工、农业生产中获得青睐。

图 8.5 采用 SRD 系统的数控机床

(a) 抽油机

(b) 风机

(c) 水泵

图 8.6 SRD 系统在部分工、农业领域的应用

本章将对受广泛关注的新型传动系统——SRD 系统进行详细讨论，结合诸如以上的各类应用场合，从电动机本身的结构、工作原理、特性，到控制系统的功率变换器、信息控制器、控制方法；从 SRM 的发展历史到 SRD 系统的发展历史；同时就未来的发展方向进行讨论。以期给读者在 SRD 系统领域以全方位的认识。

8.1 开关磁阻电动机驱动控制系统的构成与工作原理

8.1.1 SRD 系统的基本构成

开关磁阻电动机的典型运行特点是其绕组通电程序是根据实际实时的电动机转子位置来决定的，任何瞬时不会出现所有绕组同时通电的可能。这就造成该类电动机的运行与大多数类型电动机的区别——对控制部分依赖程度很高。

开关磁阻电动机驱动控制系统简称 SRD 系统。SRD 系统包括：①功率变换器；②控制器；③检测单元；④SR 电动机。系统原理框图如图 8.7 所示。

第8章 开关磁阻电动机及其控制系统

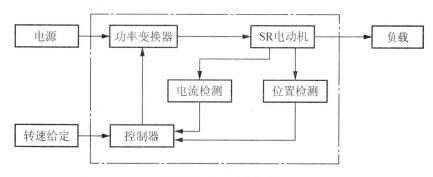

图 8.7　SRD 系统构成

开关磁阻电动机是 SRD 系统的执行元件。它不像传统的交、直流电动机那样依靠定、转子绕组电流所产生磁场间的相互作用形成转矩和转速。它与磁阻(反应)式步进电动机一样,遵循磁通总是要沿着磁导最大(磁阻最小)的路径闭合的原理,产生磁拉力形成转矩——磁阻性质的电磁转矩。因此,它的结构原则是转子旋转时磁路的磁导要有尽可能大的变化,一般采用凸极定子和凸极转子,即双凸极型结构,并且定、转子齿极数(简称极数)不相等。定子装有简单的集中绕组,直径方向相对的两个绕组串联成为一相;转子由叠片构成,没有任何形式的绕组、换向器、集电环等。图 8.8 为定、转子结构图(绕组只画出其中一相)。

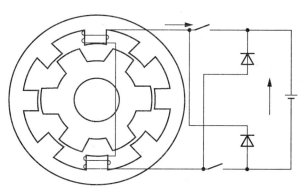

图 8.8　SR 电动机结构图

功率变换器是 SR 电动机运行时所需能量的提供者,是由连接电源和电动机绕组的开关元件所组成的。通过它将电源能量送入电动机。由于 SR 电动机的绕组电流是单向的,使得其功率变换器主电路具有普通交流及无刷直流驱动系统所没有的优点,即相绕组与主开关器件是串联的,因而可预防开关元件直通的短路故障。功率变换器有多种形式,并且与供电电压、电动机相数和开关器件的种类等有关。图 8.9 为一台三相电动机驱动系统用的功率变换器示意图。图中电源 U_d 是一直流电源,既可以是电池,也可以由交流电经整流来获得,A、B、C 分别表示 SR 电动机的三相绕组,$T_1 \sim T_6$ 表示与绕组相连的可控开关元件,$D_1 \sim D_6$ 为对应的续流二极管。

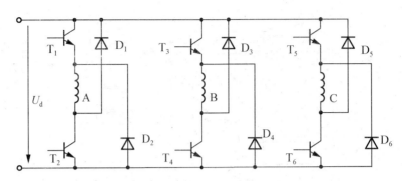

图 8.9　三相 SR 电动机典型功率变换器主电路示意图

功率变换器是 SRD 系统能量传输的关键部件，起控制绕组开通与关断的开关作用，也是影响系统性能价格比的主要因素。它接收控制器的输出信息，这个信息就是电动机绕组的开通或关断信息，功率变换器把这个信息转换为实际的电动机绕组通或断。简单地说，就是功率变换器输出的强电（直接供电给电动机绕组的电源通过）的变化依据是控制器输出给功率变换器的弱电信号。

控制器是 SRD 系统的中枢，起决策和指挥作用。它综合处理转子位置指令、速度反馈信号以及电流传感器、位置检测器的反馈信息，及外部输入的命令，通过分析处理，决定控制策略，控制功率变换器中主开关器件的状态，实现对 SR 电动机运行状态的控制。控制器由具有较强信息处理功能的微处理器及外部接口电路等部分构成。微机信息处理功能大部分都是通过软件完成的，因此软件设计也是控制器部分中一个很重要的组成环节。软、硬件的合理配合，对控制器的性能产生巨大的影响。图 8.10 是控制器的一般整体结构框图。

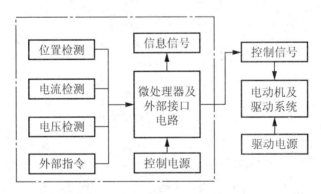

图 8.10　控制器硬件电路原理框图

检测单元由位置检测和电流检测环节组成，提供转子的位置信息从而确定各相绕组的开通与关断，一般在电动机内部会有几只判断转子实时位置的传感器，位置传感器的目的在于确定开关磁阻电动机定、转子的相对位置，即要用绝对位置传感器检测转子相对位置，然后位置信号反馈至逻辑控制电路，以确定对应相绕组的通断；通过电流传感器提供电流信息给控制器，来完成电流斩波控制或采取相应的保护措施以防止过电流。

功率变换器是承载电动机绕组实际电量的部件,经过整流后的直流电源(或蓄电池)通过功率变换器加到电动机绕组上,根据一般的电动机控制系统常规,把转速的给定作为主要的外部给定,这样内部的控制系统在运行时就有了依据,启动后到多大转速就稳定下来是根据外部的转速给定量所决定的,外部转速给定量改变,则控制系统就会改变。

形象地说,SRD系统的几大部分,控制器好比人的大脑,功率变换器与电动机一起相当于人的四肢,人劳动需要能量(电源),劳动之前需要一定的计划、要求(转速给定),劳动的对象即负载。

8.1.2 SR电动机运行原理

电动机可以根据转矩产生的机理粗略的分为两大类:一类是由电磁作用原理产生转矩;另一类是由磁阻变化原理产生转矩。在第一类电机中,运动是定/转子两个磁场相互作用的结果,这种相互作用产生使两个磁场趋于同向的电磁转矩,这类似于两个磁铁的同极性相排斥异极性相吸引的现象,目前大部分电机都是遵循这一原理,如一般的直流电机和交流电机。第二类的电机,运动是由定/转子间气隙磁阻的变化产生的,当定子绕组通电时,产生一个单相磁场,其分布要遵循磁阻最小原则(或磁导最大原则),即磁通总要沿着磁阻最小(磁导最大)的路径闭合,因此,当转子凸极轴线与定子磁极的轴线不重合时,便会有磁阻力作用在转子上并产生转矩使其趋于磁阻最小的位置,即两轴线重合位置,这类似于磁铁吸引铁质物质的现象。开关磁阻电动机和反应式步进电动机就属于这一类型。

与反应式步进电动机相似,SR电动机也属于双凸极可变磁阻电动机,其定、转子铁心均由普通硅钢片叠压而成,且定、转子极数不同。定子上装有简单的集中绕组,直径方向相对的两个绕组线圈相连接成为一相,转子只由叠片构成,没有绕组和永磁体。典型的三相开关磁阻电动机的结构如图8.11所示。其定子和转子均为凸极结构,定子有6个极($N_s=6$),转子有4个极($N_r=4$)。定子极上套有集中线圈,两个空间位置相对的极上的线圈顺向串联构成一相绕组,图8.11(a)中只画出了A相绕组,转子由硅钢片叠压而成,转子上无绕组,该电动机则称为三相6/4极SR电动机。在结构形式及动作原理上磁阻电动机与大步距反应式步进电动机并无差别;但在控制方式上步进电动机应归属于他控式,而开关磁阻电动机则归属于自控式;在应用上,步进电动机都用做控制电动机,而开关磁阻电动机则是拖动用电动机,因此电动机设计时所追求的目标不同而使参数不同。

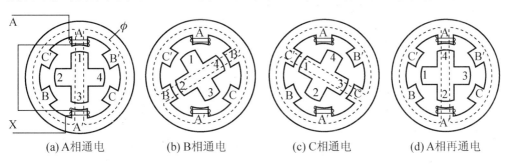

(a) A相通电　　(b) B相通电　　(c) C相通电　　(d) A相再通电

图8.11　SR电动机动作原理图

当 A 相绕组通电时，因磁通总要沿着磁阻最小的路径闭合，将力图使转子极 1，3 和定子极 A，A'对齐，如图 8.11(a)所示。A 相断电，B 相通电时，则 B 相磁吸力要吸引转子 2、4 极，使转子逆时针转动，最终使转子 2、4 极与定子极 B，B'对齐，如图 8.11(b)所示，转子在空间转过 $\theta=30°$机械角。使 B 相断电，C 相通电，转子又将逆时针转过 30°到达图 8.11(c)的位置。再 C 相断电，回到 A 相绕组通电，平衡时转子极 4、2 与定子极 A、A'对齐。转子在空间转过了一个齿距。如此循环往复，定子按 A→B→C→A 的顺序通电，电动机便按逆时针方向旋转。若按 A→C→B→A 的顺序通电，则反方向旋转。电流的方向不影响上述的动作过程。

为保证开关磁阻电动机能连续旋转，当 A 相吸合时，B 相的定、转子极轴线应错开 $1/m$ 个转子极距，m 为电动机相数，若电动机极对数为 p，则定子极数 $N_s=2mp$，转子极数为 $N_r=2(m\pm1)p$。常用的有三相 6/4 极，三相 6/8 极，四相 8/6 极，四相 8/10 极，三相 12/8 极等。

当电动机定子相绕组通电频率为 f 时，每个电周期转子转过一个转子极距，每秒钟转过 f 个转子极距，即每秒转过 f/N_r 转。则电动机的转速与绕组通电频率的关系为

$$n=60f/N_r \tag{8-1}$$

8.1.3 SRD 系统与其他系统的比较

1. SRD 系统与反应式步进电动机、同步磁阻电动机系统比较

从电动机结构及运行原理上看，SR 电动机与具有大步进角的反应式步进电动机十分相似，因此有人将 SR 电动机看成是一种高速大步矩角的步进电动机。但事实上，两者是有本质差别的，这种差别体现在电动机设计、控制方法、性能特性和应用场合等方面，如表 8-1 所列。

表 8-1 SRD 系统与反应式步进电动机系统的主要差别

SRD 系　统	反应式步进电动机系统
利用转子位置反馈信号运行于自同步状态，相绕组电流导通时刻与转子位置有严格的对应关系，并且绕组电流波形的前、后沿可以分别独立控制，即电流脉冲宽度可以任意调节。多用于功率驱动系统，对效率指标要求很高，功率等级至少可达到数百千瓦，甚至数千千瓦，并可运行于发电状态	工作于开环状态，无转子位置反馈。多用于伺服控制系统，对步距精度要求很高，对效率指标要求不严格，只作电动状态运行。
可控参数多，既可调节主开关管的开通角和关断角，也可采用调压或限流斩波控制	一般只通过调节电源步进脉冲的频率来调节转速

SR 电动机也可视为一种反应式同步磁阻电动机，但它与常规的反应式同步磁阻电动机有许多不同之处，具体如表 8-2 所列。

表 8-2 SR 电动机与反应式同步磁阻电动机的主要差别

SR 电 动 机	反应式同步磁阻电动机
定、转子均为双凸极结构	定子为齿、槽均匀分布的光滑内腔
定子绕组是集中绕组	定子嵌有多相绕组,近似正弦分布
励磁是顺序施加在各绕组上的电流脉冲	励磁是一组多相平衡的正弦波电流
各相励磁随转子位置成三角波或梯形波变化,不随电流改变	各相自感随转子位置成正弦变化,不随电流改变

2. SRD 系统与异步电动机变频调速系统的比较

因异步电动机变频调速系统在当前电传动系统领域的重要地位和广泛应用,而 SRD 系统相比而言与其有相同或相似的应用领域,所以对它们之间的比较做详细介绍,以期展示 SRD 系统的特点。

1) 电动机方面的比较

SR 电动机较异步电动机坚固、简单,其突出优点是转子上没有任何绕组,因此不会有异步电动机由于笼型转子所引起的铸造不良、疲劳故障及最高转速的限制等问题,SR 电动机较笼型异步电动机的制造成本低,制造难度小。

2) 逆变器(功率变换器)方面的比较

就简单性和成本而言,SR 电动机功率变换器总体上较异步电动机 PWM 变频器略占优势。如前所述,SRD 系统一个极为有利的特点是相电流单向流动,与转矩方向无关,这样每相可做到只用一个主开关器件即可控制电动机实现四象限运行,而异步电动机 PWM 变频器每相则必须有两个;另外,异步电动机电压型 PWM 变频器的主开关器件因逐个跨接在电源上,存在因误触发而使上、下桥臂直通,使主电路短路的故障隐患,而 SR 电动机功率变换器主电路中,始终有一相绕组与主开关器件串联,这就从结构上排除了短路击穿的可能。

3) 系统性能方面的比较

SRD 系统在单位体积转矩值、效率、逆变器(功率变换器)伏安容量及其他性能参数上可与异步电动机 PWM 变频调速系统竞争,特别是转矩/转动惯量的比值较交流调速系统占有较大优势。表 8-3 列出了一台 7.5kW 的 SR 电动机与同功率的普通异步电动机及高效异步电动机性能参数的比较。注意到异步电动机驱动系统的效率值在表 8-3 中没有列出,这是由于视电动机与逆变器之间组合的不同,异步电动机调速系统的效率值在较大范围内变动。

表 8-3 同功率(7.5kW)SRD 系统与异步电动机系统性能比较

性 能 参 数	SR 电动机	普通异步电动机	高效率异步电动机
定子直径 /mm	205	221	221
铁心长度 /mm	179	95	140
转矩/定子体积 /(kN·m/m³)	8.68	11.2	7.56

续表

性 能 参 数	SR 电动机	普通异步电动机	高效率异步电动机
转矩/转动惯量 /[kN·m/(kg·m²)]	3.74	1.59	1.07
转矩/电磁质量 /(N·m/kg)	1.43	1.52	1.02
转矩/铜质量 /(N·m/kg)	6.93	7.72	5.93
电动机效率 /%	88.3	85.0	89.8
系统效率 /%	85.7	—	—
峰值伏安容量 /(kV·A/kW)	11.2	11.4	10.4
有效值伏安容量 /(kV·A/kW)	5.50	4.74	4.26

SRD 系统与异步电动机变频调速系统相比，稍显逊色的是：SR 电动机功率变换器输出的是不规则电流脉冲，以及转子单边磁拉力、转矩波动引起的噪声问题较为突出。

南京瑞鹏公司也通过实验比较了 SRD 系统与直流和异步电动机 PWM 变频两种系统的区别，如表 8-4 所列。系统均为 7.5kW、1500r/min 恒转矩负载；电动机容量/体积、控制能力、控制电路复杂性、可靠性均以直流系统的相对值表示。

表 8-4　SRD 系统与直流和 PWM 变频调速系统性能比较

比较项目	系统类型	直流系统	PWM 变频系统	SRD 系统
成 本		1.0	1.5	1.0
效率/%	额定转速	76	77	83
	1/2 额定转速	65	65	80
电动机容量/体积		1.0	0.9	>1.0
控制能力		1.0	0.5	0.9
控制电路复杂性		1.0	1.8	1.2
可靠性		1.6	0.9	1.1
噪声/dB		65	72	72

综上所述，与技术日趋成熟并得到广泛应用的异步电动机变频调速系统等相比，SRD 系统这一交流调速领域的新型运动控制系统已显示出与传统调速系统强大的竞争力，但亦暴露出不足和有待进一步研究改进的问题。在相当长的一段时间内，SRD 必将与其他性能优良的电动机及其控制系统共同发展，发挥各自特长。

8.2　开关磁阻电动机的控制方式

SRD 系统的控制方式是指电动机运行时如何通过一定的控制参数进行电动机的控制，

使得电动机达到给定的转速值、转矩值等运行工况,并保持较高的效率。与大多数其他电动机不同,SRD 系统中,可以说,没有控制就没有 SR 电动机,因为没有对电动机绕组通电顺序的选择与控制,电动机是不会运行的,不像其他电动机,即使没有控制装置,电动机是可以启动运行的,只不过其运行的方式一般比较单一,可控性差而已。

可见,控制方式是 SRD 系统中一个非常重要的问题,因此有必要单独对其进行详细阐述。

(1) 控制方式是涉及系统性能优劣的关键因素,由于对 SR 电动机可以采用多种完全不同的控制方式控制,不同控制方式其输出参数即电动机的机械特性也存在较大差异,因此要根据对电动机输出参数要求来正确选择控制方式是提高系统性能的关键因素。

(2) 控制方式决定了包括电动机和控制器、功率变换器在内的整个系统的技术经济指标,因为任一控制方式都是通过适当的控制电路和功率电路才能实现,而这涉及控制装置硬件的构成和成本。从系统设计角度看,只有选择了控制方式后,系统各部分才有了设计依据;选择不同的控制方式,会导致各个部分设计方案和设计参数极大的差异。只有正确选择控制方式,才能使得系统具有最佳性能价格比。因此可以说,控制方式是 SRD 系统机电一体化结构中不可缺少的一个部分,并处于核心地位。

(3) SRD 系统的控制方式是其特有的专门知识,它与传统电动机的控制方式完全不同,与其他相近的电动机,如步进电动机、无刷直流电动机、永磁同步电动机等也相差非常大,因此这部分知识是 SRD 系统所独有的知识,并且是学习掌握 SRD 系统必不可少的一部分知识。

本节首先介绍 SR 电动机的本体数学模型,即与控制方式相关的电动机本体的绕组电感模型、电压方程、运行理论等。然后介绍 SRD 系统可行的几种调速控制方式。最后给出基于一定的控制算法下的某控制系统设计实例。

8.2.1 SR 电动机的数学模型

1. SR 电动机绕组线性电感模型

由于 SR 电动机的定、转子是双凸极结构,电动机在运行时其定、转子极存在着显著的边缘效应和高度局部饱和而引起整个磁路的高度非线性,绕组电感既是转子位置的函数,又是绕组电流的函数,也就是说,电动机在运行时,绕组的电感不仅仅与绕组电流有关,还与转子的所处位置有关,即与定、转子所处相对位置有关。而 SRD 系统的电磁转矩又与电感直接相关,绕组电感的计算一般采用数值计算方法、利用理想线性化模型、准线性模型或非线性方法。本节通过理想线性化模型介绍电感的计算。

理想电感线性模型中定子绕组电感与转子位置角的关系如图 8.12 所示。

在定子极中心线与转子槽中心线对齐位置(即坐标原点)气隙大,此时电感为最小值 L_{min},在定子极中心线与转子极中心线对齐位置气隙小,电感为最大值 L_{max}。τ_r 为极距,即转子相邻两极之间的机械角度。

$$\tau_r = \frac{2\pi}{N_r} \qquad (8-2)$$

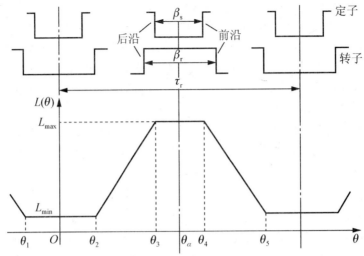

图 8.12 定、转子相对位置及相绕组电感曲线

绕组电感 L 与转子位置角 θ 的关系如下：

$$L(\theta)=\begin{cases} L_{\min} & \theta_1<\theta<\theta_2 \\ K(\theta-\theta_2)+L_{\min} & \theta_2<\theta<\theta_3 \\ L_{\max} & \theta_3<\theta<\theta_4 \\ L_{\max}-K(\theta-\theta_4) & \theta_4<\theta<\theta_5 \end{cases} \quad (8-3)$$

式中，$K=(L_{\max}-L_{\min})/(\theta_3-\theta_2)$。

利用傅里叶级数分解式(8-3)，且忽略高次谐波的简化的电感线性模型为

$$L(\theta)=\frac{L_{\min}+L_{\max}}{2}+\frac{L_{\min}-L_{\max}}{2}\cos(N_r\theta) \quad (8-4)$$

式中，$\theta=\omega t$，N_r 为转子极数。

2. 电压方程

由电路基本定律可列写包括各相回路在内电气主回路的电压平衡方程式，电动机第 k 相的电压平衡方程式为

$$U_k=R_k i_k+\mathrm{d}\psi_k/\mathrm{d}t \quad (8-5)$$

式中：U_k 为加于 K 相绕组的电压；R_k 为 K 相绕组的电阻；i_k 为 K 相绕组的电流；ψ_k 为 K 相绕组的磁链。

一般来说，ψ_k 为绕组电流 i_k 和转子位移角 θ 的函数，即

$$\psi_k=\psi_k(i_k,\theta) \quad (8-6)$$

电动机的磁链可用电感和电流的乘积表示，即

$$\psi_k=L_k(\theta_k,i_k)i_k \quad (8-7)$$

每相的电感 L_k 是相电流 i_k 和转子位移角 θ_k 的函数。电感之所以与电流有关是因为 SR 电动机非线性特性的缘故，而电感随转子角位置变化正是 SR 电动机的特点，是产生电磁转矩的先决条件。

将式(8-6)、式(8-7)代入式(8-5)中，得

$$U_k = R_k i_k + \frac{\partial \psi_k}{\partial i_k}\frac{d i_k}{dt} + \frac{\partial \psi_k}{\partial \theta}\frac{d \theta}{dt}$$

$$= R_k i_k + \left(L_K + i_k \frac{\partial L_K}{\partial i_k}\right)\frac{d i_k}{dt} + i_k \frac{\partial L_k}{\partial \theta}\frac{d \theta}{dt}$$

(8-8)

式(8-8)表明，电源电压与电路中三部分电压降相平衡。其中，等式右端第一项为K相回路中电阻的压降；第二项是由电流变化引起磁链变化而感应的电动势，所以称为变压器电动势；第三项是由转子位置改变引起绕组中磁链变化而感应的电动势，所以称为运动电动势，它直接影响机电能量的转换。

综合式(8-2)和式(8-8)可以看出，在保持供电电压不变的前提下，在电感的最低平行区域、上升区域、最高平行区域，会有不同的电流特性，其中的运动电动势仅仅在电感的上升区域存在，在电感的最低平行区域，电感值最小，此时若保持方程式平衡，则电流会上升很快，对任何电动机来说，电流都与电动机的转矩密切相关，当然通过以上分析，可以看出转矩与电动机的定、转子相对位置也是密切相关的，这就引出了开关磁阻电动机在特定情况下可以采用角度位置控制方式的可能。

3. 运行特性

对于SR电动机在允许的最高电源电压作用和允许的最大磁链与最大电流条件下，有一个临界转速 n_1，是电动机能得到最大转矩的最高转速。在这个转速以下SR电动机呈现恒转矩特性。

当SR电动机在高于 n_1 转速范围运行时，对于线性理想情况，随着 n 的增加，磁链和电流随之下降，由式(8-3)可知，转矩则随转速的平方下降。在最高电源电压作用下最大导通角 $(\theta_{max} = 2\pi/2N_r)$ 以及最佳触发角条件下，在转速 n_2 下呈现恒功率特性。

当SR电动机在超过 n_2 下运行时，由于可控条件已达到极限，SR电动机呈现串励特性，基于串励的软机械特性特点，为防止"飞速"，因此除电动机应用于铁道机车牵引等串励有利的个别领域外，基本上SR电动机的最高额定转速控制在 n_2 这一点，如图8.13所示。

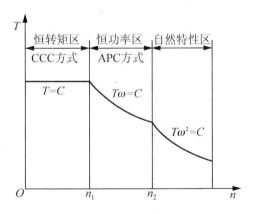

图8.13 SR电动机运行特性

采用不同的电源电压、开通关断角的组合,两个临界点在速度轴上将对应不同的分布,并且在上述两个区域内分别采用不同的控制方法,便能得到满足不同需求的机械特性,这也表明了 SR 电动机具有十分优良的调速性能。

8.2.2 SRD 系统的调速控制方式

SR 电动机的可控变量一般有施加于相绕组两端的电压 $\pm U$、相电流 i、开通角 θ_{on} 和关断角 θ_{off} 等。根据控制参量的不同方式,常用的控制方式有角度位置控制(Angular Position Control,APC,又称单脉冲控制)、电流斩波控制(Chopped Current Control,CCC,又称电流 PWM 控制)和电压 PWM 斩波控制。

1. CCC 方式

由式(8-8)可知,在 SR 电动机启动、低、中速运行时,电压不变,一般来说旋转电动势引起的压降小,电感上升期的时间长,而 di/dt 的值相当大,为避免过大的电流脉冲峰值超过功率开关元件和电动机允许的最大电流,采用 CCC 模式可以同时来限制电流。

在这种控制方式中,θ_{on} 和 θ_{off} 保持不变,主要靠控制 i_T 的大小来调节电流的峰值,从而起到调节电动机转矩和转速的作用,如图 8.14 所示。

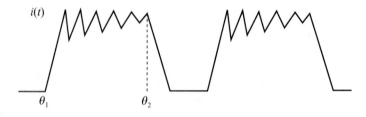

图 8.14 CCC 方式下的斩波电流波形

电流斩波控制的优点是:适用于电动机低速调速系统,电流斩波控制可限制电流峰值的增长,并起到良好有效的调节效果;因为每个电流波形呈较宽的平顶波,故产生的转矩也比较平稳,电动机转矩波动一般也比采用其他控制方式时要小一些。

CCC 方式又分为启动斩波模式、定角度斩波模式和变角度斩波模式。

(1) 启动斩波模式:在 SR 电动机启动时采用。此时,要求启动转矩大,同时又要限制相电流峰值,通常固定开通角 θ_{on}、关断角 θ_{off},导通角 θ_c 相对较大。

(2) 定角度斩波模式:通常在电动机启动后,低速运行时采用。导通角 θ_c 保持不变,但其值限定在一定范围内,相对较小。

(3) 变角度斩波模式:通常在电动机中速运行时采用。此时转矩调节通过电流斩波、开通角 θ_{on}、关断角 θ_{off} 的调节同时起作用。

但是,电流斩波控制抗负载扰动的动态响应较慢,在负载扰动下的转速响应速度与自然机械特性硬度有非常大的关系。由于在电流斩波控制中电流的峰值受限制,当电动机转速在负载扰动作用下发生变化时,电流峰值无法相应地自动改变,使之成为特性非常软的系统,因此,系统在负载扰动下的动态响应十分缓慢。

2. APC方式

APC方式是通过改变开通角 θ_{on}、关断角 θ_{off} 的值,实现转速 n(或转矩 T)的闭环控制。由式(8-8)可知,当电动机转速较高时,旋转电动势较大,因此电动机绕组电流相对较小,此时可采用APC方式。

角度控制法是指针对开通角 θ_{on} 和关断角 θ_{off} 的控制,通过对它们的控制来改变电流波形以及电流波形与绕组电感波形的相对位置。在电动机电动运行时,应使电流波形的主要部分位于电感波形的上升端;在电动机制动运行时,应使电流波形位于电感波形的下降段。

改变开通角 θ_{on},可以改变电流的波形宽度、改变电流波形的峰值和有效值大小以及改变电流波形与电感波形的相对位置。这样就可以改变电动机的转矩,从而改变电动机的转速。

改变关断角 θ_{off} 一般不影响电流峰值,但可以影响电流波形宽度以及与电感曲线的相对位置,电流有效值也随之变化,因此 θ_{off} 同样对电动机的转矩和转速产生影响,只是其影响程度没有 θ_{on} 那么大,如图8.15~图8.17所示。

角度控制法的优点是:转矩调节范围大;可允许多相同时通电,以增加电动机输出转矩,且转矩波动较小;可实现效率最优控制或转矩最优控制。

角度控制不适用于低速,因为转速降低时,旋转电动势减小,使电流峰值增大,必须进行限流,因此角度控制法一般用于转速较高的应用场合。

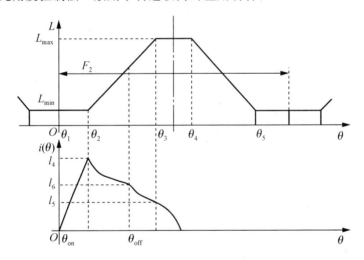

图 8.15 角度位置控制时相电流波形($\theta_{on} < \theta_2$ 时)

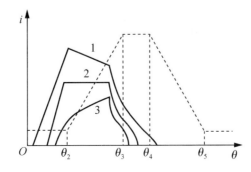

图 8.16 不同开通角下的相电流波形

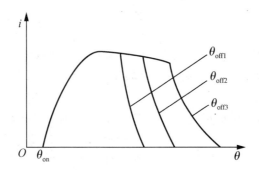

图 8.17　不同关断角下的相电流波形

3. 电压 PWM 控制

电压 PWM 控制也是在保持 θ_{on} 和 θ_{off} 不变的前提下，通过调整 PWM 波的占空比，来调整相绕组的平均电压，进而间接改变相绕组电流的大小，从而实现转速和转矩的调节。PWM 控制的电压和电流波形如图 8.18 所示。

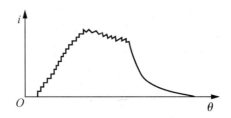

图 8.18　电压控制时的相电流波形

电压 PWM 控制的特点是：电压 PWM 控制通过调节相绕组电压的平均值，进而能间接地限制和调节相电流，因此既能用于高速调速系统，又能用于低速调速系统，而且控制简单。但调速范围较小。

4. 组合控制

SRD 系统可使用多种控制方式，并根据不同的应用要求可选用几种控制方式的组合。典型的组合方式主要有角度控制与电流斩波控制结合、变角度的电压 PWM 控制等。

1) 高速角度控制和低速电流斩波控制组合

高速时采用角度控制，低速时采用电流斩波控制，以利于发挥二者的优点。这种控制方法的缺点是在中速时的过渡不容易掌握。因此要注意在两种方式转换时参数的对应关系，避免存在较大的不连续转矩。并且注意两种方式在升速时的转换点和在降速时的转换点间要有一定回差，一般应使前者略高于后者，一定避免电动机在该速度附近运行时处于频繁地转换。

2) 变角度电压 PWM 控制组合

这种控制方式是靠电压 PWM 调节电动机的转速和转矩。由于 SR 电动机的特点，所以工作时希望尽量将绕组电流波形置于电感的上升段。但是电流的建立过程和续流消失过程是需要一定时间的，当转速越高时通电区间对应的时间越短，电流波形滞后的就越多，因此通过调节开关角(一般固定 θ_{off}，使 θ_{on} 提前)的方法来加以纠正。

在这种工作方式下，转速和转矩的调节范围大，高速和低速均有较好的电动机性能，且不存在两种不同控制方式互相转换的问题，因此越来越多的得到业内普遍采用，其缺点是控制方式的实现稍显复杂，一般低速时还要加入电流限幅电路以防止电流过大。

8.2.3 基于模糊控制算法的系统控制方式

1. 控制算法选择

由于 SRD 系统实际上存在着严重非线性，在不同的控制方式下，其参数、结构都是变化的，固定参数的 PI 调节器无法得到很理想的控制性能指标。例如，在某一速域内整定好参数的 PI 调节器并不能保证在大范围内调节时，系统仍保持良好的动特性。作为 SRD 系统动态性能改善的更高追求，应当引入更先进的具有自适应能力的非线性控制。

模糊控制器是一种语言控制器，采用模糊集理论，无须被控对象的精确数学模型，即能实现良好的控制，对于很难找到精确的非线性数学模型的 SR 电动机来说，尤为合适；它是一种采用比例因子进行参数设定的控制器，有利于自适应控制；模糊控制器本质上是一种非线性控制，具有较强的鲁棒性(又称稳健性)，当对象参数变化时有较强的适应性。模糊控制器的这些特点，从原理上保证了在非线性的 SRD 系统中引入模糊控制能够改善其调速性能，近年来，应用模糊控制理论设计 SRD 系统比较普遍。

2. 模糊控制技术原理及特点

模糊控制是一种以模糊理论为基础的反馈控制，其原理框图如图 8.19 所示。

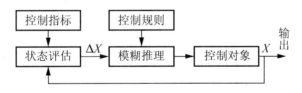

图 8.19 模糊控制原理框图

由图 8.19 可知，模糊控制能够根据一系列模糊知识和数据统筹考虑控制过程的各种控制行为，推导出符合实际、符合逻辑关系的结论。与一般的控制技术相比，模糊控制具有三大特点：

(1) 不需要建立精确的数学模型，它可以根据人的经验，将人的控制规则模型化，模拟人的控制，也就是实现智能控制。

(2) 模糊控制器结构简单，易于实现，成本低廉，按照英国 Mamdani 给出的算法，设计模糊控制器，其软件和硬件的实现都很方便。十几千字节的芯片就能实现含有十几条甚至几十条规则的模糊推理功能。

(3) 模糊控制器具有较好的性能，如对系统参数变化的适应性强，系统的稳定性和抗干扰能力强，可以避免恶性循环和险情发生。

1) 模糊规则

模糊规则是模糊控制器设计的核心,其选择过程可分为三部分,即选择适当的模糊语言变量,确定各语言变量的隶属函数,最后建立模糊控制规则表。

(1) 模糊语言变量:首先确定基本的语言变量值,如描述偏差大小时,先给出三个基本语言变量值:"正"、"零"、"负",然后根据需要可以生成若干语言子值,如"正大"、"正中"、"正小"、"零"、"负小"、"负中"、"负大",分别对应于 PL、PM、PS、ZE、NS、NM、NL,进一步细化"零"的话,PE、NE 分别代表"正零"、"负零"。一般来说,语言值越多,对事物的描述越准确,得到的控制效果也越好,但过细的划分有可能使控制规则变的复杂。

(2) 语言值的隶属函数:隶属函数是用来描述语言值的,连续的隶属函数描述较准确,而离散的较直观简洁。控制系统中常用的隶属函数有三角型、高斯型、台型等,本系统即采用三角型隶属函数。

(3) 模糊控制规则的建立:模糊控制规则的建立可以根据人的控制经验、直觉推理或实验数据,经过整理、加工、提炼后形成。模糊控制器最常用的结构为二维模糊控制器,输入量一般取为偏差(E)和偏差的变化(EC),输出量为控制量的增量(U)。这种结构的模糊控制器常采用 Mamdani 推理方式,表 8-5 就是本系统的模糊控制规则表。

表 8-5 模糊控制规则表

U E \ EC	NL	NM	NS	ZE	PS	PM	PL
NL	PL	PL	PL	PL	PL	PM	PS
NM	PL	PL	PL	PM	PM	PS	ZE
NS	PL	PL	PM	PM	PM	ZE	NS
NE	PS	PS	PS	ZE	ZE	NS	NM
PE	PS	PS	ZE	ZE	NS	NS	NM
PS	ZE	ZE	ZE	ZE	NM	NM	NL
PM	ZE	ZE	NS	NS	NM	NL	NL
PL	ZE	NS	NS	NM	NL	NL	NL

2) 模糊推理

模糊规则确立后,接着进行模糊推理。其二维形式如下:

if X is A and Y is B, then Z is C

if X is A' and Y is B'

then Z is ?

假如有下面两条规则:

R_1: if X is A1 and Y is B1, then Z is C1

R_2: if X is A2 and Y is B2, then Z is C2

运用马丹尼(Mamdani)极小运算法。计算方法如下：

若已知 $x=x_0$，$y=y_0$，则新的隶属度为

$$\mu_c(Z)=[\omega_1 \wedge \mu_{c1}(Z)] \vee [\omega_2 \wedge \mu_{c2}(Z)] \quad (8-9)$$

式中：

$$\omega_1=\mu_{A1}(x_0) \wedge \mu_{B1}(y_0)$$

$$\omega_2=\mu_{A2}(x_0) \wedge \mu_{B2}(y_0)$$

3) 解模糊

经模糊推理得到的结果一般都是模糊值不能直接进行控制，需要进行相应的转化，使其成为一个可执行的精确量，这一过程就是解模糊。

解模糊的方法有几种：

(1) 最大隶属度：直接选择模糊隶属度最大的元素。

(2) 加权平均法(重心法)，其计算公式如下：

$$Z^*=\frac{\sum_{j=1}^{n}\mu_{cj}(\omega_j) \cdot \omega_j}{\sum_{j=1}^{n}\mu_{cj}(\omega_j)} \quad (8-10)$$

一般采用加权平均法。

3. 基于模糊算法与电压 PWM 斩波变绕组开通角的控制流程

流程图如图 8.20 所示，在线控制与离线计算均通过软件的形式实现。

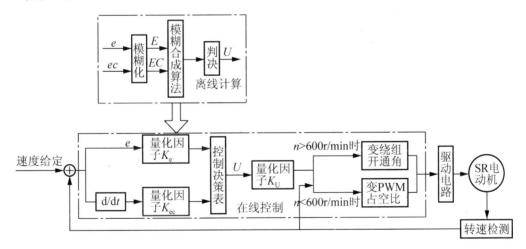

图 8.20 模糊控制电压 PWM 的 SRD 系统控制流程图

8.3 SRD 系统功率变换器

功率变换器是 SR 电动机运行时所需能量的供给者，也是电动机绕组通断指令的执行者。SR 电动机的功率变换器相当于 PWM 变频调速异步电动机的变频器，在调速系统中占有重要地位，功率变换器设计是提高 SRD 系统性能价格比的关键之一。由于 SR 电动机

工作电压、电流波形并非正弦波,且波形受系统运行条件及电动机设计参数的制约,变化很大,难以准确预料,因此,SR电动机功率变换器的设计是与SR电动机、控制器的设计密切相关的,适用于所有SR电动机及不同控制方式的"理想功率变换器"是没有的。事实上,SRD系统的一些参数,如相数、定转子极数、定转子极弧尺寸、绕组匝数、功率变换器主电路、运行方式及其控制变量等在设计中均有很大的选择余地,所以必须从优化整体性能价格比的角度综合地考虑三者的设计。

SRD系统的功率变换器主要由主开关器件及其主电路、主开关驱动电路、保护电路、稳压电源电路等组成。

8.3.1 主电路与主开关电力电子器件形式介绍

主电路即拓扑结构设计是SR电动机功率变换器设计的关键之一。围绕处理放电绕组磁场能量问题,已出现多种主电路结构形式,如不对称半桥型、双绕组型、斩波带存储电容型、双极性电源型等,其中在四相(8/6)SRD系统中应用最广的是图8.21所示不对称半桥型和双极性直流电源型。

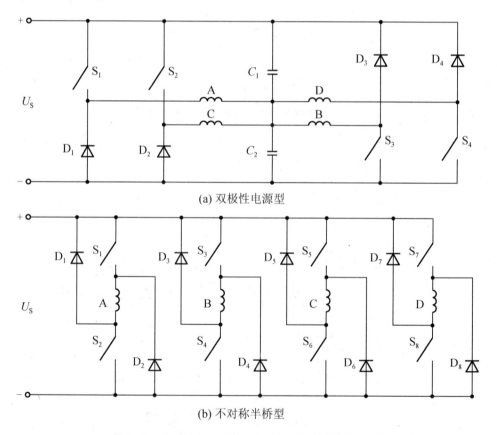

(a) 双极性电源型

(b) 不对称半桥型

图 8.21 两种四相 SR 电动机常用功率变换器主电路

双极性直流电源型功率变换器是世界上第一台商品化的SRD装置中曾采用的主电路,每相只用一只主开关是其主要优点,但主开关和续流二极管的电压定额为 $U_s + \Delta U$(ΔU 是因换相引起的任一瞬变电压），而加给励磁绕组的电压仅为 $U_s/2$，未能用足开关器件的额定电压和电源的容量。另外，这种结构的功率变换器，当电动机单相低速运行时，电容器 C_1、C_2 两端电压交替出现较大的波动，限制了系统整体性能的提高，这是因为：

在一相绕组通电期间 C_1、C_2 的工作情况不一致。以 A 相通电为例：S_1 接通后，C_1 经 S_1 给 A 相绕组放电，U_{c1} 下降，而电源 U_s 经 K_1 给 A 相绕组供电的同时，给 C_2 充电，U_{c2} 上升，可见在 A 相通电期间 $\Delta U_c = U_{c2} - U_{c1}$ 将增大，A 相关断后，A 相绕组储存的磁场能量有一部分经续流二极管 D_1 给 C_2 充电，更加剧了 ΔU_c 的增大。若 B 相单独通电，情况刚好相反，这时 $\Delta U_c = U_{c1} - U_{c2}$ 将增大。因此，单相运行时 U_{c1}、U_{c2} 将交替出现较大的波动，这在低速运行时尤其严重，因为低速运行时 C_1、C_2 充放电时间长。采用双相运行方式可以解决电容波动的问题（前提是电路上、下两部分同时有一相绕组导通），但在双相运行时，相电流可能流过 $dL/d\theta < 0$ 的区域，这时电动转矩的有效性将降低，而电流在相绕组中的电阻损耗却将增加；而且，两相同时通电，电动机磁路饱和加剧，进一步降低了电流产生电动转矩的有效性。

这种结构只能给相绕组提供两种电压回路，即主开关导通时的正电压回路和主开关关断时的负电压回路，低速 CCC 方式运行时只能采用能量回馈式斩波方式，在斩波期间相电流不是自然续流，而是在外加的 $-U_s/2$ 电源作用下续流，同时将部分磁场能馈回电源，这不仅增加了斩波次数，降低了斩波续流期间的有功能量输出，而且导致电源电压的波动，增加了转矩波动。

不对称半桥型主电路的特点是：各主开关管的电压定额为 U_s；由于主开关管的电压定额与电动机绕组的电压定额近似相等，所以这种线路用足了主开关管的额定电压，有效的全部电源电压可用来控制相绕组电流；不对称半桥型主电路于每相绕组接至各自的不对称半桥，在电路上，相与相之间的电流控制是完全独立的；另外，可给相绕组提供 3 种电压回路，即上、下主开关同时导通时的正电压回路，一只主开关保持导通另一只主开关关断时的零电压回路，上、下主开关均关断时的负电压回路，这样，低速 CCC 方式运行时可采用能量非回馈式斩波方式，即在斩波续流期间，相电流在"零电压回路"中的续流，避免了电动机与电源间的无功能量交换，这对增加转矩、提高功率变换器容量的利用率、减少斩波次数、抑制电源电压波动、降低转矩波动都是有利的。该主电路每相需两只主开关，未能充分体现单极性的 SR 电动机功率变换器较其他交流调速系统变流器固有的优势，这是它的缺点。

通过以上分析可看出，从性能上看，不对称半桥型较双极性电源型有很大优势，其唯一不足是所用开关器件数量多，明显增加了功率变换器的成本，经济性差。对四相 SRD 系统而言，即使若采用双相运行时（瞬时两相绕组同时通电），因为 A 相和 C 相、B 相和 D 相的电流一般不会重叠，因此，传统不对称半桥结构中，A 相和 C 相、B 相和 D 相分别可共用一只上臂主开关（共用一只下臂时需多增加两套独立的驱动电路供电电源，增加了成本），从而减少两个主开关，构成图 8.22 所示的四相功率变换器主电路——新型最少主开关型功率变换器主电路。

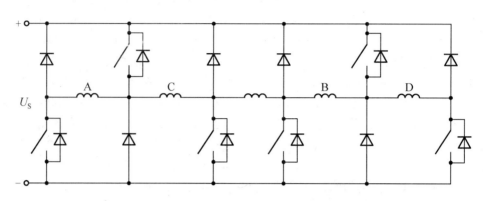

图 8.22 最少主开关型主电路

图 8.22 所示这种主电路方案基本保留了不对称半桥型的优点,使所用开关器件降到最少,具有较高的性能价格比,稍显不足的是上部的两个开关管的热耗较下部的大。

表 8-6 给出了这种新型电路与其他两种传统电路在器件额定值及容量方面的比较。其中 I 表示相电流有效值,i_p 表示相电流峰值。

表 8-6 3 种四相 SR 电动机功率变换器主电路性能比较

结构形式	电动机额定电压	主开关器件额定电压	主开关器件额定峰值电流	功率电路伏安容量有效值/kV·A	功率电路伏安容量峰值/kV·A
双极性电源电路	U_s	$2(U_s+\Delta U)$	i_p	$8(U_s+\Delta U)I$	$8(U_s+\Delta U)i_p$
不对称半桥电路	U_s	$U_s+\Delta U$	i_p	$8(U_s+\Delta U)I$	$8(U_s+\Delta U)i_p$
新型功率电路	U_s	$U_s+\Delta U$	i_p	$8(U_s+\Delta U)I$	$8(U_s+\Delta U)i_p$

由表 8-6 可见,新型最少主开关四相 SR 电动机功率主电路虽然较传统的双极性电源电路多用了两只主开关,但两者有效值容量是一样的,而且前者峰值容量比后者还小,因此,新型主电路在性能价格比上能体现出较大的优势。

8.3.2 SRD 功率变换器设计实例

1. 设计依据与原则

给定 SRD 原始数据如下:
定转子极数比:8/6(四相);
额定电压:260V(DC);
额定转速:1500r/min;
额定功率:5.5kW;

控制方式：变角度电压 PWM 斩波控制；

调速范围：50～2000r/min。

2. 主电路设计

图 8.23 所示为所采用的功率变换器主电路，在实用中又进行了优化。

系统采用三相交流电源(线电压 380V、50Hz)供电，系统中使用的整流电路为三相三线制电路，分为二极管整流部分和电容滤波部分。电解电容 C_1、C_2 对整流电路的输出电压起到平滑滤波作用，同时作相绕组能量回馈、电动机换相和制动运行时能量回馈的储能元件。而电阻 R_1、R_2 起到平衡两个电容上的电压及整个系统关闭时对 C_1、C_2 电容放电的作用。在系统加电开始工作的瞬间，为了防止滤波电容开始充电所引起的过大的浪涌电流，需要采取一定的保护措施，本系统采用了电阻－继电器并联网络。当充电电压小于某一值时，继电器 S 断开，电阻 R_3 流过电流，把浪涌电流限制到一个安全的范围。当充电电压大于此值时，S 闭合，把电阻 R_3 短路。

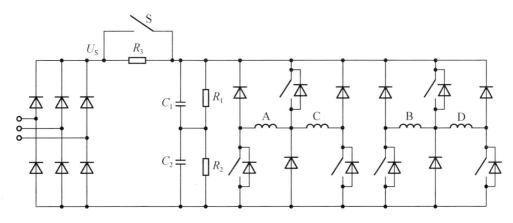

图 8.23　系统功率变换器实用主电路

3. 主要器件选择与计算

SR 电动机功率变换器主开关器件的选择与电动机的功率等级、供电电压、峰值电流、成本等有关；另外还与主开关器件本身的开关速度、触发难易、开关损耗、抗冲击性、耐用性及市场普及性有关系。

对于 SR 电动机而言，开关管的选取应基于以下原则：

(1) 满足系统电压、电流值的要求，并留有一定的裕量；

(2) 尽可能低的导通压降和关断以后的漏电流，以降低系统损耗；

(3) 足够的安全工作区和二次击穿耐量有利于提高系统运行的可靠性；

(4) 尽可能小的驱动功率，驱动方便。

绝缘栅双极晶体管(IGBT)综合了场效应晶体管(MOSFET)控制极输入阻抗高和电力晶体管(GTR)通态饱和压降低的优点，其工作频率较高、驱动电路简单，目前是中、小功率开关磁阻电动机功率变换器较理想的主开关元件(MOSFET 多用于低压场合，GTR 相比速度较慢，GTO 关断时需要的反向控制电流较大)。因此选用 IGBT 作为系统的主开关元件。

在本系统中，直流主电源电压最高为537V，主开关管承受的电压最大值等于直流电源电压最大值，考虑到2倍的电压裕量，则主开关器件的耐压定额为

$$U_r = 2U_s = 2 \times 537V = 1074V$$

则再根据市场上的现有规格，可选择使用耐压1200V的开关管。

对于电流定额的计算，根据经验公式和电动机已知参数，其最大峰值电流为

$$I_{MAX} = 2.1P_N/U_n = 2.1 \times 5.5 \times 1000/260A = 44.4A$$

根据市场已有规格，选取50A/1200V的IGBT作为系统的主开关器件。

功率变换器中所用续流二极管必须正向导通和反向截止均具有快恢复特性。正向快恢复特性能保证主开关器件断开时，相电流迅速从主开关器件转换到二极管续流；而反向快恢复特性则能保证二极管以足够快的速度从导通变为截止。特别是SR电动机高速运行和以较高斩波频率运行时，允许续流二极管反向恢复时间较短，反向快恢复特性尤为重要。为此，均选用快恢复二极管作为续流管。

整流部分采用常用的三相全波二极管整流桥，根据SR电动机的原始数据，整流桥的定额可选为60A/1200V。具有滤波与储能作用的电容值根据式 $C = T \times 10^5/3R_f$ 计算，式中，R_f 为电动机绕组电阻，$R_f = 0.47\Omega$；$T = 1/(6 \times 50)$ms，所以 $C = 2250\mu F$。

4. IGBT驱动电路设计

对于IGBT的驱动电路的选择须遵循以下原则：

（1）IGBT是电压驱动，具有一个2.5~5V的阈值电压，有一个容性输入阻抗，因此IGBT对栅极电荷聚集很敏感，要保证有一条低阻抗的放电回路，即驱动电路与IGBT的连线要尽量短。

（2）用小内阻的驱动源对栅极电容充、放电，以保证栅极控制电压有足够陡的前、后沿，使IGBT的开关损耗尽量小。

（3）驱动电平增大时，IGBT通态压降和开通损耗均下降，但负载短路时流过的电流增大，IGBT能承受的短路电流的时间减少，对其安全不利，一般选为12~15V。

（4）在关断过程中，为尽快抽取存储的电荷，须施加一个负偏压，但此负压受IGBT的G、D极间最大反向耐压的限制，一般取-2~-5V。

（5）大电感负载下，IGBT的开关时间不能过短，以限制di/dt所形成的尖峰电压，保护IGBT的安全。

（6）由于IGBT在电力电子设备中多用于高压场合，故驱动电路应与整个控制电路在电位上严格隔离。

（7）IGBT的栅极驱动电路应尽可能简单实用，最好自身带有对IGBT的保护功能，并有较强的抗干扰能力。

电力电子技术发展至今，驱动电路已经很少使用分立元件来构成，集成化的IGBT专用驱动电路（模块）已大面积使用，集成模块的性能更好，整机的可靠性更高及体积更小。

EXB840/841是日本富士公司提供的150A/600V和高达75A的1200V快速型IGBT专用驱动模块。整个电路信号延迟时间不超过1us，最高工作频率可达40~50kHz，它只

需外部提供一个+20V的单电源，内部自己产生一个-5V反偏压。对本系统比较适用。

EXB840/841 由以下几部分组成：①放大部分；②过流保护部分；③5V电压基准部分。EXB841功能框图如图8.24所示。

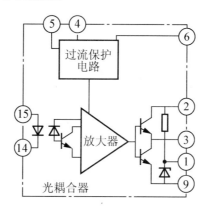

图 8.24　EXB841 功能框图

图 8.25 所示为以 EXB841 为核心的驱动电路，图中 OP1 为用于过流保护作用的光耦，A-H 接 IGBT 的集电极，以监视集电极电压；驱动信号经数字逻辑电路后从 U10～14 输入模块，先经过高隔离光耦再放大信号，输出 IGBTA 和 A-L 分别接 IGBT 的门、射极，当两端电压为+15V 时驱动 IGBT 开通，为-5V 时随即关断。

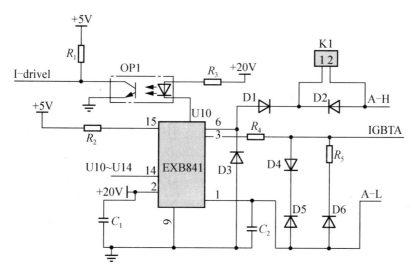

图 8.25　EXB841 应用电路

5．继电器触发电路设计

电路如图 8.26 所示，直流电压传感器将主电路的高电压转换为低压信号，随着主电路电压的变化，输出低压信号与其成线性变化。电压传感器的输出信号经采样电阻后转变为电压信号，与给定的比较值进行比较，当电路加电后瞬间，在上升到电源最高电压前某点使继电器闭合。

电压传感器实际上是一个霍尔型的电流传感器,所以外围要加限流电阻(输入端)和采样电阻(输出端),因此可以视为输入、输出均是直流电压信号,并且输出随输入的变化而线性变化,同时电压传感器也发挥了强弱电隔离的效果,增强了电路的稳定性、可靠性。为使电压传感器达到较佳精度,应尽量选择 R_1 的大小使输入电流为 10mA,此时精度最高,因此,在一次电压上升过程中,匹配电阻 R_1 的大小选择遵循使继电器动作点的一次电压所产生的一次电流为 10mA,另外最好是 R_1 不小于被测电压 $U_1/10$mA。

选用 HNV025A 型霍尔电压传感器,其各相参数均能满足要求,线性度、响应时间也很理想。

继电器要求除保障容量外,需选用快速闭合型的,选用了台湾欣大公司的密闭式 956-1C-12DSE 型继电器,采用常用的三极管对其驱动。

U_s 为经过 380V 交流电经三相全波整流滤波后的直流电压值,$U_s=537$V。在主电路加电时,电阻 R_6 过大将延长加电时间,过小将使浪涌电流过大,据此电阻 R_6 选为 30Ω/30W,这样加电到电压幅值的时间为 $\tau=0.07$s,电容对浪涌电流也可承受。对于继电器动作点的选择要考虑到若动作点过小则会对电容产生明显的二次冲击,所以电路的动作电压点选为 510V,二次冲击很小。

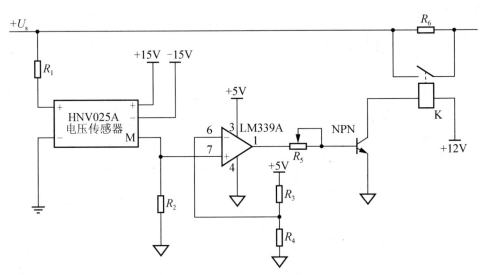

图 8.26 继电器触发电路

6. 直流电源电路设计

鉴于驱动模块等部分对所用直流电源稳定性的严格要求,一般需要专门设计各种稳压电路,图 8.27 所示为 EXB841 模块所用 20V 稳压电源电路。当中的 LM317 为三端可调正稳压器集成电路器件,是使用极为广泛的一类串联集成稳压器。LM317 的输出电压范围是 1.2~37V,负载电流最大为 1.5A。仅需使用图中的 R_1、R_2(可调)两个外接电阻来设置输出电压。输出电压 U 的计算公式为

$$U=1.25\times R_2/R_1+1.25 \qquad (8-11)$$

LM317 的线性调整率和负载调整率比标准的固定稳压器好。另外它内置有过载保护、

安全区保护等多种保护电路。图 8.27 中的电容 C_1 滤波，输出电容 C_2 应对电压的瞬态波动。

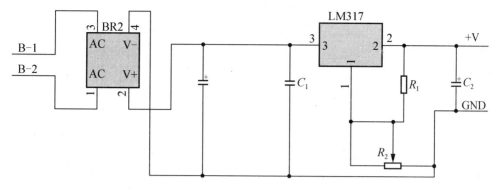

图 8.27 驱动模块电源电路

图 8.28 为由三端稳压器 L78XX 系列组成的 +5V 和 +15V 稳压电源电路。此电路输出的电压的稳定性能更高，尤其对于 +5V 电源，经过了三级稳压。

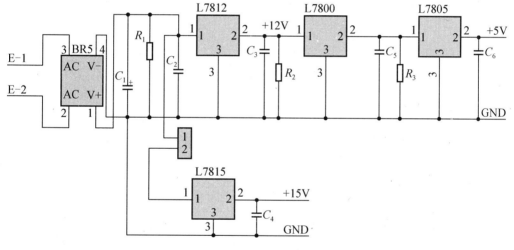

图 8.28 +5V 与 +15V 电源电路

8.4 开关磁阻电动机控制器

控制器好比 SRD 系统的神经中枢、大脑，它接收电动机的转子位置信号、绕组电流信号、外围给定信号，给出电动机每相绕组的通断信号，计算电动机的转速等。

图 8.29 为典型的 SRD 系统控制器的原理框图。

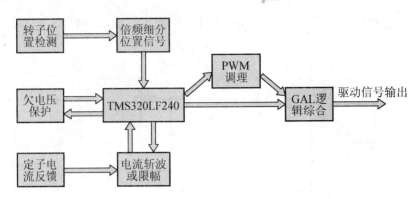

图 8.29 控制器框图

中央处理芯片一般采用数字信号处理器(DSP)来实现,TMS320LF2XXX 系列的 DSP 为当前的主要款型,从图 8.29 中这个典型控制器原理控制可以看出,DSP 负责判断转子的位置信息,并综合各种保护信号和给定信息、转速情况,给出相通断信号,以及产生一路定频调宽的 PWM 信号以利于使用 PWM 控制方式。最后通过逻辑综合将信号传递给功率变换器中主开关器件的驱动电路,以便通过主开关的通断来进行电动机绕组的通断控制。

为了便于理解,本文接上节的实例继续阐述 SRD 系统控制器的原理与设计。

8.4.1 控制器硬件设计

1. 概述

目前,用于电动机控制的 DSP 芯片多采用美国得州仪器公司(TI 公司)的 TMS320F2000 系列,是 TI 公司专门针对电动机、逆变器、机器人等控制而设计的,它配置了完善的外围设备,此款芯片在电动机调速领域里,应用日趋成熟。不论是从计算速度、精度上,内外部资源或是性价比,还是从其发展前景上来考虑,TMS320F2000 系列都优于传统的 51 系列、196 系列单片机。

设计时一般使用高速 CMOS 片外程序随机存储器,使用专用的仿真机向存储器下载软件程序,这样可方便地进行软件程序的调试。控制器接收处理电动机的转子位置信息和绕组电流信息,实现电动机的双闭环控制,为了使高质量的信号输入 DSP 进行处理,在之前要进行滤波、隔离调制等处理。

由于功率变换器主电路采用了上、下桥臂双开关,如果上、下桥臂的两个开关瞬时同时开通或同时关断,开关器件上将同时出现尖峰电压,对 IGBT 的耐压值就要求很高,提高了成本。此时需要设计一个 PWM 调理电路解决此问题,这样可使上、下桥臂开通、关断的时刻错开,但又能使整个桥臂开通、断开的总效果不变,同时此种方案对抑制电动机的转矩波动也有一定意义。

为了精确地进行角度位置控制,控制器设计了转子位置信号的倍频电路,经过 512 倍频产生用于角度位置控制的时基。

此外,在过电流、欠电压保护方面也采取了相应的措施,均通过硬件电路形式,采用 DSP 复位的方式保障安全。

2. 转子位置检测及电路设计

系统所用位置传感器一般为光敏式转子位置传感器,它由光电脉冲发生器和转盘组成。转盘有与转子凸极、凹槽数相等的齿、槽,且齿、槽均匀分布。转盘固定在转子轴上,光电脉冲发生和接收部分固定在定子上。

研究对象为8/6极四相SR电动机(步进角 $\theta_{step}=15°$,转子极距角 $\tau_r=60°$),则可以选用两路检测电路,如图8.30所示,转盘的齿、槽数与转子的凸极、凹槽数一样为6,且均匀分布,所占角度均为30°,转盘安装在转子轴上并同步旋转,夹角为75°的两光电脉冲发生器S、P分别固定在定子极的中心线的左右两侧75°/2处。

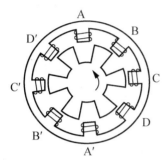
(a) $t=0$ 时,定、转子相对位置

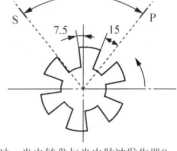
(b) $t=0$ 时,光电转盘与光电脉冲发生器S、P相对

图8.30 光敏式转子位置传感器检测转子位置图

当圆盘中凸起的齿转到开槽光电脉冲发生器S、P位置时,因其中发光管的光被遮住而使其输出状态为0,没有被遮住时其输出状态为1,则在一个转子角周期 $\tau_r(\tau_r=60°)$ 内,S、P产生两个相位差为15°、占空比为50%的方波信号,它组合成4种不同的状态,分别代表电动机四相绕组不同的参考位置。例如,设图8.30(a)所示的相对位置为计时零点,有:S=1,P=1;转子逆时针转过15°,状态变为S=1,P=0;再转过15°,则S=0,P=0;再转过15°,则S=0,P=1;再经过一个15°,转子已转过一个转子角周期 τ_r,则重新恢复为起始的S=1,P=1,如此往复循环,如图8.31所示。

从图8.31中可见,在4种不同状态下,总会同时有两相绕组加电使电动机产生正向转矩,每相绕组通电所转角度最大为30°。

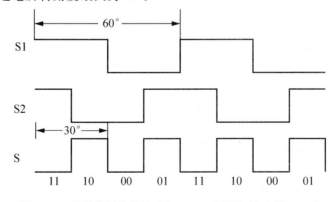

图8.31 转子位置信号波形(S1、S2为图8.30中的S、P)

3. 电流限幅电路设计

系统虽然采用变角度的电压 PWM 斩波控制，但并不代表电流环就没有意义了，根据电动机电压平衡方程式：

$$U_k = R_k i_k + \frac{\partial \psi_k}{\partial i_k}\frac{d i_k}{dt} + \frac{\partial \psi_k}{\partial \theta}\frac{d\theta}{dt}$$

$$= R_k i_k + \left(L_k + i_k \frac{\partial L_k}{\partial i_k}\right)\frac{d i_k}{dt} + i_k \frac{\partial L_k}{\partial \theta}\frac{d\theta}{dt}$$

当电动机低速运行时，由于电动机速度值很小，因而运动电动势（上式中的第三项）很小；当电源电压 U_s 不变时，在相导通的极短一段时间内，增量电感 L 几乎不变（最小值），故绕组的 di/dt 会很大。为了保护功率开关元件和电动机绕组，使之不致因电流过大而损坏，在低速运行时必须采用限流措施，电路如图 8.32 所示。特别说明的是，此电路若经适当更改，再配合 DSP 及其经 D/A 转换的输出控制，完全可用于低速电流斩波控制的主电路，通用性强。

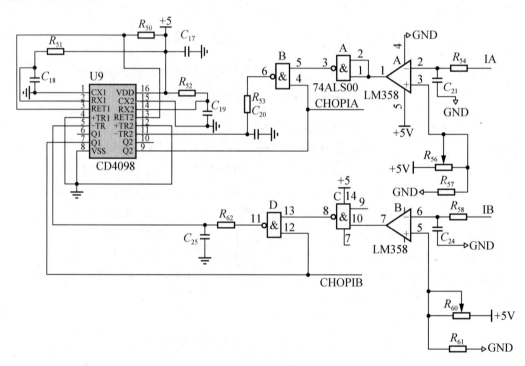

图 8.32 电流限幅电路

电路中，IA、IB 为绕组电流经过电流-电压变换、隔离放大后的信号。CD4098 是双路单稳态多频振荡触发器，输出的单稳态脉冲的宽度可以外接设置。其输出的两路信号 CHOPIA、CHOPIB 与从 DSP 输出的相通断、PWM 信号共同经 GAL 元件逻辑综合后输出给开关管驱动部分。

在本系统中，PWM 斩波时引起的电流斩波的下降时间是固定的，即为单稳态触发器的脉冲宽度值，取 $R_{52}=R_{51}=20\text{k}\Omega$，$C_{19}=C_{18}=0.01\mu\text{F}$，则

$$t_w = 0.69 \times 20 \times 10^3 \times 0.01 \times 10^{-6} \text{s} = 0.14 \text{ms}$$

即频率为 7kHz，当电动机以额定最高 2000r/min 运行时，主开关的开关频率仅为 800Hz，所以完全满足要求。

4. 倍频电路设计

S1、S2 两路信号进行异或所得到的 30°方波信号 S（分辨率为 15°）可直接用于定角度的电压斩波控制，但不能用于角度控制。因为角度控制的分辨率要求很高，可以利用角度细分电路将 30°的方波细分，使 DSP 实现角度控制所需的角度精确定位。

角度细分电路可以采用数字锁相环 CD4046 和十二进制计数器 CD4040，将两路位置传感器信号异或以后的 30°方波信号倍频为 512 个小周期信号（对应 0.06°），提高角度控制的分辨率，从而使 DSP 准确地在导通角 θ_{on} 和 θ_{off} 处输出相应的相通、断信号来实现 SR 电动机的角度控制。其电路图如图 8.33 所示。其中，S 是 S1、S2 两路信号异或得到的 30°方波信号，ANGLECOUNT 是经角度细分（倍频）所得到的信号，送到 DSP 的 TMRCLK 端口。在 DSP 发生捕获中断时，对 TMRCLK 端口的信号进行计数，来决定关断角和导通角。

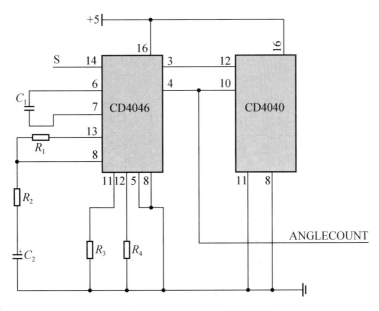

图 8.33　角度位置信号倍频电路

5. PWM 调理电路设计

由于考虑到功率电路采用了上、下桥臂双开关，如果上、下桥臂的两个开关瞬时同时开通或同时关断，那么开关器件上将同时出现尖峰电压，这样对 IGBT 的耐压值就要求很高，提高了成本。设计了 PWM 调理电路就是为了解决这个问题，它可以使上、下桥臂开通、关断的时刻错开，但又能使整个桥臂开通、断开总的效果不变，其电路如图 8.34 所示。

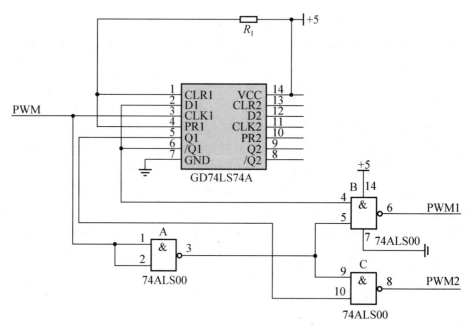

图 8.34　PWM 调理电路

经 DSP 计算输出的定频调宽的脉冲信号 PWM,通过一个 D 触发器和三组与非门的处理,分出两路信号(PWM1、PWM2),分别提供给功率电路的上桥臂和下桥臂,PWM1、PWM2 信号的时序图如图 8.35所示。

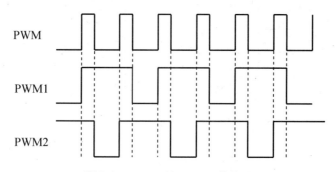

图 8.35　PWM1 和 PWM2 的波形

6. 欠压保护电路设计

本电路是为了防止控制器所用+5V 电压过小而设计的保护电路。

当电源电压低于一定值时,DSP 及其他集成电路工作电压达不到其正常工作电压,有可能造成输出信号错乱,使控制系统工作在非正常状态,功率开关工作不可靠,势必出现该导通的没有导通,该关断的没有关断的情况,使电动机工作不正常甚至损坏。欠压现象是缓变故障,当多次检测到欠压仍存在时,CPU 关闭输出信号,并给出欠压指示。图 8.36所示为系统的欠压保护电路,第一个 LM358 是比较功能,给定一个允许的最小电压值,如系统规定为+3V,若输入实际电压小于+3V,输出 SOFF 为低电平(低电平有效),则 DSP 检测到此信号并维持低电平一段时间后,关断所有相输出信号直至电源电压恢复正常。

第8章 开关磁阻电动机及其控制系统

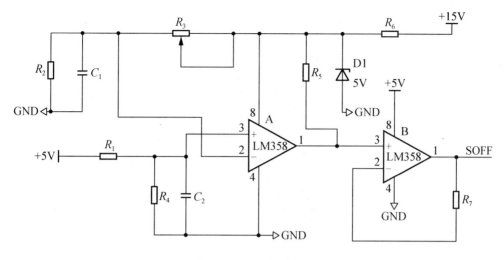

图 8.36 欠压保护电路

7. 绕组电流检测及电路设计

由于电动机采用电压 PWM 斩波工作方式,在低速时为了限制过大的绕组电流,需要电流限幅电路作为保护,因此首先要检测电流值。

SRD 系统中电流检测器应具备如下性能特点:

(1) 快速性能好,从电流检测到控制主开关器件动作的延时应尽量小;

(2) 被测主电路(绕组即强电部分)与控制电路(弱电部分)间应良好隔离,且有一定的抗干扰能力;

(3) 灵敏度高,检测频带范围宽,可测含有多次谐波成分的直流电流;

(4) 单向电流检测,在一定工作范围内具有良好的线性度。

霍尔电流传感器是国际上电子线路中普遍采用的电流检测及过流保护元件,其最大优点是测量精度高、线性度好、响应快速,可以做到电隔离检测。目前,利用霍尔效应检测电流有直接检测式和磁场平衡式两种方法。

直接检测式霍尔电流传感器的主要不足是,当被测电流过大时,为不使磁路饱和,保证测量的线性度,必须相应增大铁心的截面积,这就造成检测装置的体积过大,而磁场平衡式霍尔电流传感器(简称 LEM 模块)把互感器、磁放大器、霍尔元件和电子线路集成在一起,具有测量、反馈、保护三重功能,其工作原理如图 8.37 所示。

LEM 模块通过磁场的补偿,铁心内的磁通保持为零,致使其尺寸、质量显著减小,使用方便,电流过载能力强,整个传感器已模块化,套在被测母线上即可工作。

本例系统采用 CSM050B 型电流传感器,它是利用霍尔效应和磁平衡原理制成的一种多量程电流传感器,能够测量直流、交流,以及各种脉冲电流,其测量精度高,线性度好,频带宽,同时具有强弱电隔离功能,是目前广泛采用的方案。

由于电动机每相绕组的电流在不同的阶段分别流过 IGBT 和续流二极管,电流流过续流二极管时电流处于下降阶段,因此电流检测电路只需检测电动机四相绕组的电流,由于两相共用了一个 IGBT,所以只使用二只电流传感器,分别穿在功率变换器主电路的上部共用的两只主开关管线路上。

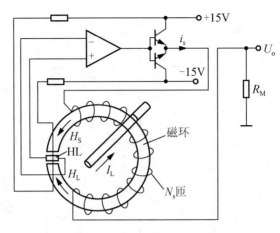

图 8.37 LEM 模块工作原理

电流传感器检测电流比为 1000:1,输出电流信号后,需先经过采样电阻、滤波,然后经过放大输出信号 I_A。图 8.38 所示为电流的输出电路。

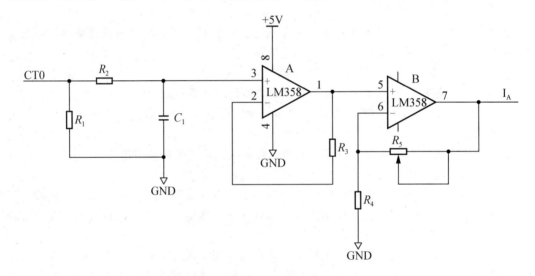

图 8.38 绕组电流采样输出电路

8. GAL 逻辑设计

图 8.39 所示为其应用电路,对于 U1,输入信号 PHASE1~6 为从 DSP I/O 口输出的相通、断信号,它与经过 PWM 调理后的 PWM1、PWM2,以及限幅电路的输出 CHOPIA、CHOPIB,经 GAL 逻辑综合,得到六路针对 6 只主开关管的通断驱动信号,其逻辑关系如下:

```
DRIVE1=PHASE1*PWM2
DRIVE2=PWM1*CHOPIA*PHASE2+PWM1*CHOPIB*PHASE2
DRIVE3=PHASE3*PWM2
DRIVE4=PHASE4*PWM2
DRIVE5=PWM1*CHOPIA*PHASE5+PWM1*CHOPIB*PHASE5
DRIVE6=PHASE6*PWM2
```

U2 分为两部分,一是 S1、S2 两路转子位置信号经过异或逻辑后产生一路 S 信号,如图 8.31 所示,此 S 信号再经倍频电路后用于角度位置控制的时基。二是 DSP 的两路输出引脚,/PS 和/DS,它们是外扩程序和数据存储器的片选,经过"与"后给外扩存储器的片选引脚,其逻辑关系如下:

$$S=S1*/S2+/S1*S2$$
$$/CS=/PS*/DS$$

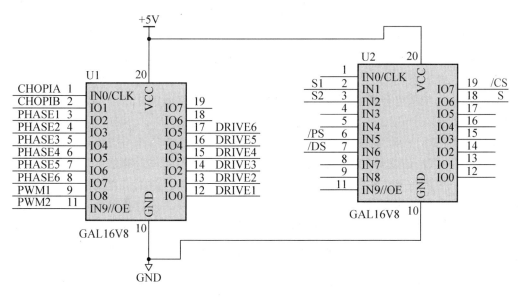

图 8.39 GAL 逻辑综合电路

8.4.2 SRD 系统软件设计

1. DSP 功能简介

软件设计按照采用 DSP(TMS320F240)C 语言编程,实现模块化设计的方法,增加了程序的可读性和移植性。对于本系统而言,控制软件应满足如下设计要求:

(1) 系统采用模糊控制,输出为变角度的电压 PWM 驱动信号;
(2) 实现电动机的实时双相绕组同时通电启动与运行;
(3) 能够接收、判断外部的故障信号和保护信号并且采取相应的保护措施。

程序主要利用 TMS320F240 的事件管理模块、I/O 模块、A/D 转换模块等,现对系统用到的做重点介绍。

1) 通用定时器

事件管理器有 3 个通用定时器。在实际应用中,这些定时器可以用作独立的时间基准。如:控制系统中采样周期的产生和为全比较单元以及相应的 PWM 电路产生比较 PWM 输出的操作提供时间基准。

其相关寄存器为 16 位的双向计数器 $TxCNT$、16 位的周期寄存器 $TxPR$ 和 16 位的比较寄存器 $TxCMPR$,其中 $x=1,2,3$。通用定时器的输入包括:内部 CPU 时钟、外部时钟以及复位信号等。其输出包括:通用定时器比较 PWM 输出以及和比较单元的匹配信号等。

程序中定时器 1 的输入时钟为内部 CPU 时钟，计数方式为连续递增计数，在程序中主要完成为全比较 PWM 输出提供时间基准。定时器 2 输入时钟为外部时钟，即倍频位置信号后的角度细分信号，计数方式为连续增计数，在程序中主要是产生周期中断，从而完成相通、断信号的输出。定时器 3 的输入时钟为内部 CPU 时钟，计数方式也为连续增计数，在程序中主要完成测速和进行速度更改的功能。

2) 与全比较相关的 PWM 单元

在本系统中，采用模糊算法实现调速，最终输出为 PWM 信号和高速时的角度变化信号，其中 PWM 信号是一系列脉宽不断变化的脉冲，这些脉冲在固定长度的周期内展开（定频调宽）。同时速度达到一定值后（根据占空比大小）辅之以角度控制。

在电动机控制系统中，PWM 信号被用来控制开关电源器件的开关时间，为绕组提供所需要的能量，相电流和相电压的形式和频率以及提供给绕组的能量控制着电动机所需的转速和转矩。

要产生 PWM 信号，需要有一个合适的定时器来重复产生一个与 PWM 周期相同的计数周期，一个比较寄存器来保持调制值。比较寄存器的值不断与定时器中计数器的值相比较，当两个值匹配时，在响应的输出上就会产生一个转换。当两个值之间的第二个匹配产生或一个定时器周期结束时，响应的输出上会产生一个转换。通过这种方法，所产生的输出脉冲的开关时间就会与比较寄存器的值成比例。本系统中，模糊算法计算的最终输出就存放在比较单元 CMPR1 中，从而产生 PWM 波。

3) 捕获单元

捕获单元是一种输入设备，用于捕获引脚上电平的变化并记录它发生的时刻，捕获单元不停地检测捕获输入引脚的跳变。本系统的位置 S 信号使用 DSP 的捕获单元 CAP4，当捕获输入引脚发生跳变后，捕获单元将该时刻的时基计数寄存器 T3CNT 的值随即装入相应的 FIFO 堆栈中。

4) A/D 转换

因为系统调速可以经过模拟电位器实现，给定的速度信号以电压形式先经 A/D 转换，为了确保转换的精度，A/D 转换的时间必须大于 $6\mu s$，由于转换的时间由时钟源模块的 SYSCLK 经分频器产生，因此在设置时钟控制寄存器 CKCR0 时需满足：SYSCLK 的周期×分频系数×6 $\geqslant 6\mu s$。

5) 数字 I/O

系统使用的 I/O 模块，主要是输入的两路电动机转子位置信号，输出的六路相关断信号。

2. 控制方式选择与模糊控制算法实现

1) 控制方式选择

SR 电动机的可控变量为加于相绕组两端的电压 $\pm U_s$、开通角 θ_{on} 和关断角 θ_{off} 3 个参数。SR 电动机的控制方式主要针对以上 3 个可控变量的优化控制，如前所述，一般分为：角度位置控制（APC）、电流斩波控制（CCC）和电压斩波控制（电压 PWM）。

第8章 开关磁阻电动机及其控制系统

对于 APC 方式,当 SR 电动机在高于基速的速度范围内运行时,因旋转电动势较大,且各相主开关器件导通时间较短,电流较小。通过控制开通角 θ_{on} 和关断角 θ_{off},来对电流脉动的大小和相对位置实行间接控制。对各相绕组进行导通位置和导通期长短的控制可以获得最大功率输出特性。

对于 CCC 方式,如前所述,当电动机低速运行时,旋转电动势很小,电压主要表现为变压器电动势,致使电流较大,通过斩波,即通过 DSP 输出信号调节限流幅的大小,可控制输出转矩变化,进而调节转速,同时可有效防止电流过大。

对于电压 PWM 斩波控制方式,在 θ_{on}-θ_{off} 导通区间内,其脉冲周期 T 固定,占空比 T_1/T 可调。改变占空比,则绕组电压的平均 PWM 方式值 $\overline{U}$ 变化,绕组电流也相应变化,从而实现转速和转矩的调节。因而此调速方式可用于低速和高速,另外此方式在电动机启动和低速时要有对绕组电流的限制措施。基于在单纯采用 PWM 控制时,高速时电动机电流波形滞后,降低了电动机的效率;另外,采用电流斩波必须同时采用高速下的角度位置控制,在方式转换上存在明显弊端。因此,在本文采用变角度电压 PWM 斩波控制,编程实现占空比按给定要求自动调节,当转速达到一定高度时,角度位置控制辅助发挥调速作用,主要是通过采用模糊算法提前开通角的方式提高转速,而关断角固定在某一角度不变,此种方式同时有利于减小转矩波动。

采用直接速度给定的方式是使用 DSP 的一路 A/D 转换端口,电位器模拟电压信号经 A/D 将输入的模拟信号转变为给定的数字速度信号,通过调节电位器的电压值调节电动机转速。

2)模糊控制算法的实现

(1)模糊调速原理:

根据转子位置信号,用测周法计算转子的转速,然后与给定的转速进行比较,得到转速偏差 e、转速偏差变化 ec,根据 e 和 ec,通过模糊控制算法,再依据当前的速度实际值,进而分别调节各相的 PWM 占空比或相电流的开通角,从而实现速度闭环控制。模糊调速原理图见图 8.20。

(2)模糊控制算法设计:

模糊控制作为以模糊理论为基础的反馈控制方法,无须数学模型,结构简单,易于实现,成本低廉,系统稳定性和抗干扰能力强。具体说,当改变接入 DSP 的 A/D 转换引脚的电位器电压值后,相应改变了程序中的速度设定值,根据测出的真实速度值与设定值只差 e,以及当前实时速度的变化方向(实为前后两次实测速度差 ec),运用模糊控制方法调节电压占空比和改变导通角。电压 PWM 控制时模糊控制输出为 DSP 的定时器 1 比较寄存器的比较值,比较寄存器的比较值变化,从而改变 PWM 占空比,改变速度;角度位置控制时,因使用的是倍频电路输出的信号作为时基,则通过定时器 2 比较寄存器的比较值的改变而进行模糊调速。

输入变量 EC、输出变量 U 取 7 个语言变量值:NL(负大)、NM(负中)、NS(负小)、ZE(零)、PS(正小)、PM(正中)、PL(正大);E 为 8 个语言变量值,将 ZE 分为了 NE(负零)和 PE(正零),主要目的在于提高了控制的精度。

隶属度函数采用三角形形式。通过 PL、PM、PS 等的隶属函数值建立 E、EC 的赋值表,

根据 e 和 ec 的基本论域选定量化因子,最后将清晰的反馈输入量模糊化为模糊控制规则,见表 8-5。

通过以上条件计算出模糊关系 R 之后,由系统偏差 e 和偏差变化率 ec 的离散论域,根据语言变量偏差 E 和偏差变化率 EC 赋值表,针对论域全部元素的所有组合,求取相应的语言变量,控制量变化 U 的模糊集合,并应用最大隶属度法对此等模糊集合进行模糊判决,取得控制量变化值 u,即模糊控制表。表 8-7 即为模糊控制查询表。

表 8-7 模糊控制输出查询表

u \ ec / e	-6	-5	-4	-3	-2	-1	0	1	2	3	4	5	6
-6	6	5	6	5	6	6	6	3	3	1	0	0	0
-5	5	5	5	5	5	5	5	3	3	1	0	0	0
-4	6	5	6	5	6	6	6	3	3	1	0	0	0
-3	5	5	5	5	5	5	5	2	1	0	-1	-1	-1
-2	3	3	3	4	3	3	3	0	0	0	-1	-1	-1
-1	3	3	3	4	3	3	1	0	0	0	-2	-2	-2
-0	3	3	3	4	1	1	0	0	-1	-1	-3	-3	-3
+0	3	3	3	4	0	0	0	-1	-1	-1	-3	-3	-3
1	2	2	2	0	0	-1	-3	-3	-2	-3	-3	-3	-3
2	1	1	1	-1	-2	-2	-3	-3	-3	-2	-3	-3	-3
3	0	0	0	-1	-2	-2	-5	-5	-5	-5	-5	-5	-5
4	0	0	0	-1	-3	-3	-6	-6	-6	-5	-6	-5	-5
5	0	0	0	-1	-3	-3	-5	-5	-5	-5	-5	-5	-5
6	0	0	0	-1	-3	-3	-6	-6	-6	-5	-6	-5	-6

把该控制表存放到计算机的存储器中,并编制一个查找控制表的子程序。在实际控制过程中,只要在每一个控制周期中,将采集到的实测偏差 $e(k)(k=0,1,2,\cdots)$ 和计算得到的偏差变化 $e(k)-e(k-1)$ 分别乘以量化因子 k_e 和 k_{ec},取得以相应论域元素表征的查找控制表所需的 e_i 和 ec_j 后,通过查找表 8-7 的相应行和列,立即可输出所需的控制量变化 u_{ij},再乘以量化因子 k_u,便是加到被控过程的实际控制量的变化值。

3. 调速控制软件设计

本调速软件采用 DSP(TMS320F240)C 语言编程,实行模块化设计,增加了程序的可读性和移植性。软件程序主要组成模块有:主程序、捕获中断程序、测速子程序、运行子程序、相判断子程序、模糊调速子程序、通用定时器 2 周期中断子程序等。

1）主程序

主程序主要完成系统的初始化、初始状态的判断以及启动、运行子程序的调用。判断是否启动时中间要延时，防止干扰而使程序勿认为启动。初始化包括 TMS320F240 内部各寄存器的初始化，事件管理器各命令寄存器的初始化，中断命令初始化，CAP 捕获中断触发方式，禁止全部中断，并关闭所有的相输出信号等，如图 8.40 所示。

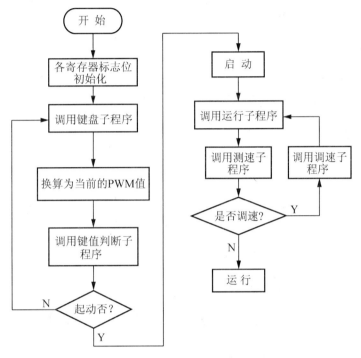

图 8.40　主程序流程

2）运行子程序

运行子程序是整个程序的主要部分，如图 8.41 所示，其主要作用是：

(1) 根据位置传感器的输入信号，调相逻辑判断子程序，进行转子下一位置的预测，以此作为电动机运行时的位置参考。位置预测时，针对一次不能准确测定的情况，如可以连续测量 8 次，认为大于 4 次的值即为该测定值，然后和相通断预测信号比较，如果和实际预测不符，则认为是预测错误，并且采用预测值，如果反复 12 次预测都和实际信号不一致，则认为是位置传感器错误。

(2) 如果电动机能够正常运行，应先调用启动子程序。所谓启动子程序，就是要求开通角和关断角固定，开通角最小，关断角最大，使电动机获得最大启动转矩。

3）测速子程序

控制器是通过轴位置传感器来实现速度闭环的，每隔 15°机械角度，位置传感器的输出状态变化一次，电动机每转一周，轴位置传感器的输出状态变化 360°/15°=24 次，本程序中，电动机转速的测量主要利用了 CAP 捕获中断和通用定时器 3。两路位置信号异或后变为 15°，而 CAP 捕获中断每 15°产生一次中断。每发生一次 CAP 捕获中断，就要读一次通用定时器 3 的计数值，根据此计数值，就可以计算出实际电动机转速。定时器 3 的计数

周期为 6.4μs，故速度计算公式为

$$n = \frac{60 \times 15°}{360° \times 6.4 \times 10^{-6} \times \text{T3CNT}} \text{r/min} = \frac{390625}{\text{T3CNT}} \text{r/min}$$

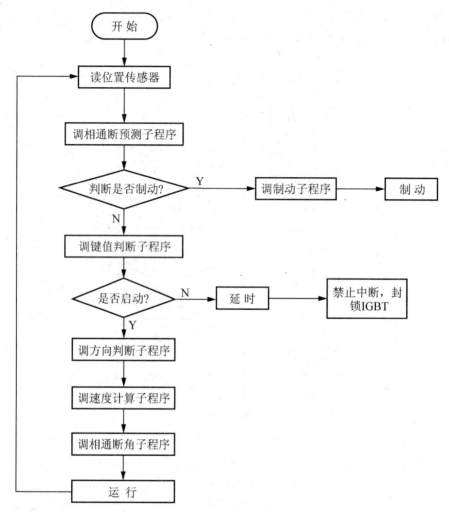

图 8.41 运行子程序流程图

由于加工工艺等方面的原因，位置传感器输出波形的状态难以保证每 15°变换一次，同时还存在外界干扰，这将导致 DSP 计算出的速度同电动机的实际转速不符。程序中采用均值法对 T3 计数器的值进行数字滤波，即取 8 个连续 n 值，取其平均值作为此时的速度值。实验证明，实际的误差小于 5r/min。

4) 相通断角计算子程序

此程序的流程图如图 8.42 所示，其主要功能是：

(1) 转速在 600r/min 以上时，PWM 占空比停止变化，加入变角度控制；

(2) 当速度大于 600r/min 时，开通角和关断角都要随着速度的增加而向前移。

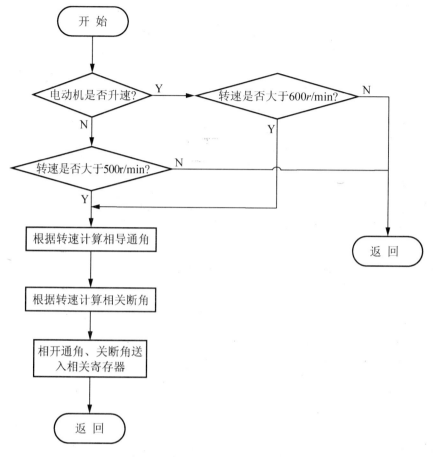

图 8.42 相通断角计算子程序流程图

5) 捕获中断子程序

捕获中断子程序的流程图如图 8.43 所示,主要功能是:

(1) 给通用定时器 2 送相开通角的具体时间,即给其周期寄存赋值,供通用定时器 2 产生周期中断,从而送给各 IGBT 相开通信号;

(2) 进行相通断逻辑判断,通过相通断逻辑判断可以知道开通和关断电动机各相时,到底给各 IGBT 何信号;

(3) 如果系统不进行制动,那么电动机在 600r/min 范围内时,系统运行启动运行子程序和模糊调速子程序,实现定角度控制。如果电动机在 600r/min 以上时,则调用相通断角计算子程序,再结合定时器 2 周期中断子程序和模糊调速子程序,加入变角度控制。后读出通用定时器 3 的计数值,供测速子程序使用。

在捕获中断子程序中,要运行相逻辑判断子程序。在相逻辑判断子程序中,要根据当前位置传感器,来预测下一次捕获中断时位置传感器的信号。这样,将位置传感器上一次、当前值和下一次值分别存入 3 个寄存器中。当前值如果和预测值相等,那么进行逻辑处理,逻辑运算所得值存入相关寄存器。这些值是运行控制中相通断信号输出的基础。如果当前值和预测值不符，则要进行重新预测，如果反复重新预测都和当前值不符，那么就认为是传感器错误。

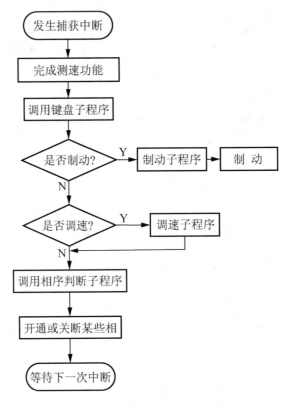

图 8.43 捕获中断子程序流程图

6) 相逻辑判断子程序

7) 通用定时器 2 周期中断子程序

在电动机转速大于 600r/min 时，系统引入变角度控制。即开通角和关断角随着速度的不同而变化。具体大小则由通断定时器 2 中周期寄存器的值来决定，而它又是由相通断角计算子程序决定的。当定时器周期中断发生时，就要根据实际情况给 IGBT 送相应的开通和关断信号，其流程图如图 8.44 所示。

8) 模糊调速子程序

首先将模糊控制决策查询表的内容编制成为一个查找程序。

模糊输出量最后要经量化因子转化为电动机的实际控制参量，电动机转速在 600r/min 以内，输出的是 PWM 脉冲的定时器 1 的比较寄存器值，以改变占空比；当转速大于 600r/min 时，PWM 波的占空比不变，输出的是定时器 2 的计数值，也就是导通角的改变。

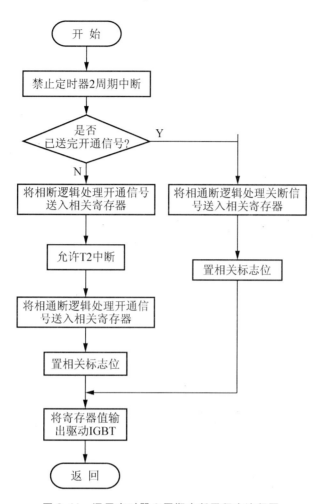

图 8.44 通用定时器 2 周期中断子程序流程图

8.5 开关磁阻发电机

SR 电机作为发电机运行也非常有特色,目前以美国 GE(通用电气)公司为代表的航空电气界,从 20 世纪 80 年代后期对开关磁阻电机作为航空启动/发电机开始可行性探索,单机功率最大达到 250kW,输出电压为 270V,其电压品质满足国际标准;由美国著名军火公司——洛克·马丁公司研制的美国空军新一代联合攻击战斗机,机上也采用了 80kW (DC270V)的开关磁阻启动/发电机。近些年来,在风力发电领域,开关磁阻风力发电机也开始受到重视,有一定的应用实践。

与其他发电机相比,开关磁阻发电机(Switched Reluctance Generator,SRG)具有独特的结构特点:

(1) 结构简单。其定、转子均为简单的叠片式双凸极结构,定子上绕有集中绕组,转子上无绕组及永磁体;

(2) 容错能力强。无论从物理方面还是从电磁方面来讲,发电机定子各相绕组间都是相互独立的，因而在一相甚至两相故障的情况下，仍然能有一定功率的电能输出；

（3）可以做成很高转速的发电装置，从而达到很高的能量流密度。

8.5.1 开关磁阻发电机的运行原理

与电动运行时不同，绕组在转子转离"极对极"位置（即电感下降区）时通电励磁，产生的磁阻性电磁转矩趋使发电机回到"极对极"位置，但原动机驱动转子克服电磁转矩继续逆时针旋转。此时电磁转矩与转子运动方向相反，阻碍转子运动，是阻转转矩性质，绕组产生感应电动势发电。图 8.45 所示为发电机与电动机相比相对绕组电感和定转子凸极关系的电流状态。

当转子转到下一相的"极对极"位置时，控制器根据新的位置信息向功率变换器发出命令，关断当前相的主开关元件，而导通下一相，则下一相绕组会在转子转离"极对极"位置通电。这样，控制器根据相应的位置信息按一定的控制逻辑连续地导通和关断相应的相绕组的主开关，就可产生连续的阻转转矩，在原动机的拖动下发电。

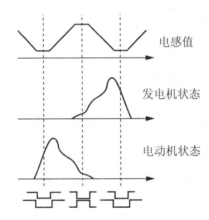

图 8.45 开关磁阻电动机/发电机模式示意图

根据法拉第电磁感应定律"运动导体在磁场中会产生电动势"，而 SRG 转子仅由叠片构成，没有任何带磁性的磁体。这就需要在 SRG 发电前有电源提供给 SRG 励磁，使其内部产生磁场。所以，SRG 的特点是首先要通过定子绕组对发电机励磁。这一点和其他发电机有着很明显的区别。

SRG 的工作原理如下：

图 8.46 所示的直流电源，既可以是电池，也可以是直流发电机。3 个电感分别表示 SRG 的三相绕组，IGBT1～IGBT6 为与绕组相连的可控开关元件，6 个二极管为对应相的续流二极管。当第一相绕组的开关管导通时（即励磁阶段），电源给第一相励磁，电流的回路是电源正极→上开关管→绕组→下开关管→电源负极，如图 8.46(a)所示。开关管关断时，由于绕组是一个电感，根据电工理论，电感的电流不允许突变，电流的续流回路（即发电阶段）是绕组→上续流二极管→电源→下续流二极管→绕组，如图 8.47(b)所示。

当忽略铁耗和各种附加损耗时，SRG 工作时的能量转换过程为：通电相绕组的电感处在电感下降区域内（转子转离"极对极"位置），当开关管导通时，输入的净电能转化为磁场储能，同时原动机拖动转子克服 SRG 产生的与旋转方向相反的转矩对 SRG 做功使机

第8章 开关磁阻电动机及其控制系统

械能也转化为磁场储能；当开关管关断时，SRG绕组电流续流，磁场储能转化为电能回馈电源，并且机械能也转化为电能给电源充电。

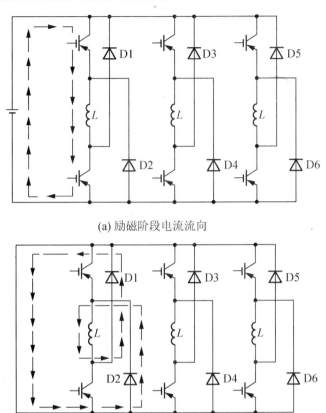

(a) 励磁阶段电流流向

(b) 发电阶段电流流向

图 8.46　SRG 电路工作示意图

SR发电机的运行特性与SR电动机的运行特性类似，将曲线沿速度轴翻转到转矩为负的第四象限即可。

8.5.2　开关磁阻发电机系统的构成

以用于风力发电的SRG系统为例，系统主要由风轮机、SR发电机本体及其功率变换器、控制器、整流逆变器（直流负载不需要逆变器）、蓄电池和辅助电源等部分组成，如图8.47所示。

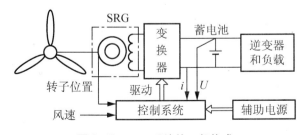

图 8.47　SRG 系统的一般构成

由于励磁方式不同，SRG 的功率变换器有他励式和自励式之分。所谓自励式，就是在电压建立的瞬间，由外电源提供初始励磁，当电压达到控制所需要的稳定值后，切断外电源，此后由 SRG 本身发出的电压提供励磁，在这种模式中，由于建压后不再需要外电源，系统体积较小，效率高。而他励方式下，励磁回路与发电机彼此独立，在 SRG 运行过程中始终由外电源提供励磁，此时励磁电压与输出电压无关，两者可以独立调节，因此控制比较方便。

8.5.3 开关磁阻发电机的控制策略

SRG 的控制方式主要有 3 种：角度控制（APC）、电流斩波控制（CCC）和 PWM 控制。通常因发电系统的输入转速范围宽及负载突变剧烈，PWM 控制方法的调节性和适应性不理想，因此它主要用于电动场合及小变速、变载的发电场合；CCC 在确保变换器充分、可靠工作的同时，减小了相电流对开关管的冲击，可有效实现低脉动、恒电压发电；APC 能有效改变相电流相对于相电感的工作位置，因此对相电流和输出电压的调节作用明显，目前 SRG 系统均采用 CCC 配合 APC 就可达到较好控制效果。

小　　结

本章首先介绍了开关磁阻电动机系统的主要构成，对各个部分进行了简要介绍，随后与当前常用的类似的调速系统进行了比较，从中可以发现 SRD 系统的特点。

对于 SRD 系统来说，控制方式显得格外重要，本章首先根据对 SR 电动机数学模型的分析，引出电动机的几种控制方式，即：APC、CCC、电压 PWM 3 种控制方式，其各自有各自的特点，针对不同应用场合可以单独选用某一方式或者采用复合控制方式，以其发挥各自特长。控制算法也是实现电动机调速控制的关键，尤其是对调速控制精度、反应速度等要求高的场合，控制算法必不可少，本章以 SRD 系统中常用的模糊智能控制方法为主进行了介绍。

功率变换器是提高 SRD 系统性价比的关键，是直接与电动机绕组相接的部分，本章以实际应用实例的形式讲解了功率变换器的设计步骤、方法。作为功率器件的主流，IGBT 采用模块化的驱动电路。辅助电路在当中也具有重要作用。

控制器是 SRD 系统的核心，在这部分，以功率变换器的实例，继续采用同样方式讲解了控制器的设计。以 TI 公司的电动机控制专用 DSP 芯片为核心，对转子位置检测、信号的精细处理、逻辑综合、功能辅助等部分的电路设计进行了详细介绍。

本章最后，针对目前国内外逐步展开研究与应用的开关磁阻发电机及其系统进行了简要介绍，在航空航天、风力发电等场合，SRG 获得了研究应用。

知识链接

SRD 系统的未来被国内外大多数业内专家看好，在当前，由于阻碍其进一步推广应用的障碍还是大量存在的，从 SRD 本身来说，有待进一步完善。目前，SRD 系统的研究主要涉及以下几个方面：

(1) SRD 系统的优化。SRD 系统是由 SR 电动机及其控制装置构成的不可分割的整体，因此，在设计时必须从系统的观点出发，对电动机模型和控制系统综合考虑，进行全局优化。这也有赖于诸如微电子技术、控制理论的进步。

(2) 新型控制技术的应用。高性能 DSP 和专用集成电路（ASIC）的应用，为 SRD 系统的高性能控制提供了可靠的硬件保证。因此，研究具有较高动态性能、算法简单、能抑制参数变化、扰动及各种不确定性干扰的 SRD 系统控制技术成为近期的重要任务，SRD 系统的直接转矩控制、智能控制技术的研究是热点。

(3) 无位置传感器 SRD 系统的研制。位置闭环控制是开关磁阻电动机的基本特征，但是位置传感器的存在使电动机的结构变得复杂，同时也降低了可靠性，为此，探索真正实用的无位置传感器控制方案是十分引人注目的课题。

(4) 振动和噪声问题。由于 SRD 系统是脉冲供电工作方式，瞬时转矩脉动大，低速时步进状态明显，振动噪声大，这些缺点限制了其在诸如伺服驱动这类要求低速运行平稳且有一定静态转矩保持能力场合下的应用。因此，研究 SR 电动机的电磁力及振动噪声特征成为改进 SRD 系统特性的重要课题之一。

(5) 铁损耗分析与效率研究。SRD 系统堪称是高效率调速系统，但 SR 电动机的铁损耗计算是难度较大的课题之一。SR 电动机的铁损耗计算难度较大，这是因为电动机供电波形复杂、电动机磁路局部饱和严重、电动机的步进运动状态及双凸极结构等特点。SR 电动机的铁损耗常常是影响效率的主要方面，尤其在斩波工作状态及高速运行时，铁损耗是较为可观的。铁耗分析的目的是建立准确、实用的铁损耗计算模型和分析、测试手段，以及从电动机、电路结构和控制方案着手，研究减少损耗、提高效率的措施。

思考题与习题

1. SRD 系统一般由 _____ 、 _____ 、 _____ 3 大部分组成。
2. 试分析开关磁阻电动机与步进电动机的异同。
3. 比较开关磁阻电动机控制系统与步进电动机驱动系统的异同，它们各自有何特点？
4. 开关磁阻电机相对步进电机等控制电机来说，在应用上，更注重其本身的 _____ 指标。
5. SR 电动机在工作中总是遵循 _____ 原理。
6. 当开关磁阻电动机的某定、转子的凸极中心线重合，此时有（　　）。
   A. 磁阻最大，绕组电感最小　　　　B. 磁阻最小，绕组电感最大
   C. 磁阻最大，绕组电感最大　　　　D. 磁阻最小，绕组电感最小
7. 当开关磁阻电动机的某定子槽中心线与转子凸极中心线重合，此时有（　　）。
   A. 磁阻最大，绕组电感最小　　　　B. 磁阻最小，绕组电感最大
   C. 磁阻最大，绕组电感最大　　　　D. 磁阻最小，绕组电感最小
8. SRD 系统一般有 _____ 、 _____ 、 _____ 3 种控制方式。
9. 为什么开关磁阻电动机调速控制系统适宜采用低速电流斩波、高速角度位置控制的方式？若采用电压 PWM 控制方式有何优缺点？
10. 介绍开关磁阻电动机的几种测速方法，它们各有何特点？
11. 采用什么硬件电路可以实现精确的角度位置控制？请画出至少一种电路，并说明该电路原理。

12. SRD 系统功率变换器所用 IGBT 主开关，开关信号经 DSP 产生后，必须经具有＿＿＿＿＿、＿＿＿＿＿及＿＿＿＿＿功能的专用驱动集成电路，然后再驱动 IGBT 的通断。
13. 采用什么硬件电路可以实现电流斩波？请画出至少一种电路，并说明该电路原理。
14. 分析开关磁阻电动机控制中的各种功率变换器类型、适用范围，并说明功率变换器在整个系统中的作用与地位。
15. 分析比较开关磁阻电动机与开关磁阻发电机的运行原理。

第9章 直线电动机

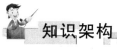
知识架构

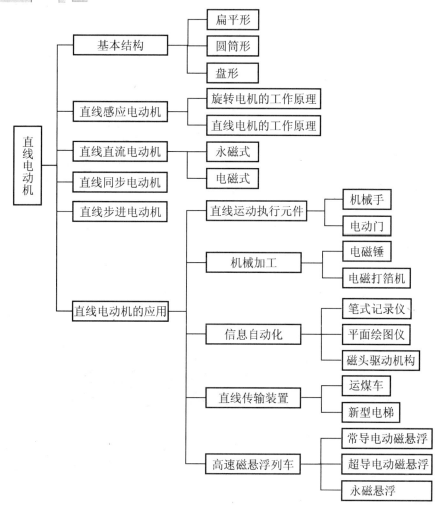

控制电机与特种电机及其控制系统

教学目标与要求

- 了解直线电动机的发展历史
- 掌握直线电机的基本结构与工作原理
- 掌握各种类型直线电动机的结构和原理
- 了解直线电动机的典型应用

引言

直线运动与旋转运动是世界上最主要的两种运动方式。至于许多曲线运动，从微观上来看，也还是一些直线运动。目前，很多的直线运动往往都是通过旋转运动转换而成的。例如，火车的直线运动通过蒸汽机带动轮子转换，空中飞机的直线运动通过发动机转动螺旋桨进行转换，海上的轮船、陆上的汽车都是如此。许多直线驱动装置或系统都是采用旋转电动机通过中间转换装置，如链条、钢丝绳、传动带、齿条或丝杆等机构转换为直线运动。由于这些装置或系统有中间转换传动机构，所以整机存在着体积大、效率低、精度差等问题。

直线电机有直线电动机和电线发电机两类产品，本章只讲述直线电动机的相关内容。

能否在一个直线驱动装置或系统中不通过中间转换机构而直接产生直线运动呢？回答是肯定的。随着直线电动机技术的出现和不断完善，用直线电动机驱动一些直线运动装置和系统，可以不需要中间转换机构，通电后直接产生直线驱动力，从而使整个装置和系统的结构显得非常简单，运行可靠，性能更好，控制更方便。在许多场合，其装置和系统的成本比原来的机构更低，且在运行中有节能效果。

利用直线电动机驱动的装置或系统是一种新型的直线驱动装置与系统。目前，这种新型的直线驱动装置与系统得到越来越广泛的应用，如在交通运输方面的磁悬浮列车、磁浮船、地铁车、公路高速车。在物流输送方面的各种流水生产线，各种邮政分拣线，港口、车站、机场的各种搬运线，物料输送系统等。在工业上，各种锻压设备的驱动部分，如冲压机、压力机、电磁锤等；金属加工设备中的车床进刀机构、插床、送料机构、工作台运动等。在信息与自动化方面，从计算机的磁盘读取到绘图仪、打印机、扫描仪、复印机、照相机等。在民用方面，如民用自动门、自动窗帘机、洗衣机、自动床、电子缝纫机、制茶机。在军事方面也有许多应用，如军用导弹、电磁炮、鱼雷、潜艇等装置。此外，直线电机驱动装置在天文、医疗等许多领域也有不少应用。以下为典型的直线电动机驱动系统。

图 9.1 所示为平板型直线电动机，具有连续、峰值推力大、行程可无限延长、内置水冷及过热保护装置、寿命长等特点，将完全取代传统的"旋转电动机+滚珠丝杠"运动系统。广泛应用于抽油、电动门业、采矿、传送、印刷、纺织、磁悬浮列车、机械装备行业、数控机床行业、半导体封装行业、医疗设备行业及家用电子设备行业等领域。

图 9.1 平板型直线电动机

图 9.2 所示为采用直线电动机驱动的 x-y 定位平台，具有高速度、高加速度、精确性高且定位快速、无摩擦损耗、运动平顺、可靠度高、耐久使用、维护简单、小型化设计所需空间小、单轴上可有复数动子等特性。主要应用于精密机床、半导体、集成电路板、精密光电、生物科技、激光、精密检测仪器等行业。

第9章 直线电动机

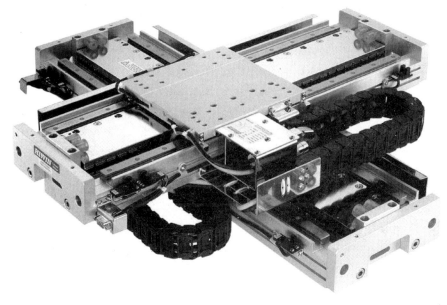

图 9.2　直线电动机 x-y 定位平台

图 9.3 为磁悬浮列车运行图。磁悬浮列车利用"同性相斥,异性相吸"的原理,让磁铁具有抗拒地心引力的能力,使车体完全脱离轨道,悬浮在距离轨道约 1cm 处,腾空行驶,创造了近乎"零高度"空间飞行的奇迹。悬浮列车有许多优点:列车在铁轨上方悬浮运行,铁轨与车辆不接触,不但运行速度快,能超过 500km/h,而且运行平稳、舒适,易于实现自动控制;无噪声,不排出有害的废气,有利于环境保护;可节省建设经费;运营、维护和耗能费用低。

图 9.3　磁悬浮列车

采用直线电动机驱动的新型直线驱动装置与系统和其他非直线电机驱动的装置与系统相比,具有如下一些优点:

(1) 采用直线电动机驱动的传动装置,不需要任何转换装置而直接产生推力,因此,它可以省去中间转换机构,简化了整个装置或系统,保证了运行的可靠性,提高传递效率,降低制造成本,易于维护。据国外资料报道,曾经有台直线电动机驱动的洗衣机,每天24h连续不停地工作了7年,而没有作任何维修。

(2) 普通旋转电动机由于受到离心力的作用,其圆周速度受到限制,而直线电机运行时,它的零部件和传动装置不像旋转电机那样会受到离心力的作用,因而它的直线速度可以不受限制。

(3) 直线电动机是通过电能直接产生直线电磁推力的,它在驱动装置当中,运动时可以无机械接触,故整个装置或系统噪声很小或无噪声;并且使传动零部件无磨损,从而大大减少了机械损耗,如直线电机驱动的磁悬浮列车就是如此。

(4) 由于直线电动机结构简单,且它的初级铁心在嵌线后可以用环氧树脂等密封成整体,所以可以在一些特殊场合中应用,例如,可在潮湿环境甚至水中使用,或在有腐蚀性气体中使用。

(5) 由于散热面积大,容易冷却,直线电动机的散热效果比较好,直线电动机可以承受较高的电磁负荷,容量定额较高。

本章将对这种的新型驱动装置——直线电动机进行详细讨论,从直线电动机的工作原理,到各种直线电动机的结构、工作特性,以及直线电动机的发展历史与未来的发展方向进行讨论。

9.1 直线电机的基本结构

直线电机主要产品是直线电动机,它是一种将电能直接转换成直线运动机械能,而不需要任何中间转换机构的传动装置,是20世纪下半叶电工领域中产生的具有新原理、新理论的新技术。直线电机所具有的特殊优势越来越引起人们的重视,不久的将来,它将像微电子技术和计算机技术一样,在人类的生活、生产各个领域中得到广泛的应用。

直线电机的结构可以根据需要制成扁平形、圆筒形或盘形等各种形式,它可以采用交流电源,直流电源或脉冲电源等各种电源进行工作。

图9.4(a)、(b)分别表示了一台旋转电动机和一台扁平形直线电动机。

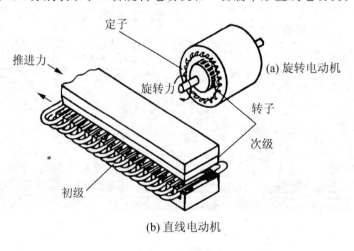

图 9.4 旋转电动机和直线电动机示意图

第9章 直线电动机

可以认为，直线电动机是旋转电动机在结构方面的一种演变，它可以看成将一台旋转电机沿径向剖开，然后将电机的圆周展成直线，这样就得到了由旋转电机演变而来的最原始的直线电动机，如图9.5所示。由定子演变而来的一侧称为初级，由转子演变而来的一侧称为次级。

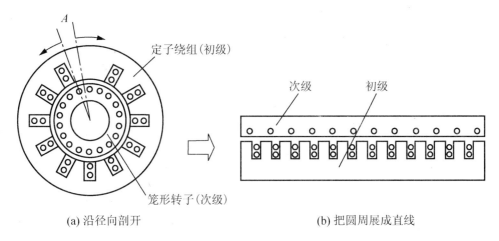

(a) 沿径向剖开　　　　　　　　　　(b) 把圆周展成直线

图9.5　由旋转电机演变为直线电机的过程（一）

图9.5中演变而来的直线电机，其初级和次级长度是相等的，由于在运行时初级与次级之间要做相对运动，如果在运动开始时，初级与次级正巧对齐，那么在运动中，初级与次级之间互相耦合的部分越来越少，而不能正常运动。为了保证在所需的行程范围内，初级与次级之间的耦合能保持不变，因此实际应用时，将初级与次级制造成不同的长度。在直线电机制造时，既可以是初级短、次级长，也可以是初级长、次级短，前者称为短初级长次级，后者称为长初级短次级。但是由于短初级在制造成本上、运行的费用上均比短次级低得多，因此，目前除特殊场合外，一般均采用短初级，如图9.6所示。

图9.6中所示的直线电机仅在一边安放初级，对于这样的结构形式称为单边型直线电机。这种结构的电机，一个最大特点是在初级与次级之间存在着一个很大的法向吸力。一般这个法向吸力，在钢次级时为推力的10倍左右，在大多数的场合下，这种法向吸力是不希望存在的，如果在次级的两边都装上初级，那么这个法向吸力可以相互抵消，这种结构形式称为双边型，如图9.7所示。

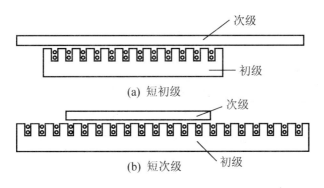

图9.6　单边型直线电机

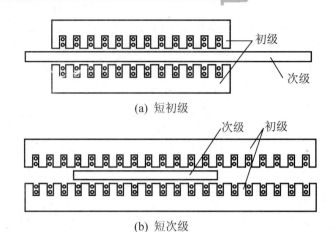

(a) 短初级

(b) 短次级

图 9.7 双边型直线电机

上述介绍的直线电机称为扁平形直线电机,是目前应用最广泛的。除了上述扁平形直线电机的结构形式外,直线电机还可以做成圆筒形(又称管形)结构,它也可以看成是由旋转电机演变过来的,其演变的过程如图 9.8 所示。

图 9.8(a)中表示一台旋转式电机以及定子绕组所构成的磁场极性分布情况;图 9.8(b)中表示转变为扁平形直线电机后,初级绕组所构成的磁场极性分布情况;将扁平形直线电机沿着和直线运动相垂直的方向卷接成筒形,这样就构成了图 9.8(c)中所示的圆筒形直线电机。

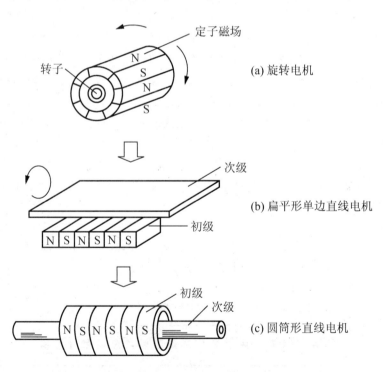

图 9.8 由旋转电机演变为直线电机的过程(二)

图 9.9 所示是盘形直线电机。该电机把次级做成一片圆盘(铜或铝,或铜、铝与铁复

合),将初级放在次级圆盘靠近外缘的平面上,盘形直线电机的初级可以是双面的,也可以是单面的。盘形直线电机的运动实际上是一个圆周运动,如图 9.9 中的箭头所示,然而由于它的运行原理和设计方法与扁平形直线电机结构相似,故仍归入直线电机的范畴。

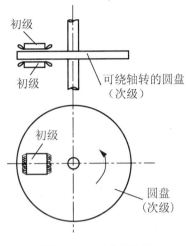

图 9.9　盘形直线电机

9.2　直线感应电动机

直线电机不仅在结构上相当于是从旋转电机演变而来的,而且其工作原理也与旋转电机相似。本节将以直线感应电动机为例,从旋转电机的基本工作原理出发引申出直线电机的基本工作原理。

9.2.1　旋转电机的基本工作原理

旋转电机的磁场为旋转磁场,它的旋转速度称为同步转速,用 n_s 表示,它与电流的频率 f（Hz）成正比,而与电机的极对数 p 成反比,如下式所示:

$$n_s = \frac{60f}{p} \text{ (r/min)} \tag{9-1}$$

如用 v_s 表示在定子内圆表面上磁场运动的线速度,则有

$$v_s = \frac{n_s}{60} 2p\tau = 2\tau f \text{ (m/s)} \tag{9-2}$$

式中,τ 为极距,单位为 m。

图 9.10 可以说明旋转磁场对转子的作用。为了简单起见,图中笼形转子只画出了两根导条。

当气隙中旋转磁场以同步转速 n_s 旋转时,该磁场就会切割转子导条,而在其中感应出电动势。电动势的方向可按右手定则确定,示于图 9.10 中转子导条上。由于转子导条是通过端环短接的,因此在感应电动势的作用下,便在转子导条中产生电流。当不考虑电

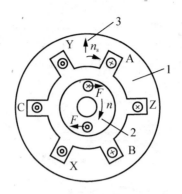

图 9.10 旋转电机的基本工作原理
1—定子；2—转子；3—磁场方向

动势和电流的相位差时，电流的方向即为电动势的方向。这个转子电流与气隙磁场相互作用便产生切向电磁力 F。电磁力的方向可按左手定则确定。由于转子是个圆柱体，故转子上每根导条的切电磁力乘上转子半径，全部加起来即为促使转子旋转的电磁转矩。由此可以看出，转子旋转的方向与旋转磁场的转向是一致的。转子的转速用 n 表示。在电动机运行状态下，转子转速 n 总要比同步转速 n_s 小一些，因为一旦 $n = n_s$，转子就和旋转磁场相对静止了，转子导条不切割磁场，于是感应电动势为零，不能产生电流和电磁转矩。转子转速 n 与同步转速 n_s 的差值经常用转差率来表示，即

$$s = \frac{n_s - n}{n_s} \tag{9-3}$$

以上就是一般旋转电机的基本工作原理。

9.2.2 直线感应电动机的基本工作原理

将图 9.10 所示的旋转电机在顶上沿径向剖开，并将圆周拉直，便成了图 9.11 所示的直线电机。在这台直线电机的三相绕组中通入三相对称正弦电流后也会产生气隙磁场。当不考虑由于铁心两端开断而引起的纵向边端效应时，这个气隙磁场的分布情况与旋转电机的相似，即可看成沿展开的直线方向呈正弦形分布。当三相电流随时间变化时，气隙磁场将按 A、B、C 相序沿直线移动。这个原理与旋转电机的相似，二者的差异是：这个磁场是平移的，而不是旋转的，因此称为行波磁场。显然，行波磁场的移动速度与旋转磁场在定子内圆表面上的线速度是一样的，即为 v_s，称为同步速度，且

$$v_s = 2\tau f \,(\text{m/s}) \tag{9-4}$$

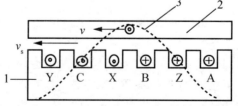

图 9.11 直线电机的基本工作原理
1—初级；2—次级；3—行波磁场

再来看行波磁场对次级的作用。假定次级为栅形次级,图9.11中仅画出其中的一根导条。次级导条在行波磁场切割下,将感应出电动势并产生电流。而所有导条的电流和气隙磁场相互作用便产生电磁推力。在这个电磁推力的作用下,如果初级是固定不动的,那么次级就顺着行波磁场运动的方向做直线运动。若次级移动的速度用 v 表示,转差率用 s 表示,则有

$$s = \frac{v_s - v}{v_s} \tag{9-5}$$

在电动机运行状态下,s 的大小为 0~1。上述就是直线电机的基本工作原理。

应该指出,直线电机的次级大多采用整块金属板或复合金属板,因此并不存在明显的导条。但在分析时,不妨把整块金属板看成是无限多的导条并列组合;这样仍可以应用上述原理进行讨论。图9.12(a)、(b)分别画出了假想导条中的感应电流及金属板内电流的分布,图中 l_δ 为初级铁心的叠片厚度,c 为次级在 l_δ 长度方向伸出初级铁心的宽度,它用来作为次级感应电流的端部通路,c 的大小将影响次级的电阻。

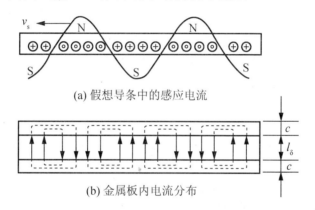

(a) 假想导条中的感应电流

(b) 金属板内电流分布

图 9.12 次级导体板中的电流

与旋转电动机一样,改变直线感应电动机初级绕组的通电次序,便可以改变电动机运动的方向,这样就可使直线电动机做往复直线运动。在实际应用中,也可以将次级固定不动,而让初级运动。因此,通常又把静止的一方称为定子,而运动的一方称为动子。

综上所述,直线感应电动机与旋转感应电动机在工作原理上并无本质区别,只是所得到的机械运动方式不同而已。但是两者在电磁性能上却存在很大的差别,主要表现在以下3个方面:

(1) 旋转感应电动机定子三相绕组是对称的,因而若所施加的三相电压对称,则三相电流就是对称的。但直线感应电动机的初级三相绕组在空间位置上是不对称的,位于边缘的线圈与位于中间的线圈相比,其电感值相差很大,也就是说三相电抗是不相等的。因此,即使三相电压对称,三相绕组电流也不对称。

(2) 旋转感应电动机定、转子之间的气隙是圆形的,无头无尾,连续不断,不存在始端和终端。但直线感应电动机初、次级之间的气隙存在着始端和终端。当次级的一端进入或退出气隙时,都会在次级导体中感应附加电流,这就是所谓的"边缘效应"。由于边缘效应的影响,直线感应电动机与旋转感应电动机在运行特性上有较大的不同。

(3) 由于直线感应电动机初、次级之间在直线方向上要延续一定的长度，往往不均匀，因此在机械结构上一般将初、次级之间的气隙做得较长，这样，其功率因数比旋转感应电动机还要低。

直线感应电动机的运行特性，可根据计及边缘效应的等效电路来计算和分析，但其推导过程涉及电磁场理论较为复杂，此处不详细讨论。

9.3 直线直流电动机

与直线感应电动机相比，直线直流电动机没有功率因数低的问题，运行效率高，并且控制方便、灵活。若与闭环控制系统结合在一起，则可以精密地控制直线位移，其速度和加速度控制范围广，调速平滑性好。直线直流电动机的主要缺点还是电刷和换向器之间的机械磨损，虽然在短行程系统中，直线直流电动机可以采用无刷结构，但在长行程系统中，就很难实现无刷无接触运行。

按照励磁方式的不同，直线直流电动机可分为永磁式和电磁式两种，前者多用于功率较小的自动记录仪表中，如记录仪中笔的纵横走向驱动，摄影机中快门和光圈的操作等；后者主要用于较大功率的驱动。下面分别予以简要介绍。

9.3.1 永磁式直线直流电动机

按照结构型式的不同，永磁式直线直流电动机可分为动磁型和动圈型两种。

动磁型结构如图9.13(a)所示，线圈固定绕在一个软铁框架上，线圈的长度应包括可动永磁体的整个运动行程。显然，当固定线圈流过电流时，不工作的部分要白白浪费能量。

为了降低电能的消耗，可以将线圈外表面进行加工，使铜线裸露出来，通过安装在永磁体磁极上的电刷把电流溃入相应的线圈(如图9.13(a)中虚线所示)。这样，当磁极移动时，电刷跟着滑动，仅使线圈的工作部分通电。但是，这种结构型式由于电刷存在磨损，因此降低了电动机的可靠性和使用寿命。

动圈型结构如图9.13(b)所示，在软铁框架的两端装有极性同向的两块永磁体，通电线圈可在滑道上做直线运动。这种磁场固定、线圈可动的结构及原理类似于扬声器，因此又称为音圈电动机。它具有体积小、效率高、成本低等优点，可用于计算机的硬盘驱动。

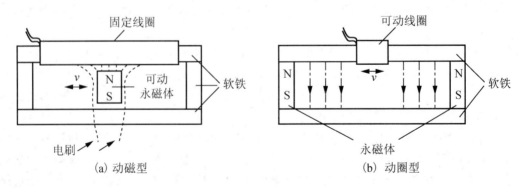

图 9.13 永磁式直线直流电动机

9.3.2 电磁式直线直流电动机

图 9.14 所示为圆筒型电磁式直线直流电动机的典型结构,图(a)所示为单极电动机,图(b)所示为两极电动机。由图可见,当环形励磁绕组通入电流后,便产生经电枢铁心、气隙、极靴端面和外壳的磁通(图中虚线所示)。电枢绕组是在圆筒型电枢铁心的外表面上用漆包线绕制而成的。对于两极电动机,电枢绕组应绕成两半,两半绕组绕向相反,串联后接到低压直流电源上。当电枢绕组通电后,载流导体与气隙磁通的径向分量相互作用,在每极上便产生轴向推力,磁极就沿着轴线方向做往复直线运动。

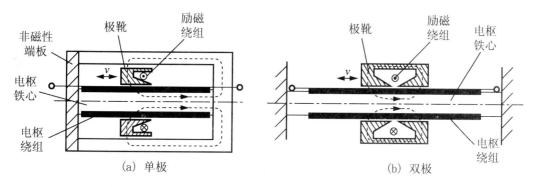

图 9.14 圆筒型电磁式直线直流电动机的典型结构

当把这种电动机应用于短行程和低速移动的场合时,可以省掉滑动的电刷。但当行程较长时,为了提高效率,应与永磁式直线直流电动机一样,在磁极端面装上电刷,使电流只在电枢绕组的工作段流过。

这种圆筒型结构的直线电动机具有若干优点,如没有线圈端部,电枢绕组利用率高;气隙均匀,磁极和电枢间没有径向吸力。

9.4 直线同步电动机

在一些要求用直线同步驱动的场合,如电梯、矿井提升机等垂直运输系统,往往采用直线同步电动机。直线同步电动机的工作原理与旋转同步电动机是一样的,就是利用定子合成移动磁场和动子行波磁场相互作用产生同步推力,从而带动负载做直线同步运动。直线同步电动机可以采用永磁体励磁,这样就成为永磁式直线同步电动机,其结构如图 9.15 所示。

同直线感应电动机相比,直线同步电动机具有更大的驱动力,控制性能和位置精度更好,功率因数和效率较高,并且气隙可以取得较长,因此各种类型的直线同步电动机成为直线驱动的主要选择,在一些工程场合有取代直线感应电动机的趋势,尤其是在新型的垂直运输系统中普遍采用永磁式直线同步电动机,直接驱动负载上下运动。

图 9.16 所示为永磁式直线同步电动机矿井提升系统,电动机初级(定子)间隔均匀地布置在固定框架(提升罐道)上,电动机次级(动子)由永磁体构成,在双边型初级的中间上下运动。动子的纵向长度等于一段初级和一段间隔纵向长度之和。在动子运动过程中,始终保持有一段初级长度的动子与初级平行,这对于整个系统而言,原理上近似于长初级短

次级的直线电动机,不同的是每一段都存在一个进入端和退出端。这种永磁式的直线驱动系统控制方便、精确,并且整体效率较高。

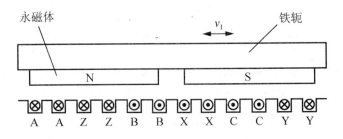

图 9.15　永磁式直线同步电动机结构

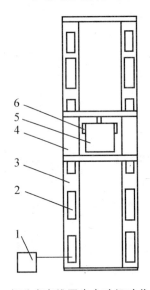

图 9.16　永磁式直线同步电动机矿井提升系统
1—供电及控制系统；2—电动机定子；3—固定框架；
4—电动机动子；5—提升容器；6—防坠器

长定子结构的电磁式直线同步电动机在高速磁悬浮列车中也有重要应用,其励磁磁场的大小由直流励磁电流的大小决定,通过控制励磁电流可以改变电动机的切向牵引力和侧向吸引力,这样列车的切向力和侧向力可以分别控制,使得列车在高速行进过程中始终保持平稳的姿态。

9.5　直线步进电动机

直线步进电动机是由旋转步进电动机演变而来的,其工作原理就是利用定子和动子之间气隙磁阻的变化而产生电磁推力。从结构上来说,直线步进电动机通常制成感应子式(即混合式),图 9.17 所示为直线步进电动机的结构及工作原理,其中定子由带齿槽的反应导磁板及支架组成(支架未画),动子由永磁体、导磁磁极和控制绕组组成。

每个导磁磁极有两个小极齿,小极齿和定子齿的形状相同,并且小极齿之间的齿距为定子齿距的 1.5 倍。若前齿极对准某一定子齿时，后齿极必然对准该定子齿之后第二个定子槽的位置。同一永磁体的两个导磁磁极之间的间隔应使对应位置的小极齿都能同时对准定子上的齿。另外，两个永磁体之间的间隔应使其中一个永磁体导磁磁极的小极齿在完全对准定子的齿或槽时，另一永磁体导磁磁极的小极齿正好位于定子齿槽的中间位置。

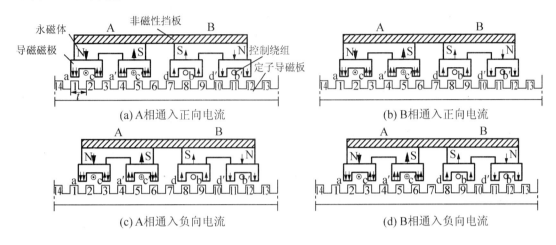

图 9.17　直线步进电动机的结构及原理

图 9.17 中分 4 个阶段表示了直线步进电动机移动一个定子齿距时的情况：

（1）当 A 相绕组通入正向电流（B 相绕组未通电）时，导磁磁极的极齿 a、a′增磁，而极齿 c、c′去磁，极齿 a、a′应与定子齿对齐，动子移动后处于图 9.17(a) 所示的位置；

（2）当 A 相绕组断电，而 B 相绕组通入正向电流时，导磁磁极的极齿 b、b′增磁，而极齿 d、d′去磁，极齿 b、b′应与定子齿对齐，动子向右移动 1/4 定子齿距后处于图 9.17(b) 所示的位置；

（3）当 B 相绕组断电，而 A 相绕组通入负向电流时，导磁磁极的极齿 c、c′增磁，而极齿 a、a′去磁，极齿 c、c′应与定子齿对齐，动子继续向右移动 1/4 定子齿距后处于图 9.17(c) 所示的位置；

（4）当 A 相绕组断电，而 B 相绕组通入负向电流时，导磁磁极的极齿 d、d′增磁，而极齿 b、b′去磁，极齿 d、d′应与定子齿对齐，动子继续向右移动 1/4 定子齿距后处于图 9.17(d) 所示的位置。

若重复上述通电过程，则图 9.17 所示的 4 种情况将依次出现，而动子将持续向右移动。显然，在每一个通电周期内，动子便向右移动一个定子齿距。若要使动子向左移动，则只需将以上 4 个阶段的通电顺序颠倒过来进行即可。而若改变通电周期（或通电脉冲频率），则可以改变动子的移动速度。上述直线步进电动机每移动一次，便步进 1/4 的定子齿距，这就是直线步进电动机的步距。

除了图 9.17 所示的两相结构外，直线步进电动机还可以制成三相、四相、五相等结构，其具体结构可参照旋转步进电动机和上述直线步进电动机的形式。

直线步进电动机的结构虽较其他类型的直线电动机简单，但其零部件的加工精度要求较高，尤其是电动机的气隙较小，动子的支撑结构要求较高，因此其成本相对较高。

9.6 直线电动机的应用

直线电动机由于特殊的结构和运动方式,其应用范围相当广泛,既可作为控制系统的执行元件,也可以用于较大功率的电力拖动自动控制系统,下面列举若干实际应用的例子。

9.6.1 作为直线运动的执行元件

1. 机械手

图 9.18 为电机制造中传递硅钢片冲片的机械手示意图。直线感应电动机的次级端头装有电磁铁,冲片冲好后,直线电动机通电,电磁铁随同次级进入冲床,电磁铁通电把冲好的冲片吸上后,直线电动机反向通电,把冲片从冲床内带出,电磁铁断电,冲片靠自重落下,集聚在预置的框内。

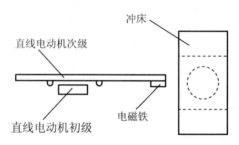

图 9.18 机械手示意图

2. 电动门

图 9.19 为一扇直线电动机电动门示意图。直线感应电动机的次级钢板作为电动门的构件,初级通电后,次级钢板中感应产生电流,并产生推力,驱动电动门做直线运动。

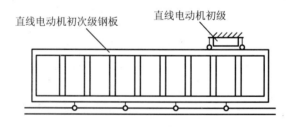

图 9.19 直线电动机电动门示意图

9.6.2 用于机械加工产品

1. 电磁锤

图 9.20 为用于机械加工的电磁锤示意图,电磁锤的锤杆用两根角钢焊接成空心的钢杆,在其两侧各装一个直线感应电动机的初级。初级通电,锤杆上升;初级断电,锤杆自由落下打击工件。

第9章 直线电动机

2. 电磁打箔机

图9.21为电磁打箔机示意图，电磁打箔机采用圆筒型直线感应电动机作为动力源。初级通电后，锤杆向上运动，当锤杆上升到一定高度时断电，由于惯性的作用，锤杆继续上升，撞击顶部的弹簧，然后依靠弹簧的储能和锤杆、锤头的重力势能打击工件。电动机间歇通电，锤杆即能做上下往复运动。工件为韧性较大的纸包，其中包有金箔。在锤头频繁的锻打下，金箔可被打制成很薄的箔片，其厚度可达 $0.2\mu m$。

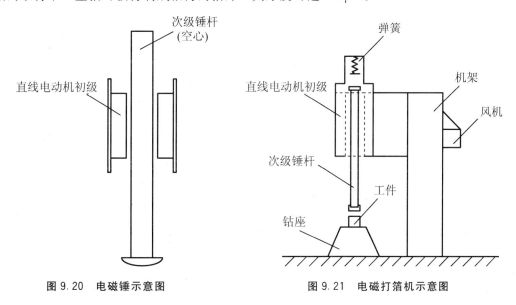

图9.20 电磁锤示意图　　　　图9.21 电磁打箔机示意图

9.6.3 用于信息自动化产品

1. 笔式记录仪

笔式记录仪主要由动圈型永磁直线直流电动机、运算放大器和平衡电桥组成，如图9.22所示。电桥平衡时，没有电压输出，这时直线电动机所带的记录笔处在仪表的指零位置。当外来信号 E_w 不等于零时，电桥失去平衡，运算放大器产生一定的输出电压，推动直线电动机的可动线圈做直线运动，从而带动记录笔在记录纸上把信号记录下来。同时，直线电动机还带动反馈电位器滑动，使电桥重新趋向平衡。

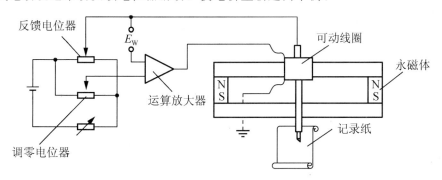

图9.22 笔式记录仪的组成

2. 平面电动机与平面绘图仪

由双轴组合的直线步进电动机可以构成平面式步进电动机。图 9.23 为平面电动机示意图，它是将两台直线步进电动机组合在一起，其中一台电动机产生 x 轴方向的运动，另一台电动机产生 y 轴方向的运动。这样，平面式步进电动机不需要任何机械转换装置，就能够直接产生平面形式的运动。由于直线步进电动机的特殊结构和工作原理，使两台直线步进电动机的组合变得十分简便。实际上，采用三台直线步进电动机还可以做成三轴向的三维电动机。

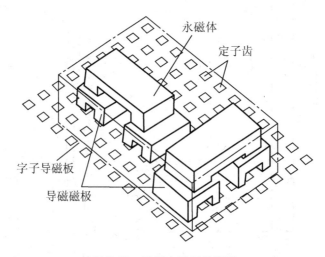

图 9.23 平面电动机示意图

这种平面电动机结构简单，特点突出，性能优良，目前已广泛应用于数控机床和自动绘图等领域。图 9.24 为基于双轴直线步进电动机的平面绘图仪示意图，两个电动机的初级相互垂直，次级台板上开有相互垂直的齿槽，电动机利用气垫形成初、次级之间的气隙，在计算机的控制下带动绘图笔运动，实现绘图功能。

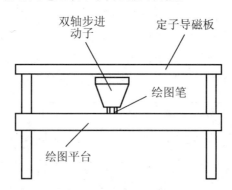

图 9.24 平面绘图仪示意图

3. 硬盘的磁头驱动机构

硬盘内部结构（见图 9.25）是由盘头组件构成的核心，封装在硬盘的净化腔体内，包括浮动磁头组件、磁头驱动机构、磁盘及主轴驱动机构、前置读/写控制电路等。

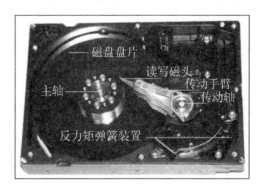

图 9.25 硬盘内部结构

硬盘的磁头驱动机构(图 9.26)由音圈电动机和磁头驱动小车组成,新型大容量硬盘还具有高效的防振动机构。高精度的轻型磁头驱动机构能够对磁头进行正确的驱动和定位,并在很短的时间内精确定位到系统指令指定的磁道上,保证数据读/写的可靠性。

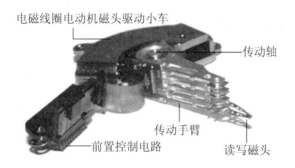

图 9.26 磁头驱动机构

硬盘驱动器加电正常工作后,利用控制电路中的单机初始化模块进行初始化工作,此时磁头置于磁盘中心位置,初始化完成后主轴电动机将启动并以高速旋转,装载磁头的小车机构移动,将浮动磁头置于磁盘表面的 00 道,处于等待指令的启动状态。当接口电路接收到微机系统传来的指令信号,通过前置放大控制电路,驱动音圈电动机发出磁信号,根据感应阻值变化的磁头对磁盘数据信息进行正确定位,并将接收后的数据信息解码,通过放大控制电路传输到接口电路,反馈给主机系统完成指令操作。结束硬盘操作的断电状态,在反力矩弹簧的作用下浮动磁头驻留到盘面中心。

9.6.4 用于长距离的直线传输装置

1. 运煤车

图 9.27 为直线电动机运煤车示意图。矿井运煤轨道一般很长,每隔一段距离,在轨道中间安置一台直线感应电动机的初级。一列运煤车由若干矿车组成,每台矿车的底部装有铝钢复合次级。直线电动机的初级依次通电,便可把运煤车向前推进。

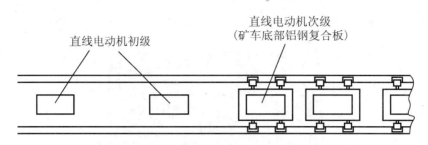

图 9.27　直线电动机运煤车示意图

2. 新型电梯

图 9.16 所示的永磁式直线同步电动机矿井提升系统同样可以应用于电梯这种垂直运输系统。同传统的绳索电梯和液压电梯相比，基于直线电动机的新型电梯具有如下优点：

（1）节约场地。因为直线电动机电梯的轨道即是直线电动机的定子，没有必要专门铺设垂直轨道，具有增加有效面积的优点。

（2）节省电力。新型直线电动机电梯的最高速度可达 1.75m/s，这样的速度，绳索电梯的曳引机必须采用齿轮减速器变速，电梯升降系统的传动效率会明显降低。而直线电动机因其是非接触的驱动机构，所以没有传动效率降低的情况。和液压电梯相比，电力消耗的差别更大，它比液压电梯可节约 60% 以上的能量。

（3）可靠性高。绳索电梯的曳引机由齿轮减速器、旋转电动机曳引轮、防振机构等组成，液压电梯的动力部分是由旋转电动机、液压油泵控制阀、油箱和油冷却器组成，都比较复杂。而直线电动机电梯的驱动机构十分简单，而且由于自动保持一定的气隙，没有零件的摩擦，因此也就不会产生磨损，这样就可以使电梯运行的可靠性大大提高，维修保养也十分方便。

（4）噪声低。直线电动机电梯没有减速器、旋转电动机及液压油泵运转时所产生的噪音，也没有钢丝绳和曳引轮之间摩擦所产生的噪声，而且钢丝绳的寿命也会大大提高。

9.6.5　用于高速磁悬浮列车

磁悬浮列车是 21 世纪理想的超级特别快车，世界各国都十分重视发展磁悬浮列车。目前，我国和日本、德、英、美等国都在积极研究这种车。

目前世界上有 3 种类型的磁悬浮技术，它们是常导电磁悬浮、超导电动磁悬浮、永磁悬浮。常导电磁悬浮由德国研发并拥有核心技术；超导电动磁悬浮由日本研发并拥有核心技术；永磁悬浮由中国大连永磁悬浮课题组自主研发，是拥有核心及相关技术发明专利的原始创新技术，是独立于德国、日本磁悬浮技术之外的磁悬浮技术。

1. 常导电磁悬浮技术

图 9.28 所示为常导高速磁悬浮列车模型。该列车采用"异性相吸"原理设计，是"常导磁吸型"（简称"常导型"）直线感应电动机磁悬浮列车。利用安装在列车两侧转向架上的悬浮电磁铁，和铺设在轨道上的磁铁，在磁场作用下产生的吸力使车辆浮起来。

第9章 直线电动机

直线感应电动机的初级绕组装在车厢底部，次级反应轨由铝钢复合板制成，固定在路基上。反应轨下面还装有电磁铁，电磁铁从侧面与车厢连接在一起，控制电磁铁的电流使电磁铁和轨道间保持1cm的间隙，让转向架和列车间的吸引力与列车重力相互平衡，利用磁铁吸引力将列车浮起1cm左右，使列车悬浮在轨道上运行，必须精确控制电磁铁的电流。

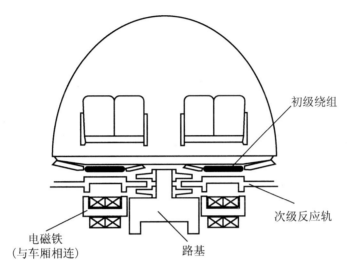

图9.28　常导高速磁悬浮列车模型

悬浮列车的驱动和同步直线电动机原理一模一样。通俗地说，在位于轨道两侧的线圈里流动的交流电，能将线圈变成电磁体，由于它与列车上的电磁体的相互作用，使列车开动。列车头部的电磁体N极被安装在靠前一点的轨道上的电磁体S极所吸引，同时又被安装在轨道上稍后一点的电磁体N极所排斥。列车前进时，线圈里流动的电流方向就反过来，即原来的S极变成N极，N极变成S极。循环交替，列车就向前奔驰。

稳定性由导向系统来控制。"常导型磁吸式"导向系统，是在列车侧面安装一组专门用于导向的电磁铁。列车发生左右偏移时，列车上的导向电磁铁与导向轨的侧面相互作用，产生排斥力，使车辆恢复正常位置。若列车运行在曲线或坡道上时，控制系统通过对导向磁铁中的电流进行控制，达到控制运行目的。

世界第一条磁悬浮列车示范运营线——上海磁悬浮列车，是常导型磁悬浮列车。上海磁悬浮列车时速430km，一个供电区内只能允许一辆列车运行，轨道两侧25m处有隔离网，上下两侧也有防护设备。转弯处半径达8000m，人眼观察几乎是一条直线；最小的半径也达1300m。乘客不会有不适感。轨道全线两边50m范围内装有目前国际上最先进的隔离装置。

2. 超导电动磁悬浮

图9.29所示为超导电动磁悬浮列车，基于直线同步电动机原理设计。直线同步电动机电枢绕组埋在路基中间，励磁绕组采用超导线圈，安装在车厢底部。由于超导线圈能提供极强的磁场，因此这种电动机不需要铁心。车厢底部两侧还装有供磁悬浮用的超导磁浮

线圈，在其下方的地基中铺有导电铝板，磁浮线圈产生的磁场在铝板中感生电流，它们相互作用产生推斥力，使列车悬浮。这是一种超导斥浮型高速列车。日本的超导磁悬浮列车已经过载人试验，即将进入实用阶段，运行时速可达 500m 以上。

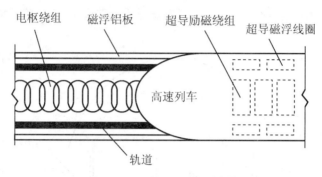

图 9.29　超导电动磁悬浮列车

3. 永磁悬浮技术

上述两种方案各有利弊。超导斥浮型直线同步电动机初、次级之间的气隙可以设计得比较大，易于控制，但由于采用超导，且全程都必须设置电枢绕组，因此总体成本高；常导吸浮型直线感应电动机的气隙不能做得过大，否则电动机的效率和功率因数都偏低，所以它对控制系统的要求较高，但成本要低不少。

永磁悬浮技术是中国自己拥有核心及相关技术发明专利的原始创新技术。日本和德国的磁悬浮列车在不通电的情况下，车体与槽轨是接触在一起的，而利用永磁悬浮技术制造出的磁悬浮列车在任何情况下，车体和轨道之间都是不接触的。驱动系统采用自主研发的磁动机技术。磁动机由永磁转子轮和直线定子铁靴构成，定子与转子之间不接触，依靠永磁场产生吸力或拉力，从而驱动磁悬浮列车运行或制动，它均布在列车动力舱内，属分散动力装置，是永磁悬浮列车的核心技术之一。

磁动机已经在轻型吊轨磁悬浮技术验证车(中华 06 号，如图 9.30 所示)的专用装置上成功试用，并在专用模拟圆周轨道上运行成功。大连正在建设目前世界最先进的 3km 永磁悬浮试验线，运行槽轨磁悬浮列车(中华 01 号，如图 9.31 所示)，最高速度可达 320km/h。

图 9.30　轻型吊轨磁悬浮技术验证车

图 9.31　槽轨磁悬浮列车微缩模型

第9章 直线电动机

永磁悬浮技术装备的列车具有5个领先优势：节能、环保，悬浮耗能少，列车在运行过程中噪声低；超强的运载能力，运输能力相当于现行火车；安全，由于永磁悬浮采用车、路一体化结构与控制设计，杜绝发生追尾、撞车、脱轨和翻车可能；路车综合造价最低，综合造价远低于国外；运行成本最低，国外磁悬浮运行成本略低于飞机，而永磁悬浮运行成本低于现行火车。

小　　结

直线电动机是一种做直线运动的电动机，作为小功率控制电动机使用时，可以将输入的电压信号直接转换成输出的直线位移。直线电机是在旋转电机的基础上演变而来的，因此其工作原理与旋转电机相似，而结构可以根据需要制成扁平形、圆筒形或盘形等。本章主要对具有代表性的直线感应电动机、直线直流电动机、直线同步电动机、直线步进电动机的基本结构、工作原理和应用领域进行了介绍。

直线电动机由于不需要中间传动机构，整个系统得到简化，精度提高，振动和噪声减小；电动机加速和减速的时间短，可实现快速启动和正、反向运行；其部件不受离心力的影响，因此它的直线速度可以不受限制；可以承受较高的电磁负荷，容量定额较高；可以在一些特殊场合中应用。

由于直线电动机运动方式的特殊性，其应用范围相当广泛，既可作为控制系统的执行元件使用，也可以作为较大功率直线负载的驱动源。本章列举了直线电动机多方面的应用情况，其中引入注目的是直线感应电动机和直线同步电动机用于高速列车的驱动。

知识链接

直线电机是一个重要的功能部件，受到了世界各国工业界的重视。随着工厂自动化、精细加工及办公机械的快速发展，对移动机构的定位、执行元件的性能及控制技术提出了日益严格的要求，直线电机在一些重要场合取得了显著的进步。在新的需求和新材料新技术的推动下，直线电机将获得较大发展，目前呈现如下发展方向：

1. 新原理直线电机不断出现

如日本古河电气公司研制的超导直线电机，美国帕特鲁玛机电公司研制的微步距直线电机，日本电气公司研制的压电驱动式直线电机，日本东京新生工业公司研制的超声波直线电机，还有国外近年开始研究用薄膜材料作电机的定子、动子基片制作薄膜直线电机等。

2. 在控制技术上向数字化方向发展

直线电机实际上是一个直线运动伺服单元，控制系统是其不可分割的部分。直线电机与数字信号处理器的结合，更使直线电机系统的综合性能发生了根本性的变化。控制策略也是非常重要的，在PID控制的基础上发展了前馈控制、重复学习控制和非线性控制等技术。

3. 在结构设计上向功能部件方向

发展直线电机在结构设计上应注重模块化、规格化和系列化从而形成功能部件。除电机主体外，应在防尘、防切屑、冷却、防磁和安全保护等方面进行研究，形成完整的直线电机系统，且易于安装和调整。

4. 在技术性能上向高精度方向发展

直线电机在技术性能上应提高动态性能和刚度，减少端部效应、齿槽效应等所造成的推力波动，通过磁路设计达到推力和推力波动的要求，提高速度和加速度以适应高速和超高速切削的要求。精度是一个重要的技术指标，要提高定位精度和重复定位精度，这不仅和电机结构、磁路设计有关，同时和位置检测装置、控制系统等有关。当前，位置检测用光栅和磁尺较多，可考虑利用激光检测。

5. 直线电机在性能测试和质量检测方面尚有大量工作

直线电机还正处于开发和研究中，对其静动态推力、速度、加速度、位移等都应有相应的测试方法，不同类型直线电机应制定相应的标准，其试验装置的设计和制造也应予以关注。

6. 直线电机生产的商品化

应该加强各专业、企、研、学之间的紧密合作，充分发挥个体、集体的战斗作用，加强直线电机的研究、开发、推广和应用，尽快将科研、攻关成果转化为商品。

思考题与习题

1. 直线电动机有哪些优点？有哪些缺点？
2. 直线感应电动机有哪几种结构形式？其运动速度如何确定？
3. 永磁式直线直流电动机有哪些用途？
4. 直线感应电动机与旋转感应电动机在电磁性能上有什么不同？
5. 永磁式直线直流电动机可分为哪几种？它们各有什么特点？
6. 直线同步电动机与直线感应电动机相比有什么特点？
7. 感应子式直线步进电动机的推力与哪些因素有关？为什么？
8. 什么是音圈电动机和平面电动机？其工作原理各如何？
9. 直线电动机有哪些主要用途？试举例说明。
10. 一台直线异步电动机，其初级固定、次级运动，极距 $\tau=10\text{cm}$，电源频率为 50Hz，额定运行时的转差率 $s=0.05$，试求：

    (1) 同步速度 v_s；

    (2) 次级的移动速度 v。

第10章 盘式电机

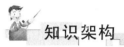知识架构

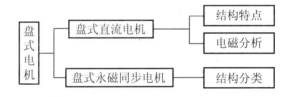

教学目标与要求

- 了解盘式永磁直流电机的结构特点，理解其电磁关系
- 了解盘式永磁同步电机的各种结构原理

引言

近年来，随着数控机床、工业机器人、机械手、电动助力车、计算机及其外围设备等高科技产品的兴起及特殊应用(如雷达、卫星天线等跟踪系统的需要)，对伺服驱动电动机提出了更高的性能指标和薄型安装结构的要求。同时，随着人们生活水平的不断提高，尤其是对家用电器小型化、薄型化、低噪声的呼声越来越高，对电机的结构和体积也都提出了新的要求。

为了满足工业和人们生活等需要，具有高性能指标的盘式永磁电机应运而生。它结合了原永磁电机和盘式电机的优点，该类电机具有永磁电机的结构简单、运行可靠，体积小、质量轻，损耗小、效率高等优点；同时也具有盘式电机的轴向尺寸短、结构紧凑，硅钢片利用率高，没有叠片、铆压工序，下线方便、工艺简单，功率密度高，转动惯量小等优势。因此，盘式永磁电机以其本身的诸多优势在国内外迅速地得到了广泛应用。其中，尤其以盘式永磁同步电机、盘式永磁直流电机、盘式永磁无刷直流电机最为突出如图10.1所示。

图 10.1　一种盘式电机实物外形

近年来，由于电力电子技术的迅速发展，具有更高控制性能的伺服系统对伺服电动机的性能要求越来越高，同时随着材料科学的发展，尤其是高性能稀土永磁材料的问世及不断完善，为研制新一代的高性能指标的大容量盘式永磁电机提供了动力和条件。该类电机在电动车辆、汽车工业、纺织工业、制衣工业等工农业生产和家用电器中具有广泛的应用前景。

10.1　盘式电机概况

盘式电机(Electric Machine of Disc Type)，又称蝶式电机，由于其外形扁平、轴向尺寸短而特别适用于安装空间有严格限制的场合。盘式电机的气隙是平面型的，气隙磁场是轴向的，所以又称为轴向磁场电机(Axial Field Machines)。

在 1821 年，物理学家法拉第发明的世界上第一台电机就是轴向磁场盘式永磁电机。限于当时的材料和工艺水平，盘式电机未能得到进一步发展。当 1837 年柱式电机(径向磁场电机，即常见的电磁电机)问世以后，盘式电机便受到冷落。一百多年来，柱式电机一直处于主导地位，具有明显的优势。

随着电工技术的发展，人们逐渐认识到普通圆柱式电机存在一些固有的缺点，如冷却困难和转子铁心利用率低等，这些缺点增加了电机利用成本，耗费资源。从 20 世纪 40 年代起，轴向磁场盘式电机重新受到了电机界的重视。20 世纪 70 年代初研制出盘式直流电机，70 年代末研制出交流盘式电机。进入 21 世纪，由于节能环保概念的深入人心，盘式电机得到了快速的发展利用。

自 20 世纪 90 年代微机控制的铁心自动冲卷机的问世，解决了盘式电机制造的关键工艺装备问题，使其批量生产及多种结构设计成为可能，因而促进了盘式电机的推广应用。我国一些企业近年也自主掌握了微机控制铁心自动冲卷机的制造技术，使得盘式电机在我国已经开始进入批量生产阶段。

我国是稀土大国，储量占全球稀土可利用量的 95%，利用稀土材料提炼出的高性能 NdFeB(钕铁硼)永磁材料的出现，使盘式永磁电机得到了迅速发展。如英国一家公司采用稀土永磁材料研制的电动汽车用永磁盘式电机，具有高效率(90%～92%)、高转矩、高转速(>10000 r/min)和低惯量的特点，将盘式电机装在车轮内直接驱动车辆，结构非常紧凑。美国 PML Motion Technologist 公司开发的 N 系列盘式伺服电动机，厚度不到 25.4mm，转速为 400r/min，转矩为 0.49N·m，峰值转矩可达 5.3N·m，这种电动机转矩稳定，尤其是低速下转矩稳定。研究表明，轴向磁场结构电机比普通的径向磁场结构具有更高的功率密度和转矩-惯量比，F. Spooner 在《环绕无槽轴向磁场无刷直流电动机》

一文中给出了 5～100kW 电机的设计尺寸，其中 100kW 电机的设计总长度仅为 111mm，它表明盘式电机在某些传动系统应用中具有特别的吸引力。

盘式电机的工作原理与柱式电机相同，因此，它与柱式电机一样，既可以制成电动机，也可以是发电机。一般说来，每种柱式电机都有相对应的盘式电机。为简明起见，本章不一一罗列各种盘式电机，而是以盘式直流电机和盘式同步电机为例进行介绍。

10.2 盘式直流电机

10.2.1 盘式直流电机的结构特点

盘式直流电机一般是指盘式永磁直流电机。盘式永磁直流电机的典型结构如图 10.2 所示，电机外形呈扁平状。定子上粘有多块按 N、S 极性交替排列的扇形或圆柱形永磁磁极，并固定在电枢一侧或两侧的端盖上。永磁体为轴向磁化，从而在气隙中产生多极的轴向磁场。电枢通常无铁心，仅由导体以适当方式制成圆盘形。电枢绕组的有效导体在空间沿径向呈辐射状分布。各元件按一定规律与换向器连接成一体，绕组一般都采用常见的普通直流电机用的叠绕组或波绕组连接方式。由于电枢绕组直接放置在轴向气隙中，这种电机的气隙比圆柱式电机的气隙大。

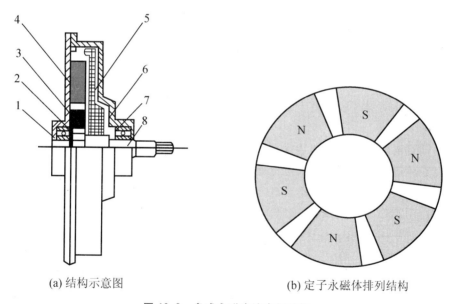

(a) 结构示意图　　　　(b) 定子永磁体排列结构

图 10.2　盘式永磁直流电机结构

1、6—端盖；2—换向器；3—电刷；4—永磁体；5—电枢；7—轴承；8—轴

除了常见的扇形磁极和圆柱形磁极外，盘式永磁直流电动机还常常采用环形磁极。一般来说，采用价格低廉的永磁材料如铁氧体时，可采用环形磁极结构，环形磁极容易装配。可以保证较小的气隙。而采用高性能永磁材料（如钕铁硼）时大都采用扇形结构，扇形永磁体制造时容易保证质量，装配时调整余地大，但对装配要求较高。

该电机的转子电枢属于盘形电枢，由于没有电枢铁心，盘形电枢的制造是这种电机的制造关键。盘形绕组的成形工艺不仅决定着绕组本身的耐热、寿命和机械强度等，而且决定着气隙的大小,直接影响永磁材料的用量,中心思想是一定要在高速运行中保证电枢绕组的坚固、稳定。按制造方法的不同,盘形电枢分为印制电枢绕组和线绕电枢两种,如图10.3所示。

印制绕组的制造最初采用与印制电路相同的方法,并因此得名。出于经济性考虑,目前多采用由铜板冲制然后焊接制造而成的工艺。其电枢片最多不能超过8层,每层之间用高黏结强度的耐热绝缘材料隔开,在电枢片最内圈和最外圈处的连接点把各层电枢片连接起来,电枢片最内圈处的一层导体作为换向器用。这样,电机的热过载能力和机械稳定性受导体厚度(0.2~0.3mm)的限制。印制绕组电枢制造精度较高,成本也高,但转动惯量很小,适用于较高速度工况下。

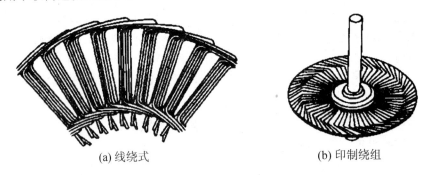

(a) 线绕式　　　　　　　　(b) 印制绕组

图10.3　盘式永磁直流电机的电枢绕组

线绕电枢的成形过程分为3个步骤:绕组元件成形、绕组元件与(带轴)换向器焊接成形、盘形电枢绝缘材料灌注成形,线绕电枢的成形关键是在绕制时保证导体固定在正确位置上,特别是在换向器区域,由于无法采用机械固定方法,因此需要采用高精度的绕线机和专用卡具。

盘式电动机要求严格的轴向装配尺寸。图10.2所示的结构由于永磁体结构的轴向不对称,存在着单边磁拉力,会造成电枢变形而影响电机的性能。同时,盘式永磁直流电机由于工作气隙大,如果磁路设计不合理,漏磁通将会很大。为了克服单边磁拉力、减少漏磁,可以采用图10.4所示的双边永磁体结构,即双定子结构。相应地,把图10.2所示的结构称为单边永磁体结构,又称单定子结构。

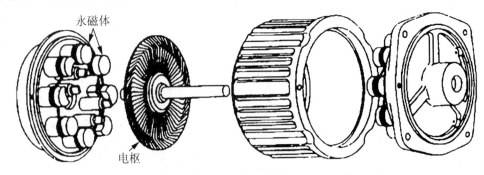

图10.4　双边永磁盘式直流电机结构

在相同体积的永磁体情况下,采用双边永磁结构比单边永磁结构的气隙磁通密度可高

第10章 盘式电机

出10%左右，而且改善了极面下气隙磁通密度的均匀性。所以双边永磁体结构可以充分利用永磁材料，有利于提高电机性能、降低成本、缩小体积。

盘式永磁直流电机的特点主要有：

（1）轴向尺寸短，可适用于严格要求薄型安装的场合，如计算机外设、机器人、电动车等。

（2）采用无铁心电枢结构，不存在普通圆柱式电机由于齿槽引起的转矩脉动，转距输出平稳、噪声低。

（3）不存在磁滞和涡流损耗，可以达到较高的效率。

（4）电枢绕组电感小，具有良好的换向性能，无须装设换向极。

（5）由于电枢绕组两端面直接与气隙接触，有利于电枢绕组散热，可取较大的电负荷，有利于减小电机的体积。

（6）转动部分只是电枢绕组，转动惯量小，具有优良的快速反应性能，可以用于频繁启动和制动的场合。

基于盘式永磁直流电动机优良的性能和较短的轴向尺寸，已被广泛应用于机器人、计算机外围设备、汽车空调器、录像机、办公自动化用品、电动自行车和家用电器等场合。

10.2.2 盘式直流电机的基本电磁关系

盘式永磁直流电机的电枢绕组是分布式的，有效导体位于永磁体前方的平面上，如果考虑其单根导体，则在该平面上的位置可用半径 r 和极角 θ 来描述。如气隙磁通密度用平均半径处的磁通密度代表，可以写成 $B_\delta(\theta)$ 的形式，如图10.5所示，如电机的机械角速度为 Ω，则在 (r,θ) 处 dr 长导体所产生的电动势为

$$de = \Omega B_\delta(\theta) r dr \quad (10-1)$$

因而有效导体在某个极角 θ 位置下的电动势为

$$e = \Omega \int_{R_{mi}}^{R_{mo}} B_\delta(\theta) r dr = \frac{1}{2}\Omega(R_{mo}^2 - R_{mi}^2)B_\delta(\theta) \quad (10-2)$$

式中，R_{mo} 为永磁体的外半径；R_{mi} 为永磁体的内半径。

由此可得每根导体的平均电动势：

$$E_r = \frac{p}{\pi}\int_0^{\frac{\pi}{p}} e d\theta = \frac{1}{2}\Omega(R_{mo}^2 - R_{mi}^2)\frac{p}{\pi}\int_0^{\frac{\pi}{p}} B_\delta(\theta) d\theta = \frac{1}{2}\Omega B_{\delta aV}(R_{mo}^2 - R_{mi}^2) \quad (10-3)$$

式中，$B_{\delta aV}$ 为一个极矩下的气隙磁通密度平均值，它与磁通密度幅值 B_δ 之间的关系为

$$B_{\delta aV} = a_\delta B_\delta \quad (10-4)$$

式中，a_δ 为计算极弧系数，其定义如图10.6所示，其原理是根据面积等效原则。

如果绕组并联支路对数为 a，总导体数为 N，则电枢电动势为

$$E = \frac{NE_r}{2a} = C_e \Phi n \quad (10-5)$$

式中，

$$\Phi = \frac{\pi}{2p}(R_{mo}^2 - R_{mi}^2)B_{\delta aV} \quad (10-6)$$

$$C_e = \frac{Np}{60a} \quad (10-7)$$

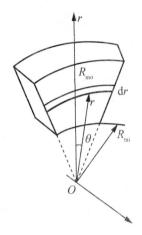 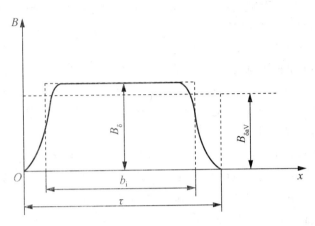

图 10.5　电枢与磁极的相对位置　　　图 10.6　计算极弧系数的定义

式(10-5)~式(10-7)说明盘式永磁直流电机的电动势公式与普通圆柱式直流电机的电动势公式完全一致,盘式电机的电磁本质未变,只是结构改变而已。经过同样推导,可以得出盘式永磁直流电机的电磁转矩公式与普通圆柱式直流电机一致(后续盘式永磁同步电机同),为

$$T = C_T \Phi n \quad (10-8)$$

式中,

$$C_T = \frac{Np}{2\pi a} \quad (10-9)$$

如设每根导体的电流为 I,则电动机的电负荷为

$$A = \frac{NT}{\pi D} = \frac{NI}{2\pi aD} \quad (10-10)$$

由于盘式永磁电机电枢绕组的有效导体在空间呈径向辐射状分布,电机的线负荷随考察处的直径变化而变化。如果考虑平均直径处电动机的线负荷 A_{av},由式(10-5)和式(10-10)可以得到盘式永磁直流电机的电磁功率为

$$P_{em} = \frac{\pi^2}{60} n B_{\delta aV} A_{av} (R_{mo}^2 - R_{mi}^2)(R_{mo} + R_{mi}) \quad (10-11)$$

10.3　盘式同步电机

盘式同步电机,一般指盘式永磁同步电机,它的典型结构如图 10.7 所示,转子为永磁体,结构坚固可靠,绕组位于左右定子铁心上,散热方便。其定、转子均为圆盘形,在电机中对等放置,产生轴向的气隙磁场,定子铁心一般由双面绝缘的冷轧硅钢片带料冲卷而成,如图 10.8 所示,定子绕组有效导体在空间呈径向分布。转子为高磁能积的永磁体和强化纤维树脂灌封而成的薄圆盘。盘式定子铁心的加工是这种电机的制造关键。近年来,采用钢带卷绕的冲卷机床来制造盘式永磁电机铁心既节省材料,又简化工艺,促使盘式永磁电机迅速发展。

该种电机轴向尺寸短、质量轻、体积小、结构紧凑。励磁系统无损耗,电机运行效率高。由于定、转子对等排列,定子绕组具有良好的散热条件,可以获得很高的功率密度。

这种电机转子的转动惯量小,机电时间常数小,峰值转矩和堵转转矩高,转矩质量比大,低速运行平稳,具有优越的动态性能。

以盘式永磁同步电动机为执行元件的伺服传动系统是新一代机电一体化组件,具有不用齿轮、精度高、响应加快、加速度大、转矩波动小、过载能力高等优点,应用于数控机床、机器人、雷达跟踪等高精度系统中。

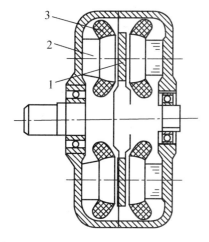
图 10.7 盘式永磁同步电机(中间转子双定子结构)
1—转子;2—定子铁心;3—定子绕组

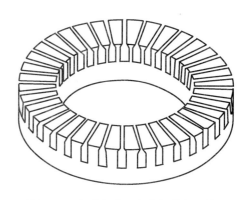
图 10.8 盘式永磁同步电机的定子铁心

盘式永磁同步电机有多种结构形式、按照定、转子数量和相对位置可以大致分为以下4种:

(1) 中间转子结构。这种结构如图 10.7、图 10.9 所示,可使电机获得最小的转动惯量和最优的散热条件。它由双定子和单转子组成双气隙,定子铁心加工时采用专用的冲卷床,使铁心的冲槽和卷绕一次成形,这样既提高了硅钢片的利用率(硅钢片的利用率达到90%以上),又可降低电机损托。

图 10.9 双定子单转子盘式电机立体结构图

(2) 单定子单转子结构。这种结构如图 10.10 所示,最为简单,其定子结构与图 10.7 所示电机的定子结构相同，转子为高性能永磁材料黏结在实心钢上构成的圆盘，如图10.11所示。由于其定子同时作为旋转磁极的磁回路，需要推力轴承以保证转子不致发生轴向串动。而且转子磁场在定子中交变，会引起损耗，导致电机的效率降低。

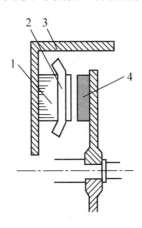

图10.10　单定子单转子盘式永磁同步电机结构　　　　图10.11　盘式转子结构

1—定子铁心；2—定子绕组；3—机座；4—永磁体

图10.12所示为国外近年研发的一款单定子单转子结构的盘式永磁同步发电机，此种发电机的定子采用了开槽式的双层集中式电枢绕组，转子属于表面磁钢粘贴式，它主要应用于小规模的风力发电设备上，作为涡轮结构的一部分，如图10.13所示。

图10.12　单边盘式永磁同步发电机结构图　　　　图10.13　涡轮驱动装置

（3）中间定子结构。由双转子和单定子组成双气隙，如图10.14所示。转子为高性能永磁材料黏结在实心钢构成的圆盘上（图10.11），所以这种电机的转动惯量比中间转子结构要大。

定子通常有两种：有铁心结构和无铁心结构。有铁心结构的定子铁心一般不开槽，定子铁心由带状硅钢片卷绕成环状，多相对称的定子绕组均匀环绕于铁心上，形成框形绕组。

第10章 盘式电机

无铁心定子的成形过程如下：绕制多相对称绕组、电枢固化成形。在绕组的绕制中必须保证绕组元件位置正确，保证多相绕组在空间对称分布。电枢固化采用专门的模具和工艺，确保电枢表面平整、电枢轴向不变形，以减小电机的气隙。

（4）多盘式结构。由多定子和多转子交错排列组成多气隙，如图10.15所示。采用多盘式结构可以进一步提高盘式永磁同步电动机的转矩，特别适合于大力矩直接传动装置。

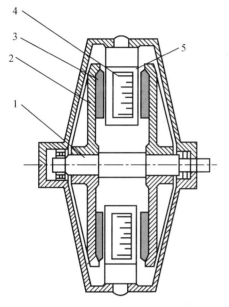

图10.14 中间定子结构盘式永磁同步电机
1—轴；2—转子轭；3—永磁体；4—定子铁心；5—定子绕组

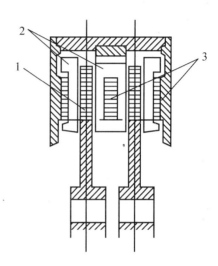

图10.15 多盘式永磁同步电机
1—转子；2—定子绕组；3—定子铁心

在多盘式结构中，伴随着大力矩需求的某些场合希望减小电机质量的要求，有无铁心结构的盘式永磁同步电机已经出现。图10.16、图10.17为意大利某公司研制的多盘式永磁同步电动机结构图与实物图。电动机中的外壳和轴承均采用的是塑胶材料，以达到减轻自身重量的目的，在两个末端转子盘上分别安装了与永磁体同步旋转的铁环，使其内部磁场呈封闭式，它主要应用于飞行器螺旋推进器的驱动装置。

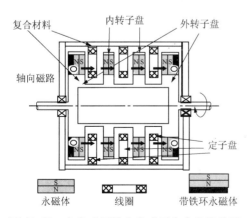

图10.16 多盘式无铁心永磁同步电机结构图

图10.17 多盘式无铁心永磁同步电机实物图

小　结

盘式电机又称轴向磁场电机、蝶式电机，其工作原理与普通径向磁场电机（柱式）完全相同，其电磁关系与柱式电机也基本相同，只不过是结构有所变化而已。盘式电机外形扁平，适用于轴向尺寸有严格要求的场合，如信息设备、航空设备、机器人等领域。

盘式直流电机大多是永磁式。常见的盘式永磁直流电机有两种：印制绕组式和线绕电枢式。

盘式同步电机一般也指永磁式，主要有 4 种结构形式：单定子单转子式，双定子单转子式（即中间转子式），双转子单定子式（中间定子式），和多盘式结构。目前，中间转子式发展潜力最大。

知识链接

近年来随着科技的发展，盘式电机铁心加工困难以及定、转子存在轴向磁吸力等缺点，通过新的加工工艺和优化方案已经得以解决。于是从 20 世纪 40 年代起，人们又转向对轴向磁场电机的研究。研究结果表明，轴向磁场电机不但具有较高的功率密度，对于一些特殊应用场合，它还具有明显的优越性。20 世纪 60 年代，发明了盘形转子电机。20 世纪 70 年代初期，轴向磁场电机以直流电机的形式应用于电车、电动自行车、水泵、吊扇和家用电器等场合。

1973 年，英国的 F. Keiper 指出了采用圆盘式轴向磁场结构的优越性，引起了电机界的极大兴趣，英国、前苏联、瑞士、法国、美国、日本和澳大利亚竞相研制盘式异步电机。自 20 世纪 70 年代末期起，随着现代工业的发展和生产的需要，对轴向磁场永磁直流电机和轴向磁场异步电机的研制转向了对轴向磁场盘式永磁同步电动机的研究。1978 年，意大利比萨大学的 A. Bramanti 教授等首次描述了制造轴向气隙同步电动机的几种方法，探讨了轴向磁场同步电机的特性，制造了一台双定子夹单隐极转子实验样机，并提出了制造轴向磁场永磁同步电机的可行性。1979 年，联邦德国不伦瑞克大学的 H. Weh 教授探讨了双转子夹单定子盘式永磁同步电机磁场计算的解析法，导出了这种电机的稳态、瞬态参数和特性方程。

1982 年，H. Weh 等描述了几种不同结构形式的轴向磁场永磁同步电机，并研制了一台双转子夹单定子高转矩高速盘式永磁同步电机。自 1980 年起，香港大学的陈清泉博士对轴向磁场同步电机也进行了深入的研究，制造了两台不同结构的样机。1985 年，美国弗吉尼亚理工大学的 R. Krishnan 教授对伺服驱动用盘式永磁同步电机进行了全面讨论，通过各种径、轴向磁场电机的性能比较，得出了盘式永磁同步电机具有其他电机无可比拟的优越性能的结论，描述了这种电机构成的伺服驱动系统及其控制器。

1986 年，联邦德国 Robert Bosch 公司的 G. Henneberger 博士等介绍了应用于机器人、机械手等领域的盘式永磁同步电机的结构和设计特点。到目前为止，已有瑞士的 INFRANOR 公司、联邦德国的 Robert Bosch 公司和罗马尼亚电力工程研究所生产系列盘式永磁同步（无刷直流）电机。近几年，盘式永磁电机随着市场的需要和设计研究辅助工具的提高而得到了迅速的发展。目前，国内外已开发了许多不同种类、不同结构的盘式永磁电机。

盘式永磁同步电机广泛应用于伺服系统中，2002 年日本企业开发出低转速、高转矩，采取直接驱动方式的圆盘式伺服电动机。为得到额定转矩 1060N·m，额定转速为 120r/min，功率为 15kW 就可以了；而用一般的伺服电动机，则要求额定转速 2000r/min，功率为 220kW。由于有如此的不同，和原来的伺服电动机相比较，新品种电机低转速、高转矩，可节能、省空间和低价格，又能额定运转从而稳定性优良。

第10章 盘式电机

美国的盘式电机研制公司 lynx motion technology 于 2003 年开发出两种盘式无刷直流电动机 e225、e815，具有很高的功率密度。其中 e225 的功率密度率为 1.18N·m/kg。

2001 年 Metin Aydin 和 Surong Huang 对环形有槽和无槽盘式永磁电机进行了深入的研究，推导出用于环形盘式永磁电机的 sizing 方程，并将其与三维有限元计算结果对比，结果基本一致。文章指出合理的选择主要尺寸比 λ 和气隙磁通密度对提高功率密度、效率有重要影响，同时合理的选择绕组形式和永磁体形状可以很好地降低脉振转矩。

2003 年，芬兰的 Panu Kurronen 在其博士论文中详细地讨论了减少脉振转矩的几种技术手段。

2004 年，意大利的 Federico Caricchi，Fabio Giulii Capponi 等对盘式永磁电机的空载损耗和脉动转矩通过试验和磁场分析的方法进行了深入研究。两篇文章都得出相同的结论：在采用永磁体偏移一个角度、改变永磁体的宽度和形状、分数槽和磁性槽楔等办法可以显著减小脉振损耗。

2005 年芬兰的 Lappeenranta 理工大学的 Asko Parviainen 在其博士论文中介绍双定子夹单转子型结构的盘式永磁电动机的设计，并制造了一台 5kW 的双定子单转子的表面式永磁盘式电动机。但是由于采用了如图 10.18(c) 所示的永磁体形状的原因导致该电动机的脉振转矩较大，其主要参数见表 10-1。

表 10-1　5kW 的双定子单转子永磁盘式电动机主要参数

名 称	单 位	数 据	名 称	单 位	数 据
功率	kW	5	转矩	N·m	159
效率	%	89.5	转速	r/min	300
外径	mm	328	相电压	V	230
内径	mm	197			

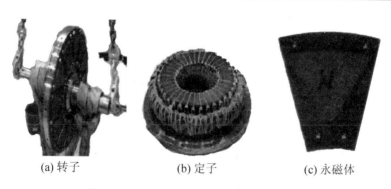

(a) 转子　　　(b) 定子　　　(c) 永磁体

图 10.18　样机的转子、定子及永磁体形状

近几年，盘式永磁电机随着市场的需要和设计研究辅助工具的提高在我国得到了迅速发展。目前，国内外已开发了许多不同种类、不同结构的盘式永磁电机，与之相关的研究领域都取得了很大成果。

1998 年，浙江大学的刘晓东、赵衡兵等对单定子双转子的盘式永磁电机进行了研究，采用这种结构消除了轴向吸力的影响，提出了该类电机的设计方法，并给出了该电机的输出功率和主要尺寸之间的关系。

2000 年，西安交通大学的王正茂、苏少平等研制出了两台三相盘式永磁同步电动机，其主要参数见表 10-2。

表 10-2　三相盘式永磁同步电动机主要参数

名　称	单　位	钕铁硼磁钢厚(2mm)	钕铁硼磁钢厚(2.8mm)
额定功率	W	750	750
输入功率	W	948	875
输入电流	A	1.87	1.34
功率因数	—	0.75	0.99
效率	—	0.79	0.857
启动转矩（倍数）	—	2.32	2.22
启动电流	A	7.67	6.74

2005 年，沈阳工业大学特种电机研究所研制出两台外转子结构的无铁心永磁同步电机，具有很高的转矩密度和效率。其中铁机壳的电机主要参数见表 10-3。

表 10-3　无铁心永磁盘式电机主要参数

名　称	单　位	数　据	名　称	单　位	数　据
额定功率	W	5000	效率	%	90.3
输入电流	A	15.05	转速	r/min	750
功率因数	—	0.92	转矩密度	N·m/kg	1.18
额定电压	V	230			

我国一些学者对盘式永磁电机永磁体尺寸的计算、工作点的确定、电感计算也进行了研究。近年也研制出这种电动机，但一直处于试验阶段。国外对这类电机的研究已远远走在我国的前面，为发展我国新一代高性能电机及伺服系统，研究盘式永磁同步电机已成为我国电机行业一项十分紧迫而艰巨的任务。

思考题与习题

1. 试比较盘式电机与普通圆柱式电机的异同。盘式电机主要应用在什么场合？
2. 试解释图 10.8 所示定子铁心的冲卷过程。
3. 盘式永磁直流电机，双边永磁体结构相对单边永磁体结构，主要优点是什么？
4. 查阅最新文献资料，论述盘式电机的最新进展。

第11章 超声波电动机

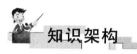
知识架构

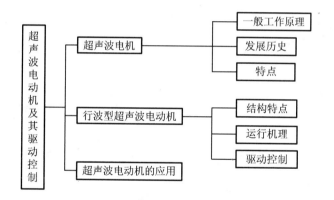

教学目标与要求

- 掌握超声波电机的工作原理和特点
- 了解超声波电机的发展历史。
- 掌握行波型超声波电动机的调速机理及其控制方法
- 了解超声波电动机的各种应用

引言

超声波电动机(UltraSonic Motor,USM)技术是振动学、波动学、摩擦学、动态设计、电力电子、自动控制、新材料和新工艺等学科结合的新技术。超声波电动机不像传统的电动机那样,利用电磁力来获得其运动和力矩。超声波电动机是利用压电陶瓷的逆压电效应和超声振动来获得其运动和力矩的。在这种新型电机中,压电陶瓷材料盘代替了许许多多的铜线圈。

超声波电动机又称压电电动机(Piezoelectric Motor),它可分为直线型和旋转型,或者按照结构分为行波型和驻波型。图 11.1 是某旋转型行波超声波电动机的轴侧分解图。

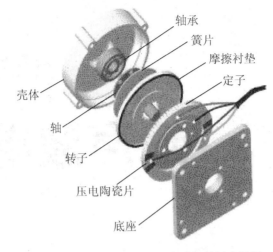

图 11.1　旋转型行波超声波电动机轴侧分解图

图 11.2 所示是超声波电动机在国外应用于各个科学和工业领域的情况。

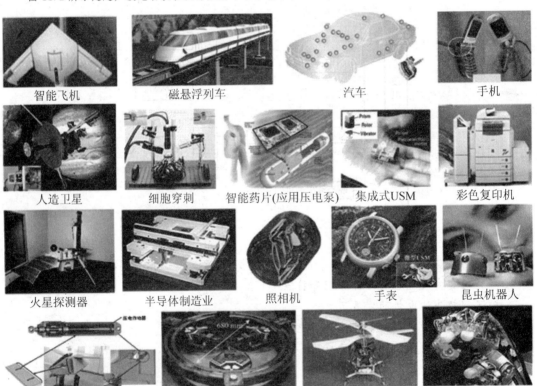

图 11.2　超声波电动机的各种应用场合

第11章 超声波电动机

11.1 超声波电机概述

超声波电机是国内外日益受到重视的一种新型直接驱动电机。它与传统的电磁式电机不同，没有磁极和绕组，不依靠电磁介质来传递能量，而是利用压电材料(压电陶瓷)的逆压电效应把电能转换为弹性体的超声振动，并通过摩擦传动的方式转换成运动体的回转或直线运动，这种新型电机一般工作于20kHz以上的频率，这个频率已超出人耳所能采集到的声波范围，因此称为超声波电机。

压电陶瓷性能的好坏是影响压电超声波电机性能好坏的重要因素，其压电效应是超声波电机工作的基本保障。

对于陶瓷晶体构造中不存在对称中心的异极晶体，加在晶体上的张应力、压应力或切应力，除了产生相应的应变以外，还将在晶体中诱发出介电极化或电场，这一现象称为正压电效应。反之，若在这种晶体上加上电场，从而使得该晶体产生电极化，则晶体也将同时出现应变或应力，这就是逆压电效应(又称电致伸缩效应)，两者统称为压电效应。超声波电机即利用这种晶体受电后产生的应力作为动力，直接驱动运动体即转子的运动(或运动体的直线运动)。一般通以正负交变超声波频率的电能，晶体就以一定频率振动，再通过摩擦方式驱使运动体运动。

图11.3、图11.4分别为行波型超声波电机的结构图与原理图。

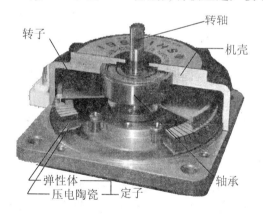

图11.3 行波型超声波电机的典型结构

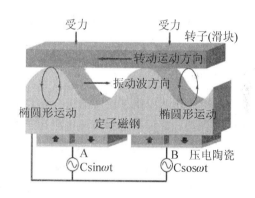

图11.4 行波型超声波电机运行原理图

11.1.1 超声波电机发展历史

20世纪60年代，前苏联的科学家首先提出了超声波电机的设想。1969年，英国Salford大学的两名教授介绍了一种伺服压电马达，这种马达采用二片式压电体结构，其速度、运动形式和方向都可以任意变化，响应速度也是传统结构电机所不能及的。1972年前后，德国西门子公司研制出了利用压电谐振工作的直线驱动机械，申请了超声波电机的第一个有样机的专利。1973年美国IBM公司的H. V. Barth提出了超声波电机原理模型，并研制出了以超声振动驱动的电机。1980年日本的指田年生教授研制了楔型超声波电机，所用的定子是由一个用螺栓压紧的兰杰文(Langevin)振子和薄振动片组成，振动片以微小倾角压于转子之上。1982年，指田年生又研制成功了行波型超声波电机，解决了超声波电机振动面的摩擦这个制约它实用化发展的瓶颈问题。这台电机的研制成功，为超声波电机走向实用开辟了道路，它也吸引了很多研究单位和企业的关注。同时，指田年生也创建了新生工业公司，并在1987年正式商业销售这种超声波电机。同年，日本佳能公司研制出用于照相机调焦的超声波电机，震撼了整个照相机业界，是迄今为止超声波电机市场化应用中最成功的一例，标志着超声波电机开始走向实用化阶段。1985年Maxell公司的熊田明生研制出第一台复合振动型超声波电机即单电源驱动型纵扭振动超声波电动机。在此基础上，1988年东京工业大学教授上羽贞行教授提出了纵扭复合振动超声波电机。

20世纪90年代，随着各种各具特色的超声波电机的出现，世界各国也将超声波电机性能的研究放到了重要位置。超声波电机的建模与分析、驱动控制逐渐成为研究的主要内容。另外，在非接触式超声波电机、大转矩超声波电机、微型超声波电机及多自由度超声波电机等领域也得到了进一步的深入研究。非接触式超声波电机的定、转子是不直接接触的，它克服了接触式超声波电机由于接触摩擦所带来的效率低、使用寿命短、摩擦生热等缺点，是超声波电机的一个新的研究领域。日本东京工业大学的 Tohgo Yamazaki 等研制了圆筒型非接触超声波电机。1995年，法国的 Antoine Ferreia 等提出并研制了多自由度球形原理性超声波电机样机。1998年，Takafumiamano 等制成了球体-圆柱三自由度超声波电机，该电机由一个圆柱形定子和一个球形转子组成，定子采用兰杰文振子，由螺杆将弹性体和三组压电陶瓷及电极片组合起来构成。该电机最大输出转矩为 $0.035\text{N}\cdot\text{m}$，转速 100r/min。

日本在超声波电机的基础理论、制造技术、控制策略、工业应用和规格化产品研发等诸方面都取得了引人注目的成就，成果与水平居世界领先地位。它掌握着世界上大多数的超声波电机技术的发明专利，几乎所有的知名大学和大公司都在进行超声波电机的研究。美、英、法、德等国紧随其后，各自在相关方面取得了一定的研究成果。目前，美国已将超声波电机成功地应用于航空航天、信息和汽车产业领域；法国也将超声波电机用于对空导弹导引装置；德国则将超声波电机用于飞机的电传操纵系统。

国内研究超声波电机是在20世纪80年代末90年代初开始的，先后有吉林大学、清华大学、中国科学院、浙江大学、东南大学、哈尔滨工业大学、南京航空航天大学、陕西师范大学、华中科技大学、上海交通大学、天津大学、国电南京自动化研究院等院校和单位开展了超声波电机的研究。他们在超声波电机的运行原理、数学建模、仿真计算、样机制作及驱动技术等方面的研究中已经取得了一批研究成果。

11.1.2 超声波电机的特点

众所周知，人耳能感觉到声音的频率范围为 $20\text{Hz}\sim20\text{kHz}$，超声波就是频率超过 20kHz 的声波。而超声波电机就是一种利用在超声频域的机械振动作为驱动源的驱动执行器。

超声波电机采用一种全新的运行机理。它不需要磁铁和线圈，而是依靠压电陶瓷的逆压电效应直接将电能转变成机械能，更新了迄今为止由电磁作用获得转矩的电磁型电机的概念，是当前处于学科前沿的新型微电机。超声波电机与传统的利用电磁效应工作的电机

第11章 超声波电动机

相比,具有体积小、质量轻、速度慢、转矩大、响应速度快、控制精度高、运行无噪声、静态(断电时)有保持力矩、不受磁场干扰、也不对周围环境产生磁干扰等优点。因此,超声波电机的研究受到了工业发达国家的普遍重视。日、美、德等国在超声波电机的理论研究和应用方面都投入了大量的人力和财力。日本在这个领域居世界领先地位,现已有多种规格的产品问世。超声波电机应用于航天航空、军事、机器人、计算机设备、生物医疗仪器、汽车专用电器、办公自动化设备、精密仪器和仪表等方面,已取得了令人瞩目的成就。

超声波电机不同于电磁式电机,它具有以下特点:

(1) 低速大转矩。超声波电机振动体的振动速度和摩擦传动机制决定了它是一种低速电机,但它在实际运行时的转矩密度一般是电磁电机的10倍以上,如表11-1所示。因此,超声波电机可直接带动执行机构,这是其他各类驱动控制装置所无法达到的。由于系统去掉减速机构,这不仅减小体积、减轻质量、提高效率,而且还能提高系统的控制精度、响应速度和刚度。

(2) 无电磁噪声、电磁兼容性(EMC)好。超声波电机依靠摩擦驱动,无磁极和绕组,工作时无电磁场产生,也不受外界电磁场及其他辐射源的影响,非常适用在光学系统或超精密仪器上。

(3) 动态响应快、控制特性好。超声波电机具有直流伺服电机类似的机械特性(硬度大),但超声波电机的启动响应时间在毫秒级范围内,能够以高达1kHz的频率进行定位调整,而且制动响应更快。

(4) 断电自锁。超声波电机断电时由于定、转子间静摩擦力的作用,使电机具有较大的静态保持力矩,实现自锁,省去制动闸保持力矩,简化定位控制。

(5) 运行无噪声。由于超声波电机的振动体的机械振动是人耳听不到的超声振动,低速时产生大转矩,无齿轮减速机构,运行非常安静。

(6) 微位移特性。超声波电机振动体的表面振幅一般为微米、亚微米,甚至纳米数量级。在直接反馈系统中,位置分辨率高,较容易实现微米、亚微米级、纳米级的微位移步进定位精度。

表 11-1 超声波电机与电磁电机的性能对比

类型	产 品	厂家	质量/(g)	堵转转矩/N·m	空载转速/(r/min)	功率密度/(W/kg)	转矩密度/(N·m/kg)	效率/%
EM	FK-280-2865/直流有刷	Mabuchi	6	1.52	14500	160	42	3
EM	1319E003S/直流有刷	MicroMo	1.2	0.33	13500	104	29	1
EM	直流有刷	Maxon	8	1.27	5200	45	33	0
EM	直流无刷	Kannan	56	8	5000	17	13	0
EM	直流无刷	Aaeroflex	56	0.98	4000	4.0	3.8	0

续表

类型	产品	厂家	质量/(g)	堵转转矩/N·m	空载转速/(r/min)	功率密度/(W/kg)	转矩密度/(N·m/kg)	效率/%
USM	8mm 行波、环形	MIT	0.26	0.054	1750	108	210	0
USM	驻波、纵扭	Kumada	50	133	120	～50	887	0
USM	USR60、行波、盘式	Shinsei	30	62	105	16	270	3
USM	EF 300/2.8L，环形	Canon	5	16	40	～5	356	5
USM	双面齿	MIF	30	170	40	7.3	520	3

(7) 结构简单、设计形式灵活、自由度大，易实现小型化和多样化。由于驱动机理的不同，超声波电机形成了多种多样的结构形式，如为了满足不同的技术指标（额定转矩、额定转速、最大转速等），可方便的设计成旋转、直线或多自由度超声波电机。为充分满足不同应用场合中结构空间的要求，如体积（长、宽、高）、质量等，即使同一种驱动原理的超声波电机，可以设计成不同的安装形式，超声波电机的定、转子可以与拟采用超声波电机控制的运动系统中的固定部件和运动部件做成一体，简化整个系统的体积和质量。

(8) 易实现工业自动化流水线生产。超声波电机的结构简单，只需要金属材料的定、转子，激励振动的压电陶瓷，有些场合需使用热塑性摩擦材料和不同的胶黏剂，没有电磁电机线圈绕组那样需要人工下线，比传统电机更易实现工业自动化流水线生产，优化电机生产的产业结构、提高成品率、降低电机生产企业的人力资源费用，超声波电机驱动控制装置在目前的电工电子技术条件和集成化芯片的生产工艺条件下更易实现工业自动化流水线生产，不仅避免了目前电机生产企业只生产电机本体的产品单一性，而且降低了企业的整个生产成本，提高了企业的利润。

(9) 耐低温/真空，适合太空环境。超声波电机及其驱动控制装置的耐低温、真空的特性，可将其作为宇航机械系统和控制系统的驱动装置。由于超声波电机是一种可以直接驱动的结构，不仅解决了减速机构带来的机械噪声问题，传统电机的润滑等引起的一系列问题也不复存在。如定、转子间不需润滑系统，不仅可以保证电机的正常运行，还可以减少使用润滑油或润滑脂给环境带来的污染。在太空环境中，避免了润滑油泄漏与挥发在外层空间带来的麻烦。

11.1.3 超声波电机的分类

超声波电机的种类和分类方法有很多。按照所利用波的传播方式分类，即按照产生转子运动的机理，超声波电机可以分成以下两类：行波型超声波电机和驻波型超声波电机。行波型则利用定子中产生的行走的椭圆运动来推动转子，属连续驱动方式；驻波型是利用作固定椭圆运动的定子来推动转子，属间断驱动方式。

按照结构和转子的运动形式划分，超声波电机又可以分成旋转型电机和直线型电机两种。按照转子运动的自由度划分，超声波电机则可以分成单自由度电机和多自由度电机两种。按照弹性体和移动体的接触情况，超声波电机又可以分成接触式和非接触式两种。

本章主要对相对常见的旋转行波型超声波电机进行介绍。

11.2 行波型超声波电动机

11.2.1 行波型超声波电动机的结构特点

行波型超声波电动机就结构来看,有环形行波型超声波电动机(Ring-type Travelling-Wave UltraSonic Motors,RTWUSM)和圆盘式超声波电动机(Disk-type UltraSonic Motors,DTUSM),RTWUSM 是目前国内外应用和研究最多的电动机。图 11.5 为 RTWUSM 的基本结构分解图,定、转子均为圆环形结构。其中,转子同定子的接触面覆有一层特殊的摩擦材料,定子上开有齿槽,定子、转子之间依靠碟簧变形所产生的轴向压力紧压在一起。

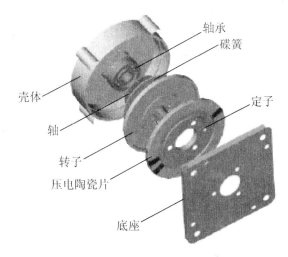

图 11.5 环形行波型超声波电动机的结构

超声波电动机一般都是通过放大由逆压电效应引起的压电陶瓷微观振动来产生宏观机械直线运动或旋转的。环形行波型超声波电动机,其核心部分是由压电陶瓷和弹性体组成的定子及与定子的接触面粘有摩擦材料的转子。定子和转子均为一薄圆环,使得整个电动机结构呈扁圆环形,这也是环形行波型超声波电动机在结构上的最大特点。

图 11.6 为压电陶瓷的电极结构图,由极化过的压电陶瓷片组成。图中的阴影区域为未敷银或对应部分的敷银层已经被磨去的小分区,它将压电陶瓷的上下极板分隔成不同的区域。图 11.6(a)中相邻两个压电分区的极化方向相反,分别以"+"和"-"表示,在电压激励下一段收缩,另一段伸长,构成一个波长的弹性波。图 11.6 所示的极化分区可组成三个电极,其中 A 区和 B 区表示驱动 RTWUSM 的两相电极,它们利用压电陶瓷的逆压电效应产生振动;而 S 区是传感器区,它利用压电陶瓷的正压电效应产生反馈电压,该电压可实时反映定子的振动情况,其反馈信号可用于控制驱动电源的输出信号,形成孤极反馈控制回路。图中,压电陶瓷环的周长为行波波长 λ 的 n 倍,A 区和 B 区各分区所占的宽度为 $\lambda/2$,S 区宽度为 $\lambda/4$,用于将两驻波合成为一个波长的行波,也可作为控制和测

量用反馈信号的传感器，A、B 区中间留有 $3\lambda/4$ 的区域作为 A 区和 B 区的公共地。

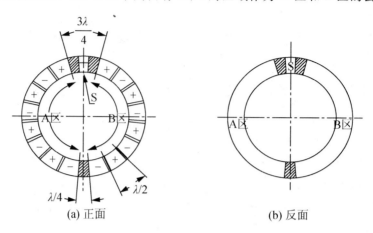

图 11.6　压电陶瓷体电极结构图

11.2.2　行波型超声波电动机的运行机理

1. 行波的形成

如图 11.7(a) 所示，将极化方向相反的压电陶瓷依次粘贴于弹性体上，当在压电陶瓷上施加交变电压时，压电陶瓷会产生交替伸缩变形，在一定的频率和电压条件下，弹性体上会产生如图 11.7(b) 所示的驻波，用方程表示为

$$y = \varepsilon_0 \cos \frac{2\pi}{\lambda} x \cos \omega_0 t \tag{11-1}$$

式中：y 为纵向坐标；x 为横向坐标；t 为时间；λ 为驻波波长；ω_0 为输入电压的角频率；ε_0 为驻波的波幅。

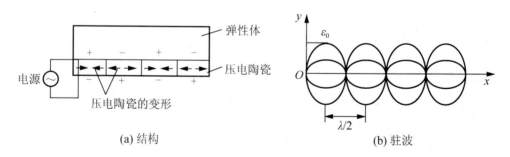

图 11.7　驻波形成示意图

设 A、B 两个驻波的振幅同为 ε_0，二者在时间和空间上分别相差 90°，方程分别为

$$y_A = \varepsilon_0 \cos \frac{2\pi}{\lambda} x \sin \omega_0 t \tag{11-2}$$

$$y_B = \varepsilon_0 \cos \frac{2\pi}{\lambda} x \cos \omega_0 t \tag{11-3}$$

在弹性体中，这两个驻波的合成为一行波，即

$$y = y_A + y_B = \varepsilon_0 \cos\left(\frac{2\pi}{\lambda}x - \omega_0 t\right) \tag{11-4}$$

对于图 11.8 所示的行波型超声波电动机，定子由环形弹性体和环形压电陶瓷（PZT 材料）构成，压电陶瓷按图 11.9 所示的规律极化，即可产生两个在时间和空间上都相差 90°的驻波。

如图 11.9 所示，将一片压电陶瓷环极化为 A、B 两相区，两相区之间有 λ/4 的区域未极化，用作控制电源反馈信号的传感器，另有 3λ/4 的区域作为两相区的公共区。极化时，每隔 1λ/2 反向极化，极化方向为厚度方向。图中"＋"和"－"代表压电片的极化方向相反，两组压电片空间相差 λ/4，相当于 90°，分别通以同频、等幅、相位相差为 90°的超声频域的交流信号，这样两相区的两组压电体就在时间与空间上获得 90°相位差的激振。

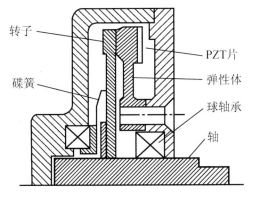

图 11.8　行波型超声波电动机结构

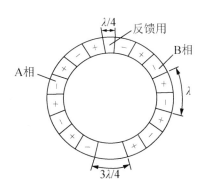

图 11.9　压电陶瓷(PZT)极化分布

2. 行波型超声波电动机调速原理

定子的振动即弹性体中的行波如图 11.10 所示，设弹性体厚度为 h。若弹件体表面任一点 P 在弹件体未挠曲时的位置为 P_0，则从 P_0 到 P 在 z 方向的位移为

$$\xi_r = \xi_0 \sin\left(\frac{2\pi}{\lambda} - \omega_0 t\right) - \frac{h}{2}(1 - \cos\varphi) \tag{11-5}$$

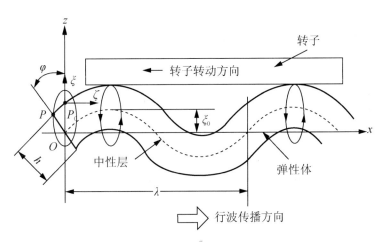

图 11.10　定子振动原理

由于行波的振幅比行波的波长小得多，弹性体弯曲的角度 φ 很小，故 z 方向的位移近似为

$$\xi_z \approx \xi_0 \sin(\frac{2\pi}{\lambda} - \omega_0 t) \tag{11-6}$$

从 P_0 到 P 在 x 方向的位移为

$$\xi_x \approx -\frac{h}{2}\sin\varphi \approx -\frac{h}{2}\varphi \tag{11-7}$$

弯曲角 φ 为

$$\varphi = \frac{dz}{dx} = \xi_0 \frac{2\pi}{\lambda}\cos(\frac{2\pi}{\lambda}x - \omega_0 t) \tag{11-8}$$

x 方向的位移近似为

$$\xi_x = -\pi\xi_0 \frac{h}{\lambda}\cos(\frac{2\pi}{\lambda}x - \varepsilon_0 t) \tag{11-9}$$

所以

$$(\frac{\xi_x}{\xi_0})^2 + (\frac{\xi_x}{\pi\xi_0 h/\lambda})^2 = 1 \tag{11-10}$$

由式(11-10)可以看出：弹性体表面上任意一点 P 按照椭圆轨迹运动，这种运动使弹性体表面质点对移动体产生一种驱动力，且移动体的运动方向与行波方向相反，如图 11.10 所示。

如果把弹性体制成环形结构，当弹性体受到压电陶瓷振动激励产生逆时针运动的弯曲行波时，它表面的质点呈现顺时针椭圆旋转运动。当把转子压紧在弹性体表面时，在摩擦力的驱动下，转子就会顺时针旋转起来。

质点的横向运动速度为

$$v = \frac{d\xi_x}{dt} = -\pi\omega_0\xi_0 \frac{h}{\lambda}\sin(\frac{2\pi}{\lambda}x - \varepsilon_0 t) \tag{11-11}$$

横向速度在行波的波峰和波谷处最大。若假设在弹性体与移动体接触处的滑动为 0，则移动体的运动速度与波峰处质点的横向速度相同。其最大速度为

$$v_{\max} = -\pi\omega_0\xi_0 \frac{h}{\lambda} \tag{11-12}$$

式中，负号表示移动体沿着与行波相反的方向运动。

设行波在定子中的传播速度 v 为常数，由行波的特点可知 $v = \frac{\xi_0 \lambda}{2\pi}$，故由式(11-12)得

$$v_{\max} = -2\pi^2 f^2 \xi_0 \frac{h}{v} \tag{11-13}$$

式中，f 为电动机的激振频率。

从式(11-13)可以看出，调节激振频率可以调节电动机的转速，但是有非线性。在保持两相驻波等幅的前提下，若忽略压电陶瓷的应变随激励电压的非线性，改变驻波的振幅 ξ_0，即调节压电陶瓷的激振电压，可以做到线性调速，这是调压调速的一大优点。

11.2.3 行波型超声波电动机的驱动控制

1. 行波型超声波电动机的驱动控制方法

超声波电动机利用摩擦传动,定、转子间的滑动率不能完全确定,共谐振频率随环境温度变化发生变化;另外,超声波电动机在实际应用中需要对位移、速度进行控制,因此要求超声波电动机采用闭环控制。根据超声波电动机的传动原理,可以采用以下 4 种速度控制方式:

(1) 控制电压幅值。改变电压幅值可以直接改变行波的振幅,但是在实际应用中一般不采用调压调速方案,因为如果电压过低,压电元件有可能不起振,而电压过高又会接近压电元件的工作极限,而且在实际应用中也不希望采用高电压,毕竟较低的工作电压是比较容易获得的。

(2) 变频控制。通过调节谐振点附近的频率可以控制电动机的速度和转矩,变频调速对超声波电动机最为合适,由于电动机工作点在谐振点附近,因此调频具有响应快的特点。另外,由于工作时谐振频率的漂移,要求有自动跟踪频率变化的反馈回路。

(3) 相位差控制。改变两相电压的相位差可以改变定子表面质点的椭圆运动轨迹。采用这种控制方法的缺点是低速启动困难,驱动电源设计较复杂。

(4) 正反脉宽调幅控制。调节电动机正反脉宽比例即占空比即可实现速度控制。

在以上 4 种控制方式中,由于变频控制响应快、易于实现低速启动,应用得最多。下面简要介绍这种调速控制方法。

超声波电动机变频调速控制系统如图 11.11 所示。系统主要由 4 部分组成:高频信号发生器、移相器、逆变器(主电路及其驱动电路)和频率跟踪回路。由信号发生器和移相器产生两相互差 90°的高频信号,用于控制逆变器的功率开关,由逆变器给超声波电动机的两相区压电陶瓷通以高频电压。

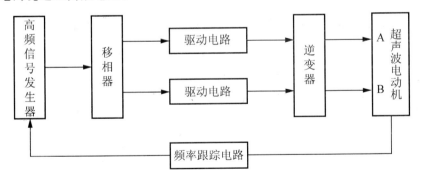

图 11.11 超声波电动机变频调速系统原理框图

信号发生器和移相器的功能可以由微型计算机实现,同时微型计算机作为控制核心对频率进行控制。

2. 逆变器主电路

变频驱动电路的作用是将直流驱动电压逆变为高频交流电压输出,从而实现超声波电动机的功率驱动。常用的逆变器有两相桥式半控逆变器、两相桥式全控逆变器、双推挽式逆变器和无变压器直接升压式逆变器等。

图 11.12 所示为两相桥式半控逆变器主电路，它的主要优点是效率高、变压器的利用率高、抗不平衡能力强。缺点是逆变器主回路的桥臂电压只是直流电源电压的一半，因此所需直流电源的电压较高。

推挽式逆变器示意电路如图 11.13 所示，在输出端需要二次侧带有中间抽头的变压器，推挽式逆变器可以工作于 PWM 方式或方波方式。推挽式逆变器的主要优点是导通路径上串联开关元件数在任何瞬间都只有一个；两个开关元件的驱动电路具有公共地，可以简化驱动电路设计。缺点是难以防止输出变压器的直流磁化。

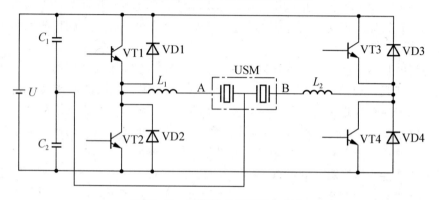

图 11.12　两相桥式半控型主电路

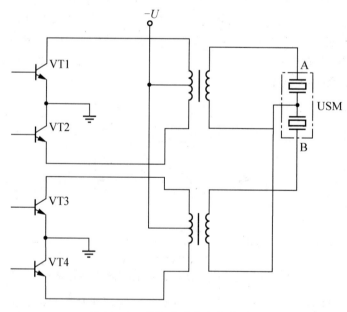

图 11.13　推挽式功率主电路示意

3. 频率跟踪技术

当超声波电动机的工作频率偏离预先设定的状态时，要求驱动控制电路具有自动跟踪这个变化的能力,通过调整压控振荡器(VCO)的控制电压来改变驱动电路的频率。

超声波电动机定子工作频率的检测主要有以下两种方法:

(1) 压电传感器检测法。超声波电动机在设计时,将定子压电环上的一部分作为传感器,利用压电元件的正压电效应(在外加应力时,压电材料可以产生电压差)来检测机械系统的谐振状态。

压电陶瓷的振动速度与转子转速呈线性关系,通常将压电传感器所产生的电压作为反馈信号,与给定信号进行比较,组成闭环系统,实现频率的自动跟踪。这种控制方式的实质是通过跟踪定子系统的共振频率来实现速度稳定性控制。

控制系统框图如图 11.14 所示。图中 E_S 为与驱动频率 f 同频的高频交变电压。通过半波整流和滤波得到平均电压 E_{SA},E_{SA} 与给定电压 E_{SA}^* 相比较得到误差电压,通过比例积分(PI)调节器后输入压控振荡器,从而改变压控振荡器的输出频率,使逆变器的输出频率达到稳定值。采用压电传感器检测的优点是电路比较简单,不需要额外传感器。

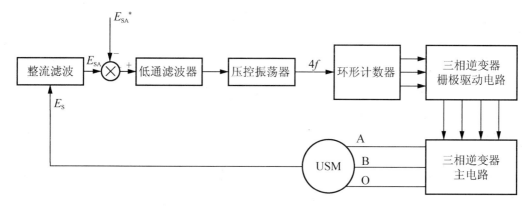

图 11.14　压电传感器直接反馈频率控制框图

(2) 相位差检测法。若超声波电动机工作在预先设定的状态,加在电动机上的电流和电压的相位差会保持恒定,一旦偏离预先设定的状态,电流和电压的相位差就会随之改变,使电动机的工作性能下降,因此可以通过检测相位差来监测电动机的工作状态。

当定子的压电陶瓷设计成无压电传感器方式时,需要通过相位差反馈的方式实现频率跟踪,即用谐振电路的电压和电流的相位差来跟踪频率。

图 11.15 为锁相频率自动跟踪系统框图,图中 E_P 是通过电流互感器检测得到的与电流同相的电压信号,E_N 是通过变压器检测到的负载电压信号,二者相位差的变化转换为鉴相器(phase detector)的输出电压变化。鉴相器的输出与给定相位信号 φ^* 进行比较,其误差输入到低通滤波器,低通滤波器(LPF)滤除误差电压中的高频成分和噪声,压控振荡器受低通滤波器输出的控制电压控制,使压控振荡器的频率向给定的频率靠拢,直至消除频差而锁定。

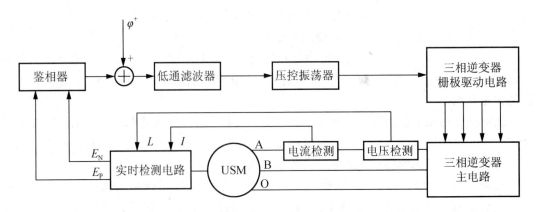

图 11.15　相位差检测法实现锁相频率控制系统框图

与采用压电传感器反馈比较，相位差检测具有较好的抗干扰性，且能连续工作。缺点是需要加额外的传感器，如电流互感器和检测用变压器等，增加了控制电路的成本。

11.3　超声波电动机的应用

由于超声波电动机新颖的工作原理和独有的性能特点，引起了工业界的广泛关注，并显示出了良好的应用前景。其应用领域涉及航空航天、汽车制造、生物工程、医学、机器人、仪器仪表等领域。从目前的研究情况来看，超声波电动机产品可用于照相机的自动聚焦系统的驱动器；航空航天领域自动驾驶仪伺服驱动器；机器人或微型机械自动控制系统的驱动器；高级轿车门窗和座椅靠头调节的驱动装置；窗帘或百叶窗自动升降装置；CD（光盘）唱头驱动装置；精密仪器仪表、精确定位装置；医学领域，如人造心脏的驱动器、人工关节驱动器；强磁场环境条件下设备的驱动装置，如未来的磁浮火车；不希望驱动装置产生磁场的场合，如磁通门的自动测试转台等。可以预言，随着超声波电动机在工业界的成功应用，将会发生一场新的技术革命。目前，超声波电动机的实用情况有以下几种。

（1）用于照相机的自动调焦装置。随着照相机的自动曝光控制，自动焦点重合以及胶卷自动卷绕的发展，超声波电动机在照相机中的使用日益扩大，特别是用于自动焦点重合已达到实用化阶段。日本 Canon 在 EOS656 型自动聚焦单透镜反射式照相机中，已大量采用圆环式行波超声波电动机驱动镜头，如图 11.16 所示。

图 11.16　照相机自动调焦行波形超声波电动机

原来的照相机内装置小型电磁电动机，为了降低转速而又能确保一定的保持转矩，必须把电动机的输出采用适当的传动机构来驱动镜头，这样既不利于缩短焦点重合时间，也不利于调焦精度的保证。而超声波电动机本身具有快速响应的特性，将它的转子直接与镜头结合后，接通电源即可迅速驱动，保证了快速准确的调焦，并且没有噪声。如用电磁电动机调焦，响应时间为 100ms，而超声波电动机只需几微秒（μs），焦点重合时间也缩短到普通照相机的一半以上。

为了满足照相机用电电池的要求，这种电动机一般具有较高的效率，消耗较少的电能（一般不超过 1W）。为适合镜头传动所需速度与负载条件，转速（无负载条件下）为 40～80r/min，启动转矩为 12～16N·m，使用次数在 100 万次以上。日本佳能公司从 1987 年开始大批量生产，现月产为 1.5 万～2 万台，是最具实用化的一种结构的超声波电动机。

（2）用于手表中。Akiniro Iino 等将一种由自激振荡电路驱动的微型超声波电动机应用在手表上。如图 11.17 所示，超声波电动机在手表中分别做振动报时和日历翻转用，使整个手表的性能有很大提高，这里使用的超声波电动机为环形驻波型电动机。

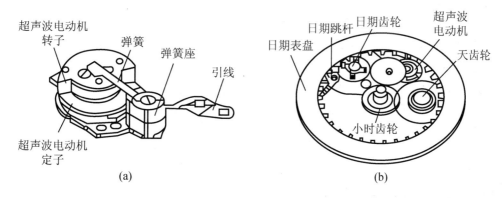

图 11.17 手表中使用的超声波电动机

（3）机器人。如果使用电磁式电动机作为机械臂的驱动部件，为了获得多个自由度的运动就要使用多台电磁式电动机和十分复杂的安装机构，这样机械臂就会又大又重。为了解决这个问题，Naoki 和 Fukaya 等利用超声波电动机作为机械臂的驱动部件。图 11.18 所示是在机械臂中使用的两种电动机：球转子超声波电动机和双定子夹心式超声波电动机。

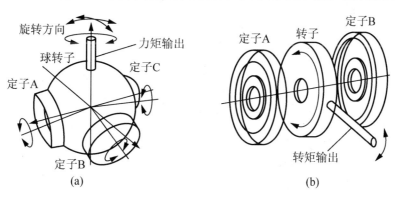

图 11.18 机械臂上使用的超声波电动机

另外,韩国的 B. H. Choi、H. R. Choi 和日本的 Ikuo Yaman 等还将超声波电动机用在机械手的手指关节驱动上,并取得了成功。

美国国家航空宇航局(NASA)承担着探测火星的任务,为了满足太空机器人对电动机的特殊要求:轻质量、大转矩、能在超低温环境正常工作等,下属的喷气推进实验室与麻省理工学院联合研制一款环形行波型超声波电动机用于火星探测微着落器,如图 11.19 所示。

图 11.19 USM 用于火星探测微着落器

(4) 卷动式窗帘的自动化。随着人们对噪声污染的日益关注,机械噪声在日常生活中所造成的问题也使人们日益关注。尤其在一些特殊的场合,办公室、旅馆、医院等都需要一个低噪声的环境。普通的电磁电动机和齿轮传动所引起的噪声令人讨厌,而超声波电动机无噪声的优点满足这些场合的要求。在日本东京的某些建筑物里,已经有成千上万超声波电动机用于窗帘的自动卷动装置。

(5) 用于精确定位装置。纳米级的快速定位装置正用于半导体的生产。为了进一步集成化,需要更高程度精确性。但是,传统的电磁电动机用齿轮减速装置,由于存在间隔,增加了误差积累环节,难以保证精度,而超声波电动机可以直接驱动负载,步距小,无间隙,在驱动过程中基本无误差。当配用合适的控制电路和精密传感装置以后,就可实现精确走位和定位,其精度可以达到配用传感器所能测得的程度。现已研制成功的有用于旋转精密定位 θ 分度台上的回旋型超声波电动机。用于 X-Y 精密分度台的直线型超声波电动机,还有直接用于 X-Y 高精度绘图机上的超声波电动机,如图 11.20 所示。

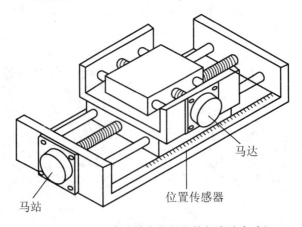

图 11.20 用于高速精密绘图仪的超声波电动机

当传感器测出标定位置并关机时,超声波电动机将及时停下并固定位置。由于摩擦阻力远远大于转子惯性力,因此电动机能快速响应。而最终的定位精确性依赖于反馈测量。所以目前人们正不断研究改进线性超声波电动机的控制方法,提高其控制特性,以便更好地应用于各种定位装置中。

(6) 轿车驱动器。人们已经知道环形超声波电动机已被应用在照相机的自动调焦系统中,并实现了产业化。这种圆环形超声波电动机的中空构造正好适应了镜头的结构,同时满足了照相机良好的控制性能及低噪声要求,是一个成功的应用实例。另外,小功率电动机在汽车上应用非常广泛,所用力矩范围 0.98～4.9N·m,如用于车门的玻璃升降、刮水器、座椅、头靠的调整等。据统计,普通轿车需要小功率电动机约 30～40 个,高级轿车需要 50～60 个,豪华轿车则需 70 个以上。汽车上所用电动机多是间歇工作,目前小功率超声波电动机连续工作寿命在几千小时,能够满足汽车的使用要求,而且可以用一个电源控制多个电动机,既可以相对减少使用信号发生器造成的成本上升,又能充分发挥超声波电动机低速高转矩及低噪声的特点。丰田汽车公司已在其产品中使用了这种电动机。还有人根据超声波电动机形状多样、低速高转矩及低噪声的特点,把它应用于汽车车窗或百叶窗开闭驱动机构上。

(7) 微小机械驱动器。电磁电动机由于磁隙及线圈体积的要求,微型化受到一定的限制,最小体积充其量只能达到毫米程度。而毫米直径的微小型超声波电动机却已经被开发试制出来,且由于尚未发现限制其最小体积的本质因素,因而估计其体积尚可进一步减小,预计其直径能做到微米级,在与昆虫一样大小的微小机械中会具有良好的应用前景,如图 11.21 所示。

图 11.21 美国宾夕法尼亚州立大学研制的微型超声波电动机

(8) 用于强磁场环境条件。由于超声波电动机对外磁场不敏感,在外界强磁场条件下仍能工作,一次可用于作为核磁共鸣装置周边的驱动器,也可以用于磁浮列车。为使列车悬浮在轨道上,需要通过超导电流产生强磁场,这时,需要有大力矩和能正确控制的驱动器,压电超声波电动机自然最合适。

由此可知,开展超声波电动机的研究和应用产品的开发,将可以部分取代传统的小型和微型电磁电动机,对于工业控制、仪器仪表、航空航天、办公设备等领域的技术革新有极大的推动作用。对超声波电动机理论与实验技术的研究有重要的科学意义和经济价值,其所拥有的应用前景和市场价值能够带来良好的经济和社会效益。

小　结

超声波电机利用压电材料的逆压电效应（即电致伸缩效应），把电能转换为弹性体的成熟振动，并通过摩擦传动的方式转换成运动体的回转或直线运动。本章以常见的环形行波型超声波电动机为主进行了介绍。

对于行波型超声波电动机，定子由环形弹性体和环形压电陶瓷构成，压电陶瓷按一定规律极化为两相区，对两相区压电陶瓷通以相位差为 90°的两相高频电压即可产生两个在时间和空间上都相差 90°的驻波，在弹性体中，这两个驻波合成为一行波。弹性体表面上任意一点按照椭圆轨迹运动，这种运动使弹性体表面质点对移动体产生一种驱动力，且移动体的运动方向与行波方向相反。当把转子压紧在弹性体表面时，在摩擦力的驱动下，转子就会旋转起来。

根据超声波电动机的传动原理，可以采用以下 4 种速度控制方式：控制电压幅值、变频控制、相位差控制和正反脉宽调幅控制。在这 4 种控制方式中，变频控制响应快，易于实现低速启动，应用得最多。

在本章最后介绍了超声波电动机的一些应用情况。超声波电动机作为一种全新概念的驱动装置，其用途必将越来越广泛。

 知识链接

除行波型超声波电动机外，近些年来，国内外开发研究了多种如新型直线型超声波电机、多自由度超声波电机等，它们的发展方向基本上可以归纳为如下几点：

1. 新型摩擦材料和压电材料的研制，以其提高超声波电动机对环境的适应性

由于超声波电动机靠摩擦耦合来传递扭矩，摩擦界面的磨损和疲劳是不可避免的，这大大限制了超声波电动机的应用。目前超声波电动机仅应用在一些间隙工作的场合：照相机的聚焦系统，累计工作时间仅需要十几个小时；汽车车窗开关和座椅头靠调整装置，累计工作时间约 500h。最近两年，日本 Canon 公司将行波型超声波电动机应用到彩色复印机中，要求寿命在 3000h 以上。某些应用场合还要求更长的累计寿命，甚至期望超声波电动机能连续地长时间运转。为此，世界各国都在研制新型摩擦材料，以提高超声波电动机的使用寿命。以日本 Shinsei 公司超声波电动机产品为例，近 10 年多来最大的改进就是摩擦材料，从而使超声波电动机的寿命和效率都有所提高。

2. 超声波电动机的微型化和集成化

与传统电磁电机相比，人们知道超声波电机没有线圈，结构简单并易于加工，转矩/体积比大。尺寸减小时能基本保持效率不变，非常适合作为微机电系统（MEMS）中的作动器。因此，微型化和集成化是超声波电动机的重要发展方向。目前国外如美国研制的如前文中图 11.21 的微型超声波电动机；图 11.22 为日本研制微型超声波电动机结构图。将电动机与驱动控制装置集成化为一体的超声波电动机系统在许多场合也陆续出现，图 11.23 为德国 KK 公司新一代集成式超声波探伤仪 USM33。

3. 超声波电动机与生物医学工程结合

现代生物医学工程离不开对细胞的加工、传递、分离和融合，以及细胞内物质（细胞核、染色体、基因）的转移、重组、拉伸、固定等操作。对尺寸只有几微米（μm）的细胞，关键技术是接近细胞时的精细微调，要求分辨率为几十纳米。要完成以上操作，需要有很高定位精度和精细操作能力的驱动装置。目

第11章 超声波电动机

前这些工作主要依靠受过专门训练的技术人员手工完成,工作效率很低,成功率也很低。位移分辨率高、响应快的超声波电动机可以成功解决这一难题。如图 11.24 为某高精度显微镜,图 11.25 为利用超声波技术研制的人工治疗仪,可微创深入人体内进行高精确高可靠性的手术操作等。

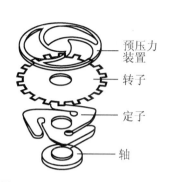

图 11.22　Suzuki 研制的微型 USM

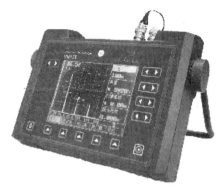

图 11.23　德国 KK 公司新一代集成式超声波探伤仪 USM33

由日本研制的三维微操作系统对白细胞进行操作可知,人类的白细胞直径大约为 $10\mu m$,该系统的定位精度可以达到 $0.1\mu m$,工作范围可达到 $586\mu m \times 586\mu m \times 52\mu m$。该系统利用压电叠层作为作动器,设计了具有两个指头的微操作手,模仿筷子的运动。它还可以做外科手术,操作 $2\mu m$ 大小的玻璃球,进行微装配等。采用精密驱动系统,可以提高效率,简化操作,实现生物工程的自动化。最近日本学者还在实验室里,利用惯性式直线型超声波电动机的纳米定位技术和图像处理技术,研制出一套自动化细胞微穿刺操作系统。

药物传送的概念是充分利用现代微制造技术而提出的。它可以大大改善口服肽(peptide)和口服蛋白质药剂的传统的传送方法。目前,用于药物传送的射流微系统包括:微型压电泵、电泳膏药和智能药片。

图 11.24　高精度超声波驱动显微镜

图 11.25　超声波人工治疗仪

思考题与习题

1. 试比较超声波电动机与传统的电磁式电动机。
2. 简述行波型超声波电动机的工作原理。
3. 行波型超声波电动机的调速方法有几种?各有什么特点?

附录 课程设计

课程设计一 步进电动机驱动系统设计

1. 设计背景

步进电动机具有转矩大、惯性小、响应频率高等优点,因此具有瞬间启动与急速停止的优越特性,与其他驱动元件相比,通常不需要反馈就能对位移或速度进行精确控制;输出的转角或位移精度高,误差不会积累;控制系统结构简单,与数字设备兼容,价格便宜。因此,虽然直流电机伺服系统、交流电机伺服系统在计算机控制系统中被普遍地使用,但步进电动机仍广泛用于简易数控机床、送料机构、仪器、仪表等领域。

2. 设计要求

(1) 查阅有关资料,学习熟悉步进电动机及其基本控制原理;

(2) 查阅有关资料,确定系统总体实现方案,熟悉总体驱动控制原理;

(3) 利用 EDA 设计软件,设计四相步进电动机驱动器硬件电路原理图;

(4) 查阅有关资料,熟悉 GAL 器件,编写四相双四拍脉冲分配软件并烧录程序,焊接;

(5) 焊接调试 GAL 电路,调试其基本逻辑关系以及正/反转、启停控制信号;

(6) 查阅有关资料,熟悉光耦、功率放大集成电路结构原理,并焊接剩余部分全部电路;

(7) 调试系统电路,要求电动机可变脉冲频率调速;

(8) 依据查阅的参考资料、设计原理及具体实现方案、调试的实验数据及其他结果结论,认真撰写课程设计报告。

3. 设计原理

1) 概述

(1) 电动机。

步进电动机是一种将电脉冲转化为角位移的机电执行元件。每外加一个控制脉冲,电动机就运行一步,故称为步进电动机或脉冲电动机。通俗一点讲,当步进电动机接收到一个脉冲信号,它就驱动步进电动机按设定的方向转动一个固定的角度(步进角)。可以通过控制脉冲个数来控制角位移量,从而达到准确定位的目的;同时可以通过控制脉冲频率来控制电动机转动的速度和加速度,从而达到调速的目的。步进电动机可以作为一种控制用的特种电动机,利用其没有积累误差(精度为 100%)的特点,广泛应用于各种开环控制。

(2) 变频脉冲信号。

变频信号源是一个脉冲频率能由几 Hz 到几十 kHz 连续变化的脉冲信号发生器,常见的有多谐振荡器和单结晶体器构成的弛张振荡器,它们都是通过调节 R 和 C 的大小,以改变充、放电的时间常数,得到各种频率的脉冲信号。

(3) 脉冲分配。

脉冲分配器又称环形分配器,它根据运行指令按一定的逻辑关系分配脉冲,通过功率放大器加到步进电动机的各相绕组,使步进电动机按一定的方式运行,并实现正、反转控制和定位。脉冲分配器的功能可以用硬件来实现,也可以用软件来实现。

(4) 功率放大。

功率放大器又称为驱动电路,其作用是将脉冲发生器的输出脉冲进行功率放大,给步进电动机相绕组提供足够的电流,驱动步进电动机正常工作。

2) 设计实现原理

(1) 总体电路设计。

电动机可选用常见 12V 供电的四相反应式步进电动机。变频脉冲信号选用常用的函数(脉冲)发生器,可方便得到各种频率的脉冲信号。脉冲分配器采用 GAL16V8 器件,可用 FM 法编程实现脉冲信号的分配。功率驱动部分,因设计所用步进电动机绕组电流较小,可采用 ULN2003 达林顿晶体管。光耦合器建议选用 TIL113,它是一款较高速的具一定线性的光耦合器放大器,可避免大电流窜入控制电路部分。具体电路见附图 1。

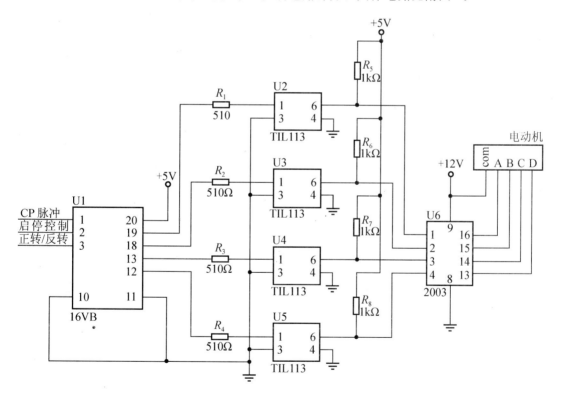

附图 1　四相步进电动机驱动电路原理图

(2) 脉冲分配器。

步进电动机各相绕组是按一定的节拍,依次轮流通电工作的。为此,需用脉冲分配器将脉冲按规定的通电方式分配到各相。选用四相双四拍,设 A、B、C、D 表示四相步进电动机的各相绕组,正转方式为 AB→BC→CD→DA→AB,反转方式 AB→DA→CD→BC→

AB,其状态表见附表1。

附表1 真值表

RESET	F	A1	B1	C1	D1	A2	B2	C2	D2	说明
1	X	X	X	X	X	1	1	0	0	
0	0	1	1	0	0	0	1	1	0	
0	0	0	1	1	0	0	0	1	1	
0	0	0	0	1	1	1	0	0	1	
0	0	1	0	0	1	1	1	0	0	四相四拍
0	1	1	1	0	0	1	0	0	1	
0	1	1	0	0	1	0	0	1	1	
0	1	0	0	1	1	0	1	1	0	
0	1	0	1	1	0	1	1	0	0	

RESET:复位,RESET=1时复位,RESET=0时电动机启动;F:运行方向,F=1时正转,F=0时反转;A1、B1、C1、D1:前一状态的输出;A2、B2、C2、D2:下一状态的输出。输出为A2、B2、C2、D2,根据真值表得逻辑表达式如下:

A2＝RESET＋/RESET*/F*/A1*/B1*C1*D1＋/RESET*/F*A1*/B1*/C1*D1＋/RESET*F*A1*B1*/C1*/D1＋/RESET*F*/A1*B1*C1*/D1

B2＝RESET＋/RESET*/F*A1*B1*/C1*/D1＋/RESET*/F*/A1*B1*/C1*/D1＋/RESET*F*/A1*/B1*C1*D1＋/RESET*F*/A1*B1*C1*/D1

C2＝/RESET*/F*A1*B1*/C1*/D1＋/RESET*/F*/A1*B1*C1*/D1＋/RESET*F*A1*/B1*/C1*D1＋/RESET*F*/A1*/B1*C1*D1

D2＝/RESET*/F*/A1*B1*C1*/D1＋/RESET*/F*/A1*/B1*C1*D1＋/RESET*F*A1*B1*/C1*/D1＋/RESET*F*A1*/B1*/C1

根据GAL16V8的引脚配置图,应用PROTEL提供的PLD语言编辑器,用FM法编程(或REBEL),合并正反向、使能端,得到以下程序:

GAL16V8

作者(如:DESIGNED BY CJLU)

日期(如:2006.6.10)

CP RESET F NC NC NC NC NC NC GND
OE D   C NC NC NC NC A B VCC

A:＝RESET＋/RESET*/F*/A*/B*C*D＋/RESET*/F*A*/B*/C*D＋/RESET*F*A*B*/C*/D＋/RESET*F*/A*B*C*/D

B:＝RESET＋/RESET*/F*A*B*/C*/D＋/RESET*/F*/A*B*/C*/D＋/RESET*F*/A*/B*C*D＋/RESET*F*/A*B*C*/D

C:＝/RESET*/F*A*B*/C*/D＋/RESET*/F*/A*B*C*/D＋/RESET*F*A*/

        B*/C*D+/RESET*F*/A*/B*C*D

D：=/RESET*/F*/A*B*C*/D+/RESET*/F*/A*/B*C*D+/RESET*F*A*
        B*/C*/D+/RESET*F*A*/B*/C*D

DESCRIPTION

END

说明：reset：高电平=》复位，低电平=》使能；

　　　fangxiang：高电平=》正转，低电平=》反转。

3) 功率放大电路

在 GAL 和功率放大电路之间加入光电耦合器件 TIL113，用来隔离电动机启动、冲击电流等干扰信号对 GAL 的影响，确保驱动系统的安全稳定。但加入此光耦后缺点是其输出速度变低，最高频率降低，影响到电动机的调速范围不高。设计调试中，脉冲发生器提供的最高频率要低于 800Hz，即光耦频率最高控制在 200Hz。

电动机驱动利用 ULN2003 实现。ULN2003 是由 7 个 NPN 型大电压、大电流的达林顿管组成，所有单元都内部集成了序列二极管。输出电压-0.5～50V，输出最大电流 0.5A，完全符合本设计的要求。步进电动机只有四相，只需选用其中的 4 个输入端即可。

4. 分组说明

本设计由一个工作团队共同完成，每个团队 3 人，各有侧重，具体分工由 3 位同学协商决定，其中：

同学一：主要负责"设计要求"中的(1)、(2)、(3)、(7)、(8)项；

同学二：主要负责"设计要求"中的(1)、(2)、(4)、(5)、(7)、(8)项；

同学三：主要负责"设计要求"中的(1)、(2)、(6)、(7)、(8)项。

5. 设计报告说明

课程设计报告要有前言、系统设计原理或设计方案、系统各小模块的软硬件设计思路或实现方法、实验数据或其他结果结论，文末列出参考文献。注意同，因为每个同学之间的差别，在设计报告中每一位同学对自己单独负责(其他两位同学配合)的部分要重点阐述(设计思路与实现方法)。

课程设计二　永磁无刷直流电动机控制系统设计

1. 设计背景

近年来，随着石油能源的日趋紧张以及人们环保意识的增强，另外，基于替代普通直流电机的迫切要求，无刷直流电机已成为电动车、医疗器械、航空航天等领域的重要替代应用方向。该电机由定子、转子和转子位置检测传感器等组成，既具有交流电机结构简单、运行可靠维护方便的特点，又具有直流电机良好的调速特性，并且无机械式换相器，现已广泛应用于各种调速场合。特别是目前永磁同步电机在世界上的应用范围已经非常广泛，应用规模也非常巨大，以永磁电机构成的无刷直流电机，由于没有励磁装置，效率高、结构简单、工作特性优良,而且具有体积更小、可靠性更高、控制更容易、应用范围更广泛、制造维护更方便等优点,在电动助力车、医疗手术器械、导弹目标打击系统、飞机制动系统等新产品中得到了广泛应用,使永磁无刷电机及其控制系统的研究具有重要意义。本设计所用电机为方波式电动机。

2. 设计要求

(1) 查阅有关资料,学习熟悉永磁无刷直流电动机及其基本控制原理;

(2) 查阅有关资料,确定系统总体实现方案,熟悉总体调速控制原理;

(3) 利用 EDA 设计软件,设计基于 MC33035 的永磁无刷直流电动机开环控制系统硬件电路原理图;

(4) 查阅有关资料,熟悉 MC33035 器件及其外围电路工作原理,焊接调试其外围硬件电路;

(5) 查阅有关资料,熟悉 IRF530/9530 器件及功率电路工作原理、焊接调试此部分功率电路;

(6) 调试系统电路,要求最终可通过调节电位器在一定范围内调速;

(7) 依据查阅的参考资料、设计原理及具体实现方案、调试的实验数据及其他结果结论,认真撰写完成课程设计报告。

3. 设计原理

该闭环速度控制系统用 3 个霍尔集成电路作为转子位置传感器。用 MC33035 的 8 脚参考电压(6.24V)作为它们的电源,霍尔集成电路输出信号送至 MC33035 和 MC33039。系统控制结构框图如附图 2 所示,MC33039 的输出经低通滤波器平滑,引入 MC33035 的误差放大器的反相输入端,而转速给定信号经积分环节输入 MC33035 的误差放大器的同相输入端,从而构成系统的转速闭环控制。

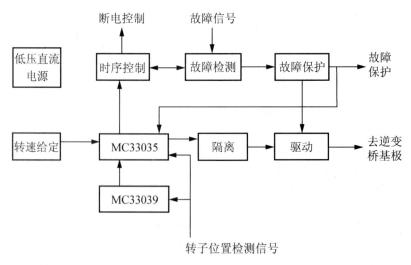

附图 2　系统控制原理

1) 电动机

永磁无刷直流电动机一般由永磁转子、三相绕组定子、转子位置传感器三部分组成。

本设计所采用的永磁无刷直流电动机的基本参数为：额定转速 3500r/min，额定电压 DC 24V，额定电流 3.1A。

2) 基于 MC33035 的控制信号产生

MC33035 是 MOTOROLA 公司研制的针对无刷直流电动机控制的专用芯片。

MC33035 包括一个转子定位译码器可用于确定适当换向顺序，它监控着 3 个霍尔效应开关传感器输入(4、5、6 引脚)，以保证顶部和底部驱动输出的正确顺序；一个以向传感器供电能力为基准的温度补偿器；一个可以程序控制频率的锯齿波发生器；一个全通误差放大器，能够促进闭环电动机速度实现控制，若作为开环速度控制，则可将这误差放大器连成为单一增益电压跟随器；一个脉冲宽度调制比较器，3 个集电极开路顶部驱动输出(1，2，24 引脚)，以及 3 个适用于驱动功率 MOSFET 的理想的大电流推挽式底部驱动输出(19，20，21 引脚)；MC33035 还具有几种保护特性，欠压锁定，由可选时间延迟限制的循环电流锁定停车方式，内部过热停车，以及一个很容易与微处理器相连的故障输出。此外，MC33035 还有一个 60°/120°选择引脚，它可以确定转子定位译码器是 60°或是 120°传感器电相位输入。该控制器电路结构，如附图 3 所示。

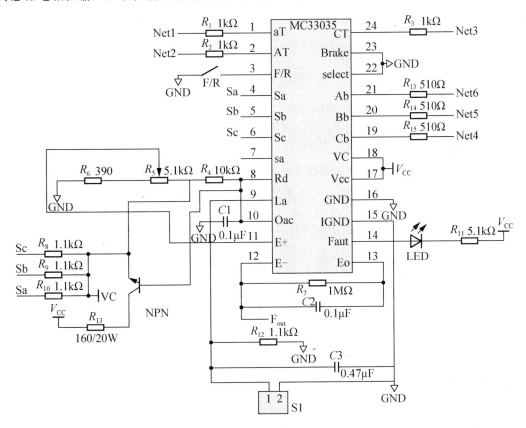

附图 3 MC33035 及其外围电路

如图 A3 所示，给电压为 24V 的电源，F/R(引脚 3)控制电动机转向，正向/反向输出可通过翻转定子绕组上的电压来改变电动机转向。当输入状态改变时，指定的传感器输入编码将从高电平变为低电平，从而改变整流时序，以使电动机改变旋转方向。

电动机通/断控制可由输出使能 7 脚来实现，当该引脚开路时，连接到正电源的内置上拉电阻将会启动顶部和底部驱动输出时序。而当该脚接地时，顶端驱动输出将关闭，并将底部驱动强制为低，从而使电动机停转。

S1 控制电动机复位，当短路片插入后，电动机复位。

由于 MC33035 的 8 脚提供 6.25V 标准电压输出，因此可以用此电压给霍尔元器件以及其他器件供电，在这个系统中 PWM 信号的产生是很容易的，而且 PWM 信号的频率可以由外部电路调节，其频率由公式 $\dfrac{1}{2\pi\sqrt{R_5 C_1}}$ 决定，R_5 是一个电位器，通过调节 R_5 即可改变 PWM 信号的频率。只需要在 MC33035 的外围加一个电容、一个电阻及一个电位器即可产生所需要的脉宽调制信号。因 MC33035 的 8 脚输出为 6.25V 标准电压，由 R_6、C_1 组成了一个 RC 振荡器，所以 10 脚的输入近似三角波，其频率由 $\dfrac{1}{2\pi\sqrt{R_6 * C_1}}$ 决定。调节 R_5 改变 11 脚对地的电压，从而改变电动机的转速。

14 脚是故障输出端，L1 用作故障指示，当出现无效的传感器输入码、过流、欠压、芯片内部过热、使能端为低电平时，LED 发光报警，同时自动封锁系统，只有故障排除后，经系统复位才能恢复正常工作。R_6 及 C_1 决定了内部振荡器频率（即 PWM 的调制频率），转速给定电位器 R_5 的输出经过积分环节输入 MC33035 的误差放大器的同相输入端，其反向输入端与输出端相连，这样，误差放大器便构成了一个单位增益电压跟随器，从而完成系统的转速开环控制。

8 脚接一个 NPN 三极管，当 8 脚电压为高电平时，三极管导通，为 MC33039 和霍耳传感器提供电压。电解电容器 C_3 是滤波作用，防止电流回流。

MC33035 的 17 脚的输入电压低于 9.1V 时，由于 17 脚的输入连接内部一个比较器的同相输入端，该比较器的反相输入为内部 9.1V 标准电压，此时 MC33035 通过与门将驱动下桥的 3 路输出全部封锁，下桥的 3 个功率三极管全部关断，电动机停止运行，起欠压保护作用。过热保护等功能是芯片内部的电路，无须设计外围电路。

该系统的无刷直流电动机内置有 3 个霍尔效应传感器用来检测转子位置，一旦决定电动机的换相，并可以根据该信号来计算电动机的转速。传感器的输出端直接接 MC33035 的 4、5、6 引脚。当电动机正常运行时，通过霍尔传感器可得到 3 个脉宽为 180°电角度的互相重叠的信号，这样就得到 6 个强制换相点，MC33035 对 3 个霍尔信号进行译码，使得电动机正确换相。

当 MC33035 的 11 脚接地时，电动机转速为零，即可实现制动。

3) 速度反馈电路

转子位置检测信号送入 MC33039，经 F/V 转换，得到一个频率与电动机转速成正比的脉冲信号 F_{OUT}，其通过简单的阻容网络滤波后形成转速反馈信号，利用 MC33035 中的误差放大器即可构成一个简单的 P 调节器，实现电动机转速的闭环控制。实际应用中，还可用外接各种 PI、PID 调节电路实现复杂的闭环调节控制，如附图 4 所示。

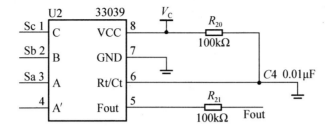

附图 4　MC33039 构成的闭环控制系统电路图

4）功率驱动电路

如附图 5 所示，MC33035 输出的下桥三路驱动信号可直接驱动 N 沟道功率 MOSFET 的 IRF530，上桥三路驱动信号可直接驱动 P 沟道功率 MOSFET 的 IRF9530。相当于 MC33035 的 1、2、24 脚的信号经过 IRF9530 放大，19、20、21 脚的信号经过 IRF530 得到的信号驱动无刷直流电动机转动。A、B、C 分别与无刷直流电动机的三相绕组相接。

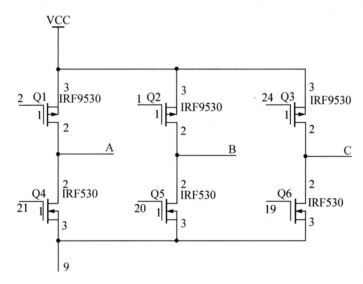

附图 5　功率驱动主电路

4. 分组说明

本设计由一个工作团队共同完成，每个团队 3 人，各有侧重，具体分工由 3 位同学协商决定，其中：

同学一：主要负责"2. 设计要求"中的(1)、(2)、(3)、(6)、(7)项；
同学二：主要负责"2. 设计要求"中的(1)、(2)、(4)、(6)、(7)项；
同学三：主要负责"2. 设计要求"中的(1)、(2)、(5)、(6)、(7)项。

5. 设计报告说明

课程设计报告要有前言、系统设计原理或设计方案、系统各小模块的软硬件设计思路或实现方法、实验数据或其他结果结论，文末列出参考文献。注意因为每个同学之间的差别,在设计报告中每一位同学对自己单独负责(其他两位同学配合)的部分要重点阐述(设计思路与实现方法)。

参 考 文 献

[1] 寇宝泉,程树康. 交流伺服电机及其控制 [M]. 北京:机械工业出版社,2008.
[2] 吴建华. 开关磁阻电机设计与应用 [M]. 北京:机械工业出版社,2000.
[3] 王宏华. 开关型磁阻电动机调速控制技术 [M]. 北京:机械工业出版社,1995.
[4] 陈卫民,孙冠群. 电气控制课程设计指导书 [M]. 杭州:中国计量学院,2006.
[5] 程明. 微特电机及系统 [M]. 北京:中国电力出版社,2008.
[6] 陈隆昌. 控制电机 [M]. 3版. 西安:西安电子科技大学出版社,2000.
[7] 孙建忠,白凤仙. 特种电机及其控制 [M]. 北京:中国水利水电出版社,2005.
[8] 胡崇岳. 现代交流调速技术 [M]. 北京:机械工业出版社,1999.
[9] 赵淳生. 超声电机技术与应用 [M]. 北京:科学出版社,2007.
[10] 吴新开. 超声波电动机原理与控制 [M]. 北京:中国电力出版社,2009.
[11] 胡敏强,金龙,顾菊平. 超声波电机原理与设计 [M]. 北京:科学出版社,2005.
[12] 孙冠群. 开关磁阻电机驱动控制系统研究 [D]. 西安:西北工业大学,2005.
[13] 孙冠群,李晓青,等. SR电机调速系统控制器设计 [J]. 中国计量学院学报,2006 (3).
[14] 孙冠群,等. 开关磁阻电机调速系统功率变换器设计 [J]. 电力电子技术,2008 (1).
[15] 邵世凡,孙冠群,等. 电机与拖动 [M]. 杭州:浙江大学出版社,2008.
[16] 孙冠群,等. 开关磁阻电动机新型驱动控制系统 [J]. 微特电机,2007 (3).
[17] 王晓远,刘艳,等. 盘式无铁心永磁同步电动机设计 [J]. 微电机,2004 (4).
[18] 孙昕. 盘式永磁电机主要参数的计算与分析 [D]. 沈阳:沈阳工业大学,2008.
[19] 张琨. 六相盘式永磁同步电机的设计研究 [D]. 天津:天津大学,2007.
[20] 王华云. 超声波电机驱动控制系统研究 [D]. 武汉:华中科技大学,2005.
[21] 褚国伟. 超声波电机控制系统的研究 [D]. 南京:东南大学,2005.
[22] 杨渝钦. 控制电机 [M]. 北京:机械工业出版社,2001.
[23] 黄建西. 控制电机 [M]. 北京:中国水利电力出版社,1988.
[24] 李中高. 控制电机及其应用 [M]. 武汉:华中工学院出版社,1986.
[25] 唐任远. 特种电机 [M]. 北京:机械工业出版社,1998.
[26] [日] 平岛茂彦,中村修照. 通用电机和控制电机实用手册 [M]. 北京:机械工业出版社,1985.
[27] 周鹤良. 电气工程师手册 [M]. 北京:中国电力出版社,2008.
[28] 王建华. 电气工程师手册 [M]. 3版. 北京:机械工业出版社,2007.
[29] 张琛. 直流无刷电动机原理及应用 [M]. 2版. 北京:机械工业出版社,2004.
[30] 谭建成. 电机控制专用集成电路 [M]. 北京:机械工业出版社,1997.
[31] 万国庆,许清泉,崔晓芸. MC33035无刷电机驱动控制器及应用 [J]. 常州工学院学报,2005 (5).
[32] 韦敏,季小尹. MC33035在直流无刷电机控制中的应用 [J]. 电工技术,2004 (11).
[33] 潘建. 无刷直流电机控制器MC33035的原理及其应用 [J]. 国外电子元器件,2003 (8).

［34］ 王海峰，江汉红，陈少昌．直流无刷电机系统的最佳控制器设计［J］．电机与控制应用，2005（7）．

［35］ 谢卫．控制电机［M］．北京：中国电力出版社，2008．

［36］ 李仁定．电机的微机控制［M］．北京：机械工业出版社，1999．

［37］ 蒋豪贤．电机学［M］．广州：华南理工大学出版社，1997．

［38］ 王鉴光．电机控制系统［M］．北京：机械工业出版社，1994．

［39］ 周明安，朱光忠，宋晓华，等．步进电机驱动技术发展及现状［J］．机电工程技术，2005，34（2）：16－17．

［40］ 蔡耀成．步进电动机国内外近期发展展望［J］．微特电机，2000，28（5）：28－30．

［41］ 徐军，葛素娟．用单片机实现步进电机细分技术研究［J］．机床电器，2004（1）：25－28．

［42］ 李俊，李学全．步进电机的运动控制系统及其应用［J］．微特电机，2000，28（2）：37－39．

［43］ 程智．混合式步进驱动单元的研究［D］．杭州：浙江大学，2000．

［44］ 韩安太．DSP 控制器原理及其在运动控制系统中的应用［M］．北京：清华大学出版社，2003．

［45］ 赵红怡．DSP 技术与应用实例［M］．北京：电子工业出版社，2005．

［46］ 郑吉，王学普．无刷直流电机控制技术综述［J］．微特电机，2002．

［47］ 郭福权．永磁无刷直流电动机控制策略研究［J］．合肥工业大学学报，2004，3．

［48］ 夏长亮．无刷直流电机控制系统［M］．北京：科学出版社，2009．

北京大学出版社电气信息类教材书目(已出版)
欢迎选订

序号	标准书号	书名	主编	定价	序号	标准书号	书名	主编	定价
1	7-301-10759-1	DSP 技术及应用	吴冬梅	26	38	7-5038-4400-3	工厂供配电	王玉华	34
2	7-301-10760-7	单片机原理与应用技术	魏立峰	25	39	7-5038-4410-2	控制系统仿真	郑恩让	26
3	7-301-10765-2	电工学	蒋中	29	40	7-5038-4398-3	数字电子技术	李元	27
4	7-301-19183-5	电工与电子技术(上册)(第2版)	吴舒辞	30	41	7-5038-4412-6	现代控制理论	刘永信	22
5	7-301-19229-0	电工与电子技术(下册)(第2版)	徐卓农	32	42	7-5038-4401-0	自动化仪表	齐志才	27
6	7-301-10699-0	电子工艺实习	周春阳	19	43	7-5038-4408-9	自动化专业英语	李国厚	32
7	7-301-10744-7	电子工艺学教程	张立毅	32	44	7-5038-4406-5	集散控制系统	刘翠玲	25
8	7-301-10915-6	电子线路 CAD	吕建平	34	45	7-301-19174-3	传感器基础(第2版)	赵玉刚	30
9	7-301-10764-1	数据通信技术教程	吴延海	29	46	7-5038-4396-9	自动控制原理	潘丰	32
10	7-301-18784-5	数字信号处理(第2版)	阎毅	32	47	7-301-10512-2	现代控制理论基础(国家级十一五规划教材)	侯媛彬	20
11	7-301-18889-7	现代交换技术(第2版)	姚军	36	48	7-301-11151-2	电路基础学习指导与典型题解	公茂法	32
12	7-301-10761-4	信号与系统	华容	33	49	7-301-12326-3	过程控制与自动化仪表	张井岗	36
13	7-301-10762-5	信息与通信工程专业英语	韩定定	24	50	7-301-12327-0	计算机控制系统	徐文尚	28
14	7-301-10757-7	自动控制原理	袁德成	29	51	7-5038-4414-0	微机原理及接口技术	赵志诚	38
15	7-301-16520-1	高频电子线路(第2版)	宋树祥	35	52	7-301-10465-1	单片机原理及应用教程	范立南	30
16	7-301-11507-7	微机原理与接口技术	陈光军	34	53	7-5038-4426-4	微型计算机原理与接口技术	刘彦文	26
17	7-301-11442-1	MATLAB 基础及其应用教程	周开利	24	54	7-301-12562-5	嵌入式基础实践教程	杨刚	30
18	7-301-11508-4	计算机网络	郭银景	31	55	7-301-12530-4	嵌入式ARM系统原理与实例开发	杨宗德	25
19	7-301-12178-8	通信原理	隋晓红	32	56	7-301-13676-8	单片机原理与应用及C51程序设计	唐颖	30
20	7-301-12175-7	电子系统综合设计	郭勇	25	57	7-301-13577-8	电力电子技术及应用	张润和	38
21	7-301-11503-9	EDA 技术基础	赵明富	22	58	7-301-12393-5	电磁场与电磁波	王善进	25
22	7-301-12176-4	数字图像处理	曹茂永	23	59	7-301-12179-5	电路分析	王艳红	38
23	7-301-12177-1	现代通信系统	李白萍	27	60	7-301-12380-5	电子测量与传感技术	杨雷	35
24	7-301-12340-9	模拟电子技术	陆秀令	28	61	7-301-14461-9	高电压技术	马永翔	28
25	7-301-13121-3	模拟电子技术实验教程	谭海曙	24	62	7-301-14472-5	生物医学数据分析及其MATLAB实现	尚志刚	25
26	7-301-11502-2	移动通信	郭俊强	22	63	7-301-14460-2	电力系统分析	曹娜	35
27	7-301-11504-6	数字电子技术	梅开乡	26	64	7-301-14459-6	DSP 技术与应用基础	俞一彪	34
28	7-301-18860-6	运筹学(第2版)	吴亚丽	28	65	7-301-14994-2	综合布线系统基础教程	吴达金	24
29	7-5038-4407-2	传感器与检测技术	祝诗平	30	66	7-301-15168-6	信号处理MATLAB实验教程	李杰	20
30	7-5038-4413-3	单片机原理及应用	刘刚	24	67	7-301-15440-3	电工电子实验教程	魏伟	26
31	7-5038-4409-6	电机与拖动	杨天明	27	68	7-301-15445-8	检测与控制实验教程	魏伟	24
32	7-5038-4411-9	电力电子技术	樊立萍	25	69	7-301-04595-4	电路与模拟电子技术	张绪光	35
33	7-5038-4399-0	电力市场原理与实践	邹斌	24	70	7-301-15458-8	信号、系统与控制理论(上、下册)	邱德润	70
34	7-5038-4405-8	电力系统继电保护	马永翔	27	71	7-301-15786-2	通信网的信令系统	张云麟	24
35	7-5038-4397-6	电力系统自动化	孟祥忠	25	72	7-301-16493-8	发电厂变电所电气部分	马永翔	35
36	7-5038-4404-1	电气控制技术	韩顺杰	22	73	7-301-16076-3	数字信号处理	王震宇	32
37	7-5038-4403-4	电器与PLC控制技术	陈志新	38	74	7-301-16931-5	微机原理及接口技术	肖洪兵	32

序号	标准书号	书名	主编	定价	序号	标准书号	书名	主编	定价
75	7-301-16932-2	数字电子技术	刘金华	30	90	7-301-18352-6	信息论与编码	隋晓红	24
76	7-301-16933-9	自动控制原理	丁红	32	91	7-301-18260-4	控制电机与特种电机及其控制系统	孙冠群	42
77	7-301-17540-8	单片机原理及应用教程	周广兴	40	92	7-301-18493-6	电工技术	张莉	26
78	7-301-17614-6	微机原理及接口技术实验指导书	李干林	22	93	7-301-18496-7	现代电子系统设计教程	宋晓梅	36
79	7-301-12379-9	光纤通信	卢志茂	28	94	7-301-18672-5	太阳能电池原理与应用	靳瑞敏	25
80	7-301-17382-4	离散信息论基础	范九伦	25	95	7-301-18314-0	通信电子线路及仿真设计	王鲜芳	29
81	7-301-17677-1	新能源与分布式发电技术	朱永强	32	96	7-301-19175-0	单片机原理与接口技术	李升	46
82	7-301-17683-2	光纤通信	李丽君	26	97	7-301-19320-4	移动通信	刘维超	39
83	7-301-17700-6	模拟电子技术	张绪光	36	98	7-301-19447-8	电气信息类专业英语	缪志农	40
84	7-301-17318-3	ARM 嵌入式系统基础与开发教程	丁文龙	36	99	7-301-19451-5	嵌入式系统设计及应用	邢吉生	44
85	7-301-17797-6	PLC 原理及应用	缪志农	26	100	7-301-19452-2	电子信息类专业 MATLAB 实验教程	李明明	42
86	7-301-17986-4	数字信号处理	王玉德	32	101	7-301-16914-8	物理光学理论与应用	宋贵才	32
87	7-301-18131-7	集散控制系统	周荣富	36	102	7-301-16598-0	综合布线系统管理教程	吴达金	39
88	7-301-18285-7	电子线路 CAD	周荣富	41	103	7-301-20394-1	物联网基础与应用	李蔚田	44
89	7-301-16739-7	MATLAB 基础及应用	李国朝	39					

请登录 www.pup6.cn 免费下载本系列教材的电子书(PDF 版)、电子课件和相关教学资源。

欢迎免费索取样书,并欢迎到北京大学出版社来出版您的著作,可在 www.pup6.cn 在线申请样书和进行选题登记,也可下载相关表格填写后发到我们的邮箱,我们将及时与您取得联系并做好全方位的服务。

联系方式:010-62750667,pup6_czq@163.com,szheng_pup6@163.com,linzhangbo@126.com,欢迎来电来信咨询。

北京大学出版社本科计算机系列实用规划教材

序号	标准书号	书名	主编	定价	序号	标准书号	书名	主编	定价
1	7-301-10511-5	离散数学	段禅伦	28	41	7-301-14503-6	ASP .NET 动态网页设计案例教程(Visual Basic .NET 版)	江红	35
2	7-301-10457-X	线性代数	陈付贵	20	42	7-301-14504-3	C++面向对象与 Visual C++程序设计案例教程	黄贤英	35
3	7-301-10510-X	概率论与数理统计	陈荣江	26	43	7-301-14506-7	Photoshop CS3 案例教程	李建芳	34
4	7-301-10503-0	Visual Basic 程序设计	闫联营	22	44	7-301-14510-4	C++程序设计基础案例教程	于永彦	33
5	7-301-10456-9	多媒体技术及其应用	张正兰	30	45	7-301-14942-3	ASP .NET 网络应用案例教程(C# .NET 版)	张登辉	33
6	7-301-10466-8	C++程序设计	刘天印	33	46	7-301-12377-5	计算机硬件技术基础	石磊	26
7	7-301-10467-5	C++程序设计实验指导与习题解答	李兰	20	47	7-301-15208-9	计算机组成原理	娄国焕	24
8	7-301-10505-4	Visual C++程序设计教程与上机指导	高志伟	25	48	7-301-15463-2	网页设计与制作案例教程	房爱莲	36
9	7-301-10462-0	XML 实用教程	丁跃潮	26	49	7-301-04852-8	线性代数	姚喜妍	22
10	7-301-10463-7	计算机网络系统集成	斯桃枝	22	50	7-301-15461-8	计算机网络技术	陈代武	33
11	7-301-10465-1	单片机原理及应用教程	范立南	30	51	7-301-15697-1	计算机辅助设计二次开发案例教程	谢安俊	26
12	7-5038-4421-3	ASP .NET 网络编程实用教程(C#版)	崔良海	31	52	7-301-15740-4	Visual C# 程序开发案例教程	韩朝阳	30
13	7-5038-4427-2	C 语言程序设计	赵建锋	25	53	7-301-16597-3	Visual C++程序设计实用案例教程	于永彦	32
14	7-5038-4420-5	Delphi 程序设计基础教程	张世明	37	54	7-301-16850-9	Java 程序设计案例教程	胡巧多	32
15	7-5038-4417-5	SQL Server 数据库设计与管理	姜力	31	55	7-301-16842-4	数据库原理与应用(SQL Server 版)	毛一梅	36
16	7-5038-4424-9	大学计算机基础	贾丽娟	34	56	7-301-16910-0	计算机网络技术基础与应用	马秀峰	33
17	7-5038-4430-0	计算机科学与技术导论	王昆仑	30	57	7-301-15063-4	计算机网络基础与应用	刘远生	32
18	7-5038-4418-3	计算机网络应用实例教程	魏峥	25	58	7-301-15250-8	汇编语言程序设计	张光长	28
19	7-5038-4415-9	面向对象程序设计	冷英男	28	59	7-301-15064-1	网络安全技术	骆耀祖	30
20	7-5038-4429-4	软件工程	赵春刚	22	60	7-301-15584-4	数据结构与算法	佟伟光	32
21	7-5038-4431-0	数据结构(C++版)	秦锋	28	61	7-301-17087-8	操作系统实用教程	范立南	36
22	7-5038-4423-2	微机应用基础	吕晓燕	33	62	7-301-16631-4	Visual Basic 2008 程序设计教程	隋晓红	34
23	7-5038-4426-4	微型计算机原理与接口技术	刘彦文	26	63	7-301-17537-8	C 语言基础案例教程	汪新民	31
24	7-5038-4425-6	办公自动化基础	钱俊	30	64	7-301-17397-8	C++程序设计基础教程	郗亚辉	30
25	7-5038-4419-1	Java 语言程序设计实用教程	董迎红	33	65	7-301-17578-1	图论算法理论、实现及应用	王桂平	54
26	7-5038-4428-0	计算机图形技术	龚声蓉	28	66	7-301-17964-2	PHP 动态网页设计与制作案例教程	房爱莲	42
27	7-301-11501-5	计算机软件技术基础	高巍	25	67	7-301-18514-8	多媒体开发与编程	于永彦	35
28	7-301-11500-8	计算机组装与维护实用教程	崔明远	33	68	7-301-18538-4	实用计算方法	徐亚平	24
29	7-301-12174-0	Visual FoxPro 实用教程	马秀峰	29	69	7-301-18539-1	Visual FoxPro 数据库设计案例教程	谭红杨	35
30	7-301-11500-8	管理信息系统实用教程	杨月江	27	70	7-301-19313-6	Java 程序设计案例教程与实训	董迎红	45
31	7-301-11445-2	Photoshop CS 实用教程	张瑾	28	71	7-301-19389-1	Visual FoxPro 实用教程与上机指导(第 2 版)	马秀峰	40
32	7-301-12378-2	ASP .NET 课程设计指导	潘志红	35	72	7-301-19435-5	计算方法	尹景本	28
33	7-301-12394-2	C# .NET 课程设计指导	龚自霞	32	73	7-301-19388-4	Java 程序设计教程	张剑飞	35
34	7-301-13259-3	VisualBasic .NET 课程设计指导	潘志红	30	74	7-301-19386-0	计算机图形技术(第 2 版)	许承东	44
35	7-301-12371-3	网络工程实用教程	汪新民	34	75	7-301-15689-6	Photoshop CS5 案例教程(第 2 版)	李建芳	39
36	7-301-14132-8	J2EE 课程设计指导	王立丰	32	76	7-301-18395-3	概率论与数理统计	姚喜妍	29
37	7-301-13585-3	计算机专业英语	张勇	30	77	7-301-19980-0	3ds Max 2011 案例教程	李建芳	44
38	7-301-13684-3	单片机原理及应用	王新颖	25	78	7-301-20052-0	数据结构与算法应用实践教程	李文书	36
39	7-301-14505-0	Visual C++程序设计案例教程	张荣梅	30	79	7-301-12375-1	汇编语言程序设计	张宝剑	36
40	7-301-14259-2	多媒体技术应用案例教程	李建	30					